职业教育精品实用教材

电力拖动控制线路与技能训练

主编　代佳乐

西北工业大学出版社

【内容简介】 本书主要内容包括常用低压电器，三相异步电动机的基本控制线路，直流电动机及电机应用基础知识，常用生产机械的电气控制线路及其安装、调试与维修，变频调速系统等。在每小节前均设有“学习目标”和“学习要点”栏目，帮助学生了解本小节的重点知识和要重点掌握的内容，重要的小节均配有技能实训以提高学生的动手操作能力。书中还设置了诸如“知识拓展”、“小思考”、“方法点拨”等栏目，帮助学生在学习的过程中巩固知识，以达到更有效的学习效果。

本书可作为中等职业技术学校电工电子技术类专业教材，也可作为职工培训教材和职业技能签定指导教材。

图书在版编目（CIP）数据

电力拖动控制线路与技能训练/代佳乐主编．—西安：西北工业大学出版社，2008.6（2023.1 重印）

职业教育精品实用教材

ISBN 978-7-5612-2401-4

Ⅰ．电… Ⅱ．代… Ⅲ．电力拖动—自动控制系统—职业教育—教材 Ⅳ．TM921.5

中国版本图书馆 CIP 数据核字（2008）第 076038 号

出版发行：西北工业大学出版社
通信地址：西安市友谊西路 127 号 邮编：710072
电　　话：(029)88493844　88491757
网　　址：www.nwpup.com
印 刷 者：西安五星印刷有限公司
开　　本：787 mm×1 092 mm　1/16
印　　张：21
字　　数：512 千字
版　　次：2008 年 6 月第 1 版　2023 年 1 月第 4 次印刷
定　　价：45.00 元

出版说明

为了更好地贯彻《中共中央国务院关于深化教育改革全面推进素质教育的决定》精神，全面落实《面向21世纪教育振兴行动计划》中提出的职业教育课程改革和教材建设规划，职业教育精品实用教材编写组组织相关力量对实现职业教育培养目标、保障重点专业建设的主干课程的教材进行了规划和编写。

职业教育精品实用教材是面向职业教育的规范性教材，严格按照国家最新颁发的教学大纲编写，并通过了专家的审定。本套教材深入贯彻素质教育的理念，突出职业教育的特点，注重对学生的创新能力和实践能力的培养，在内容编排、例题设置和图示说明等方面努力创新，在满足不同学制、不同专业以及不同办学条件教学需求的同时，实现教学效果的最优化。

我们希望各地、各校在使用本套教材的过程中，及时提出改进意见和建议，使之不断地得到完善和提高。

职业教育精品实用教材编写组

前　　言

随着社会经济的发展，社会对专业技术人才的需求日趋旺盛，对技术人才的专业知识和操作技能也提出了更高的要求。因此，为了更好地适应社会对电工类人才的需求，职业学校电工电子类专业的招生规模也在不断扩大，教学内容和教学方法也在不断调整。

本书根据国家教育部最新颁发的教学指导要求编写，可作为职业技术学校电工电子技术类专业教材，也可作为职工培训教材和职业技能鉴定指导教材。

本书的编写力争体现职业教育的性质、任务和培养目标，相关专家审定后认为符合职业教育的课程教学基本要求，符合职业教育的特点和规律，具有职业教育特色。

本书在内容组织上紧扣中等职业学校学生的实际情况，具有深入浅出、通俗易懂、操作性强的特点。另外，本书尽可能多地在教材中充实新知识、新技术、新设备和新材料等方面的内容，力求教材具有较鲜明的时代特征。在教材的编写模式方面尽可能使用图片或表格形式将各知识点生动地展示出来，力求给学生营造一个更加直观的认知环境。通过学习，本书能培养学生理论联系实际、严谨求实、团结协作的精神，能有效地提高学生独立分析问题、解决问题的能力。

本书主要内容包括常用低压电器，三相异步电动机的基本控制线路，直流电动机及电机应用基础知识，常用生产机械的电气控制线路及其安装、调试与维修，变频调速系统等。本书在每小节前均设有“学习目标”和“学习要点”栏目，帮助学生了解本小节的重点知识和要重点掌握的内容，重要的小节均配有技能实训以提高学生的动手操作能力。书中还设置了诸如“知识拓展”、“小思考”、“方法点拨”等栏目，帮助学生在学习的过程中巩固知识，以达到更有效的学习效果。

本书教学建议约为132课时，课时分配建议如下：

章　次	课 时 数
第1单元　常用低压电器	30
第2单元　三相异步电动机的基本控制线路	40
第3单元　直流电动机及电机应用基础知识	20
第4单元　常用生产机械的电气控制线路及其安装、调试与维修	26
第5单元　变频调速系统	16
合　计	132

在编写过程中，编者参阅了大量的相关专业书籍和资料，在此向原著作者表示衷心的感谢。

由于编者的编写经验有限，书中难免有疏漏和不足之处，恳请广大读者提出宝贵的意见，以便进一步完善。

编　者

目　　录

第 1 单元　常用低压电器 …………………………………………………… 1

第 1 节　低压电器基础知识 …………………………………………… 1

第 2 节　低压熔断器 …………………………………………………… 3

第 3 节　负荷开关和组合开关 ………………………………………… 12

第 4 节　低压断路器 …………………………………………………… 18

第 5 节　按钮和行程开关 ……………………………………………… 28

第 6 节　万能转换开关和主令控制器 ………………………………… 38

第 7 节　交流接触器 …………………………………………………… 44

第 8 节　直流接触器和新型接触器 …………………………………… 58

第 9 节　电磁式继电器 ………………………………………………… 62

第 10 节　其他常用继电器 …………………………………………… 71

第 2 单元　三相异步电动机的基本控制线路 ………………………… 88

第 1 节　电气识图 ……………………………………………………… 88

第 2 节　点动与连续运转的控制 ……………………………………… 97

第 3 节　自锁与互锁的控制 ………………………………………… 103

第 4 节　三相异步电动机的正反转控制线路 ……………………… 113

第 5 节　接触器、按钮双重正反转控制线路 ……………………… 121

第 6 节　位置控制与自动往返控制线路 …………………………… 129

第 7 节　星形-三角形(Y-△)减压启动控制电路 ………………… 136

第 8 节　其他减压启动控制线路 …………………………………… 144

第 9 节　三相异步电动机的制动控制线路 ………………………… 151

第 10 节　多速异步电动机的控制线路 ……………………………… 167

第 11 节　顺序控制与多地控制线路 ………………………………… 172

第 12 节　绕线转子异步电动机的控制线路 ………………………… 177

第 3 单元　直流电动机及电机应用基础知识 ………………………… 189

第 1 节　并励直流电动机的基本控制线路 ………………………… 189

第 2 节　串励直流电动机的基本控制线路 ………………………… 200

第 3 节　电气控制系统常见故障的查找 …………………………… 207

第 4 节　电动机的保护和选择…… 218
第 5 节　设计电气控制线路的基本原则…… 225
第 4 单元　常用生产机械的电气控制线路及其安装、调试与维修 …… 232
第 1 节　电动机检查与维修的一般方法…… 232
第 2 节　CA6140 型车床电气控制线路 …… 238
第 3 节　Z35 型和 Z3050 型摇臂钻床电气控制线路…… 245
第 4 节　X62W 型万能铣床电气控制线路…… 257
第 5 节　T68 型镗床电气控制线路…… 267
第 6 节　M7130 型平面磨床电气控制线路 …… 280
第 5 单元　变频调速系统 …… 288
第 1 节　通用变频器的基础知识和控制原理…… 288
第 2 节　通用变频器的选用、安装与调试 …… 302
第 3 节　变频调速系统的维护与维修…… 319

第 1 单元　常用低压电器

(1)常用低压电器的分类、型号意义及技术参数。

(2)常用低压电器的功能、结构及工作原理。

(3)常用低压电器的选用、拆装和维修方法。

(4)常用低压电器的文字符号和图形符号。

第 1 节　低压电器基础知识

学习目标

(1)熟悉低压电器的分类方法和常用术语的含义。

(2)了解国内外低压电器行业的概况。

学习要点

低压电器的分类方法。

一、低压电器简介

在交流额定电压 1 200 V 以下及直流额定电压 1 500 V 以下工作的电器称为低压电器。作为一种基本器件,低压电器广泛应用于电力拖动系统和输配电系统中,在生产中起着极其重要的作用。

事实上,凡是采用电力拖动的生产机械,其电动机的运转都是由各种接触器、继电器、按钮和行程开关等低压电器构成的控制线路来控制的。

由于加工工艺和工作性质的不同,不同的生产机械对电动机的控制要求也不一样。要使电动机按生产机械的要求安全而又正常地运转,就必须配备一定的电器,组成一定的控制线路。不同的生产机械因其配电要求不同,所用的电器型号、数量和规格也不一样。

小思考

什么是低压电器?举几个生活中的例子。

二、低压电器的分类

低压电器的种类和分类方法都很多,常见的分类方法如表 1—1 所示。

表 1—1　低压电器常见的分类方法

分类方法	类别	说明及用途
低压电器的用途和所控制的对象	低压配电电器	包括低压开关、低压熔断器等，主要用于低压配电系统及动力设备中
	低压控制电器	包括接触器、继电器、电磁铁等，主要用于电力拖动及自动控制系统中
低压电器的执行机构	自动切换电器	依靠电器本身的参数变化或外来信号的作用，自动完成接通或分断等动作的电器，如接触器、继电器等
	非自动切换电器	主要依靠外力（如手控）直接操作来进行切换的电器，如按钮、低压开关等
低压电器的动作方式	有触点电器	具有可分离的动触点和静触点，主要利用触点的接触和分离来实现电路的接通和断开控制，如接触器、继电器等
	无触点电器	没有可分离的触点，主要利用半导体元件的开关效应来实现电路的通断控制，如接近开关、固态继电器等

三、低压电器的常用术语及其含义

低压电器的常用术语及其含义如表 1—2 所示。

表 1—2　低压电器的常用术语及其含义

常用术语	含义
通断时间	从电流开始在开关电器的一个极流过的瞬间起，到所有极的电弧最终熄灭的瞬间为止的时间间隔
燃弧时间	电器分断过程中，从触点断开（或熔体熔断）出现电弧的瞬间开始，至电弧完全熄灭为止的时间间隔
分断能力	开关电器在规定的时间内，能在给定的电压下分断的预期电流值
接通能力	开关电器在规定的条件下，能在给定的电压下接通的预期电流值
通断能力	开关电器在规定的条件下，能在给定的电压下接通和分断的预期电流值
短路接通能力	在规定的条件下，包括开关电器的出线端短路在内的接通能力
短路分断能力	在规定的条件下，包括开关电器的出线端短路在内的分断能力
操作频率	开关电器在每小时内可能实现的最高循环操作次数
通电持续率	开关电器的有载时间和工作周期之比，常以百分数表示
电寿命	在规定的正常工作条件下，机械开关电器不需要修理或更换负载的循环操作次数

方法点拨

通过反复对比几种分类方法，熟悉其分类原则。同时，简要了解常用的低压电器属于什么类别。

思考题

1. 什么是低压电器？
2. 低压电器的常用术语有哪些？

第 2 节　低压熔断器

学习目标

(1)能正确识别、选择、安装、使用低压熔断器。

(2)掌握其功能、基本结构、工作原理及型号含义。

(3)熟悉其图形符号和文字符号。

学习要点

熔断器的选择。

小思考

低压熔断器在电路中起什么作用？

熔断器是低压配电系统和电力拖动系统中的保护电器。在使用中，熔断器串接在所保护的电路中，当该电路发生过载或短路故障时，通过熔断器的电流达到或超过了某一规定值，以其自身产生的热量使熔体熔断而自动切断电路，起到保护作用。这样，利用熔体的局部损坏，可以保护整个线路中的电气设备不因遭受过多的热量或过大的电动力而损坏。如图 1－1 所示为几种常用熔断器的外形。

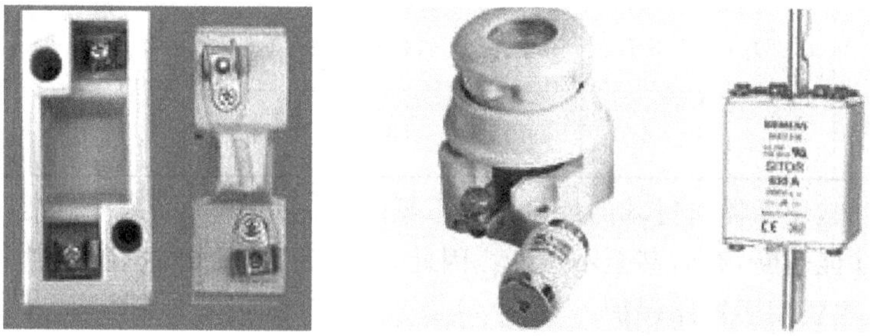

图 1－1　几种常用熔断器

一、熔断器的结构

熔断器主要由熔体、安装熔体的熔管和熔座三部分组成。熔体是用一种熔点低、易熔断，导电性能良好的合金金属丝或金属片制成的，串接在被保护的电路中。在正常情况下，熔体温度低于熔断所必需的温度，熔体不会熔断，相当于普通导线；当发生短路或严重过载时，熔体产生过量的热而熔化，从而切断电路，达到保护的目的。

小思考

只要达到额定电压或额定电流，熔断器就一定会熔断吗？

二、熔断器的主要技术参数

（1）分断能力。熔断器的分断能力是指它在额定电压及一定功率因数下切断短路电流的极限能力，所以常用极限断开电流值表示。

（2）额定电压。额定电压指熔断器长期工作所能承受的电压。如果熔断器的实际工作电压大于其额定电压，熔体熔断时就可能会发生电弧不能熄灭的危险。

（3）额定电流。额定电流指保证熔断器能长期正常工作的电流。它由熔断器各部分长期工作时允许的温升来决定。

（4）安秒特性曲线。熔断器的安秒特性曲线亦是熔断特性曲线、保护特性曲线，表征流过熔体的电流与熔体的熔断时间之间的关系，如图 1－2 所示。从图上可以看出，熔断器的熔断时间随电流的增大而缩短，呈反时限特性。

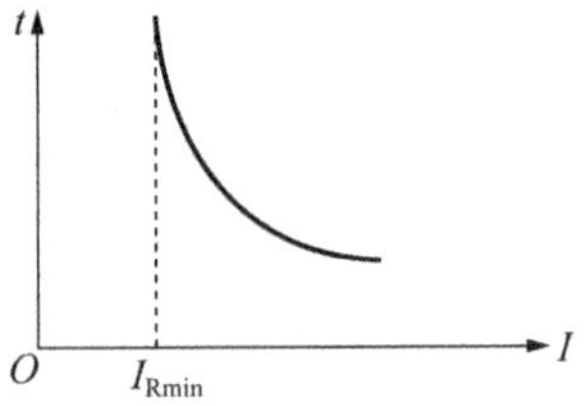

图 1－2　熔断器的安秒特性曲线

另外，在熔断器的安秒特性曲线中，有一个熔断电流与不熔断电流的分界线，与此相对应的电流称为最小熔断电流或临界电流 I_{Rmin}。往往以在 1～2 h 内能熔断的最小电流值作为最小熔断电流。根据对熔断器的要求，熔体在额定电流下绝对不应熔断，所以最小熔断电流必须大于额定电流。为了描述熔体的保护特性，定义熔体的最小熔断电流 I_{Rmin} 与熔体额定电流 I_{RN} 之比为最小熔化系数，用 β 表示。它是表征熔断器保护小倍数过载时的灵敏度的指标，故必须大于 1，一般 $\beta \geqslant 1.25$。若 β 值小，则对小倍数过载有利。

如表 1－3 所示为熔断器的熔断电流与熔断时间的关系。

表 1－3 所示熔断器的熔断电流与熔断时间的关系

熔断电流 I_R/A	$1.25I_{RN}$	$1.6\ I_{RN}$	$2.0\ I_{RN}$	$2.5\ I_{RN}$	$3.0\ I_{RN}$	$4.0\ I_{RN}$	$8.0\ I_{RN}$	$10.0\ I_{RN}$
熔断时间 t/s	∞	3 600	40	8	4.5	2.5	1	0.4

由表 1－3 可知，熔断器对过载的反应是很不灵敏的，当电气设备发生轻度过载时，熔断器将持续很长时间才能熔断，有时甚至不熔断。因此，除照明和电加热电路外，熔断器一般不宜作过载保护电器，主要用于短路保护。

三、常用的低压熔断器

小思考

如何正确选择熔断器？熔断器有哪些种类？

熔断器型号及含义如下：

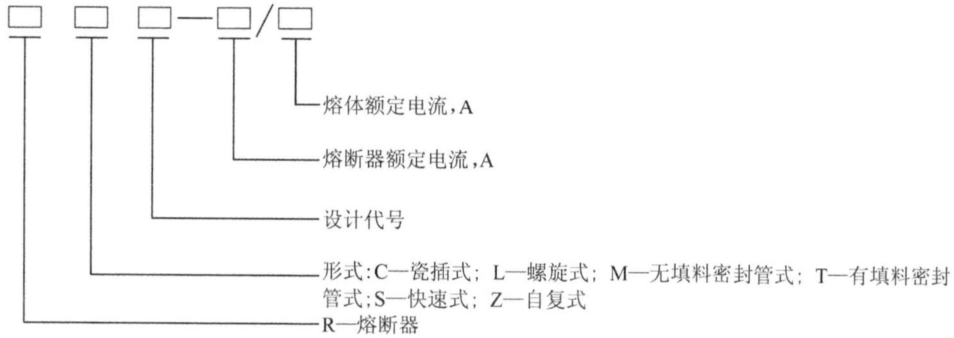

如型号 RC1A—15/10 中，R 表示熔断器，C 表示瓷插式，设计代号为 1A，熔断器额定电流为 15 A，熔体额定电流为 10 A。

1. 几种常见的低压熔断器

(1)RC1A 系列瓷插式熔断器。它是我国目前应用较广的一种熔断器，用于交流 50 Hz，额定电压 380 V，额定电流在 200 A 以下的低压电路中作短路保护和严重过载保护之用。RC1A 系列熔断器由瓷插件、动触点、静触点和熔丝组成，其结构如图 1—3 所示。RC1A 系列瓷插式熔断器的主要技术数据如表 1—4 所示。

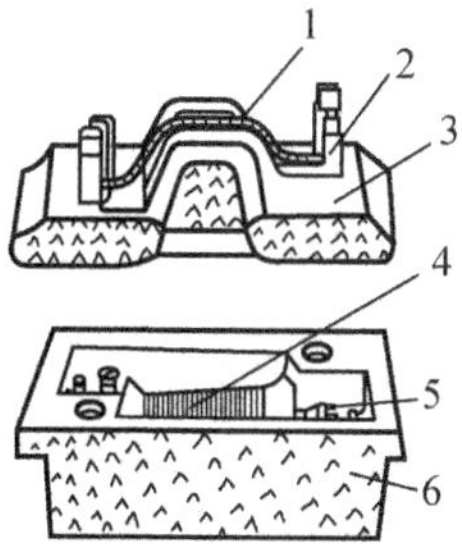

图 1—3　RC1A 系列瓷插式熔断器

1—熔丝　2—动触点　3—瓷盖　4—石棉带　5—静触点　6—瓷底座

表 1—4　RC1A 系列瓷插式熔断器的主要技术数据

熔断器额定电流/A	熔体额定电流等级/A	极限分断能力/A
5	2，5	250
10	2，4，6，10	500
15	6，10，15	
30	20，25，30	1 500
60	40，50，60	3 000
100	80，100	
200	120，150，200	

(2)RM—10 系列无填料密封管式熔断器。它是一种可拆卸的熔断器，在熔体熔断后，可将熔管拔出，更换新熔体。RM—10 系列熔断器由熔管、熔体和触刀等组成，其结构如图 1—4 所示。熔管由钢纸管(俗称反白管)制成。熔体为变截面锌片，熔体熔断时产生电弧，

使钢纸管局部分解，产生气体而灭弧。RM—10 系列无填料密封管式熔断器的主要技术数据如表 1—5 所示。

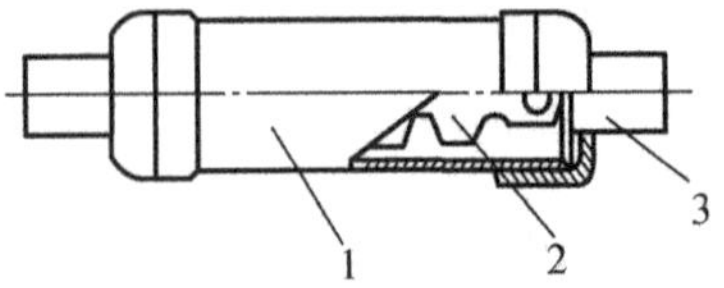

图 1—4　RM—10 系列无填料密封管式熔断器

1—熔管　2—熔体　3—触刀

表 1—5　RM—10 系列无填料密封管式熔断器主要技术数据

熔断器额定电流/A	熔体额定电流等级/A	极限分断能力/A
15 60	6,10,15 15,20,25,35,45,60	1 200 3 500
100 200 350	60,80,100 100,125,160,200 200,225,260,300,350	10 000
600	350,430,500,600	12 000
1 000	600,700,850,1 000	12 000

(3)RL1 系列螺旋式熔断器。它的结构如图 1—5 所示，由底座、瓷帽、瓷套、熔断管和上、下接线端组成。熔断管内装有熔体、石英砂填料和熔断指示器(红色)。当熔体熔断时，指示器跳出，可以通过瓷帽的圆形玻璃窗口进行观察。石英砂导热性好、热容量大，填充在熔体周围，能使电弧迅速熄灭。熔体熔断后无法单独更换，只能更换整个熔芯。因此，为了安全工作，电源进线应接在熔断器的下接线端。RL1 系列螺旋式熔断器的额定电压为 500 V。如表1—6所示为 RL1 系列螺旋式熔断器的主要技术数据。

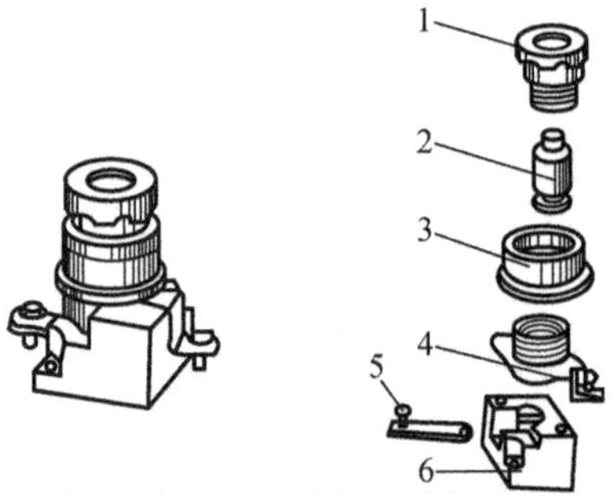

图 1—5　RL1 系列螺旋式熔断器

1—瓷帽　2—熔断管　3—瓷套　4—上接线端

5—下接线端　6—底座

表 1－6　RL1 系列螺旋式熔断器主要技术数据

型号	额定电压/V	额定电流/A	熔体额定电流等级/A	极限分断能力/A	功率因数
RL1－15	500	15	2,4,6,10,15	2 000	≥0.3
RL1－60	500	60	20,25,30,35,40,50,60	3 500	≥0.3
RL1－100	500	100	60,80,100	20 000	≥0.3
RL1－200	500	200	100,125,150,200	50 000	≥0.3

(4)RT0 系列有填料封闭管式熔断器。它由底座和熔管两部分组成，其结构如图 1－6 所示，熔管由熔体、熔断指示器、石英砂填料和触刀组成。熔体用薄紫铜片冲制而成。熔断器附有一只绝缘操作手柄，可以在无负载电流通过时带电更换熔管。它的分断能力强，特性稳定。RT0 系列有填料封闭管式熔断器的主要技术参数如表 1－7 所示。

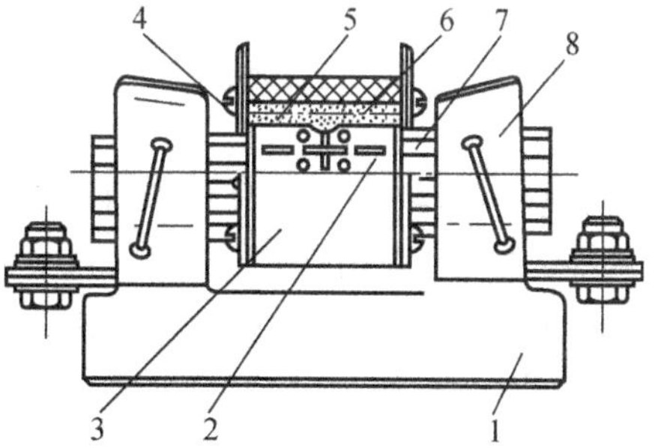

图 1－6　RT0 系列有填料封闭管式熔断器

1－底座　2－熔体　3－熔管　4－熔断指示器

5－ 石英砂填料　6－指示器熔丝　7－触刀　8－触座

表 1－7　RT0 系列有填料封闭管式熔断器的主要技术数据

型号	额定电压/V	额定电流/A	熔体额定电流等级/A	极限分断能力/kA	功率因数	直流时间常数 T/s
RT0－50	AC380	50	5,10,15,20,30,40,50	AC50	>0.3	<0.015
RT0－100		100	30,40,50,60,80,100			
RT0－200		200	80,100,120,150,200			
RT0－400	DC440	400	150,200,250,300,350,400	DC25		
RT0－600		600	350,400,450,500,550,600			
RT0－1 000		1 000	700,800,900,1 000			

(5)RS 和 RLS 系列快速熔断器。它们分别是 RT0 系列和 RL1 系列的派生系列，外形和基本系列基本相同，仅采用变截面银片作熔体，以达到快速分断的要求。RLS 系列螺旋式快速熔断器的主要技术数据如表 1－8 所示。

表 1－8　RLS 系列螺旋式快速熔断器的主要技术数据

型号	额定电压/V	额定电流/A	熔体的额定电流等级/A	极限分断能力/kA	功率因数
RLS－10	500 以下	10	3,5,10	40	≥0.3
RLS－50		50	15,20,25,30		
RLS－100		100	40,50,60,80,100		

快速熔断器主要用于半导体整流元件或装置的短路保护。由于半导体过载能力很低,只能在极短的时间内承受较大的电流,因此要求熔断器具有快速熔断的特性。普通熔断器不具备快速熔断的特性,所以使用中不能以普通熔断器代替快速熔断器。

(6)RT30 系列有填料封闭管式圆筒帽形熔断器。该系列熔断器由熔断体和熔断器支持件组成。熔断体由熔断管熔体填料组成,在由纯铜片(或铜丝)制成的变截面熔体封装于高强度熔管内,熔管内充满高纯度石英砂作为灭弧介质,熔体两端采用点焊与端帽牢固连接。熔断器支持件由底板、载熔体、插座等组成,在由塑料压制的底板装上载熔体、插座后,通过铆合或螺丝固定而成,为半封闭式结构,且带有熔断指示灯。熔体熔断时指示灯即亮。它用于交流 50 Hz、额定电压 380 V、额定电流 63 A 及以下工业电气装置的配电线路中,作为线路的短路保护及过载保护。

(7)RS0,RS3 系列有填料快速熔断器(又叫半导体器件保护用熔断器,其结构如图 1－7 所示)。电力半导体器件的过载能力很差,采用熔断器保护时,要求过载或短路时必须快速熔断,一般在 6 倍额定电流时,熔断时间不大于 20 ms。因此,快速熔断器的主要特点是熔断时间短,动作迅速(小于 5 ms)。RS0,RS3 系列,其外形与 RT0 相似,熔断管内有石英填料,熔体也采用变截面形状、导热能力强、热容量小的银片,熔化速度快。它们主要用于半导体硅整流元件的过电流保护。常用的快速熔断器有 RLS,RS0,RS3 等系列。RLS 系列主要用于小容量硅元件及成套装置的短路保护;RS0 和 RS3 系列主要用于大容量晶闸管元件的短路和过载保护,它们的结构相同,但 RS3 系列的动作更快,分断能力更强。

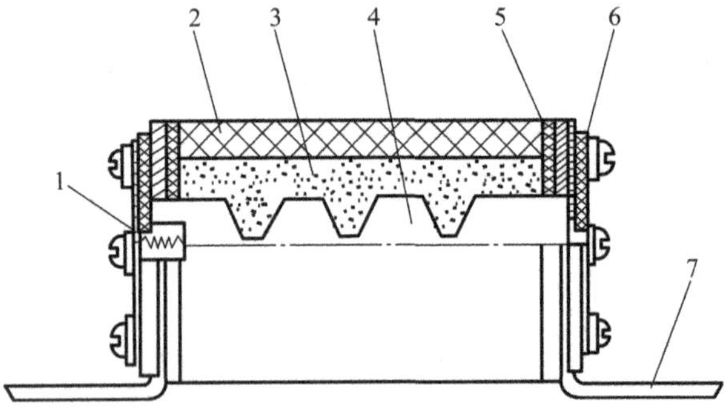

图 1－7　RS0,RS3 系列有填料快速熔断器

1－指示器　2－瓷熔管　3－石英砂　4－熔体　5－绝缘垫　6－盖板　7－导电板

(8)自复式熔断器。它是一种采用气体、超导体或液态金属钠作为熔体的限流元件,在故障短路电流产生的高温下,使熔体瞬间呈现高阻状态,从而限制了短路电流。在故障消失后,温度下降,熔体又自动恢复至原来的低阻导电状态。自复式熔断器具有限流作用显著、动作时间短、动作后不必更换熔体、能重复使用、能实现自动重合闸等优点,所以在生产中的应用范围广泛。目前自复式熔断器的工业产品有 RZ1 系列,它适于在交流 380 V 的电路中与断路器

配合使用。熔断器的电流有 100 A，200 A，400 A，600 A 4 个等级，当功率因数 $\cos\varphi \leqslant 0.3$ 时，分断能力为 100 kA。

2. 熔断器的选择

要选择合适的熔断器，该熔断器必须满足以下要求：当电气设备正常运行时，熔断器应不熔断；当出现短路时，应立即熔断；当电流发生正常变动时（如电动机启动过程），熔断器应不熔断；当用电设备持续过载时，应延时熔断。

选用熔断器的类型，应根据使用环境、负载性质和短路电流的大小选用适当类型的熔断器。例如，对于容量较小的照明电路，可选用 RT 系列圆筒帽形熔断器或 RC1A 系列瓷插式熔断器；对于短路电流相当大的电路或有易燃气体的环境，应选用 RT0 系列有填料封闭管式熔断器；在机床控制线路中，多选用 RL 系列螺旋式熔断器；用于半导体功率元件及晶闸管的保护时，应选用 RS 或 RLS 系列快速熔断器。

选择合适的额定电流时应注意：在照明电路和电热等电流较平稳、无冲击电流的负载的短路保护下，熔体的额定电流应等于或稍大于负载的额定电流。对一台不经常启动且启动时间不长的电动机的短路保护，熔体的额定电流 I_{RN} 应大于或等于 1.5～2.5 倍电动机额定电流 I_N，即：$I_{RN} \geqslant (1.5 \sim 2.5) I_N$。对于多台电动机的短路保护，熔体的额定电流应大于或等于其中最大容量电动机的额定电流 I_{Nmax} 的（1.5～2.5）倍，再加上其余电动机额定电流的总和 $\sum I_N$，即

$$I_{RN} \geqslant (1.5 \sim 2.5) I_{Nmax} + \sum I_N$$

同时要注意：熔断器的额定电压应大于或等于线路的工作电压。熔断器的额定电流必须大于或等于熔断体的额定电流。为满足选择性保护的要求，上、下级熔断器应根据其特性曲线及其实际误差来选用，如下级熔断器熔断时间取 1 s，则上级熔断器熔断时间取 1.1 s。

【例 1－1】 某机床的型号为 Y112M－4，额定功率为 4 kW，额定电压为 380 V，额定电流为 8.8 A，该电动机工作时，不需要频繁启动。若用熔断器为该电机提供短路保护，试确定熔断器的型号规格。

解 （1）选择熔断器的类型：该电动机是在机床中使用，所以熔断器可选用 RL1 系列螺旋式熔断器。

（2）选择熔体额定电流：由于所保护的电动机不需要经常启动，因此熔体额定电流取为

$$I_{RN} = (1.5 \sim 2.5) \times 8.8 \approx 13.2 \sim 22\ \text{A}$$

查表 1－6 可知，熔体额定电流为 $I_{RN} = 20$ A 或 15 A，但选用时通常留有一定的余量，故一般取 20 A。

（3）选择熔断器的额定电流和额定电压：查表 1－6 可知，可选取 RL1－60 型熔断器，其额定电流为 60 A，额定电压为 500 V。

方法点拨

（1）了解熔断器的作用。

（2）选择熔断器时，首先应根据使用场合和负载性质选择熔断器的类型。额定电流包括熔体的额定电流、熔断器的额定电流这两个电流值。选择时先要根据负载情况确定熔体的额定

电流，再根据所选熔体的额定电流选择熔断器的额定电流。

(3)结合熔断器的作用，来熟悉熔断器的安装使用及注意事项。

(4)对于自复式熔断器作一般性了解即可。

思考题

1. 熔断器的主要技术参数有哪些？

2. 熔断器主要由哪几部分组成？各部分的作用是什么？

技能实训 1－1 低压熔断器的识别与检修

1. 实训目标

认识几种常见的低压熔断器，学会安装使用 RM10 系列熔断器。

2. 工具、仪表及器材

实训工具、仪表及器材如表 1－9 所示。

表 1－9 工具、仪表及器材

	项目内容		
工具	测电笔、螺钉旋具、尖嘴钳、斜口钳、剥线钳、电工刀等常用工具		
仪表	3454 型兆欧表(500 V，0～500 MΩ)、DCL－10 型钳形电流表、DT－9927B 型数字万用表		
器材	名称	型号规格	数量
	熔断器	RC1A，RL1，RT0，RT18，RS0，RM10 系列中，各选取不少于两种规格的熔断器，DZ5－20 型、DZ47 型、DW10 型	各 1
	封闭管式熔断器的支架	RM10 系列	1
	220 V/25 W 照明灯泡		1
	导线		若干

3. 熔断器的识别训练

(1)在教师指导下，仔细观察各种不同类型、规格的熔断器的外形结构和特点。

(2)由指导教师从所给的熔断器中任选几只，想办法盖住其型号并且编号，由学生根据实物写名称、型号规格及其主要组成部分，填入表 1－10 中。

表 1－10 技能实训数据

序号	1	2	3	4	5
名称					
型号规格					
主要结构					

4. 实验电路图

根据如图 1－8 所示的实验电路简图绘制实验电路图，经指导教师许可，方可进行下一步操作。

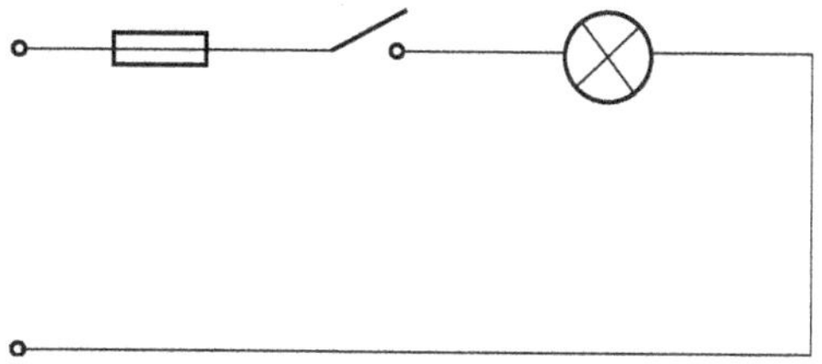

图 1－8　实验电路简图

5. RM10 **熔断器的安装和使用**

（1）检查安装使用的熔断器是否完整无损，并标有额定电压、额定电流值。

（2）检查其他器件是否损坏。

（3）按电路图接通线路，并用万用表检查各部分是否接触良好。

（4）在指导教师检查通过后，给电路通电。

6. **注意事项**

（1）熔断器安装时应保证熔体与夹头、夹头与夹座接触良好。瓷插式熔断器应垂直安装。螺旋式熔断器接线时，电源线应接在下接线座上，负载线应接在上接线座上，以保证能安全地更换熔管。

（2）熔断器内要安装合格的熔体，不能用多根小规格的熔体并联代替一根大规格的熔体。

（3）更换熔体或熔管时，必须切断电源，尤其不许带负荷操作，以免发生电弧灼伤。管式熔断器的熔体应用专用的绝缘插拔器进行更换。

（4）在切断过三次相当于分断能力的电流后，必须更换熔断管，以保证能可靠地切断所规定分断能力的电流。

（5）熔体熔断后，应首先分析原因、排除故障，然后再更换新的熔体。更换新的熔体时，不能轻易改变熔体的规格，更不能使用铜丝或铁丝代替熔体。

（6）熔断器兼作隔离器使用时，应安装在控制开关的电源线进端；若仅作短路保护用，则应装在控制开关的出线端。

（7）电路接通瞬间，熔体熔断，出现此问题的可能原因是熔体电流等级选择过小，可以更换熔体来处理此故障。

（8）熔体未熔断，但电路不通，可能原因是熔体或接线座接触不良，可以选择重新连接。

7. **评分标准**

评分标准如表 1－11 所示。

表 1－11　**评分标准**

项目	配分	评分标准	扣分
熔断器识别	40 分	（1）写错或漏写名称　每个扣 5 分 （2）写错或漏写型号　每个扣 4 分 （3）漏写主要部件　每个扣 4 分	

续表

项目	配分	评分标准		扣分
安装和使用	60 分	(1)未检查出损坏器件 每个扣 10 分 (2)接线不正确 扣 20 分 (3)器件安装松动，不牢固 扣 20 分 (4)损坏熔体 扣 10 分		
安全文明生产	违反安全文明生产规程 扣 5～40 分			
额定时间	60 min，每超时 5 min(不足 5 min 不计) 扣 5 分			
备注	除额定时间外，各项的最高扣分不应超过配分数		成绩	
开始时间		结束时间	实际时间	

第 3 节　负荷开关和组合开关

学习目标

(1)熟悉负荷开关、组合开关的型号、用途、结构、工作原理和技术参数。

(2)熟悉其选用及常见故障的处理方法。

学习要点

组合开关的结构与型号含义。

如图 1—9 所示是一个开关柜的图片，知道其中的电器元件起什么作用吗？知道如何选用这类电器元件吗？认真学习下面的内容，就会知道答案。

图 1—9　开关柜

一、负荷开关

1. 负荷开关的类型

负荷开关的类型有瓷底胶盖开启式负荷开关(HK 系列)和封闭式负荷开关(HH 系列)两种，其中，封闭式负荷开关又称为铁壳开关。

2. 瓷底胶盖开启式负荷开关的结构及用途

(1)结构。HK 系列的结构如图 1—10 所示。它由刀开关和保险丝组合而成。

(2)用途。HK 系列多用在一般的照明电路和功率在 5.5 kW 及以下电动机的控制电路中。

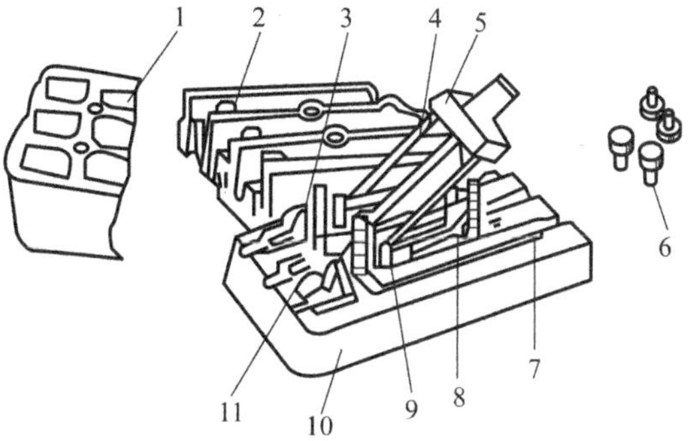

图 1—10　瓷底胶盖开启式负荷开关

1—上胶盖　2—下胶盖　3—触刀座　4—触刀　5—触刀瓷柄　6—胶盖紧固螺帽

7—出线端子　8—熔丝　9—触刀铰链　10—瓷底座　11—进线端子

3. 封闭式负荷开关的结构及用途

(1)结构。HH 系列封闭式负荷开关的结构如图 1—11 所示。

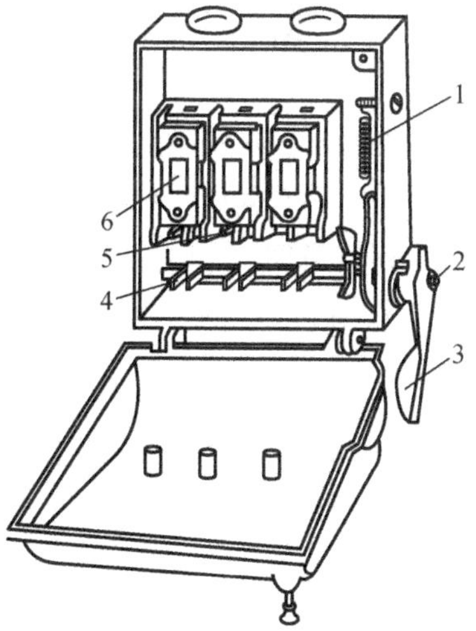

图 1—11　HH 系列封闭式负荷开关

1—速断弹簧　2—转轴　3—手柄　4—闸刀　5—夹座　6—熔断器

(2)用途。HH 系列一般用在电气照明等线路中作配电电器，不频繁地通、断电路。

4. 负荷开关的安装方法

(1)开启式负荷开关的安装。

1)底板应垂直于地面安装，合闸位置应在上方，不允许横装或倒装，更不允许将开关放在地上使用。

2)电源进、出线不能接反。电源进线应接在上端接线座，负载应接在下端接线座，保证更换熔丝时的安全。

3)安装后应检查刀片和夹座是否成直线接触，若刀片和夹座歪扭或夹座压力不足，应及时修复。

4)在刀闸断开的情况下才能更换熔丝。熔丝只能用与原熔丝规格相同的，严禁用铝丝、铜丝代替。

(2)封闭式负荷开关的安装。

1)将木配电板的底板固定在墙上。然后将盖板固定在底板上,铁壳开关就装在盖板上。如果线路是瓷夹板或电线管配线,就应在盖板的上、下端分别切开一个缺口,以便放入导管和电线管,如图 1—12 所示。

2)必须垂直安装,安装高度一般离地高 1.3～1.5 m,以方便操作和保证安全。

3)进、出线都必须穿过开关的进、出线孔,在进、出线孔处安装橡皮垫圈,以防导线绝缘层的磨损。

4)外壳接地螺钉必须可靠接地。

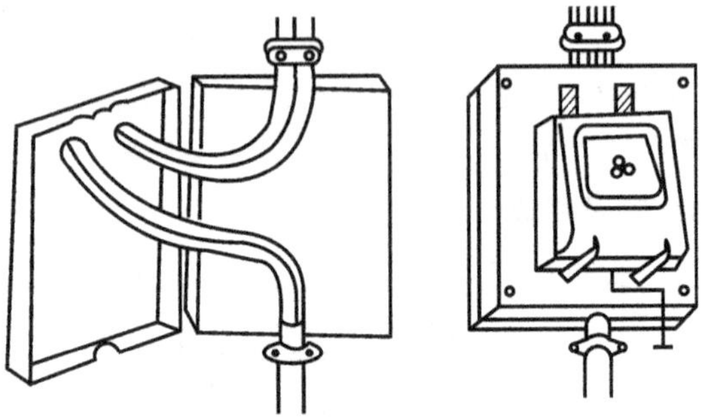

(a)底板的安装　　(b)开关的安装

图 1—12　封闭式负荷开关的安装

5. 负荷开关型号的意义和图形符号(见图 1—13)

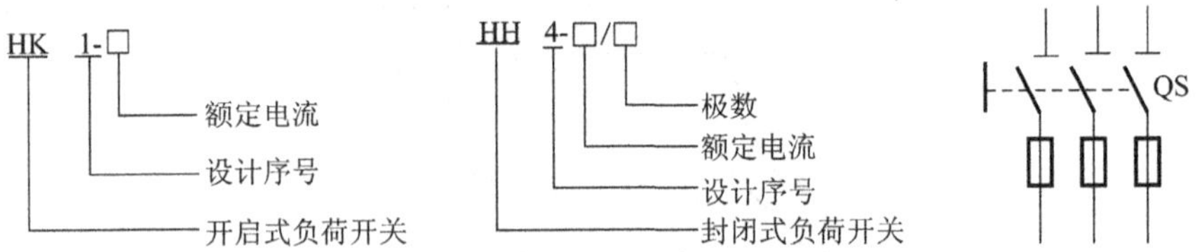

(a)型号的意义　　(b)图形符号

图 1—13　负荷开关型号的意义及图形符号

6. 注意事项

负荷开关投运前应检查以下项目:

(1)负荷开关导电部件的检查项目内容与刀开关相应部分相同。

(2)检查开关的操作机构的部件是否完好,闭锁装置是否完好。

(3)检查外壳内和底座有无熔丝熔断后造成的金属粉尘,若有,应清扫干净,以免降低绝缘性能。

(4)金属外壳应有可靠的保护接地,防止发生触电事故。

(5)检查熔断器额定电流是否与开关额定电流相匹配。

【例 1—2】 如何选用开启式负荷开关?

答 开启式负荷开关的选用:

(1)用于照明或电热负载时,负荷开关的额定电流等于或大于被控制电路中各负载额定电流之和。

(2)用于电动机负载时,开启式负荷开关的额定电流一般为电动机额定电流的 3 倍。而且要将开启式负荷开关接熔丝处用铜导线连接，并在开关出线座后面装设单独的熔断器作为电动机的短路保护。

二、组合开关

组合开关又称转换开关，它实质上也是一种特殊的刀开关，只不过一般刀开关的操作手柄是在垂直于安装面的平面内向上或向下转动，而转换开关的操作手柄则是在平行于其安装面的平面内向左或向右转动而已。它具有多触点、多位置、体积小、性能可靠、操作方便、安装灵活等特点，多用在电气控制线路中作为电源的引入开关，也可以用于不频繁地接通和断开电路、换接电源和负载以及控制 5 kW 及以下的小容量异步电动机的启动。它适用于交流频率 50 Hz、电压 380 V 以下的电气系统中。转换开关按操作机构可分为无限位型和有限位型两种，其结构略有不同。

1. 组合开关的结构与型号含义

组合开关的种类很多，常用的有 HZ5，HZ10，HZ15 等系列。HZ10－10/3 型组合开关的结构如图 1－14 所示，其静触点装在绝缘垫板上，并附有接线柱用于与电源及负载相接，动触点装在能随转轴转动的绝缘垫板上，手柄和转轴能沿顺时针或逆时针方向转动 90°，带动三个动触点分别与静触点接触或分离，实现接通和分断电路的目的。由于采用了扭簧储能结构，HZ10－10/3 型组合开关能快速闭合及分断开关，使开关的闭合和分断速度与手动操作无关，其符号如图 1－14(c)所示。

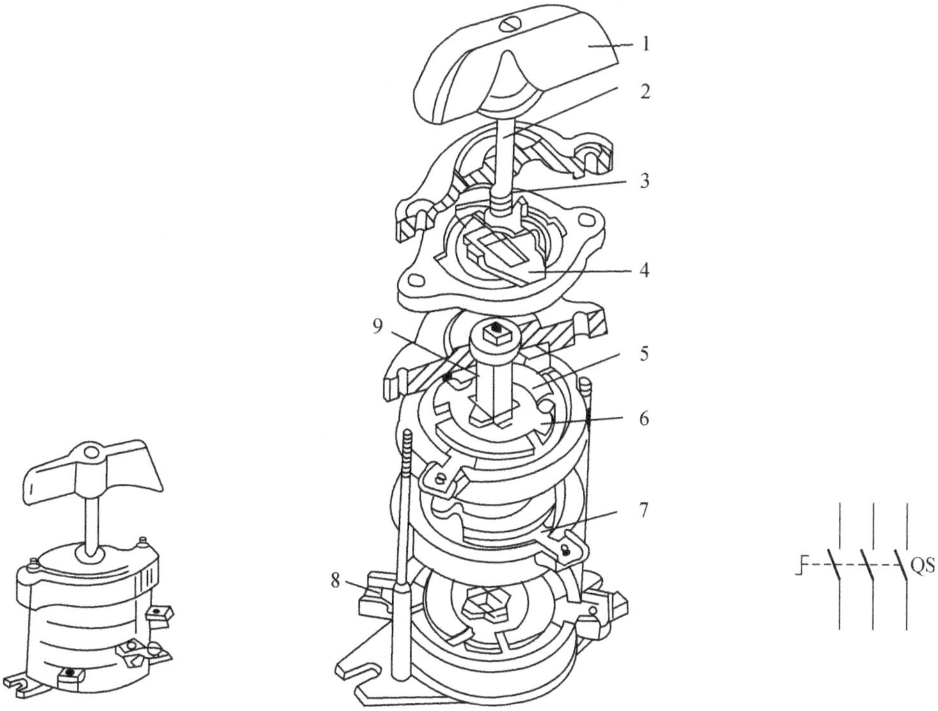

(a)外形　　(b)结构　　(c)符号

图 1－14　HZ10－10/3 型组合开关

1－手柄　2－转轴　3－弹簧　4－凸轮　5－绝缘垫板

6－动触片　7－静触片　8－接线柱　9－绝缘杆

HZ10 系列组合开关的型号及含义如下：

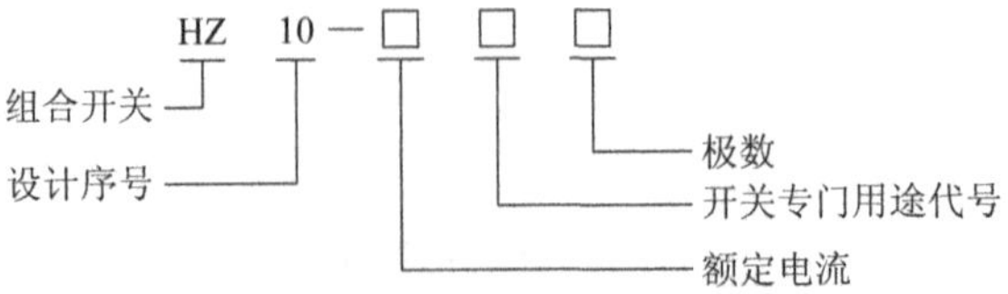

组合开关是根据电源种类、电压等级、所需触点数、接线方式进行选用的。应用转换开关控制异步电动机的启动、停止时，接通频率不应过高，开关的额定电流也应选得略大一些，一般取电动机额定电流的 1.5～2.5 倍。用于电动机的正、反转控制时，应当在电动机完全停止转动后，方可允许反向启动，否则会烧坏开关触点或造成弧光短路事故。

如图 1－15 所示是倒顺开关的外形及符号。倒顺开关是组合开关的一种，也称可逆转换开关，是专为控制小容量三相异步电动机的正反转而设计生产的。开关的手柄有“倒”“停”“顺”三个位置，手柄只能从“停”的位置左转或右转 45°，其图形符号如图 1－15 所示。

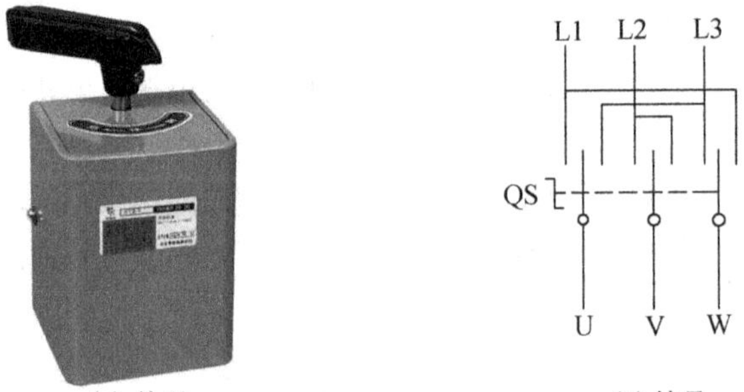

(a) 外形　　(b) 符号

图 1－15　倒顺开关

2. **组合开关的主要技术数据及选用**

组合开关可分为单极、双极和多极三类，主要参数有额定电压、额定电流、极数等，额定电流有 10 A，20 A，40 A，60 A 等几个等级。如表 1－12 所示为常用组合开关的主要技术数据。

表 1－12　常用组合开关的主要技术数据

型号	额定电压/V	额定电流/A	控制功率/kW	用途	备注
HZ5－10 HZ5－20 HZ5－40 HZ5－60	交流 380	10 20 40 60	1.7 4 7.5 10	在电气设备中作电源引入，接通或分断电路，换接电源或负载(电动机)等	可取代 HZ1，HZ3 等老产品
HZ10－10 HZ10－25 HZ10－60 HZ10－100	直流 220	10 25 60 100	—	在电气设备中作接通或分断电路，换接电源或负载，测量三相电压，控制小型异步电动机的正反转	可取代 HZ1，HZ2 等老产品

组合开关应根据电源种类、电压等级、所需触点数、接线方式和负载容量进行选用。用于控制小型异步电动机的运转时，开关的额定电流一般取电动机额定电流的 1.5～2.5 倍。

3. 组合开关的安装与使用

(1)HZ10 系列组合开关应安装在控制箱(或壳体)内，其操作手柄最好伸出在控制箱的前面或侧面。开关为断开状态时应使手柄在水平旋转位置。倒顺开关外壳上的接地螺钉应可靠接地。

(2)若需在箱内操作，则开关应装在箱内右上方，并且在它的上方不安装其他电器，否则应采取隔离或绝缘措施。

(3)组合开关的通断能力较低，不能用来分断故障电流。

(4)当操作频率过高或负载功率因数较低时，应降低开关的容量使用，以延长其使用寿命。

4. 组合开关的常见故障及处理方法

组合开关的常见故障及处理方法如表1—13所示。

表1—13　组合开关常见故障及处理方法

故障现象	可能原因	处理方法
手柄转动后，内部触点未动	手柄上的轴孔磨损变形	调换手柄
	绝缘杆变形(由方形磨为圆形)	更换绝缘杆
	手柄与方轴，或轴与绝缘杆配合松动	紧固松动部件
	操作机构损坏	修理更换
手柄转动后，动、静触点不能按要求动作	组合开关型号选用不正确	更换开关
	触点角度装配不正确	重新装配
	触点失去弹性或接触不良	更换触点或清除氧化层或尘污
接线柱间短路	因铁屑或油污附着在接线柱间，形成导电层，将胶木烧焦，使绝缘损坏而形成短路	更换开关

小思考

比较负荷开关和组合开关，两者的主要区别是什么？生活中常用在哪些地方？

方法点拨

(1)注意几种开关的结构特点并相互比较，找出其相同点与不同点。如负荷开关、组合开关，都用于不频繁地接通和分断电路，但负荷开关没有快速通断的功能，组合开关和负荷开关都没有专门的灭弧系统。

(2)对常用型号的型号含义和主要技术参数作必要的了解，以达到能够根据不同负载的要求合理选用的目的。

思考题

1. 如何选用开启式负荷开关？

2. 如何使用组合开关？

第 4 节　低压断路器

学习目标

(1)熟悉型号、用途、结构、工作原理和技术参数。

(2)熟悉其选用及常见故障的处理方法。

学习要点

低压断路器的工作原理。

低压断路器的主要特点：

- 3VL 系列塑料壳断路器额定电流为 16～1 600 A
- 3 种分断能力：N/H/L
- 全系列脱扣器易于更换
- 可配热磁式脱扣器(16～630 A)
- 可配电子式脱扣器(25～1 600 A)，电子式脱扣器可带 LCD 电流指示器
- 适用于线路保护、电动机保护、隔离开关及直流保护
- 附件标准化：内置附件仅两种规格，外部附件仅四种规格
- 易于实现通信功能

见过如图 1－16 所示的低压电器吗？它是西门子公司最新的一款低压断路器，SENTRON VL 系列，其紧凑式、模块化的设计和高性能运行的特性能够满足当今配电系统的高要求。知道“主要特点”中每条的含义吗？学完下面的知识，就会对低压断路器有比较深入的了解。

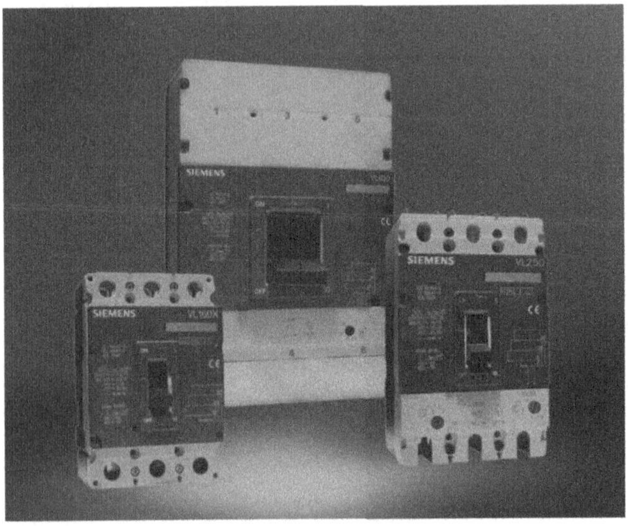

图 1－16　SENTRON VL 系列低压断路器

一、低压断路器的功能

断路器俗称自动空气开关。目前，在低压配电系统中，它的保护功能最为完善。它不仅能

在正常工作情况下接通或断开负载电流，而且允许在不正常情况下（过载、短路、欠电压等）自动切断电路，从而保护用电设备和电缆等。在故障排除后，断路器又能迅速恢复供电。它可以就地操作，还可以远距离操作，而且操作安全、方便。近年来不断推出的智能型断路器，性能更好，可以实现配电自动化。由于断路器具有以上很多优点，因而在低压电气装置中获得了广泛应用。

二、低压断路器的分类

断路器种类繁多，因而其分类方法也是多种多样的。常见的分类方法有：按使用类别、用途、结构特点、极数、传动方式等来分。

（1）按使用类别分，有选择型（B 类）和非选择型（A 类）断路器。

（2）按用途分，有保护配电线路型、保护电动机型、保护照明线路型和漏电保护型断路器。

（3）按主电路极数分，有单极、二极、三极、四极的断路器。

（4）按脱扣器种类来分，脱扣器主要有短路瞬时或短延时脱扣器、过载长延时反时限保护脱扣器、欠电压瞬时脱扣器、欠电压延时脱扣器、漏电保护脱扣器等。上述各类脱扣器在断路器中既可以单独使用，也可以组合使用。断路器除配备有脱扣器以外，还可结合继电器使用。如继电器（包括热敏电阻保护单元）是通过与断路器操作机构相连的欠压脱扣器或分励脱扣器（见图1－18中的 8 和 14）的动作来控制断路器的。

（5）按结构形式分，有万能式和塑料外壳式断路器。

（6）按是否具有限流性能分，有一般型和限流型断路器。

（7）按操作方式分，有直接手柄操作、手柄储能操作快速合闸、电动机操作、电动机储能操作快速合闸、电动机预储能操作、电磁铁操作等断路器。

（8）按灭弧介质分，有空气式和真空式断路器（目前国内多为空气式断路器）。

（9）按安装方式分，有固定式、插入式和抽屉式等断路器。

小思考

在实际生活中见过或使用过如图 1－17 所示的低压断路器吗？它们常用在什么地方？

图 1－17　低压断路器

三、断路器的基本结构

断路器的结构比较复杂，一般由触点系统、灭弧装置、脱扣装置等部分组成。智能断路器有电子脱扣单元，是断路器中技术含量最高的部分，对断路器性能的影响也最大。

1. **触点系统**

参照图1—18，断路器的触点系统包括主触点和辅助触点。主触点接在主电路中，辅助触点接在控制电路中。主触点中通过的电流很大，它应能通断负载电流和分断短路电流，并且具有多次接通、分断电路后不致引起触点烧损和温升超过允许值的能力。额定电流大于1 000 A的断路器，除工作触点和灭弧触点外，还增加了副触点。断路器常用的触点形式有三种：插入式、桥式和对接式。插入式触点能通过巨大的短路电流。

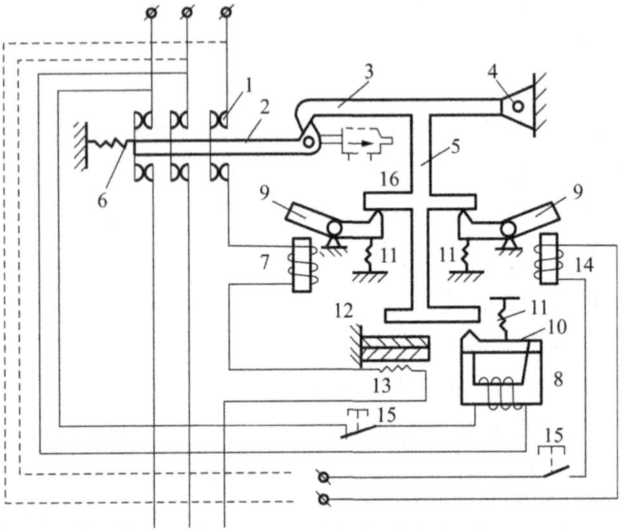

图1—18 低压断路器原理

1—主触点 2—锁键 3—搭钩（表示自由脱扣机构） 4—转轴 5—杠杆
6—复位弹簧 7—过流脱扣器 8—欠压脱扣器 9,10—衔铁 11—弹簧
12—热脱扣器双金属片 13—热脱扣器加热电阻丝 14—分励脱扣器
15—释放按钮 16—后电磁铁（电动器）

2. **灭弧装置**

当电路发生短路时，短路电流比额定电流大得多，此时断路器要能分断电路，必须有很强的灭弧能力。断路器的动触点能够快速分闸，工作触点上还装有特殊的灭弧罩。触点断开时产生的电弧，受电弧电流产生的磁场作用，被吸入灭弧罩中，由灭弧栅片分割成一段一段的短弧。由于短弧电压低、热量小，而钢片又能迅速散热，所以能很快灭弧，切断电路。

3. **脱扣装置**

断路器有一套比较复杂的自动脱扣装置和传动杠杆，所以能在发生短路等故障时自动跳闸，切断电源，起到保护作用。脱扣装置有以下4种：

(1)电磁式过电流脱扣器。

(2)热过载脱扣器。它主要用于线路和电路的过载保护，有直接加热和间接加热两种方式。

(3)欠电压脱扣器。欠电压脱扣器用于零压和欠压保护。具有欠电压脱扣器的断路器，在欠电压脱扣器两端无电压或电压过低时不能接通电路。

(4)分励脱扣器。其电路图如图 1－19 所示，主要用于远距离控制断路器的使用。

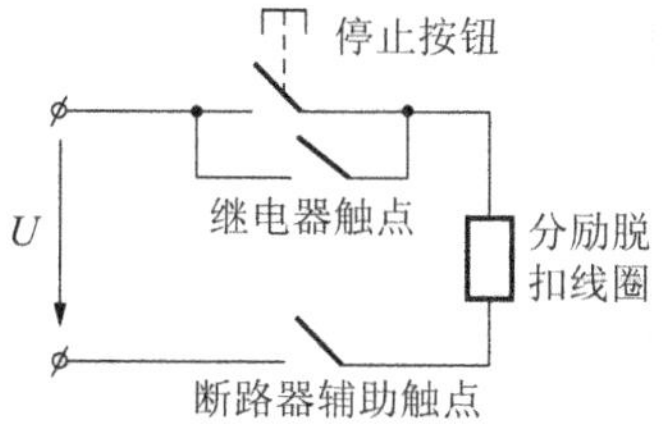

图 1－19　分励脱扣器电路

四、低压断路器的符号及型号含义

1. 电气图形符号

低压断路器的电气图形符号如图 1－20 所示。

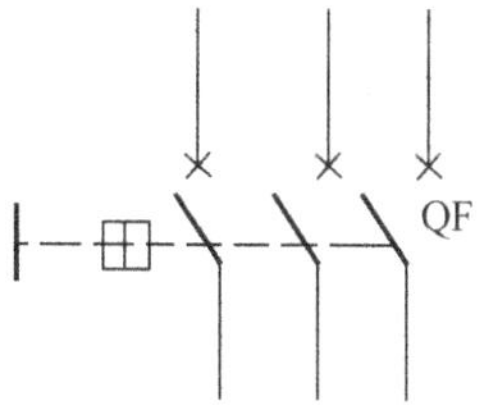

图 1－20　断路器的电气图形符号

2. 型号含义

低压断路器的型号含义如下：

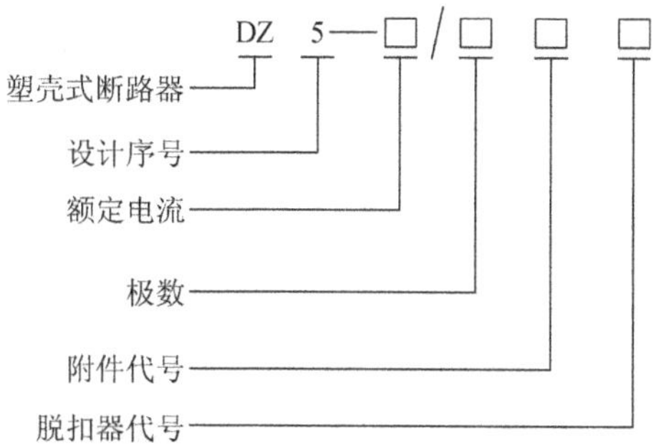

附件代号中：0－不带附件；2－有辅助触点

脱扣器代号：0－无脱扣器；1－热脱扣器式；2－电磁脱扣式；3－复式

五、主要技术参数

1. 极限分断能力

极限分断能力指低压断路器在规定电压、频率和线路参数（交流电路为功率因数 $\cos\varphi$，直流电路为时间常数 $T=L/R$）下，所能切断的最大短路电流。

2. 动作时间

动作时间主要指切断故障电流所需要的时间，断路器动作时间如图 1－21 所示。动作时间可分为 3 个部分。

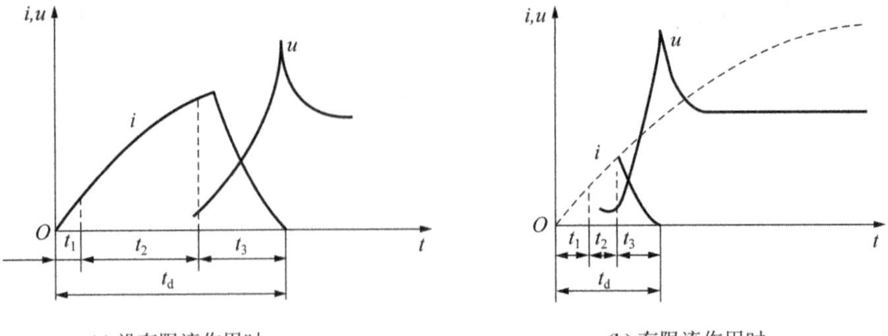

图 1－21　低压断路器动作时间

(1)t_1:断路器由正常工作电流增大到脱扣器整定电流所需的时间。它取决于线路参数、短路电流的增长速度和整定电流的上、下限值。

(2)t_2:从过电流脱扣器得到信号开始运动起,到触点系统受到自由脱扣机构的作用,弧触点开始分离,出现弧隙的一段时间。它取决于机械方面的参数。通常称它为固有动作时间。

(3)t_3:从弧触点开始分离、产生电弧起,到电弧熄灭、电流完全被切断为止的一段时间。它与灭弧系统的效能及电路参数有关。

t_d为 t_1,t_2,t_3之和,从断路器正常电流增大到脱扣器整定电流值时脱扣器开始动作起,到电弧电流完全被切断为止,在以上三段时间中,最重要的是固有动作时间 t_2。因为这段时间越长,短路电流就越接近最大值,即开关不能起限流作用。如图1－21(b)所示,如果 t_2很短,就能在最大短路电流到来之前将电网电路切断,即开关起了限流作用,这样就降低了开关灭弧的难度。当然,在限流作用下,对开关本身及所保护的电气设备来说,电动稳定性和热稳定性都得到了改善。一般的低压断路器固有动作时间为 20 ～ 70 ms,全部动作时间为 100 ～ 300 ms;直流快速开关的固有动作时间为 1 ～10 ms,全部动作时间为 20 ～ 30 ms;交流限流开关的动作时间,按短路电流未达到峰值前就应将电路切断这一要求来看,应当小于 5 ms。

3. 保护特性

保护特性是指断路器的过电流保护特性 $t=f(i)$。根据需要,保护特性有瞬时的和带反时限延时的。为了能起到良好的保护作用,开关的保护特性应同保护对象的允许发热特性相匹配,如图 1－22 所示,即此保护特性应当位于保护对象的允许发热特性之下。只有这样,保护对象才不会受到短路电流冲击而损坏。为了充分利用电气设备的过载能力,尽可能缩小事故范围,断路器的保护特性必须具有选择性,即应分段保护。如图 1－22 所示,断路器保护特性的 *ab* 段是过载保护部分,其动作电流的大小与动作时间的长短成反比;*df* 段是瞬时动作部分,只要故障电流超过了 *d* 点对应的电流值,过流脱扣器瞬时动作,切除故障电路;*ce* 段是定时限延时动作部分,只要故障电流超过与 *c* 点对应的电流值,过电流脱扣器经一定的延时后即动作,切断故障电路。根据需要,断路器的保护特性可以是两段式的,如 *abdf* 式——过载长延时和短路瞬时动作,*abce* 式——过载长延时和短路短延时动作;也可以采用三段式的保护特性,即 *abcghf* 式——过载长延时、短路短延时和特大短路瞬时动作。

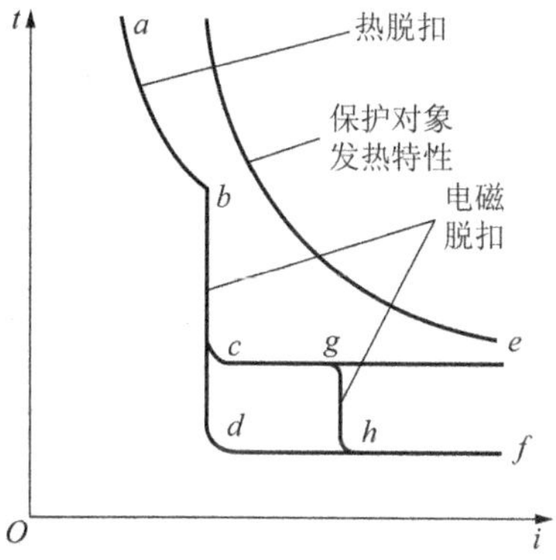

图1—22　开关保护特性与保护对象允许发热特性的匹配

两段式和三段式是如何起保护作用的?

4.电寿命和机械寿命

由于配电用断路器与接触器比较起来，其操作次数和动作次数少，故对两个寿命的要求并不高。例如，400～1 000 A的框架式断路器，其机械寿命为1万次，电寿命为5 000次;电动机保护用断路器电寿命与机械寿命可达几万次，如50 A的塑壳式断路器，其机械寿命为2万次，电寿命为1.2万次。

六、常用的低压断路器

(1)万能框架式断路器。万能框架式断路器一般都有一框架结构底座，所有的组件均进行绝缘后安装于此底座中。这种断路器一般有较高的短路分断能力和动稳定性，多用于电路的主保护开关。我国自行设计并生产的典型框架式断路器为DW15系列，其额定电压为交流380 V，额定电流为200 A，400 A，极限分断能力比已趋淘汰的老产品DW10系列大一倍。它分为选择型和非选择型(无短路短延时)两种产品，选择型(具有过载延时、短路短延时和短路瞬时三段保护特性)的采用半导体脱扣器。DW15系列断路器的外形如图1—23所示。在DW 15系列断路器的结构基础上，适当改变触点的结构而制成的DW15系列限流式断路器，具有快速断开和限制短路电流上升的特点，特别适用于可能发生特大短路电流的电路中。正常情况下，它也可用于电路的不频繁通断及电动机的不频繁启动。

(2)塑料外壳式断路器。塑料外壳式断路器有一绝缘塑料外壳，触点系统、灭弧室及脱扣器等均安装于塑料外壳内，而手动扳露在正面壳外中央处，可手动或电动分合闸。它也有较高的分断能力和动稳定性，以及比较完善的选择性保护功能，广泛用于配电线路，也可用于控制不频繁启动的电动机和照明电路。常用的塑料外壳式低压断路器有DZ5，DZ10，DZX10，DZ15，DZX19，DZ20等系列，其中DZX10和DZX19系列为限流式断路器。DZ20系列断路器的外形如图1—24所示。

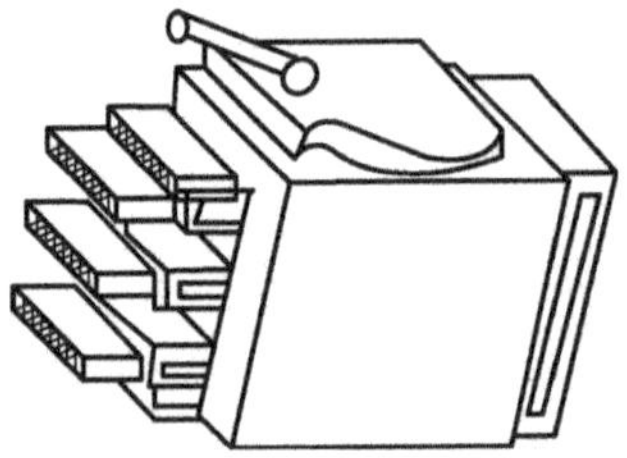

图 1－23　DW15 系列断路器的外形

图 1－24　DZ20 系列断路器的外形

七、低压断路器的选用

低压断路器的选用，应根据具体使用的条件选择使用类别、额定工作电压、额定工作电流、脱扣器整定电流和分励、欠电压脱扣器的电压、电流等参数，参照产品样本提供的保护特性曲线选用保护特性，并需对短路特性和灵敏系数进行校验。当与另外的断路器或其他保护电器之间有配合要求时，应选用选择型断路器。

1. 额定工作电压和额定电流

低压断路器的额定工作电压 U_e 和额定电流 I_e 应分别不低于线路、设备的正常额定工作电压和工作电流或计算电流。断路器的额定工作电压与通断能力及使用类别有关，同一台断路器产品可以有几个额定工作电压和相对应的通断能力及使用类别。

2. 长延时脱扣器整定电流

所选断路器的长延时脱扣器整定电流 I_{r1}，应大于或等于线路的计算负载电流，可按计算负载电流的 1～1.1 倍确定；同时应不大于线路导体长期允许电流的 0.8～1 倍。

3. 瞬时或短延时脱扣器的整定电流

所选断路器的瞬时或短延时脱扣器整定电流 I_{r2}，应大于线路尖峰电流。配电断路器可按不低于尖峰电流 1.35 倍的原则确定；电动机保护电路当动作时间大于 0.02 s 时可按不低于 1.35倍启动电流的原则确定，如果动作时间小于 0.02 s，就应增加为不低于启动电流的 1.7～2 倍。这些系数是考虑到整定误差和电动机启动电流可能变化等因素而加的。

4. 短路通断能力和短时耐受能力校验

低压断路器的额定短路分断能力和额定短路接通能力应不低于其安装位置上的预期短路电流。当动作时间大于 0.02 s 时，可不考虑短路电流的非周期分量，即把短路电流周期分量有效值作为最大短路电流；当动作时间小于 0.02 s 时，应考虑非周期分量，即把短路电流第一周期内的全电流作为最大短路电流。如果校验结果说明断路器通断能力不够，就应采取如下措施：

(1)在断路器的电源侧增设其他保护电器（如熔断器）作为后备保护。

(2)采用限流型断路器，可按制造厂提供的允通电流特性或限流系数(即实际分断电流峰值和预期短路电流峰值之比)选择相应产品。

(3)改选较大容量的断路器。各种短路保护断路器必须能在闭合位置上承载未受限制的短路电流瞬态值，还须能在规定的延时范围内承载短路电流。这种短时承载的短路电流值应不超过断路器的额定短时耐受能力，否则也应采取相应的措施或改变断路器的规格。断路器产品样本中一般都给出产品的额定峰值耐受电流和额定短时耐受电流(I_s)。当为交流电流时，短时耐受电流应以未受限制的短路电流周期分量的有效值为准。

5.灵敏系数校验

所选的断路器还应按短路电流进行灵敏系数校验。灵敏系数即线路中最小短路电流(一般取电动机接线端或配电线路末端的两相或单相短路电流)和断路器瞬时或延时脱扣器整定电流之比。两相短路时的灵敏系数应不小于2，单相短路时的灵敏系数对于DZ型断路器可取1.5，对于其他型断路器可取2。如果经校验，灵敏系数达不到上述要求，那么除调整整定电流外，也可利用延时脱扣器作为后备保护。

6.分励和欠电压脱扣器的参数确定

分励和欠电压脱扣器的额定电压应等于线路额定电压，电源类别(交、直流)应按控制线路情况确定。国标规定的额定控制电源电压系列为直流(24 V)，(48 V)，110 V，125 V，220 V，250 V；交流(24 V)，(36 V)，(48 V)，110 V，127 V，220 V，括号中的数据不推荐采用。

八、低压断路器的安装与使用

(1)低压断路器应垂直安装，电源线接在上端，负载线接在下端。

(2)低压断路器用于电源总开关或电动机的控制开关时，在电源进线侧必须加刀开关或熔断器等，以形成明显的断开点。

(3)投入使用前，应将断路器各部分上的粉尘擦拭干净，并将各紧固螺丝拧紧。

(4)对出厂前调整好的整定值、间距和调节螺丝等不得任意变动和改动。带有双金属片式脱扣器的断路器，如果工作环境温度高于整定值温度，一般宜降容使用，必要时应校验、重新调整后再使用。

(5)带有双金属片式脱扣器的断路器，如果因过负荷而分断，就需冷却复位后才能再脱扣。

(6)定期清扫、定期加油及定期检查动作情况。

(7)检修后，要在不带电的情况下合、分闸数次检验动作确实可靠后再投入运行。

(8)保持触点表面清洁，当触点磨损达到其厚度的1/3时，应予以更换。

(9)在分断短路电流后或长期使用后，应扫除灭弧室的烟尘和金属颗粒，以保证该室具有良好的绝缘性能。

【例1—3】 自动空气开关有哪些保护功能？分别由哪些部件完成？

答 自动空气开关又称自动开关或自动空气断路器。它既是控制电器，同时又具有保护电器的功能。当电路中发生短路、过载、失压等故障时，它能自动切断电路。

自动空气开关的短路、欠压及过载保护分别由过流脱扣器、欠压脱扣器和热脱扣器完成。在正常情况下，过流脱扣器的衔铁是释放着的，一旦发生严重过载或短路故障，与主电路相串的线圈就会产生较强的电磁吸力吸引衔铁，从而推动杠杆顶开锁钩，使主触点断开。欠压脱扣器的工作恰恰相反，当电压正常时，吸住衔铁而不影响主触点的闭合，一旦电压严重下降或断电，电磁吸力不足或消失，衔铁就会被释放而推动杠杆，使主触点断开。当电路发生一般性过载时，过载电流虽不能使过流脱扣器动作，但能使热元件产生一定的热量，促使双金属片受热向上弯曲，推动杠杆使搭钩与锁钩脱开，将主触点分开。

九、低压断路器的常见故障及处理方法

低压断路器的常见故障及处理方法如表1－14所示。

表1－14　低压断路器的常见故障及处理方法

故障现象	可能原因	处理方法
不能合闸	欠压脱扣器无电压或线圈损坏	检查施加电压或更换线圈
	储能弹簧变形	更换储能弹簧
	反作用弹簧力过大	重新调整
	操作机构不能复位再扣	调整再扣接触面至规定值
电流达到整定值，断路器不工作	热脱扣器双金属片损坏	更换双金属片
	电磁脱扣器的衔铁和铁芯距离太大或电磁线圈损坏	调整衔铁与铁芯的距离或更换断路器
	主触点熔焊	检查原因并更换主触点
启动电动机时断路器立即分断	电磁脱扣器瞬时整定值过小	调高整定值至规定值
	电磁脱扣器的某些零件损坏	更换脱扣器
断路器闭合一定时间后自行分断	热脱扣器整定值过小	调高整定值至规定值
断路器温升过高	触点压力过小	调整触点压力或更换弹簧
	触点表面过分磨损或接触不良	更换触点或修整接触面
	两个导电零件连接螺钉松动	重新拧紧

方法点拨

(1)充分理解各个组成元件在整个低压断路器工作过程中所起到的作用。要做到熟悉每一个部件的位置及各部件在接通、分断、保护、恢复等动作过程中动作的先后顺序，及所起到的作用。

(2)对常用型号的型号含义和主要技术参数作必要的了解，以达到能够根据不同负载的要求合理选用的目的。

思考题

1. 简述低压断路器的分类。
2. 怎样安装与使用低压断路器？

技能实训 1－2　低压开关的识别和拆装训练

1. 实训目标

(1)认识几种常见的低压开关,熟悉其工作原理。

(2)熟悉低压断路器的组成和其中零件的作用,学会其维修方法。

2. 工具、仪表及器材

实训工具仪表及器材如表 1－15 所示。

表 1－15　工具、仪表及器材

项目内容				
工具	测电笔、螺钉旋具、尖嘴钳、斜口钳、剥线钳、电工刀等常用工具			
仪表	3454 型兆欧表(500 V,0～500 MΩ)、DCL－10 型钳形电流表、DT－9927B 型数字万用表			
器材	代号	名称	型号	数量
	QS1	开启式负荷开关	HK1 系列	1
	QS2	封闭式负荷开关	HH3 系列	1
	QS3	组合开关	HZ10－25 系列	1
	QF	低压断路器	DZ5－20 型、DZ47 型、DW10 型	各 1

3. 实训过程

(1)拆装低压开关。

1)仔细观察各种不同类型、规格的低压开关,熟悉它们的外形,型号,主要技术参数的意义、功能、结构及工作原理等。

2)将所给低压开关的铭牌数据用胶布盖住并编号,根据实物写出各电器的名称、型号规格及文字符号,画出图形符号,填入表 1－16 中。

表 1－16　低压开关的识别

序号	1	2	3	4	5	6	7	8	9	10
名称										
型号规格										
文字符号										
图形符号										

(2)低压断路器的维护训练。

维护步骤:

1)清扫断路器上的尘土,擦去电磁铁防锈面上的防锈油脂,并检查各紧固螺钉是否完好。

2)检查断路器各相之间的绝缘性能。

3)在不带电的情况下,合、分闸数次,检验动作的可靠性。

4)检查脱扣器的工作状态,练习调整整定值。

5)检查电磁铁表面及间隙是否正常、清洁,短路环有无损伤,弹簧有无腐蚀。

6)检查灭弧室有无破裂或松动,外观是否完整,有无喷痕迹或受潮迹象。

4. **评分标准**

评分标准如表 1—17 所示。

表 1—17 评分标准

项目	配分	评分标准		扣分
识别低压开关	40 分	(1)写错或漏写名称 (2)写错或漏写型号 (3)漏写主要部件	每个扣 5 分 每个扣 4 分 每个扣 4 分	
检测低压开关	40 分	(1)仪表使用方法错误 (2)检测方法或结果有误 (3)损坏仪表电器 (4)不会检测	扣 10 分 扣 10 分 扣 20 分 扣 10 分	
断路器的维护训练	40 分	(1)断路器表面不清洁 (2)动作不可靠 (3)电磁铁异常 (4)灭弧室异常	扣 10 分 扣 10 分 扣 10 分 扣 10 分	
安全文明生产	违反安全文明生产规程		扣 5～40 分	
额定时间	60 min，每超时 5 min(不足 5 min 不计)		扣 5 分	
备注	除额定时间外，各项的最高扣分不应超过配分数		成绩	
开始时间		结束时间		实际时间	

第 5 节　按钮和行程开关

学习目标

(1)正确识别、选择、安装、使用按钮和行程开关。

(2)熟悉它们的功能、基本结构、工作原理及型号含义，熟记它们的图形符号和文字符号。

学习要点

行程开关的结构。

按钮和行程开关样子有很大差别，但是它们都起到电路开或关的作用。它们具体是怎么应用的？适用的场合又是什么？学习这一节，就会对按钮和行程开关有明确的认识。

一、按钮

1. **按钮的功能**

按钮也称按钮开关或控制按钮。它是一种典型的主令电器，其作用是发布命令，所以它是一种操作人员与控制设备的中间环节。

按钮的触点允许通过的电流较小，一般不超过 5 A。因此，一般情况下，它不直接控制主电路(大电流电路)的通断,而是在控制电路(小电流电路)中发出指令或信号,控制接触器、继电器等电器,再由它们去控制主电路的通断、功能转换或电气联锁。如图 1－25 所示是几种按钮开关的外形。

图 1－25　按钮开关

2. **按钮的结构、符号与分类**

按钮的结构、符号与名称如表 1－18 所示。按钮一般由按钮帽、复位弹簧、桥式动触点、静触点、支柱连杆及外壳等部分组成。

表 1－18　按钮的结构、符号与名称

结构	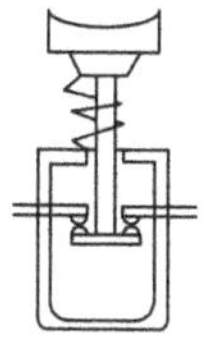	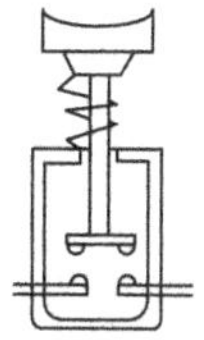	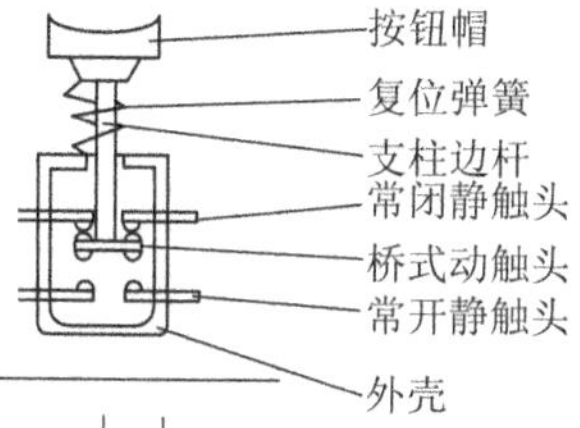
符号			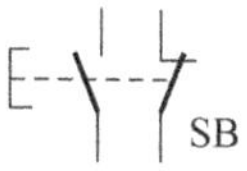
名称	动断按钮 (停止按钮)	动合按钮 (启动按钮)	复合按钮

按钮有不同的分类方法,一般的分类方法是:

(1)按结构形式可分为:

1)旋钮式——用手动旋钮进行操作。

2)指示灯式——按钮内装入信号灯显示信号。

3)紧急式——装有蘑菇形钮帽,以示紧急动作。

(2)按触点形式可分为:

1)动断按钮——外力未作用时(手未按下),触点是闭合的,外力作用时,触点断开,但外力消失后,在复位弹簧作用下自动恢复原来的闭合状态。

2)动合按钮——外力未作用时(手未按下),触点是断开的,外力作用时,触点闭合,但外力消失后,在复位弹簧作用下自动恢复原来的断开状态。

3)复合按钮——既有动合按钮,又有动断按钮的按钮组,称为复合按钮。

不同类型和用途的按钮符号如图 1—26 所示。

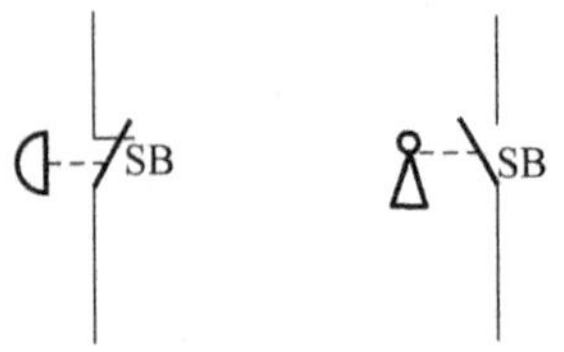

(a) 急停按钮　　(b) 钥匙操作式按钮

图 1—26　不同类型和用途的按钮符号

知识拓展

按钮和指示灯的颜色

为了便于识别各种按钮的作用,避免误操作,通常用不同的颜色和符号标志来区分按钮的作用。按钮颜色的含义如表 1—19 所示,指示灯颜色的含义如表 1—20 所示,当难以选定适当的颜色时,应使用白色。急停操作件的红色不应依赖于其灯光的照度。

表 1—19　按钮颜色的含义

<table>
<tr><th>颜色</th><th>含义</th><th>说明</th><th>应用举例</th></tr>
<tr><td>红</td><td>紧急</td><td>危险或紧急情况时操作</td><td>急停</td></tr>
<tr><td>黄</td><td>异常</td><td>异常情况时操作</td><td>干预、制止异常情况
干预、重新启动中的自动循环</td></tr>
<tr><td>绿</td><td>安全</td><td>安全情况或为正常情况准备时操作</td><td>启动/接通</td></tr>
<tr><td>蓝</td><td>强制性的</td><td>要求强制动作情况下操作</td><td>复位功能</td></tr>
<tr><td>白</td><td rowspan="3">未赋予特定含义</td><td rowspan="3">除急停以外一般功能启动</td><td>启动/接通(优先)
停止/断开</td></tr>
<tr><td>灰</td><td>启动/接通
停止/断开</td></tr>
<tr><td>黑</td><td>启动/接通
停止/断开</td></tr>
</table>

注:如果用代码的辅助手段(如标记、形状、位置)来识别按钮操作件,则白、灰或黑同一颜色可用于标注各种不同的功能(如白色用于标注启动/接通和停止)。

表1—20　指示灯的颜色及其相对于工业机械状态的含义

颜色	含义	说明	操作者的动作	应用举例
红	紧急	危险情况	立即动作去处理危险情况(如操作急停)	压力/温度超过安全极限、电压降落、击穿、行程超越停止位置
黄	异常	异常情况 紧急临界情况	监视和(或)干预(如重建需要的功能)	压力/温度超过正常限值时保护器件脱扣
绿	正常	正常情况	任选	压力/温度在正常范围内
蓝	强制性	指示操作者需要动作	强制性动作	指示输入预选值
白	无确定性质	其他情况，可用于红、黄、绿、蓝色的应用有疑问时	监视	一般信息

3. 按钮的型号和含义

按钮的型号和含义如下：

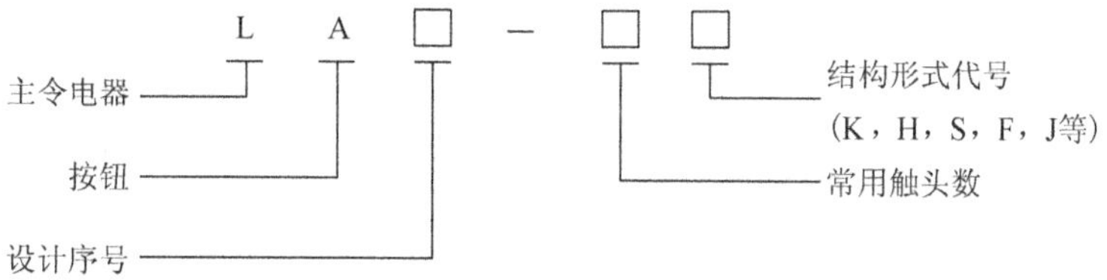

结构形式代号含义：

K——开启式；H——保护式；S——防水式；F——防腐式；J——紧急式；X——旋钮式；Y——钥匙式；D——带指示灯式。

4. 按钮的选用

按钮开关可根据下列要求进行选择：

(1)根据使用场合，选择按钮开关的种类。如开启式、保护式和防水式等。

(2)根据用途选用合适的形式。如一般式、旋钮式和紧急式等。

(3)根据控制回路的需要，确定不同的按钮数。如单联钮、双联钮和三联钮等。

(4)按工作状态指示和工作情况要求，选择按钮和指示灯的颜色。如启动按钮可选用白色、灰色或黑色，优先选用白色，也允许选用绿色。急停按钮应选用红色。停止按钮可选用黑、白或灰色，优先用黑色，也允许用红色。

常用按钮的主要技术数据如表1—21所示。

表 1—21 常用按钮的主要技术数据

型号	形式	触点数量		额定电压 额定电流 控制容量	按钮	
		动合	动断		钮数	颜色
LA10—2H	保护式	2	2		2	黑、红或绿、红
LA10—3H	保护式	3	3		3	黑、绿、红
LA10—1S	防水式	1	1		1	黑、绿或红
LA10—2S	防水式	2	2		2	黑、红或绿、红
LA10—3S	防水式	3	3		3	黑、绿、红
LA10—2F	防腐式	2	2		2	黑、红或绿、红
LA18—22	一般式	2	2		1	红、绿、黄、白、黑
LA18—44	一般式	4	4		1	红、绿、黄、白、黑
LA18—66	一般式	6	6	电压：	1	红、绿、黄、白、黑
LA18—22J	紧急式	2	2	AC380 V	1	红
LA18—44J	紧急式	4	4	DC220 V	1	红
LA18—66J	紧急式	6	6		1	红
LA18—22X2	旋钮式	2	2		1	黑
LA18—22X3	旋钮式	2	2		1	黑
LA18—44X	旋钮式	4	4		1	黑
LA18—66X	旋钮式	6	6		1	黑
LA18—22Y	钥匙式	2	2		1	锁芯本色
LA18—44Y	钥匙式	4	4	电流：5 A	1	锁芯本色
LA18—66Y	钥匙式	6	6		1	锁芯本色
LA19—11A	一般式	1	1	容量：	1	红、绿、蓝、黄、白、黑
LA19—11J	紧急式	1	1	AC300 V·A	1	红
LA19—11D	指示灯式	1	1	DC60 W	1	红、绿、蓝、白、黑
LA19—11DJ	紧急指示灯式	1	1		1	红
LA20—11	一般式	1	1		1	红、绿、黄、蓝、白
LA20—11J	紧急式	1	1		1	红
LA20—11D	指示灯式	1	1	电压：	1	红、绿、黄、蓝、白
LA20—11DJ	紧急指示灯式	1	1	AC380 V	1	红
LA20—22	一般式	2	2	DC220 V	1	红、绿、黄、蓝、白
LA20—22J	紧急式	2	2		1	红
LA20—22D	指示灯式			电流：5 A	1	红、黄、绿、蓝、白
LA20—2K	开启式	2	2		2	白、红或绿、红
LA20—3K	开启式	3	3	容量：	3	白、绿、红
LA20—2H	保护式	2	2	AC300 V·A	2	白、红或绿、红
LA20—3H	保护式	3	3	DC60 W	3	白、绿、红

5. **按钮的安装与使用**

(1)按钮安装在面板上时，应布置整齐，排列合理，如根据电动机启动的先后顺序，从上到下或从左到右排列。

(2)同一机床运动部件有几种不同的工作状态(如上、下，前、后，松、紧等)时，应使每一对相反状态的按钮安装在一组。

(3)按钮的安装应牢固，安装按钮的金属板或金属按钮盒必须可靠接地。

(4)按钮的触点间距较小，如有油污等极易发生短路故障，应注意保持触点间的清洁。

(5)光标按钮一般不宜用于需长期通电显示的地方，以免塑料外壳过度受热而变形，不便于更换灯泡。

6. **按钮的常见故障及处理方法**

按钮的常见故障及处理方法如表 1－22 所示。

表 1－22　按钮的常见故障及处理方法

故障现象	可能原因	处理方法
触点接触不良	触点烧损	修整触点或更换产品
	触点表面有尘垢	清洁触点表面
	触点弹簧失效	重绕弹簧或更换产品
触点间短路	塑料受热变形导致接线螺钉相碰短路	查明发热原因，排除故障并更换产品
	杂物或油污在触点间形成通路	清洁按钮内部

【例 1－4】　如何正确选用按钮？

答　按钮的选用主要根据以下几方面：

(1)根据使用场合，选择按钮的型号和形式。

(2)按工作状态指示和工作情况的要求，选择按钮和指示灯的颜色。

(3)按控制回路的需要，确定按钮的触点形式和触点的组数。

(4)按钮用于高温场合时，易使塑料变形老化而导致松动，引起接线螺钉间相碰短路，因此，可在接线螺钉处加套绝缘塑料管来防止短路。

(5)带指示灯的按钮因灯泡发热，长期使用易使塑料灯罩变形，故应降低灯泡电压，以延长使用寿命。

二、行程开关

1. **行程开关的功能**

行程开关又称位置开关或限位开关，如图 1－27 所示。它是依照生产机械的行程发出命令以控制其运动方向或行程长短的主令电器。若将行程开关安装于生产机械行程的终点处，以限制其行程，则又可称为限位开关或终点开关。当生产机械运动到某一预定位置，与行程开关发生碰撞时，行程开关便发出控制信号，实现对生产机械的电气控制。行程开关的作用原理与按钮相同，区别在于它不是靠手指的按压，而是利用生产机械运动部件的碰压使其触点动作，从而将机械信号转变为电信号，使运动机械按一定的位置或行程实现自动停止、反向运动、变速运动或自动往返运动等。

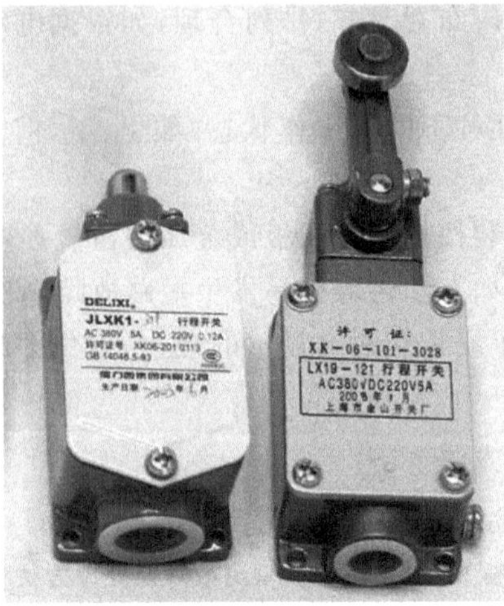

图 1－27　行程开关

2. **行程开关的结构原理、符号及型号含义**

JLXK1 型行程开关的结构和动作原理如图 1－28 所示。图中随机械部件运动的挡铁(撞块)压到行程开关时，通过传动杠杆使下部的微动开关快速动作，其常闭触点先断开，常开触点后闭合。当机械部件上的挡铁移开时，复位弹簧的弹力使杠杆复位，微动开关也恢复到原来位置。行程开关按其结构可分为直动式、滚轮式和微动式 3 种。

直动式行程开关的外形及结构原理如图 1－29 所示。它的动作原理与控制按钮相同，它的缺点是触点分合速度取决于生产机械的移动速度，当移动速度低于 0.40 m /min 时，触点分断太慢，易受电弧烧损，此时，应采用有盘行弹簧机构瞬时动作的滚轮式行程开关。滚轮式行程开关的外形如图 1－30 所示。当生产机械的行程较小而作用力很小时，可采用具有瞬时动作和微小行程的微动开关。

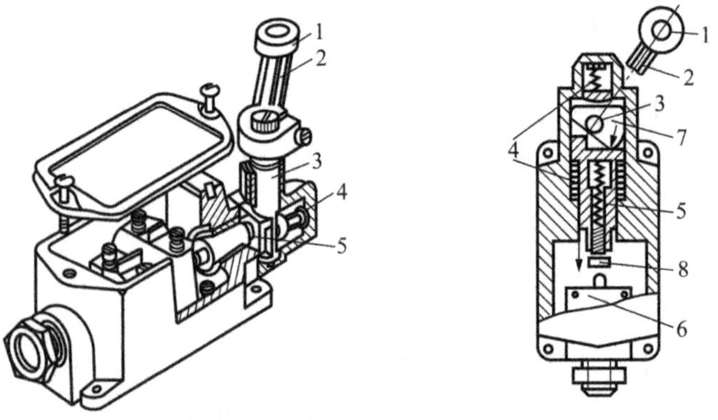

图 1－28　JLXK1 型行程开关的结构和动作原理

1－滚轮　2－杠杆　3－转轴　4－复位弹簧　5－撞块

6－微动开关　7－凸轮　8－调节螺钉

（a）外形

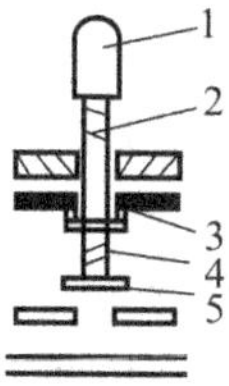

（b）结构原理

图 1—29　直动式行程开关的外形及结构原理

1—顶杆　2—弹簧　3—常闭触点　4—触点弹簧　5—常开触点

（a）单轮旋转式

（b）双轮旋转式

图 1—30　滚轮式行程开关的外形图

以某种行程开关元件为基础，装置不同的操作机构，可得到各种不同形式的行程开关，如上面所讲的按钮式（直动式）和旋转式（滚轮式）。

行程开关的触点类型有一常开一常闭、一常开二常闭、二常开一常闭、二常开二常闭等形式。动作方式可分为瞬动式、蠕动式和交叉从动式 3 种。动作后的复位方式有自动复位和非自动复位两种。如图 1—31 所示是行程开关的符号。

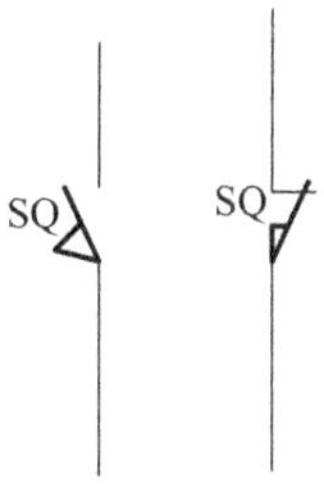

图 1—31　行程开关的符号

JLXK 系列行程开关型号的表示方法及含义如下：

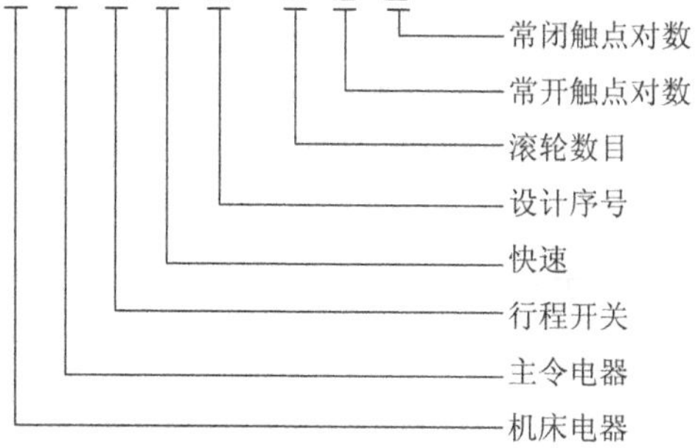

3. 行程开关的选用

行程开关的主要参数是型号、工作行程、额定电压及触点的电流容量，在产品说明书中都有详细说明。主要根据动作要求、安装位置及触点数量进行选择。LX19 和 JLXK1 系列行程开关的主要技术数据如表 1－23 所示。

表 1－23　LX19 和 JLXK1 系列行程开关的主要技术数据

型号	额定电压 额定电流	结构特点	触点对数		工作行程	超行程	触点转换时间
			常开	常闭			
LX19	380 V 5 A	元件	1	1	3 mm	1 mm	≤0.04 s
LX19－111		单轮，滚轮装在传动杆内侧，能自动复位	1	1	约 30°	约 20°	
LX19－121		单轮，滚轮装在传动杆外侧，能自动复位	1	1	约 30°	约 20°	
LX19－131		单轮，滚轮装在传动杆凹槽内，能自动复位	1	1	约 30°	约 20°	
LX19－212		双轮，滚轮装在 U 形传动杆内侧，不能自动复位	1	1	约 30°	约 15°	
LX19－222		双轮，滚轮装在 U 形传动杆外侧，不能自动复位	1	1	约 30°	约 15°	
LX19－232		双轮，滚轮装在 U 形传动杆内、外侧各一个，不能自动复位	1	1	约 30°	约 15°	
LX19－001		无滚轮，仅有径向传动杆，能自动复位	1	1	＜4 mm	3 mm	
JLXK1－111	500 V 5 A	单轮防护式	1	1	12°～15°	≤30°	
JLXK1－211		双轮防护式	1	1	约 45°	≤45°	
JLXK1－311		直动防护式	1	1	1～3 mm	2～4 mm	
JLXK1－411		直动滚轮防护式	1	1	1～3 mm	2～4 mm	

4. 行程开关的安装与使用

（1）行程开关安装时，其位置要准确，安装要牢固；滚轮的方向不能装反，挡铁与其碰撞的位置应符合控制线路的要求，并确保能可靠地与挡铁碰撞。

（2）行程开关在使用中，要定期检查和保养，除去油垢及粉尘，清理触点，经常检查其动作是否灵活、可靠，及时排除故障，防止因行程开关触点接触不良或接线松脱而产生误动作，导致设备和人身安全事故。

5. 行程开关常见故障及处理方法

行程开关常见故障及处理方法如表 1－24 所示。

表 1－24　行程开关常见故障及处理方法

故障现象	可能原因	处理方法
挡铁碰撞行程开关后，触点不动作	安装位置不准确	调整安装装置
	触点接触不良或接线松脱	清刷触点或紧固接线
	触点弹簧失效	更换弹簧
杠杆已经偏转，或无外界机械力作用，但触点不复位	复位弹簧失效	更换弹簧
	内部撞块卡阻	清扫内部杂物
	调节螺钉太长，顶住开关按钮	检查调节螺钉

6. **接近开关**

接近开关是一种非接触式的、无触点行程开关，它不仅可以代替有触点行程开关来完成行程控制和限位保护，还可以用于高频计数、测速、液面检测、零件尺寸检测、加工程序的自动衔接等。也可以说，它是一种开关性位置传感器，既有行程开关、微动开关的特性，同时又具有传感性能，且动作可靠，性能稳定，频率响应快，使用寿命长，抗干扰能力强，并具有防水、防震、耐腐蚀等特点。接近开关的产品按原理分，有电感式、电容式、霍尔式等；按电源种类分，有交流型和直流型；按结构形式分，有圆柱型、方型、普通型、分离型、槽型等。它的用途除了行程控制和限位保护外，还可用于检测金属体的存在、高速计数、测速、定位、变换运动方向、检测零件尺寸、液面控制及作无触点按钮等。

接近开关按工作原理细分，有高频震荡型、感应电桥型、霍尔效应型、光电型、永磁及磁敏元件型、电容型和超声波型等多种类型，其中以高频震荡型最为常用。

其工作原理如下：当有金属体接近一个以一定频率稳定振荡的高频振荡器的感应头时，由于电磁感应，该物体内部产生涡流损耗，以致振荡回路等效电阻增大，能量损耗增加，使振荡减弱至终止。检测电路根据振荡器的工作状态控制输出电路的工作，输出信号去控制电器或其他电器，以达到控制目的。通常把接近开关刚好动作时感应触点与检测体之间的距离称为检测距离。

接近开关的型号及含义如下：

LJ	□□	□	□	□	/	□□
代号	结构形式	感应形式	检测距离	电源种类		输出形式
LJ-电感式 CJ-电容式 SJ-霍尔式	M 圆柱形 B 小方形 C 大方形 D 普通型 E 槽型 F 分离型	T 埋入式 A 非埋入式 G 分离式 S 左侧 K 右侧 I 顶端		Z 直流 J 交流		NK NPN 常开 NH NPN 常闭 NU NPN 一常开一常闭 PK PNP 常开 PH PNP 常闭 PU PNP 一常开一常闭 W 继电器输出

例如，LJM18T－5Z/NK 表示电感式接近开关，外形为 M18 圆柱形，T 为埋入式，5Z 表示直流型，检测距离为 5 mm，NK 表示 NPN 常开。

【例 1－5】 什么是接近开关？它有什么特点？

答　接近开关又称无触点位置开关，是一种与运动部件无机械接触而能操作的位置开关。

当运动的物体靠近开关到一定位置时，开关发出信号，达到行程控制、计数及自动控制的作用。

与行程开关相比，接近开关具有定位精度高、工作可靠、寿命长、操作频率高以及能适应恶劣工作环境等优点。但接近开关在使用时，一般需要有触点继电器作为输出器。

方法点拨

(1)按钮和行程开关从内部结构到控制方式、动作原理上都十分相似，主要不同点是按钮属于手动电器，通常是通过人手来操作的，而行程开关主要是由机械的碰撞实现自动控制的。通过对比，能够抓住重点，加深理解。

(2)对常用型号的型号含义和主要技术参数作必要的了解，以达到能够根据不同负载的要求合理选用的目的。选用主要考虑两个方面，一是场合，二是规格。

思考题

1. 行程开关的触点动作方式有哪几种？各有什么特点？
2. 如何正确选用按钮？
3. 按钮的常见故障及处理方法是什么？

第6节　万能转换开关和主令控制器

学习目标

(1)正确识别、选择、安装、使用万能转换开关和主令控制器等常用的主令电器。

(2)熟悉它们的功能、基本结构、工作原理及型号含义，熟记它们的图形符号和文字符号。

学习要点

主令控制器的结构原理。

上一节学到按钮和行程开关，它们都是单个的开关，一个元件只能控制电路中一处的通断，那么有没有可以一个元件控制多处通断的低压电器呢？有，它们就是万能转换开关和主令控制器，如图1—32和图1—33所示。按钮、行程开关、万能转换开关和主令控制器都是主令开关，用来控制电器的运行。万能转换开关和主令控制器是怎样一控多的呢？它们是如何选用和维修的呢？

图1—32　万能转换开关

图 1—33　主令控制器

一、万能转换开关

1. 万能转换开关的功能

转换开关是由多组相同结构的开关元件叠装而成的，用以控制多回路的一种主令电器。它可用于控制高压油断路器、空气断路器等操作机构的分合闸，各种配电设备中线路的换接，遥控和电流表、电压表的换向测量等；也可用于控制小容量电动机的启动、换向和调速。由于它换接的线路多，用途广泛，故又称为万能转换开关，其外形如图 1—34(a)所示。

常用的万能转换开关有 LW5，LW6，LW15 等系列，LW5 系列转换开关的额定电压为交流 380 V 或直流 220 V，额定电流为 15 A，允许正常操作频率为 120 次/h，机械寿命为 100 万次，电寿命为 20 万次。LW5 型 5.5 kW 手动转换开关是 LW5 系列的派生产品，专用于 5.5 kW 以下电动机的直接启动、正反转和双速电动机的变速。LW6 系列转换开关是一种适用于交流电压至 380 V，直流电压至 220 V，工作电流至 5 A 的控制电路中的体积小巧的转换开关，也可用于不频繁地控制 2.2 kW 以下的小型感应电动机。

2. 万能转换开关的结构原理、符号及型号含义

万能转换开关主要由接触系统、操作机构、转轴、手柄、定位机构等部件组成，用螺栓组装成一个整体。接触系统由许多接触元件组成，每一接触元件均有一胶木触点座，中间装有一对或三对触点，分别由凸轮通过支架操作。操作时，手柄带动转轴和凸轮一起旋转，凸轮即可推动触点接通或断开，如图 1—34 (b)所示。由于凸轮的形状不同，当手柄处于不同的操作位置时，触点的分合情况也不同，从而达到换接电路的目的。万能转换开关在电路图中的符号如图 1—34(c)所示，图中“——o o——”代表一路触点，竖的虚线表示手柄位置。当手柄置于某一个位置上时，处于接通状态的触点下方虚线上就标注黑点“•”。例如，手柄处于 1 位时，1 和 3 触点就处于接通状态，而其他触点则是处于断开状态。触点的通断也可用图 1—34(d)所示的触点分合表来表示。表中“×”表示触点闭合，空白表示触点分断。

LW5 系列万能转换开关按用途分，有 1～16 节，共 16 种；按操动器外形分，有旋钮式和球形手捏式两种。

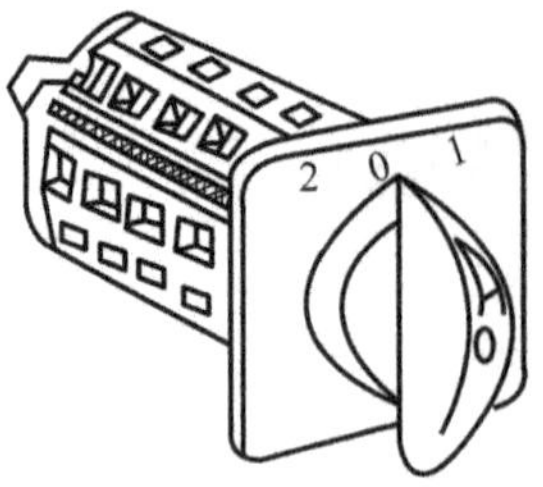

(a) 外形

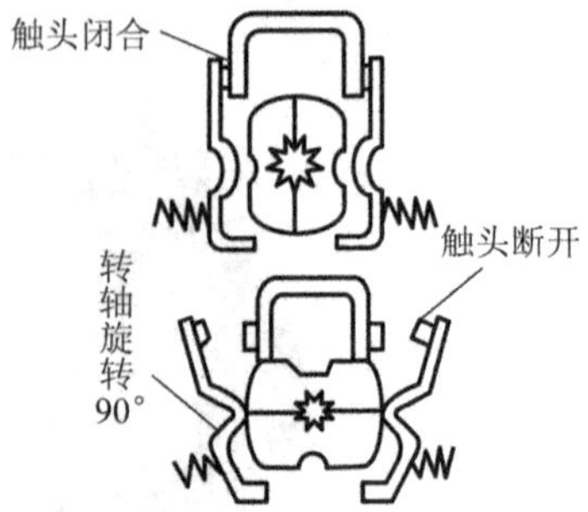

(b) 凸轮通断触头示意图

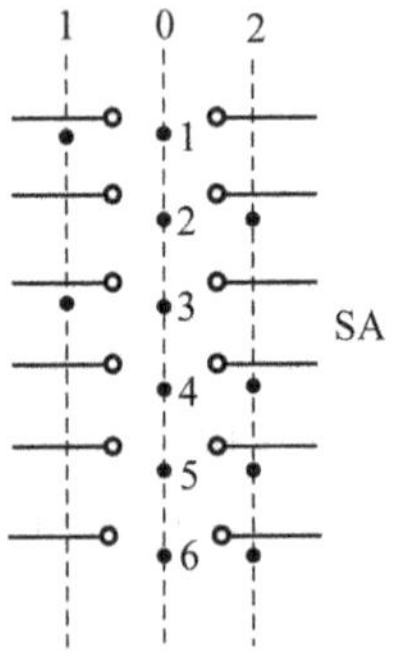

(c) 符号

触点号	1	0	2
1	×	×	
2		×	×
3	×	×	
4		×	×
5		×	×
6		×	×

(d) 触头分合表

图 1－34　LW5 系列万能转换开关

作主令控制用万能转换开关的型号及含义：

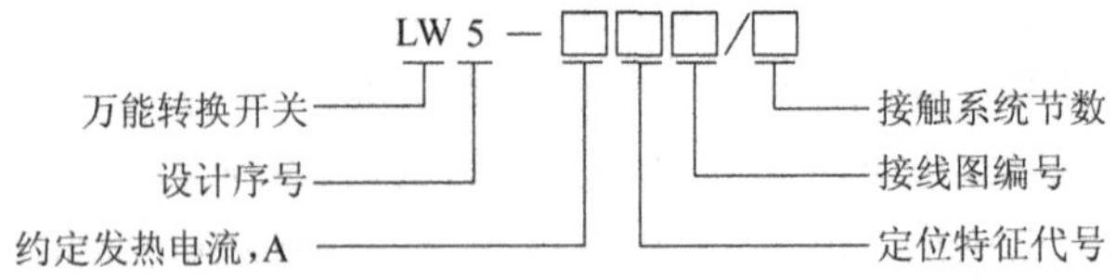

直接控制电动机用万能转换开关的型号及含义：

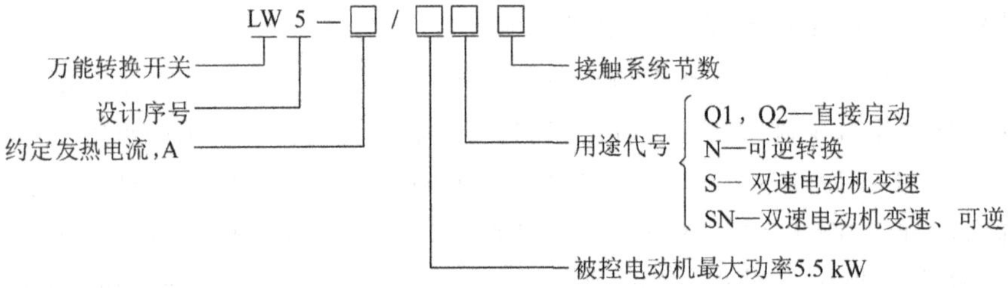

3. 万能转换开关的选用

LW5 系列万能转换开关适用于交流频率 50 Hz、额定电压 500 V 及以下，直流电压至 440 V的电路中转换电气控制线路(电磁线圈、电气测量仪表和伺服电动机等)，也可直接控制 5.5 kW三相笼型异步电动机、可逆转换、变速等。

万能转换开关主要根据用途、接线方式、所需触点挡数和额定电流来选择。

4. 万能转换开关的安装与使用

(1)万能转换开关的安装位置应与其他电器元件或机床的金属部件有一定间隙，以免在通断过程中因电弧喷出而发生对地短路故障。

(2)万能转换开关一般应水平安装在平板上,但也可以倾斜或垂直安装。

(3)万能转换开关的通断能力不高,当用来控制电动机时,LW5 系列只能控制 5.5 kW 以下的小容量电动机。若用于控制电动机的正反转,则只能在电动机停止后才能反向启动。

(4)万能转换开关本身不带保护,使用时必须与其他电器配合。

(5)当万能转换开关有故障时,必须立即切断电路,检查有无妨碍可动部分正常转动的故障、弹簧有无变形或失效、触点工作状态和触点状况是否正常等。

二、主令控制器

1. 主令控制器的功能

主令控制器是用来较为频繁地切换复杂的多回路控制电路的主令电器。它一般由触点、凸轮、转轴、定位机构、面板及其支承件等部分组成,其外形如图 1—35 所示。

国产主令控制器主要有 LK4,LK14,LK15,LK16 等系列产品。生产中常用的主令控制器有 LK1,LK4,LK15,LK16 等系列。

图 1—35　主令控制器的外形

2. 主令控制器的结构

LK1 系列主令控制器的结构如图 1—36 所示。凸轮鼓由多个凸轮块 7 嵌装而成,凸轮块根据触头系统的开闭顺序制成不同角度的凸出轮缘,每个凸轮块控制两副触头。操作手柄与方轴相连,动触点 1 固定在能绕轴 6 转动的支杆 5 上。当操作手柄转动时,凸轮块 7 随之转动。当凸轮块的凸起部分与滚轮 8 接触时,则推动小轮带动支杆 5 和转动轴 6,支杆 5 向外张开。动触点 1 与静触点 2 分开,于是切断了控制电路。当凸轮的凹部与滚轮接触时,支杆 5 在反力弹簧的作用下复位,使动、静触点闭合。这样,在方轴上安装若干个不同形状的凸轮,便可使触点顺序闭合或断开。如果用这些触点去控制电路,就可以达到按一定顺序控制电路的目的。

从结构形式来看,主令控制器可分为两种:一种是凸轮可调整式主令控制器,它的凸轮片的位置可根据触点分合表进行调整;另一种是凸轮非调整式主令控制器,它的凸轮不能调整。

主令控制器的型号及含义如下:

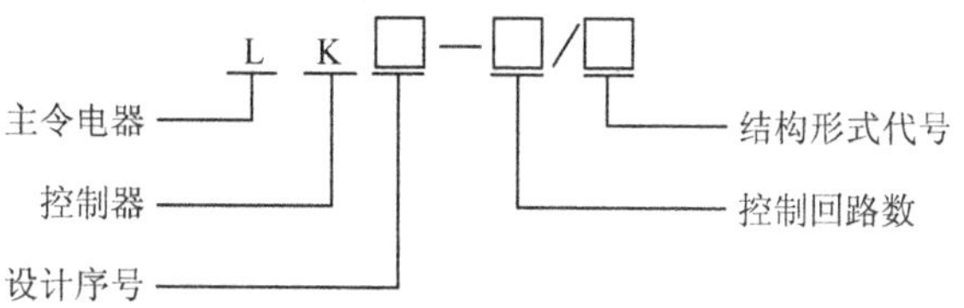

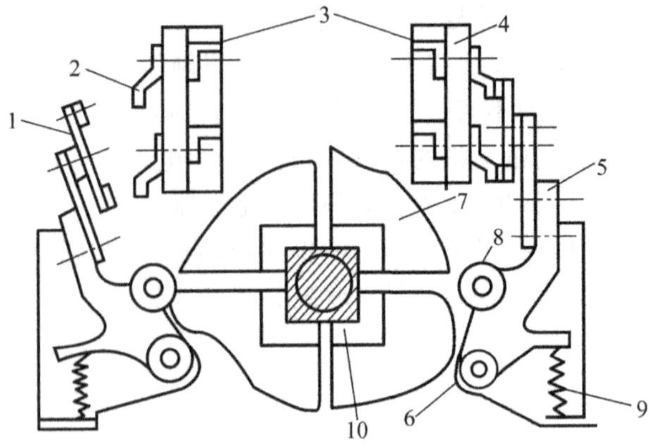

图 1－36　LK1 系列主令控制器的结构原理图

1－动触点　2－静触点　3－接线端子　4－绝缘板　5－支杆
6－转动轴　7－凸轮块　8－滚轮　9－复位弹簧　10－方形转轴

3. 主令控制器的选用

主令控制器根据使用环境、所需控制的电路数、触点闭合顺序等进行选择。常用的 LK1 系列主令控制器的主要技术参数如表 1－25 所示。

表 1－25　LK1 系列主令控制器的主要技术参数

型号	额定电压/V	额定电流/A	控制电路数	接通与分断能力/A	
				接通	分断
LK1－12/90 LK1－12/96 LK1－12/97	380	15	12	100	15

4. 主令控制器的安装与使用

主令控制器的安装与使用应符合下列要求：

(1)主令控制器的工作电压应与供电电源电压相符。

(2)凸轮控制器及主令控制器应安装在便于观察和操作的位置上；操作手柄或手轮的安装高度，宜为 800～1 200 mm。

(3)主令控制器操作应灵活；挡位应明显、准确。

(4)带有零位自锁装置的操作手柄，应能正常工作。

(5)操作手柄或手轮的动作方向，宜与机械装置的动作方向一致；操作手柄或手轮在各个不同位置时，其触点的分、合顺序均应符合控制器的分、合图表的要求，通电后应按相应的凸轮控制器件的位置检查电动机并应运行正常。

(6)主令控制器触点压力应均匀；凸轮控制器主触点的灭弧装置应完好。主令控制器的转动部分及齿轮减速机构应润滑良好。主令控制器外壳应可靠接地；用 500～1 000 V 的兆欧表测量其绝缘电阻应大于 0.5 MΩ。

方法点拨

(1)万能转换开关和主令控制器比按钮和行程开关的结构复杂，要注意其结构。

(2)对常用型号的型号含义和主要技术参数作必要的了解,以达到能够根据不同负载的要求合理选用的目的。选用主要考虑两个方面,一是场合,二是规格。

思考题

1. 如何选用万能转换开关?

2. 简述万能转换开关的安装与使用方法。

技能实训1—3 主令电器的选用和检修

1. 实训目标

(1)认识几种常见的主令电器,熟悉其工作原理。

(2)熟悉各种主令电器的组成和其中零件的作用。

2. 工具、仪表及器材

工具、仪表及器材如表1—26所示。

表1—26 工具、仪表及器材

项目内容				
工具	测电笔、螺钉旋具、尖嘴钳、斜口钳、剥线钳、电工刀等常用工具			
仪表	3454型兆欧表(500 V,0~500 MΩ)、DCL—10型钳形电流表、DT—9927B型数字万用表			
器材	代号	名称	型号	数量
	SB1	按钮	LA18系列,LA18—22,LA18—22J,LA18—22X,LA18—22Y	各1
	SB2	按钮	LA19—11DJ	1
	SB3	按钮	LA20—22D	1
	SA	万能转换开关	LW5—15/5.5N	1
	SQ	行程开关	JLXK1—311,JLXK1—211,JLXK1—111	各1
		主令控制器	LK1—12/90	1
		凸轮控制器	KTJ1—50/1	1

3. 实训过程

(1)按钮的分类练习。把多种按钮,按照第5节的几种不同的分类方法,分别进行分类。熟悉在不同场合的不同应用。

(2)检测按钮和行程开关。拆开外壳观察其内部结构,比较按钮和行程开关的相似和不同之处,理解常开触点、常闭触点和复合触点的动作情况,用万用表的电阻挡测量各对触点之间的情况,分辨常开触点和常闭触点。

(3)万能转换开关和主令控制器的检测。

1)认真观察、比较两种主令控制电器,熟悉它们的外形、型号和功能,用兆欧表测量各触点的对地电阻,其值应不小于0.5 MΩ。

2)用万用表检测万能转换开关和主令控制器的触点对应关系,分析动、静触点在不同位置时的不同通断情况,并列出分合表。

3)检查各对触点的接触情况和各凸轮片的磨损情况,若触点接触不良则应予以修整,若凸轮片磨损严重则应予以更换。

4)合上外壳,转动手柄检查转动是否灵活、可靠,并再次用万用表依次测量手柄置于不同位置时各触点的通断情况,看是否与给定的触点分合表相符。

4. 评分标准

评分标准如表 1—27 所示。

表 1—27　评分标准

<table>
<tr><th>项目</th><th>配分</th><th colspan="4">评分标准</th><th>扣分</th></tr>
<tr><td>识别主令电器</td><td>40 分</td><td colspan="4">(1)写错或漏写名称　每个扣 5 分
(2)写错或漏写型号　每个扣 5 分
(3)写错符号　每个扣 5 分</td><td></td></tr>
<tr><td>检测主令电器</td><td>60 分</td><td colspan="4">(1)仪表使用方法有误　扣 10 分
(2)测量结果有误　每次扣 20 分
(3)触点分合有误　每处扣 5 分
(4)检查修整触点有误　扣 10 分
(5)损坏仪表电器　扣 20 分
(6)不会检测　扣 40 分</td><td></td></tr>
<tr><td>安全文明生产</td><td colspan="5">违反安全文明生产规程　扣 5～40 分</td><td></td></tr>
<tr><td>额定时间</td><td colspan="5">2 h,每超时 5 min(不足 5 min 不计)　扣 5 分</td><td></td></tr>
<tr><td>备注</td><td colspan="4">除额定时间外,各项的最高扣分不应超过配分数</td><td>成绩</td><td></td></tr>
<tr><td>开始时间</td><td colspan="2"></td><td>结束时间</td><td></td><td>实际时间</td><td></td></tr>
</table>

第 7 节　交流接触器

学习目标

(1)熟悉交流接触器的型号、结构及工作原理。

(2)学会交流接触器的选用、安装及常见故障的处理方法。

学习要点

本节的难点是交流接触器的结构和工作原理。

低压开关、主令电器等电器都是依靠手控直接操作来实现触点接通或断开电路,属于非自动切换电器。在电力拖动中,广泛采用一种自动切换电器——接触器——来实现电路的自动控制。

交流接触器是一种用于频繁地接通或断开交流主电路、大容量控制电路等大电流电路的自动切换电器。在功能上接触器除能自动切换外,还具有手动开关所缺乏的远距离操作功能和失压(或欠压)保护功能,但没有低压断路器所具有的过载和短路保护功能。接触器具有操作频率高、使用寿命长、工作可靠、性能稳定、成本低廉、维修简便等优点,主要用于控制电动机、电热设备、电焊机、电容器组等,是电力拖动自动控制线路中应用最广泛的控制电器之一。接触器实际上是一种自动的电磁式开关。

1. 交流接触器的型号及含铁芯义

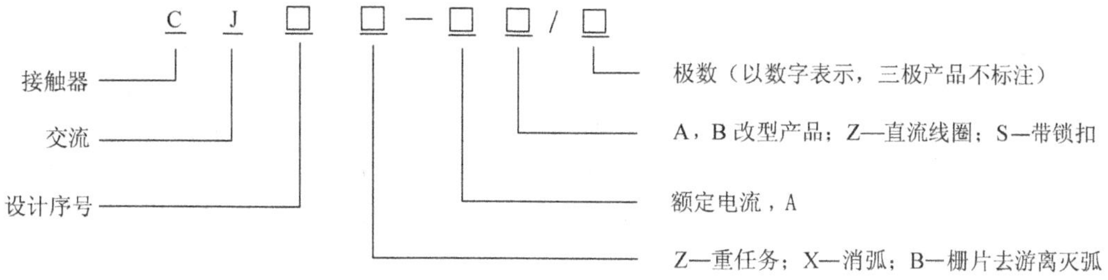

2. 交流接触器的结构和符号

交流接触器的结构如图 1—37(a)所示，交流接触器的符号如图 1—37(b)所示。接触器的文字符号为 KM。

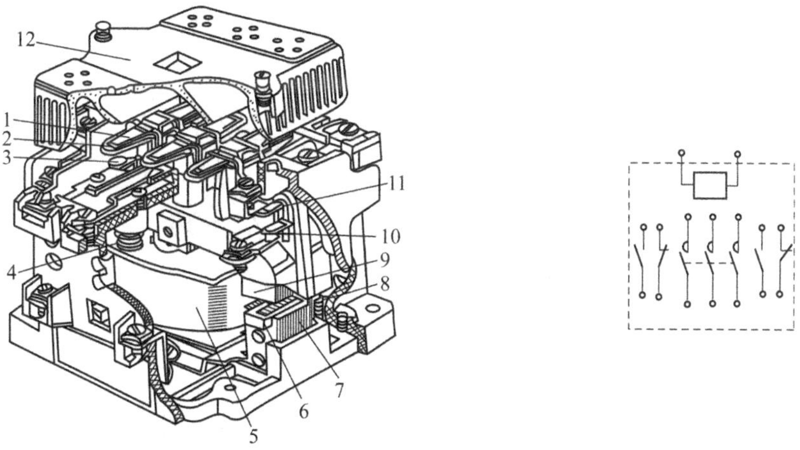

（a）结构　　（b）符号

图 1—37　直动式交流接触器

1—压簧　2—桥式触点　3—静触点　4—分断弹簧　5—线圈　6—分磁环　7—静铁芯
8—缓冲弹簧　9—衔铁　10—常开辅助触点　11—常闭辅助触点　12—灭弧罩

交流接触器主要由电磁系统、触点系统、灭弧装置和辅助部件等组成。

(1)电磁系统。电磁系统由线圈、动铁芯和静铁芯等组成。交流接触器的线圈是由绝缘铜导线绕制而成，并与铁芯之间有一定的间隙，以免与铁芯直接接触而受热烧坏。交流接触器的铁芯由硅钢片叠压而成，以减少铁芯中的涡流损耗，避免铁芯过热。在铁芯上装有一个短路铜环，其作用是减少交流接触器吸合时产生的振动和噪声，故又称减振环(短路环)。如图1—38所示，这个金属环是自封闭的，当铁芯中磁通(Φ_1) 过零时，在短路环中所产生的感应电流阻止环内磁通(Φ_2)不过零，也就是说 Φ_2 滞后于 Φ_1 变化，从而保证铁芯端面下任何时刻总有磁通不过零，这样也保证线圈产生的电磁吸力不过零，使动铁芯(衔铁)一直被吸合而不再振动，从而消除了噪声。电磁系统的主要作用是把电磁能转化为机械能。

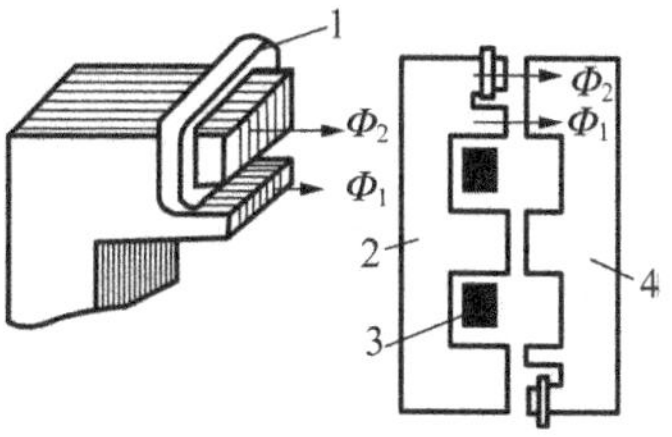

图 1—38　交流接触器铁芯短路环

1—短路环　2—铁芯　3—线圈　4—衔铁

(2)触点系统。触点系统又称为触头系统，是接触器的执行元件，用来接通或断开被控制电路。触点的结构形式很多，按其所控制的电路可分为主触点和辅助触点。主触点用来接通或断开主电路，允许通过较大的电流；辅助触点用于接通或断开控制电路，只能通过较小的电流。交流接触器的触点按接触情况可分为点接触式、线接触式和面接触式 3 种，如图 1－39 所示。按触点的结构形式可分为桥式触点和指形触点两种，如图 1－40 所示。接触器的触点一般采用双断点桥式触点，其动触点用紫铜片冲压而成，在触点桥的两端镶有银基合金制成的触点块，以避免接触点由于产生氧化铜而影响其导电性能。静触点一般采用黄铜板冲压而成，一端镶焊触点块，另一端为接线柱。在触点上装有压力弹簧片，用以减小接触电阻，消除开始接触时产生的有害振动。

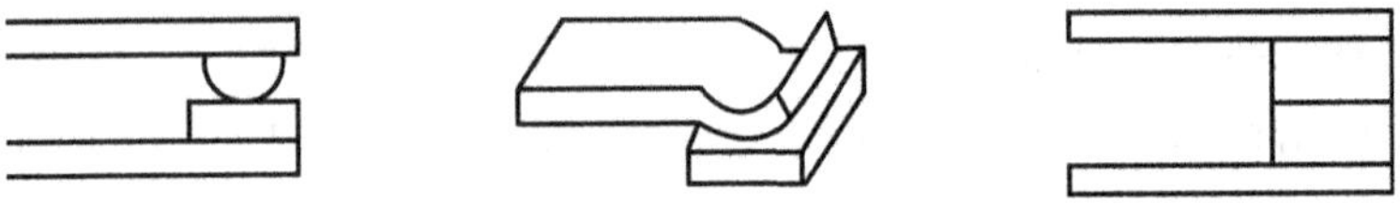

（a）点接触式　（b）线接触式　（c）面接触式

图 1－39　触点的 3 种接触形式

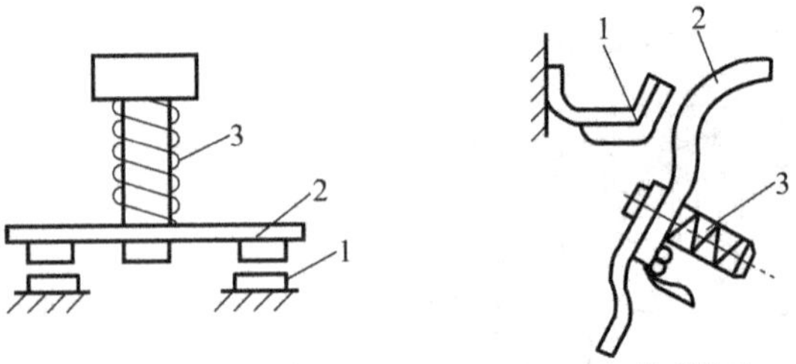

（a）双断点桥式触头　（b）指形触头

图 1－40　触点的结构形式

1－静触点　2－动触点　3－触点压力弹簧

（3）灭弧装置。触点在分断电流瞬间，在触点间的气隙中会产生电弧。所谓电弧，就是在触点切断电路的瞬间，当电路的电流（电压）超过某一数值时，在动、静触点间产生的强烈弧光放电现象。电弧的高温能将触点烧损，并可能造成其他事故。如：

1）触点虽然已经打开，但是由于电弧的存在，使需要断开的电路实际上没有真正断开。

2）电弧的高温可能灼伤触点。

3）电弧向四周喷射，会损坏电器及其周围物质，严重时会造成短路，引起火灾。

由于接触器通断的是大电流电路，电弧的影响尤为突出。因此，应采用适当措施熄灭电弧。

常用的灭弧方式和灭弧装置有：

1）磁吹灭弧。利用电磁力的作用，将电弧拉长或改变方向，使之与陶土灭弧罩接触。电弧被拉长变细，容易冷却而熄灭。双断点桥式触点的两组触点分离时产生电弧，形成一个电流回路，这个电流回路产生磁场，而两段电弧在磁场的作用下被拉向两侧。这就是电磁力的作用。而对单断点触点来说，需附加一个串联磁吹线圈，它能产生一个磁场，拉动电弧。

2）栅片灭弧。如果能将电弧切成一段一段，就有利于冷却和熄灭。栅片灭弧室就是据此原理制成的。它适用于大电流交流接触器。如图 1－41(a)所示为带栅片的灭弧罩。栅片由钢片镀铜后制成，在灭弧罩内装一组栅片组成栅栏状，故称灭弧栅。当产生电弧时，电弧电流产生磁场，在每一片栅片上形成闭合回路，使栅片磁化，栅片两脚形成一对磁极。由于这对磁极和原磁场的作用，穿过栅片两脚间的电弧受到向上的力 F 的作用，电弧被推入栅片之中，如图1－41(b)所示。由于电弧被拉长并分割成许多短弧，因此就会迅速冷却，当交流电流过零时，所有短弧同时熄灭。

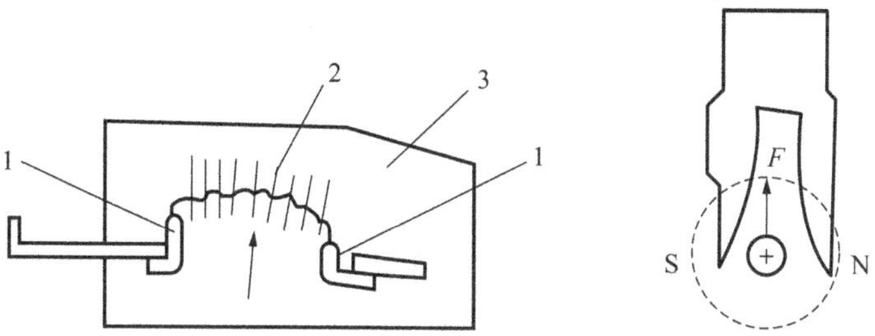

（a）带栅片的灭弧罩　　（b）单片栅片

图 1－41　带栅片的灭弧罩与单片栅片

1－触点　2－栅片　3－灭弧罩

此外，交流接触器还有反作用弹簧、缓冲弹簧、触点压力弹簧、传动机构及底座、接线柱等辅助部件。反作用弹簧安装在衔铁和线圈之间，其作用是线圈断电后，推动衔铁释放，带动触点复位；缓冲弹簧安装在静铁芯和线圈之间，其作用是缓冲衔铁在吸合时对静铁芯和外壳的冲击力，保护外壳；触点压力弹簧安装在动触点上面，其作用是增加动、静触点间的压力，从而增大接触面积，以减少接触电阻，防止触点过热损伤；传动机构的作用是在衔铁或反作用弹簧的作用下，带动触点实现与静触点的接通或分断。交流接触器的符号如图 1－42 所示。

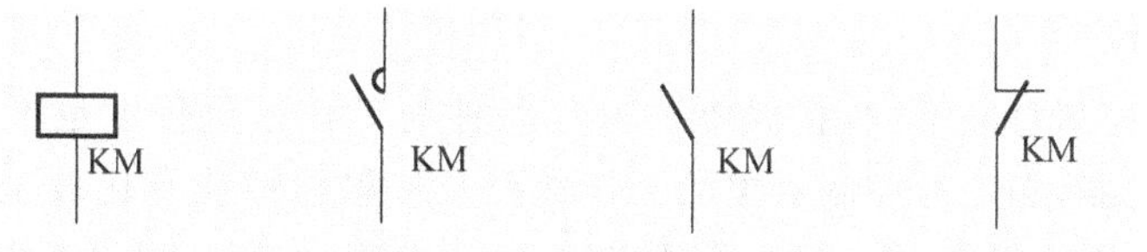

(a)线圈　(b)主触头　(c)辅助常开触头　(d)辅助常闭触头

图 1－42　交流接触器的符号

3. 交流接触器的工作原理

交流接触器工作原理示意图如图 1－43 所示。其工作原理为：按下按钮，其常开触点闭合，电磁线圈经过按钮和熔断器接通到电源上。线圈通电以后，产生的磁场将铁芯磁化，吸引动铁芯，克服反作用弹簧的弹力，使它向着静铁芯运动，并最终吸合在一起。接触器触点系统中的动触点是同动铁芯机械地固定在一起的，当动铁芯与静铁芯吸引向下运动时，动触点亦随之向下运动，与静触点闭合。这样，电动机便经由接触器系统和熔断器接通电源，开始启动运转。当线圈中的电压值降低到某一数值（无论是正常控制还是欠压、失压故障，一般降至 85％线圈额定电压）时，铁芯中的磁通下降，电磁力减小，当减小到不足以克服复位弹簧的反力时，衔铁在复位弹簧的反力作用下复位，使主辅触点的常开触点断开，常闭触点恢复闭合。这也是接触器的失压保护功能。在这里，所谓触点的常开（常闭）是指线圈中不通电时触点的状态，即常开（常闭）触点就是线圈不带电时断开（闭合）的触点。

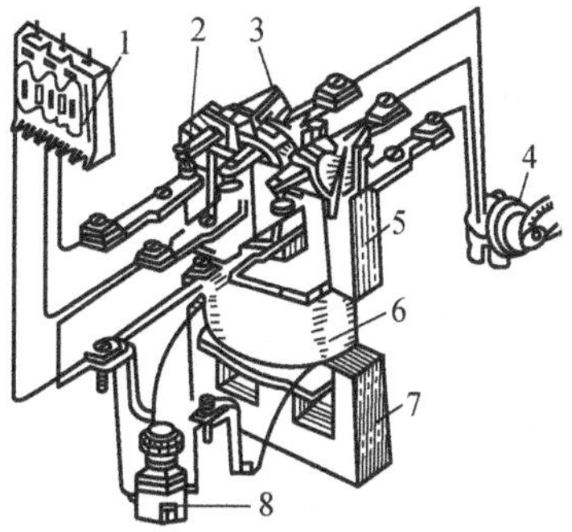

图 1－43　交流接触器工作原理示意图

1－熔断器　2－静触点　3－动触点　4－电动机
5－动铁芯　6－线圈　7－静铁芯　8－按钮

常用的交流接触器有 CJ10 系列（也已逐步淘汰），可取代 CJ0，CJ8 等系列老产品；CJ12，CJ12B 系列，可取代 CJ1，CJ2，CJ3 等系列老产品；新产品有 CJ20，CJX1，CJX2 系列。而 CJ10 系列交流接触器的替代产品是 CJT1 系列，适用于交流频率 50 Hz（或 60 Hz）、电压 380 V，电流至150 A的电力线路中，供远距离接通和分断电路之用。它也适用于频繁启动、停止和反转交流电动机。其型号及其含义如下：

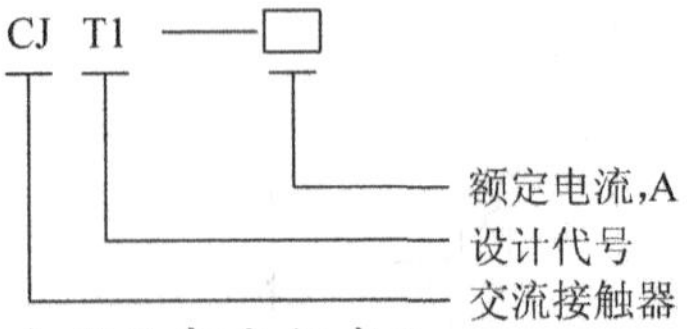

【例1—6】 交流接触器主要由哪几部分组成？

答 交流接触器由以下4部分组成：

(1)电磁系统：用来操作触点闭合与分断。它包括静铁芯、吸引线圈、动铁芯(衔铁)。铁芯用硅钢片叠成，以减少铁芯中的铁损耗；在铁芯端部极面上装有短路环，其作用是消除交流电磁铁在吸合时产生的振动和噪音。

(2)触点系统：起着接通和分断电路的作用。它包括主触点和辅助触点。通常主触点用于通断电流较大的主电路，辅助触点用于通断小电流的控制电路。

(3)灭弧装置：起着熄灭电弧的作用。

(4)其他部件：主要包括反作用弹簧、缓冲弹簧、触点压力弹簧、传动机构及外壳等。

4. 接触器的选择

随使用场合及控制对象不同，接触器的操作条件与工作繁重程度也不同，为了尽可能经济、正确地选用接触器，必须对控制对象的工作状况及接触器性能有比较全面的了解，不能仅看产品的铭牌数据，因为接触器铭牌上所规定的电压、电流、控制功率等参数，为某一使用条件下的额定值，选用时应根据使用条件正确选择。

(1)选择接触器的类型。交流接触器按负荷种类一般分为一类、二类、三类和四类，分别记为AC1，AC2，AC3和AC4。一类交流接触器对应的控制对象是无感或微感负荷，如白炽灯、电阻炉等；二类交流接触器用于绕线转子异步电动机的启动和停止；三类交流接触器的典型用途是笼形异步电动机的运转和运行中的分断；四类交流接触器用于笼形异步电动机的启动、反接制动、反转和点动。

(2)选择接触器主触点的额定电压。通常选择接触器主触点的额定电压应大于或等于负载回路的额定电压。

(3)选择接触器主触点的额定电流。接触器控制电阻性负载(如电热设备)时，主触点的额定电流应等于负载的工作电流。接触器控制电动机时，主触点的额定电流应大于或稍大于电动机的额定电流。

可根据经验公式的计算来选择接触器主触点的额定电流：

$$I_C=\frac{P_N\times 10^3}{KU_N}$$

式中 K——经验系数，一般取1～1.4；

P_N——被控电动机的额定功率，kW；

U_N——电动机的额定电压，V；

I_C——接触器主触点电流，A。

经验公式仅适用于CJ0，CJ10系列，可根据所控制电动机的最大功率查表进行选择。接触器如使用在频繁启动、制动和频繁正、反转的场合时，容量应增大一倍以上去选择接触器。

(4)选择接触器吸引线圈的电压。

交流线圈:36,110,127,220,380 V;

直流线圈:24,48,110,220,440 V。

选用时一般交流负载用交流吸引线圈的接触器,直流负载用直流吸引线圈的接触器,但交流负载频繁动作时,可采用直流吸引线圈的接触器。接触器吸引线圈电压若从人身和设备安全角度考虑,可选择低一些;但当控制线路简单、线圈功率较小时,为了节省变压器,则可选用 220 V 或 380 V。

常用的 CJ10 系列和 CJ20 系列交流接触器的技术数据如表 1—28 和表 1—29 所示。

表 1—28　CJ10 系列交流接触器的技术数据

型号	主触点			辅助触点			线圈		可控制三相异步电动机的最大功率/kW		额定操作频率/次·h^{-1}
	对数	额定电流/A	额定电压/V	对数	额定电流/A	额定电压/V	电压/V	功率/VA	220 V	380 V	
CJ10—10	3	10	380	均为2常开,2常闭	5	380	可为 36,110,(127) 220,380	11	2.2	4	≤600
CJ10—20	3	20						22	5.5	10	
CJ10—40	3	40						32	11	20	
CJ10—60	3	60						70	17	30	

表 1—29　CJ20 系列交流接触器的技术数据

型号	极数	额定工作电压 U_N/V	约定发热电流 I_{th}/A	额定工作电流 I_N/A	额定操作频率/次·h^{-1}	机械寿命/万次	不间断工作制下的额定工作电流/A
CJ20—10	3	220	10	10	1 200	1 000	10
		380		10	1 200		
		660		5.8	600		
CJ20—16		220	16	16	1 200		16
		380		16	1 200		
		660		13	600		
CJ20—25		220	32	25	1 200		25
		380		25	1 200		
		660		16	600		
CJ20—40		220	55	40	1 200		40
		380		40	1 200		
		660		25	600		
CJ20—63		220	80	63	1 200		63
		380		63	1 200		
		660		40	600		
CJ20—100		220	125	100	1 200		100
		380		100	1 200		
		660		63	600		
CJ20—160		220	200	160	1 200		160
		380		160	1 200		
		660		100	600		
CJ20—160/11		1 140	200	80	300		

5.接触器的安装与维护

(1)接触器的安装。在安装接触器前,应先检查线圈电压是否符合使用要求,然后将铁芯极面上的防锈油擦净,以免造成线圈断电后铁芯不释放,并检查其活动部分是否正常,如触点是否接触良好,是否有卡阻现象等。

交流接触器的安装应注意底面与安装处平面的倾角应小于5°,若有散热孔,则应将有孔的一面放在垂直方向上,以利散热,并按规定留有适当的飞弧空间,以免飞弧烧坏相邻器件;注意勿使零件掉入电器内部,以免引起卡阻或短路;安装孔的螺钉应装有弹簧垫圈和平垫圈,并拧紧螺钉以防松脱;交流接触器灭弧罩应该完整无缺且固定牢靠。检查接线正确无误后,在主触点不带电的情况下操作几次,然后再将主触点接入负载工作。

(2)接触器的日常维护。

1)应对接触器做定期检查,观察螺钉有无松动,可动部分是否灵活等。

2)接触器的触点应定期清扫,保持清洁,但不允许涂油。当触点表面因电灼作用形成金属小颗粒时,应及时清除。

3)拆装时注意不要损坏灭弧罩。带灭弧罩的接触器绝不允许不带灭弧罩或带破损的灭弧罩运行,以免发生电弧短路故障。

知识拓展

B系列交流接触器

B系列交流接触器是引自德国BBC公司生产技术的新产品,它可以部分或全部取代我国现在生产的CJ0,CJ8,CJ10系列交流接触器,是很有推广和应用价值的更新换代产品。

1.结构简介

B系列交流接触器的基本工作原理与我国现有的交流接触器类同,但由于采用了合理的结构设计,各零部件按其功能选取了较合适的材料和利用了先进的加工工艺,故使产品有较高的经济技术指标。

B系列交流接触器有下述两种结构布置形式:

(1)"正装式"结构。即触点系统在上面,磁系统在下面(靠近安装面),如图1—44所示。

(2)"倒装式"结构。即触点系统在下面,磁系统在上面,如图1—45所示。

这种布置方式有如下特点:

1)由于磁系统在上面,故更换线圈很方便。

2)由于主接线板靠近安装面,使接线距离缩短,故接线很方便。

3)便于安装多种附件,扩大了使用功能。

B系列接触器各功能系统的结构简介:

1)磁系统。交流操作的B系列采用硅钢片叠成E形铁芯,直流操作的磁系统由叠片式铁芯加上串接经济电阻的特制线圈和整块软钢制成的铁芯配上直流线圈。铁芯、衔铁都用高弹性橡胶和片簧制成的缓冲装置来吸收碰撞能量,以减轻接触器的振动。

2)触点系统。接触器的触点均为直动双断点桥式,主触点按不同电流等级分别采用电性能高的银合金材料制成。桥式动触点的触桥有直片桥式、弯片桥式及船形桥式等形状,均选用良好导电性的高强度材料制成。这些措施均使动触点在满足电性能方面显出良好效果。

3)灭弧系统。各种型号产品按触点容量的不同均有相应的灭弧方式,如封闭式自然灭弧、铁磁片灭弧及铁磁栅片灭弧等,由于多数采用了封闭式灭弧室,电弧不易喷出,故缩小了安全距离。

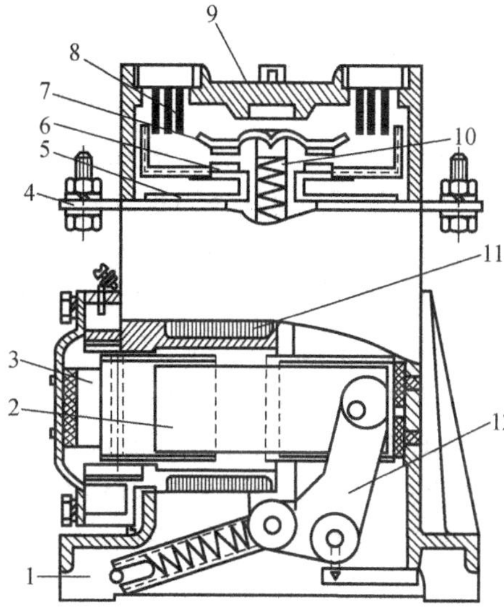

图1—44　"正装式"B460型交流接触器结构

1—基座　2—动铁芯　3—静铁芯　4—接线柱　5—静触点支架　6—静触点
7—动触点　8—灭弧栅　9—灭弧罩　10—复位弹簧　11—线圈　12—传动机构

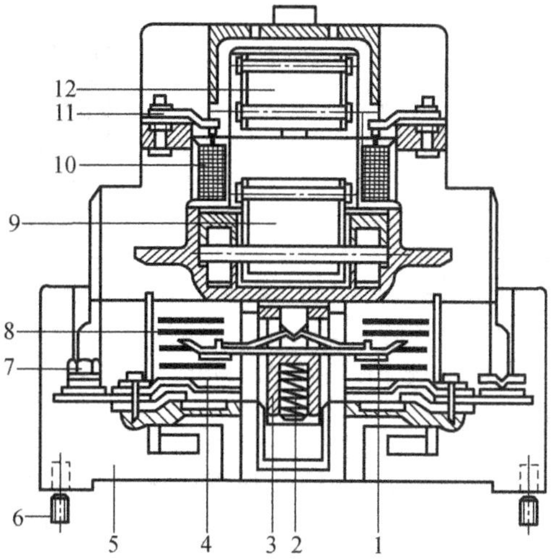

图1—45　"倒装式"B105～B370型交流接触器结构

1—动触点　2—触点系统弹簧　3—弹簧支架　4—静触点　5—基座　6—安装螺钉
7—主接线柱　8—灭弧栅　9—静铁芯　10—线圈　11—线圈接线柱　12—动铁芯

B系列交流接触器有14个电流等级,而且安装的基座有部分产品是通用的,所以有相同的外形尺寸和安装尺寸。各零部件和组件的连接多采用卡装或螺钉组件。B系列交流接触器通用件多,这是一个显著特点。型号规格虽然不同,但除触点系统外,其余零部件都基本通用,这给制造厂和用户在制造和使用维修方面,提供了方便条件。

2. 附件

B系列交流接触器配有多种附件供用户按用途选用，而且拆装维修都很方便。

(1)辅助触点。辅助触点分7,9,11型及B460专用型4种。每一种型号都有各自的极数、触点组合形式、安装方式，可根据不同需要选择。

(2)TP型气囊式延时继电器。接触器装上TP型延时继电器后，可通过延时继电器的辅助触点对下级控制回路进行延时动作。TP型延时继电器带有楔形槽，以便安装在接触器顶部伸出的楔形凸块上。但每台型号的接触器只能安装一种型号的TP型延时继电器。

(3)VB型机械联锁装置。两台接触器组成的可逆接触器，用于电动机的可逆运转。加装VB型机械联锁装置后，可防止两台接触器同时闭合而造成的短路事故。

(4)WB型自锁继电器。装有WB型自锁继电器，一旦吸合后，就被自锁继电器锁住，此时接触器线圈可以断电，接触器触点仍处于接通状态。当需要释放时，可将自锁继电器通电或用手推动手动推杆，使自锁继电器的锁扣脱开，接触器便自行释放。因此，可组成有记忆功能的接触器，并达到节约用电的目的。WB型自锁继电器的安装方式与TP型延时继电器相同。

(5)LF型和LH型连接杆。LF型连接杆适用于接触器三个主触点的并联。LH型连接杆适用于四极接触器的主触点两两关联，组成四断点单回路，或将三极接触器主触点串联成六断点的单回路，用于通断直流电路或在绕线式异步电动机转子回路中切换电阻。

3. 外形及安装

如图1—46所示为B9—16型交流接触器及K型辅助接触器外形及安装尺寸。

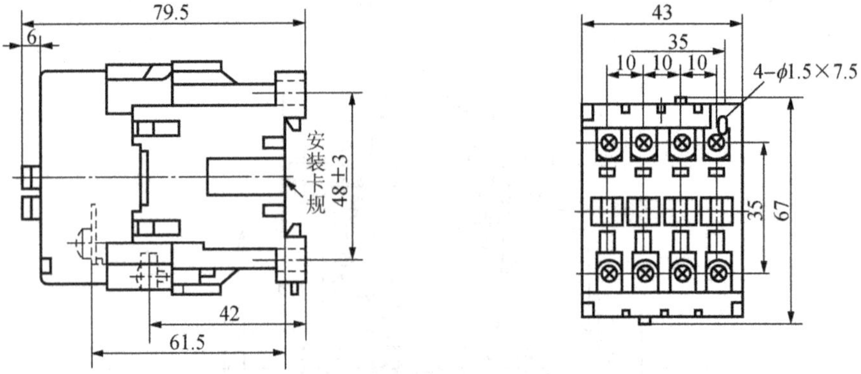

图1—46　B9—16型交流接触器及K型辅助接触器外形及安装尺寸

6. 接触器的常见故障及排除

(1)接触器通电后不能吸合。交流接触器是利用电磁吸力及弹簧反作用力配合动作使触点闭合与断开的。通电后不能吸合的原因是多方面的，当发生故障时，首先测试电磁线圈两端是否有电压。若无电压，说明故障发生在控制回路，应根据具体电路检查处理。若有电压且低于线圈额定电压，致使电磁线圈通电后产生的电磁力不足以克服弹簧的反作用力，则可更换线圈。若有额定电压，则应检查线圈是否断线，螺丝是否松脱。另外，机械机构及动触点发生卡阻，都会造成接触器通电后不能吸合。

(2)接触器吸合不正常。接触器吸合不正常是指接触器吸合过于缓慢、触点不能完全闭合、铁芯吸合不紧等现象。

产生该类故障的原因通常有电源电压过低、触点弹簧压力不合适、动静铁芯间隙过大、机械卡阻以及转轴生锈、歪斜等。当接触器吸合不正常时，应查明原因，排除故障。如果弹簧压力不合适，就应调整弹簧压力，必要时进行更换；如果动、静铁芯间隙过大，就应重新装配；如果轴部有问题，就应清洗轴端及支承杆，必要时应调换部件。

(3)触点断相。发生触点断相时，电动机仍能转动，但发出嗡嗡声，此时应立即停车。产生触点断相的原因是由于某相触点接触不良或连接螺丝松脱。排除的方法是检查触点的连接处，应保证可靠连接，螺丝必须拧紧，不得松动。

(4)相间短路。由于接触器的正反转联锁控制失灵，或因误动作，致使两台接触器同时投入运行而造成相间短路，或因接触器动作过快，转换时间太短，在转换过程中发生电弧短路。为了避免发生相间短路，应定期检查接触器各部件的工作情况，要求可动部件不卡阻，接线处无松脱，零部件如有损坏应及时修换，灭弧罩应完好，如有破碎，要及时更换。

【例1—7】 交流接触器频繁操作时为什么过热?

答 交流接触器启动时，由于铁芯和衔铁之间的空隙大，电抗小，故可以通过线圈的励磁电流很大，往往大于工作电流十几倍。如果频繁启动，使励磁线圈通过很大的启动电流，就会引起线圈产生过热现象，严重时会将线圈烧毁。

【例1—8】 安装接触器的要求是什么?

答 应按下述要求安装接触器：

(1)接触器安装前后检查接触器线圈电压是否符合实际使用要求，然后将电磁铁芯极面的防锈油擦去，并用手分、合接触器的活动部分，检查各触点接触是否良好，压力是否一致，有无卡阻现象。

(2)接触器安装时，其底面与地面的倾斜度应小于5°。

(3)接触器的触点不允许涂油。

【例1—9】 交流接触器在运行中有时产生很大噪声，其原因和处理方法是什么?

答 交流接触器在运行中产生噪声的主要原因是衔铁吸合不好所致。吸合不好的原因和处理方法为：

(1)铁芯端面有灰尘、油垢或生锈；处理方法：擦拭，用细砂布除锈。

(2)短路环损坏、断裂；处理方法：修复焊接短路环或将线圈更换成直流无声运行方式。

(3)电压太低，电磁吸力不足；处理方法：调整电压。

(4)弹簧太硬，活动部分发生卡阻；处理方法：更换弹簧，修复。

方法点拨

接触器是本章的重点内容之一，学习中应重点关注以下几方面：

(1)首先了解接触器的用途。对功率较大或启动频繁的电动机，使用手动开关控制很不方便，同时安全性更得不到保证，也无法实现自动控制和远程控制，为此引入交流接触器。

(2)详细阅读教材中接触器结构部分，然后通过对交流接触器的拆装，结合教材图示及文字内容，了解交流接触器的各组成部分和动作原理。

(3)用手动或线圈通电的方法，观察并用万用表测量各触点的通断情况，特别是“常开”“常闭”触点的不同。所谓“常开”“常闭”是指电磁系统未通电时触点的状态。二者是联动的，当线圈通电时，常闭触点先断开，常开触点后闭合；线圈断电时，常开触点先断开，常闭触点后闭合。

这个先后顺序不能弄错。

(4)在对以上内容充分掌握之后,学习接触器常见故障的原因分析及修理方法。

技能实训 1—4 交流接触器的识别、安装与检修

1. 实训目标

(1)认识交流接触器,熟悉其工作原理。

(2)熟悉交流接触器的组成和其中零件的作用。

(3)学会交流接触器的安装方法。

(4)学会交流接触器的检修与校验的方法。

2. 工具、仪表及器材

工具、仪表及器材如表 1—30 所示。

表 1—30 工具、仪表及器材

项目内容					
工具	电工常用工具、镊子等				
仪表	ZC25—3 型兆欧表(500 V,0～500 MΩ)、MG3—1 型钳形电流表、T10—A(5 A)电流表、T10—V(600 V)电压表、MF47 型万用表。				
器材	代号	名称	型号	规格	数量
	CJ10(CJT1) CJ20 CJ40 CJX1(3TB 和 3TF) CJX2 CJX8(B)	常用交流式接触器	自定	自定	各 1 只
	T KM QS1 QS2	调压变压器 交流接触器 开启式负荷开关 开启式负荷开关	TDGC2—10/0.5 CJ10—20 HK1—15/3 HK1—15/2		1 1 1 1
	EL	指示灯 控制板 连接导线	 BVR—1.0	220 V,25 W 500 mm×400 mm× 30 mm	3 1 若干

3. 电路图

接触器校验值检验电路图如图 1—47 所示。

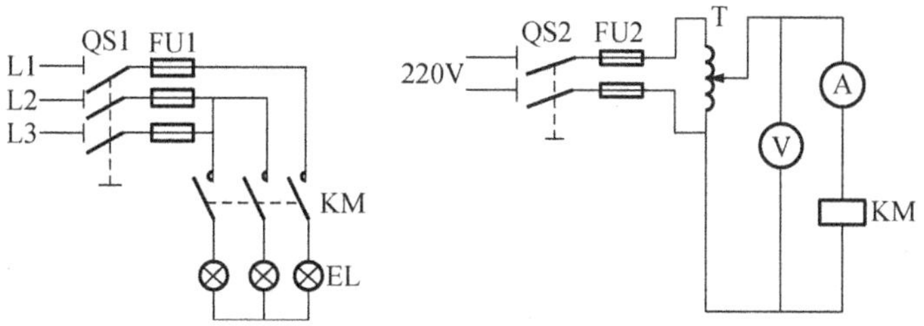

图1—47 接触器校验值检验电路

4.接触器的安装练习

(1)安装前操作要求。

1)接触器铭牌和线圈技术数据,应符合使用要求。

2)接触器外观检查应无损伤,并且动作灵活,无卡阻现象。

3)对新购或放置日久的接触器,在安装前要清理铁芯极面上的防锈油脂和污垢。

4)测量线圈的绝缘电阻,应不低于15 MΩ,并测量线圈的直流电阻。

5)用万用表检查线圈有无断线,并检查辅助触点是否良好。

6)检查和调整触点的开距、超程、初始力、终压力,并要求各触点的动作同步,接触良好。

7)接触器在85%额定电压时应能正常工作;在失电压或电压过低时应能释放,噪音正常。

8)接触器的灭弧罩不应破损或脱落。

(2)安装时操作要求。

1)安装时,按规定留有适当的飞弧空间,防止飞弧烧坏相邻元件。

2)接触器的安装多为垂直安装,其倾斜角不应超过5°,否则会影响接触器的动作特性;安装有散热孔的接触器时,应将散热孔放在上下位置,以降低线圈的温升。

3)接线时,严禁将零件、杂物掉入电器内部。紧固螺钉应装有弹簧垫圈和平垫圈,将其紧固好,防止松脱。

(3)安装后的质量要求。

1)灭弧室应完整无缺,并固定牢靠。

2)接线要正确,应在主触点不带电的情况下试操作数次,动作正常后才能投入运行。

5.接触器的运行检查练习

1)接触器通过电流应在额定电流值内。

2)接触器的分、合信号指示,应与电路所处的状态一致。

3)灭弧室内接触应良好,无放电,灭弧室无松动或损坏现象。

4)电磁线圈无过热现象,电磁铁上的短路环无松动或损坏现象。

5)导线各个连接点无过热现象。

6)辅助触点无烧蚀现象。

7)铁芯吸合良好,无异常噪声,返回位置正常。

8)绝缘杆无损伤或断裂。

9)周围环境没有不利于接触器正常运行的情况。

6. **接触器的解体和调试**

1)松开灭弧罩的固定螺钉,取下灭弧罩,检查,如有碳化层,可用锉刀锉掉,并将内部清理干净。

2)用尖嘴钳拔出主触点及主触点压力弹簧,查看触点的磨损情况。

3)松开底盖的紧固螺钉,取下盖板。

4)取出静铁芯1、铁皮支架、缓冲弹簧、拔出线圈2与接线柱之间的连接线(见图1—48)。

5)从静铁芯1上取出线圈2、反作用弹簧、动铁芯3和支架5。

6)检查动静铁芯接触是否紧密,短路环是否良好。

7)维护完成后,应将其擦拭干净。

8)按拆卸的逆顺序进行装配。

9)装配后检查接线,正确无误后在主触点不带电的情况下,通断数次,检查动作是否可靠,触点接触是否紧密。

10)接触器吸合后,铁芯不应发出噪声,若铁芯接触不良,则应将铁芯找正,并检查短路环及弹簧松紧适应度。

11)最后应进行数次通断试验,检查动作和接触情况。

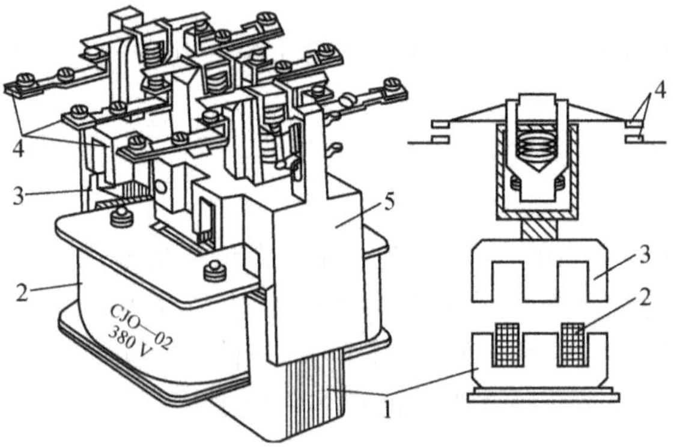

图1—48 交流接触器的外形和结构

1—静铁芯 2—线圈 3—动铁芯 4—主触点 5—支架

7. **注意事项**

(1)拆卸接触器时,应备有盛放零件的容器,以免丢失零件。

(2)拆装过程中不允许硬撬元件,以免损坏电器。装配辅助触点的静触点时,要防止卡住动触点。

(3)接触器通电校验时,应把接触器固定在控制板上。通电校验过程中,要均匀、缓慢地改变调压变压器的输出电压,以使测量结果尽量准确,并应有教师监护,以确保安全。

(4)调整触点压力时,注意不要损坏接触器的主触点。

8. **评分标准**

评分标准如表1—31所示。

表 1－31　评分标准

项目内容	配分	评分标准				扣分
识别接触器	15 分	(1)工具、仪表少选或错选　每个扣 2 分 (2)电器元件选错型号和规格　每个扣 4 分 (3)选错元件数量或型号规格没有写全　每个扣 2 分				
装前检查	5 分	电器元件漏检或错检　每处扣 1 分				
安装布线	30 分	(1)电器布置不合理　扣 5 分 (2)元件安装不牢固　每个扣 4 分 (3)元件安装不整齐、不匀称、不合理　每个扣 5 分 (4)损害元件　扣 15 分 (5)不按电路图接线　扣 15 分 (6)布线不符合要求　每根扣 3 分 (7)接点松动、露铜过长、反圈等　每个扣 1 分 (8)损伤导线绝缘层或线芯　每根扣 5 分 (9)编码套管套装不正确　每处扣 1 分 (10)漏接接地线　扣 10 分				
故障分析	10 分	(1)故障分析、排除故障的思路不正确　每个扣 5 分 (2)标错电路故障　每个扣 5 分				
排除故障	20 分	(1)停电不验电　扣 5 分 (2)工具及仪表使用不当　每次扣 4 分 (3)排除故障的顺序不对　扣 5～10 分 (4)不能查出故障点　每个扣 10 分 (5)查出故障点，但不能排除　每个故障扣 5 分 (6)产生新的故障： 不能排除　每个扣 20 分 已经排除　每个扣 10 分 (7)损坏电动机　扣 20 分 (8)损害电器元件或排除故障方法不正确 每个(次)扣 5～20 分				
通电试车	20 分	(1)热继电器未整定或整定错误　扣 15 分 (2)熔体规格选用不当　扣 10 分 (3)第一次试车不成功　扣 10 分 第二次试车不成功　扣 15 分 第三次试车不成功　扣 20 分				
安全文明生产	违反安全文明生产规程　扣 5～40 分					
额定时间	3 h，训练不允许超时，在修复故障过程中才允许超时，每超时 1 min　扣 5 分					
备注	除额定时间外，各项目的最高扣分不应超过配分数				成绩	
开始时间			结束时间		实际时间	

思考题

1. 简述交流接触器的主要应用场合和优点。

2. 交流接触器在动作时，常开触点和常闭触点的动作顺序是怎样的？

3. 接触器有哪些常见故障？如何排除？

第 8 节　直流接触器和新型接触器

学习目标

(1)熟悉接触器的型号、结构、工作原理。

(2)了解几种新型的接触器的原理及结构。

学习要点

新型接触器的原理。

交流接触器是应用最广的接触器，但不同的场合和应用要求生产出其他不同类型的接触器。直流接触器主要应用于直流电机的线路中，而各种新型的接触器在其应用的特殊场合中，展现了更加优异的性能。

一、直流接触器

直流接触器的主触点用来通断直流主电路。和交流接触器不同，直流接触器的铁芯中不会产生涡流和磁滞损耗，故不会发热。但其结构和工作原理基本上与交流接触器相同，即由线圈、铁芯、衔铁、触点、灭弧装置等部分组成。为了便于加工，铁芯用整块电工软钢制成。为使线圈散热良好，通常将线圈绕制成长而薄的圆筒状，且不设线圈骨架，使线圈和铁芯直接接触。如图 1—49 所示为直流接触器。

图 1—49　直流接触器

1. 直流接触器的型号及含义

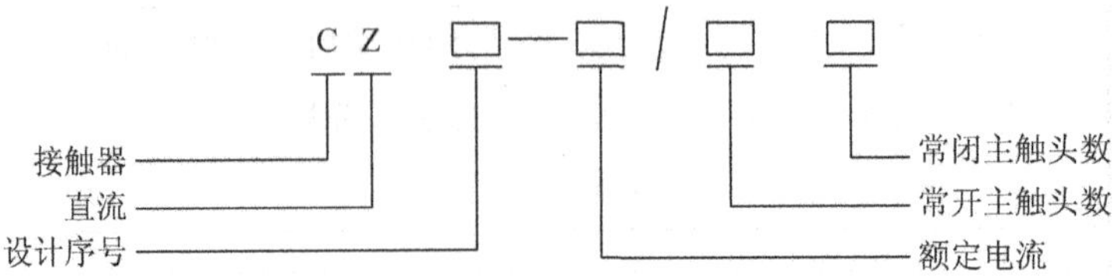

2. **直流接触器的结构**

直流接触器主要由电磁系统、触点系统和灭弧装置 3 大部分组成，如图 1－50 所示为直流接触器的结构原理图。

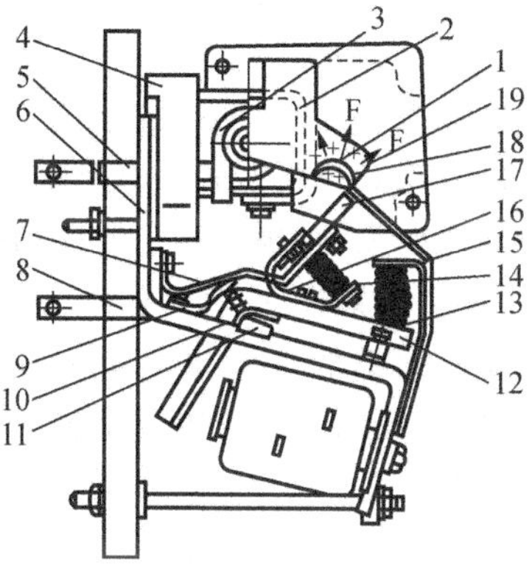

图 1－50　CZ0－250A 直流接触器

1－静触点　2－弧角　3－磁吹线圈　4－绝缘座　5－母线　6－铁轭　7－软连接　8－母线　9－压棱弹簧　10－压板　11－棱角　12－衔铁　13－释放弹簧　14－触点弹簧　15－弧角　16－动触点支架　17－动触点　18－电弧　19－磁吹线圈产生的磁通

直流接触器的结构与工作原理与交流接触器基本相同，但也有区别，主要表现在：

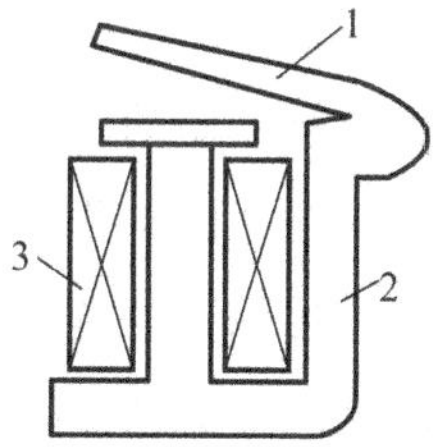

图 1－51　衔铁绕棱角转动的拍合式

1－衔铁　2－铁芯　3－线圈

(1)电磁系统。

1)铁芯与衔铁。直流接触器一般采用衔铁绕棱角转动的拍合式，如图 1－51 所示。由于线圈通过的是直流电，铁芯便不会产生涡流和磁滞损耗，也不会发热，因此铁芯和衔铁采用整块铸钢或软铁制成即可。直流接触器正常工作时，衔铁无产生振动和噪音的条件，那么铁芯端面也不需要嵌装短路环。在磁路中为保证衔铁的可靠释放，常垫以非磁性垫片，以减少剩磁影响。

2)线圈绕制与交流接触器相同，但线圈的匝数比交流接触器的线圈匝数多，电阻值大，铜耗大，所以线圈发热是主要的问题。为增大线圈的散热面积，通常把线圈做成薄而长的圆筒状，且不设骨架，使线圈与铁芯间隙很小，以借助铁芯来散发部分热量。

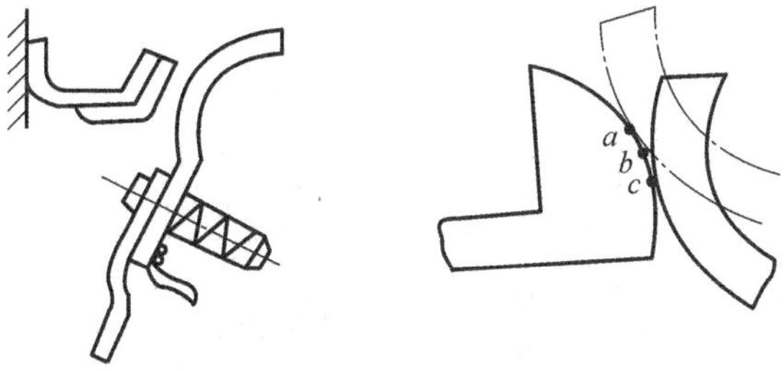

(a) 外形结构　　(b) 触头接触过程示意图

图 1－52　滚动接触的指形触点

(2)触点系统。直流接触器触点系统多制成单极的，只有小电流才制成双极的，触点也有主、辅之分，由于主触点的通断电流较大，多采用滚动线接触的指形触点。滚动接触的指形触点如图 1－52(a)所示，其接触过程示意如图 1－52(b)所示，动触点由 a 点滑动过渡到 c 点，a 点为开始接触点，c 点为最终接触点。辅助触点则采用点接触的桥式触点，而且有若干对。主触点容量较大，体积也较大，触点材料一般采用铜基合金。

(3)灭弧装置。直流接触器的主触点在分断较大直流电流时，会产生强烈的电弧。由于直流电弧不像交流电弧那样有自然过零点，因此在同样的电气参数下，熄灭直流电弧比熄灭交流电弧要困难。直流接触器一般采用磁吹式灭弧装置结合其他方法灭弧。

为了减小直流接触器运行时的线圈损耗，延长吸引线圈的使用寿命，对容量较大的直流接触器的线圈往往采用串联双绕组，其接线如图 1－53 所示。把接触器的一个常闭触点与保持线圈并联，在电路刚接通瞬间，保持线圈被常闭触点短路，可使启动线圈获得较大的电流和吸力。在接触器动作后，启动线圈和保持线圈串联通电，由于电压不变，所以电流较小，但仍可保持衔铁被吸合，从而达到省电的目的。

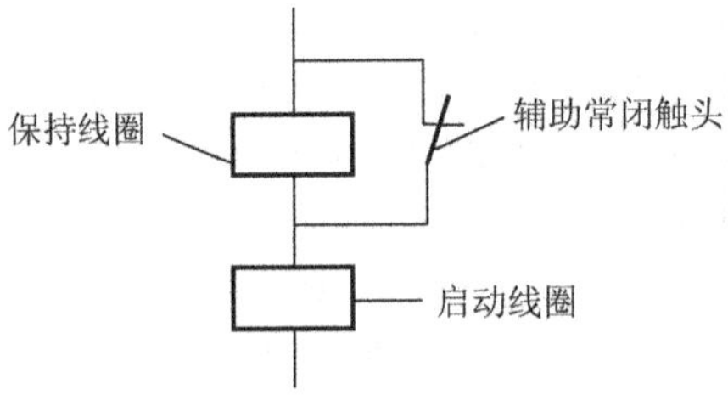

图 1－53　直流接触器双绕组线圈接线图

3. 直流接触器的工作原理和符号

直流接触器的工作原理和符号与交流接触器相同。

4. 直流接触器的选用、安装和故障处理

直流接触器的选用、安装和故障处理参见交流接触器。

二、新型接触器简介

1. 真空接触器

真空接触器是一种以真空作为灭弧介质的接触器，国产型号有 CKJ5－600 型低压真空接触器。从结构上看，真空接触器可以分为电磁系统、真空灭弧室与主触点、辅助触点和支架等几个部分。与一般接触器的主要区别是真空灭弧室和主触点。真空接触器的触点和灭弧室的结构如图 1－54 所示。

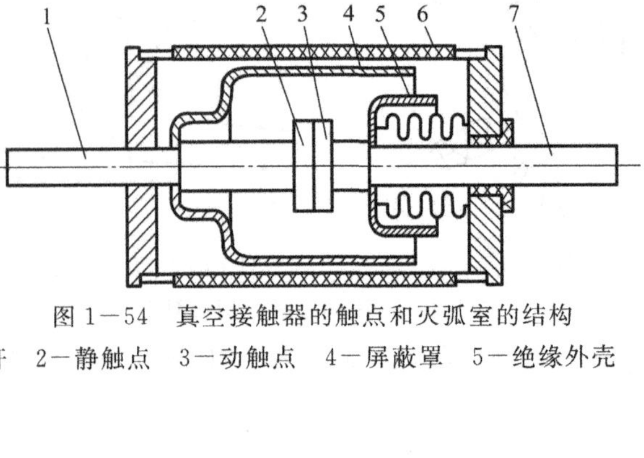

图 1－54　真空接触器的触点和灭弧室的结构

1、7－静导电杆　2－静触点　3－动触点　4－屏蔽罩　5－绝缘外壳　6－动导电杆

绝缘外壳一般采用高纯度氧化铝或钼组玻璃一类高致密的材料，由封接圈封接。封接圈通常用可伐合金或无氧铜，这两类材料热膨胀系数十分接近，所以能保证封接质量，从而保证灭弧室必要的真空度。

在灭弧室内设置了屏蔽罩，一般由可伐合金、无氧铜和不锈钢制造，其作用在于有效地凝结分断电流时由触点间隙扩散出来的金属蒸气，以确保分断成功，同时又能防止金属蒸气飞溅到外壳内表面上，以保证外壳的绝缘强度。

静触点与静导电杆相连，动触点通过动导电杆与静触点分断和闭合。在动导电杆上装有波纹管，它是由不锈钢制成的弹性密封件，是保证触点在真空灭弧室内正常运动的重要元件。在真空接触器中，动、静触点在真空状态下开合时，由于没有气体分子，所以几乎不产生电弧，因而可将触点行程缩小，以使开关动作加快，并且寿命长，安全可靠。

2. 无弧转换混合式交流接触器

交流接触器在某些工作状态下，电气寿命比机械寿命低得多，在冶金辗轧和起重运输设备上，这种情况很突出，触点在很短的时间内即被电弧烧损，只有更换才能正常工作，给维护检修带来很大的工作量。

电力电子器件的发展，特别是晶闸管和大功率晶体管可以组成无触点接触器，用它们来取代有触点接触器，具有动作快、操作频率高、电气寿命长和无噪声等一系列优点。但也存在一些不足之处：过载、过压能力低，因管压降较大造成主触点压降损耗大，必须附加散热装置及保护线路，成本较高。无弧转换混合式交流接触器是在传统接触器的基础上，引入电子技术，取长补短，互相组合而成的新型器件。

如图1—55所示为三相交流混合式接触器中一相的结构原理图，它是在接触器常开触点两端并入无弧转换环节，由两个单相晶闸管或用一个双向晶闸管及有关的触发控制电路组成。

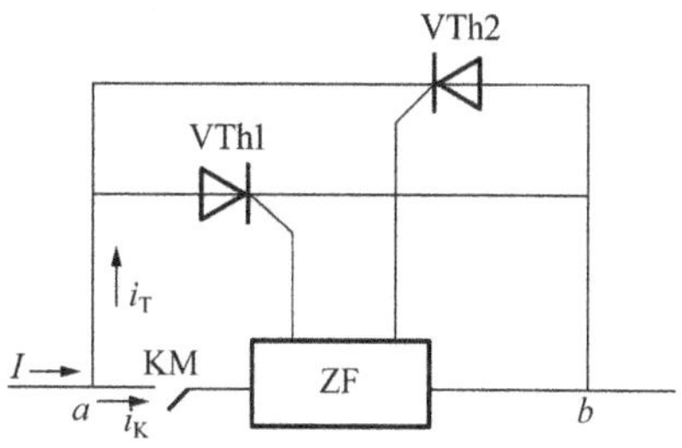

图1—55　混合式接触器原理(一相)

当交流接触器线圈得电时，常开主触点闭合，主电路接通，电流 i_K 流过主触点，并在 ab 两端形成一电压降 ΔU_{ab}，该值的大小取决于主触点电路的阻抗和流过主触点的电流大小。在额定电流下 ΔU_{ab} 的值应小于 VTh1 和 VTh2 晶闸管的导通电压，即使触发信号送到 VTh1 和 VTh2 的控制极，也不会导通。当触点从闭合状态开始断开时，主触点的动、静触点之间接触电阻剧增，导致 ΔU_{ab} 增大到大于晶闸管导通电压(一般约1 V左右)。电流在分断前使触发电路发出的触发信号一直保持着，这样 VTh1 或 VTh2 导通，电流 i_T 经 VTh1 或 VTh2 旁路转移，同时主触点完全断开，实现无电弧转移。经 VTh1 或 VTh2 转移的电流过零时，晶闸管自然关断，当电源反向时，触发电路无电流，所以无触发信号输出，VTh1 和 VTh2 继续处于关断状态。这种工作方式因无电弧灼伤，故接触器电气寿命大幅度提高。

方法点拨

(1)注意直流接触器和交流接触器之间的区别和联系，通过比较，加深对它们的认识。

(2)对新型的接触器只要简单了解即可。

第9节　电磁式继电器

学习目标

（1）能正确识别、选择、安装、使用电磁式继电器。

（2）熟知它们的功能、基本结构、工作原理及型号含义。

学习要点

电磁式继电器的工作原理。

见过如图1－56所示的几种电器元件吗？是不是和接触器有些类似？它们是电磁式继电器，虽然图中的几种电磁式继电器外形有所差别，但是实际上，电压继电器也有电流继电器或中间继电器外形的。外形并不是它们的差异所在，那么它们之间有什么差异呢？它们和接触器有什么差异呢？

（a）电压继电器

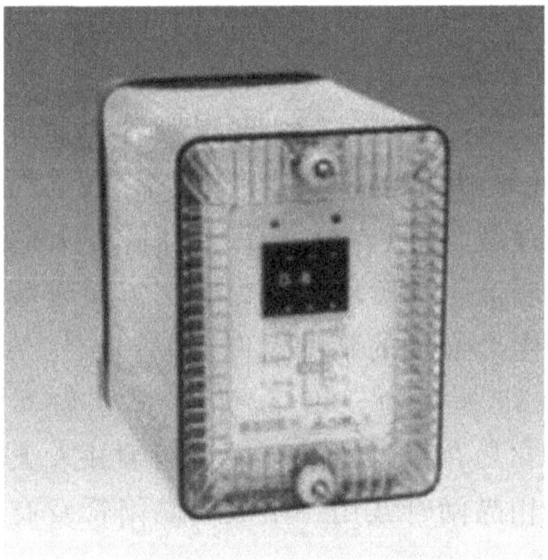

（b）电流继电器

（c）中间继电器

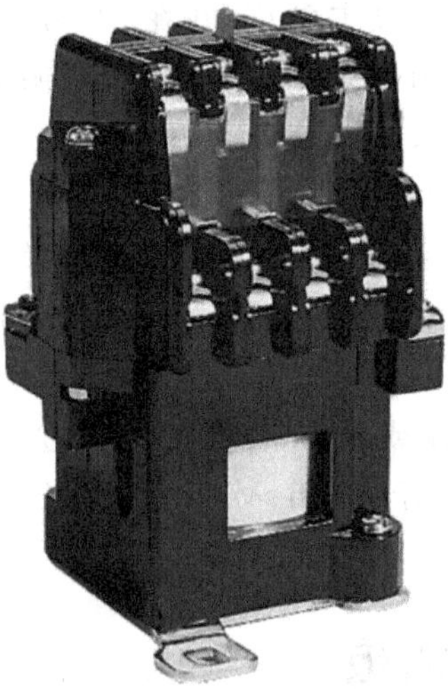

（d）中间继电器

图1－56　电磁式继电器外形图

电磁式继电器是电气控制设备中应用较多的一种继电器，其结构和工作原理与电磁式接触器相似，也是由电磁机构和触点系统组成，可分为电流继电器、电压继电器和中间继电器。

电磁式继电器广泛用于电力拖动系统中，起控制、放大、联锁、保护与调节的作用。电磁式继电器是由线圈通电而产生电磁力，来实现触点的通、断或转换功能。如图 1－57 所示为电磁式继电器的典型结构，它由线圈、电磁系统、反力系统和触点系统组成。其工作原理为：当线圈通电时，电磁铁芯产生的电磁吸力大于弹簧的反作用力，使衔铁向下移动，继电器的常闭触点断开，常开触点闭合；当线圈断电时，衔铁在反力弹簧作用下恢复原位，继电器的常开触点恢复断开，常闭触点恢复闭合。

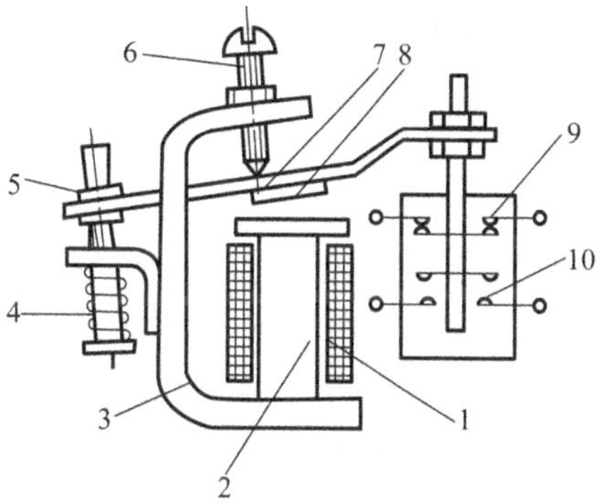

图 1－57　电磁式继电器结构原理图

1－线圈　2－铁芯　3－磁轭　4－弹簧　5－调节螺母　6－调节螺钉　7－衔铁　8－非磁性垫片　9－常闭触点　10－常开触点

根据线圈电流种类，电磁式继电器可分为交流继电器和直流继电器，二者在结构上有所不同。交流电磁式继电器的电磁机构采用 U 形拍合式和 E 形直动式等结构形式。其铁芯及衔铁均由硅钢片叠成，且在磁极端面装有短路环。直流电磁式继电器的电磁机构采用 U 形拍合式结构形式，其铁芯及衔铁由电工软钢制成，不需要装短路环。

1. 电磁式电压继电器

根据线圈两端电压大小而接通或断开的继电器称为电压继电器。它在电力拖动控制系统中作电压保护和控制用。使用时，电压继电器的线圈与负载并联。其线圈匝数较多，所用导线较细。根据电压值的不同，电压继电器有过电压、欠电压（或零电压）继电器。

（1）过电压继电器。线圈在额定电压 U_N 时继电器不动作，只有当线圈的吸合电压高于其额定电压时继电器才吸合动作，故称为过电压继电器。过电压继电器在电路中作过电压保护用。一旦电路出现过电压，过电压继电器就立即动作，用其常闭触点来控制接触器，及时分断电气设备的电源。一般情况下，交流电路需要过电压保护。其交流过电压继电器吸合电压的调整范围为 $(1.05\sim1.2)U_N$，而直流电路不会出现波动较大的过电压现象。因此，产品中没有直流过电压继电器。

（2）欠电压继电器。当线圈的吸合电压低于其额定电压时，继电器就吸合，故称为欠电压继电器。这种继电器的释放电压很低。在电路中做欠电压保护，当电路正常工作时，欠电压继电器处于吸合状态。如果电路出现电压降低至线圈的释放电压，欠电压继电器释放，用其常开触点来控制接触器，分断电气设备的电源。对于直流欠电压继电器，吸合电压调整范围为 $(0.3\sim0.5)U_N$。释放电压调整范围为 $(0.07\sim0.2)U_N$；对于交流欠电压继电器，吸合电压调整范围为 $(0.6\sim0.85)U_N$，释放电压调整范围为 $(0.1\sim0.35)U_N$。零电压继电器工作原理与欠电压继电器的工作原理相同，在电路中实现零电压保护。

2. 电磁式电流继电器

根据线圈中电流的大小而接通或断开电路的继电器称为电流继电器。如图 1－58 所示为电流继电器的符号。电流继电器的线圈串接在电路中，为了不影响电路工作情况，电流继电器吸引线圈匝数少，导线粗。当线圈电流高于整定值时动作的继电器称为过电流继电器；当线圈电流低于整定值时动作的继电器称为欠电流继电器。

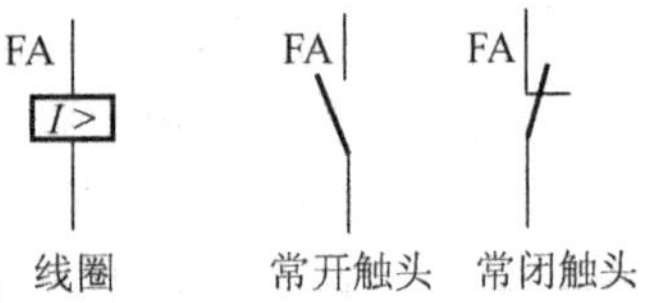

图 1－58　电流继电器符号

（1）过电流继电器。过电流继电器在正常工作时，电流线圈通过的电流为额定值，所产生的电磁力不足以克服反作用弹力，常闭触点仍保持闭合状态；当通过线圈的电流超过整定值时，电磁吸力大于反作用弹簧拉力，铁芯吸引衔铁，使常闭触点断开，常开触点闭合。

过电流继电器主要用于频繁、重载启动场合，作为电动机或主电路的短路和过载保护。在选用过电流继电器时，对于小容量直流电动机和绕线式异步电动机，继电器线圈的额定电流一般可按电动机长期工作的额定电流来选择；对于频繁启动的电动机，由于启动电流的发热效应，故继电器线圈的额定电流应选择大一些。过电流继电器的整定值，可按电动机启动电流的 1.2 倍左右调定。调节反作用弹簧弹力，可调整继电器的动作电流值。

常用的过电流继电器有 JT4，JL12 及 JL14 系列。其中 JT4 和 JL14 为通用继电器。

（2）欠电流继电器。欠电流继电器是当线圈电流降到低于整定值时释放的继电器，所以线圈电流正常时，衔铁处于吸合状态。欠电流继电器常用于直流电动机和电磁吸盘的失磁保护。欠电流继电器的产品只有直流欠电流继电器，其吸合电流调整范围为（0.3～0.65）I_N，释放电流调整范围为（0.1～0.2）I_N。

小思考

为什么要发明欠电流继电器？它有什么作用？

（3）电流继电器型号含义。常用 JT4 系列交流通用电流继电器和 JL14 系列交直流通用电流继电器的型号含义如下：

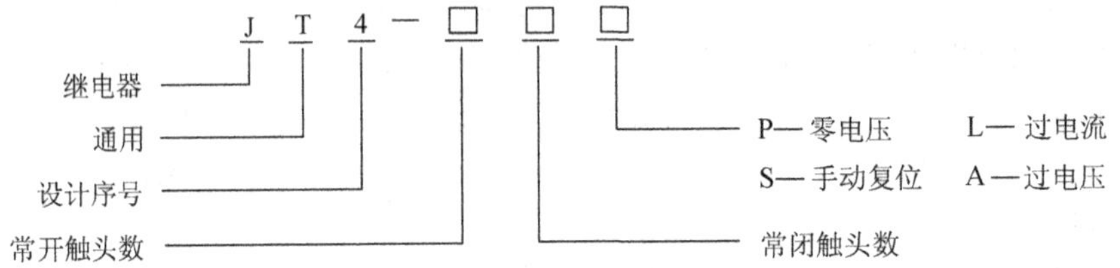

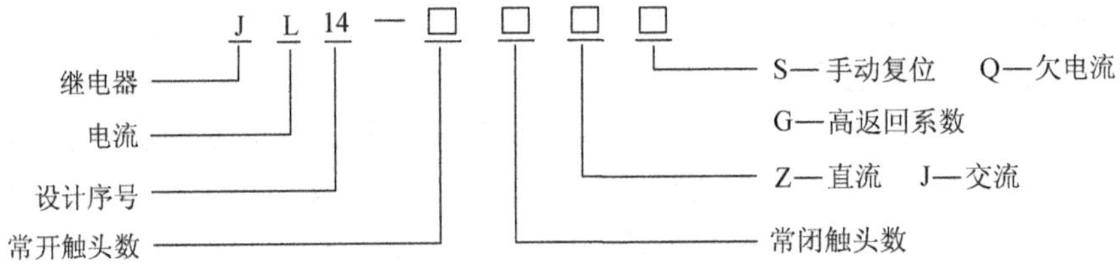

JT4 为交流通用电流继电器，在这种继电器的磁系统上装设不同的线圈，便可制成过电流、欠电流、过电压或欠电压等继电器。JL14 系列交直流通用电流继电器，可取代 JT4－L 和 JT4－S 系列，两者的技术数据如表 1－32 和表 1－33 所示。

（4）电流继电器的选用。电流继电器的额定电流一般可按电动机长期工作的额定电流来选择。对于频繁启动的电动机，额定电流可选大一个等级。

电流继电器的触点数量、种类、额定电流及复位方式应满足控制线路的要求。过电流继电器的整定电流一般取电动机额定电流的 1.7～2 倍，频繁启动的场合可取电动机额定电流的 2.25～2.5 倍。欠电流继电器的整定电流一般取额定电流的 0.1～0.2 倍。

(5)安装与使用。

1)安装前应检查继电器的额定电流和整定电流值是否符合实际使用要求，继电器的动作部分是否灵活、可靠，外罩及壳体是否有损坏或缺件等情况。

2)安装后应在触点不通电的情况下，使吸引线圈通电操作几次，看继电器动作是否可靠。

3)定期检查继电器各零部件是否有松动及损坏现象，并保持触点的清洁。

表 1—32　JT4 系列交流通用电流继电器技术数据

型号	可调参数调整范围	标称误差	返回系数	触点数量	吸引线圈		复位方式	机械寿命/万次	电寿命/万次	质量/kg
					额定电压（或电流）	消耗功率				
JT4—□□A 过电压继电器	吸合电压 (1.05～1.20)U_N	±10%	0.1～0.3	1 常开、1 常闭	110 V 220 V 380 V	75 W	自动	1.5	1.5	2.1
JT4—□□P 零电压（或中间）继电器	吸合电压 (0.60～0.85)U_N 释放电压 (0.10～0.35)U_N		0.2～0.4	1 常开、1 常闭或 2 常开或 2 常闭	110 V 127 V 220 V 380 V			100	10	1.8
JT4—□□L 过电流继电器	吸合电流 (1.10～3.50)I_N		0.1～0.3		5 A，10 A，15 A，20 A，40 A，80 A，150 A，300 A，600 A	5 W	手动	1.5	1.5	1.7
JT4—□□S 手动过电流继电器										

表 1—33　JL14 系列交直流通用电流继电器技术数据

电流种类	型号	吸引线圈额定电流 I_N/A	可调参数调整范围	触点组合形式		备注
				常开	常闭	
直流	JL14—□□Z	1，1.5，2.5，10，15，25，40，60，100，150，300，500，1 200，1 500	吸合电流(0.70～3.00)I_N	3	3	
	JL14—□□ZS		吸合电流(0.30～0.65)I_N 或释放电流(0.10～0.20)I_N	2	1	手动复位
	JL14—□□ZQ＊2			1	2	欠电流
交流	JL14—□□J		吸合电流(1.10～4.00)I_N	1	1	
	JL14—□□JS			2	2	手动复位
	JL14—□□JG			1	1	返回系数大于 0.65

3. **中间继电器**

小思考

中间继电器在电路中能起到什么作用?

中间继电器是将一个输入信号变成一个或多个输出信号的继电器。它的输入信号为线圈的通电和断电，输出信号是触点的动作，不同动作状态的触点分别将信号传给几个元件或回路。

中间继电器的基本结构及工作原理与接触器完全相同，故称为接触式继电器。所不同的是中间继电器的触点对数较多，并且没有主、辅之分，各对触点允许通过的电流大小是相同的，其额定电流约为 5 A。

常用的中间继电器有两种。一种为 JZ7 系列中间继电器，其外形及结构如图 1－59 所示，与小容量交流接触器类同。

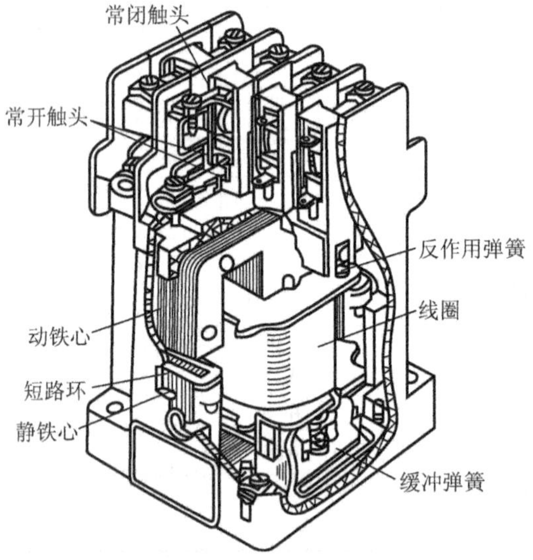

图 1－59　JZ7 系列中间继电器外形及结构

另一种为交直流中间继电器，如 JZ14 系列，其外形如图 1－60所示。继电器采用螺管式电磁系统及双断点桥式触点。其基本结构为交直流通用，交流铁芯为平顶形，直流铁芯与衔铁为圆锥形接触面。触点采用直列式布置，触点对数可达 8 对，按 6 常开 2 常闭、4 常开 4 常闭及 2 常开 6 常闭任意组合。继电器还有手动操作钮，便于点动操作和作为动作指示，同时还带有透明外罩，以防尘埃进入内部，影响工作的可靠性。

图 1－60　交直流中间继电器

中间继电器的主要用途有以下两点：

(1)当电压或电流继电器触点容量不够时，可借助中间继电器来控制，用中间继电器作为执行元件，这时中间继电器可被看成是一级放大器。

(2)当其他继电器或接触器触点数量不够时，可利用中间继电器来切换多条电路。中间继电器的选择，主要依据被控制电路的电压等级、所需触点的数量、种类、容量等要求来选择。中间继电器的型号含义为：

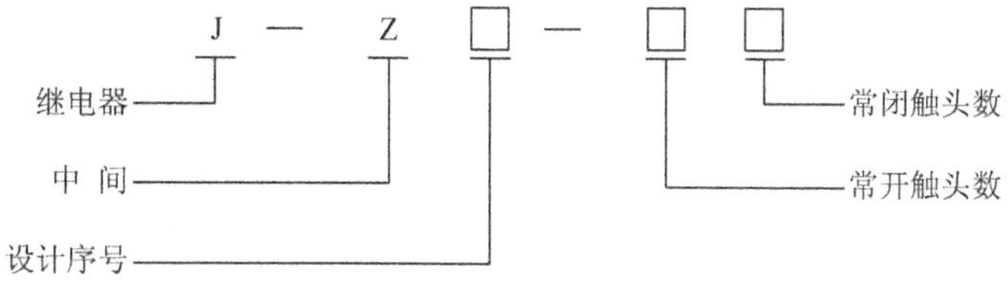

中间继电器的符号如图 1—61 所示。

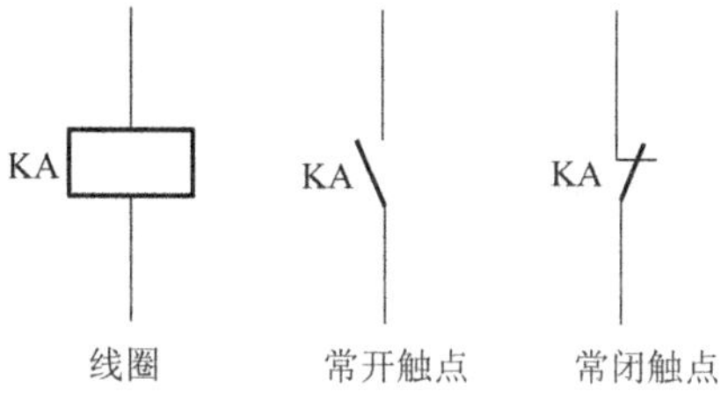

图 1—61　中间继电器的符号

中间继电器的技术数据如表 1—34 所示。

表 1—34　中间继电器的技术数据

型号	电压种类	触点电压/V	触点额定电流/A	触点组合		额定操作频率/(次·h^{-1})	通电持续率/(%)	吸引线圈电压/V	吸引线圈消耗功率
				常开	常闭				
JZ11—□□J/□ JZ11—□□JS/□ JZ11—□□JP/□ JZ11—□□Z/□ JZ11—□□ZS/□ JZ11—□□ZP/□	交流 直流	380 220	5	6 4 2	2 4 6	2 000	60	110,127, 220,380, 12,24,48, 110,220	10 V·A 7.5 W
JZ14—□□J/□ JZ14—□□Z/□	交流 直流	380 220	5	6 4 2	2 4 6	2 000	40	110,127, 220,380, 24,48, 110,220	10 V·A 7 W
JZ15—□□J/□ JZ15—□□Z/□	交流 直流	380 220	10	6 4 2	2 4 6	1 200	40	36,127, 220,380, 24,48, 110,220	启动 65 V·A 吸持 11 V·A 11 W

【例 1—10】　中间继电器与交流接触器有什么区别？什么情况下可用中间继电器代替交流接触器使用？

答 中间继电器与交流接触器的区别有以下几点：

(1)功能不同。交流接触器可直接用来接通和切断带有负载的交流电路，中间继电器主要用来反映控制信号。

(2)结构不同。交流接触器一般带有灭弧装置，中间继电器则没有。

(3)触点不同。交流接触器的触点有主、辅之分，而中间继电器的触点没有主、辅之分，且数量较多。

中间继电器与交流接触器的原理相同，但触点容量较小，一般不超过 5 A，对于电动机额定电流不超过 5 A 的电气控制系统，可以代替交流接触器使用。

方法点拨

首先了解继电器的概念。继电器是一种根据某种输入信号(电量或非电量)的变化，接通或断开小电流电路，实现自动控制和保护电力拖动装置的电器。

继电器与接触器不同，主要区别是以下几个方面：

(1)功能不同。接触器用来接通或断开带有负载的交、直流电路或大容量控制电路，继电器主要用来切换自动控制以及电力系统的保护、仪表等小电流电路。

(2)结构不同。接触器有专门的灭弧装置，而继电器一般没有灭弧装置，继电器的体积较小、重量较轻。

(3)动作信号不同。继电器的输入信号既可以是电量，也可以是非电量(如时间、温度、速度、压力等)，而接触器只能在一定的电压信号下才能工作。

了解控制继电器和保护继电器的区别。在学习每种继电器时，首先要明白继电器属于控制继电器还是保护继电器；其次要知道该继电器的主要功能是什么。

中间继电器与交流接触器的相同点和不同点。相同点主要是基本结构、动作原理；不同点主要是功能和触点数量。

思考题

1. 电磁式继电器的应用场合是什么？
2. 简述电压继电器的分类和用途。
3. 中间继电器的主要用途是什么？

技能实训 1—5 电磁式继电器的检修与校验

1. 实训目标

(1)认识电磁式继电器，熟悉其工作原理。

(2)熟悉电磁式继电器的组成和其中零件的作用。

(3)学会电磁式继电器的检修与校验的方法。

2. 工具、仪表及器材

工具、仪表及器材如表 1—35 所示。

表 1－35　工具、仪表及器材

项 目 内 容					
工具	测电笔、螺钉旋具、尖嘴钳、斜口钳、剥线钳、电工刀等常用工具				
仪表	3454 型兆欧表(500 V，0～500 MΩ)、DCL－10 型钳形电流表、DT－9927B 型数字万用表				
器材	代号	名称	型号	规格	数量
	KA1	中间继电器	JZ7 系列		1
	KA2	电压继电器	JT4 系列		1
	KA3	电流继电器	JT4 系列		1
	T	调压变压器	TDGC2－10/0.5		1
	KM	交流接触器	CJ10－20		1
	QS1	开启式负荷开关	HK1－15/3		1
	QS2	开启式负荷开关	HK1－15/2		1
	EL	指示灯		220 V，25 W	3
	连接导线	控制板 BVR－1.0		500 mm×400 mm×30 mm	1 若干

3. 电路图

电磁式继电器校验电路图如图 1－62 所示。

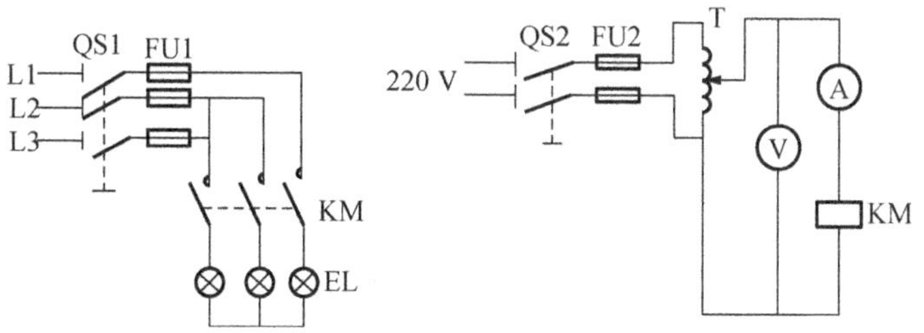

图 1－62　电磁式继电器校验电路图

4. 安装检查

(1)校核继电器的铭牌数据，如线圈的额定电压、电流、整定值、延时等参数是否与实际要求相符。

(2)检查活动部分是否灵活、可靠，外壳有无损坏或缺件等情况。

(3)清除表面污垢、铁芯极面的防锈油，使运行可靠。

(4)当衔铁吸合时，弹簧在被压缩位置上应有 1～2 mm 的压缩距离，不能压死；触点的超行程不小于 1.5 mm，动合触点的分开距离不小于 4 mm，动断触点的分开距离不小于3.5 mm。

(5)安装接线时，检查接线是否正确，导线是否合适，并紧固螺钉，防止有松动现象。

(6)在触点不带电的情况下，使吸引线圈通电操作几次，观察动作是否可靠。

(7)对时间要求较严时，要通电进行校验，并检查回路系统所完成的程序是否达到要求。

(8)对过电流、欠电压等保护继电器应再次检查其整定值是否符合要求，待调整准确后，才能投入运行，以达到对电路和设备的可靠保护。

5. 调试方法

如无特殊规定的继电器，可参照实训 1—4 中交流接触器的方法进行调试。当有特殊要求时，可单独调试继电器的吸合电压和释放电流，并参照以下方法调整。

(1)通过调整反力弹簧的松紧程度来调整吸合电压(或电流)。一般反力弹簧压得越紧，吸合电压或电流越大;反之，吸合电压或电流越小。

(2)通过调整调节螺钉，改变衔铁与铁芯的初始气隙的大小，来改变吸合电流和电压。一般气隙越大，吸合电压或电流越大，反之越小。

6. 注意事项

(1)在检查和调试时，要注意用力合理，以免损坏器件。

(2)要注意调节电压或电流的大小，防止损坏器件。

7. 评分标准

评分标准如表 1—36 所示。

表 1—36　评分标准

项目内容	配分	评分标准			扣分
装前检查	15 分	电器元件漏检或错检　每处扣 1 分			
安装布线	30 分	(1)电器布置不合理　扣 5 分 (2)元件安装不牢固　每个扣 4 分 (3)元件安装不整齐、不匀称、不合理　每个扣 5 分 (4)损坏元件　扣 20 分 (5)不按电路图接线　扣 20 分 (6)布线不符合要求　每根扣 3 分			
调试	20 分	(1)停电不验电　扣 10 分 (2)损坏继电器　扣 20 分 (3)损坏电器元件，或排除故障方法不正确　每个(次)扣 5～20 分			
通电检验	35 分	(1)第一次试通电不成功　扣 20 分 第二次试通电不成功　扣 30 分 (2)通电校验不符合要求　每处扣 5 分			
安全文明生产	违反安全文明生产规程　扣 5～40 分				
额定时间	3 h，训练不允许超时，在修复故障过程中才允许超时，每超时 1 min 扣 5 分				
备注	除额定时间外，各项目的最高扣分不应超过配分数			成绩	
开始时间		结束时间		实际时间	

第10节　其他常用继电器

学习目标

（1）能正确识别、选择、安装、使用各种常用的继电器，熟知它们的分类、功能、基本结构、工作原理及型号含义。

（2）会调整、校验热继电器、时间继电器等的整定值。

学习要点

时间继电器的工作原理。

一、时间继电器

小思考

时间继电器怎样才能实现延时功能？

凡是感测系统获得输入信号后需延迟一段时间，然后它的执行系统才会动作输出信号，进而操纵控制电路的电器称为时间继电器。它被广泛用来控制生产过程中按时间原则制定的工艺程序。时间继电器的种类很多，常用的主要有空气阻尼式和晶体管式等。

1. 空气阻尼式时间继电器

空气阻尼式时间继电器又称气囊式时间继电器。它是利用气囊中的空气通过小孔节流的原理来获得延时动作的。常用的为JS7－A系列，其外形及结构如图1－63所示。根据触点延时特点可分为通电延时动作与断电延时复位两种。

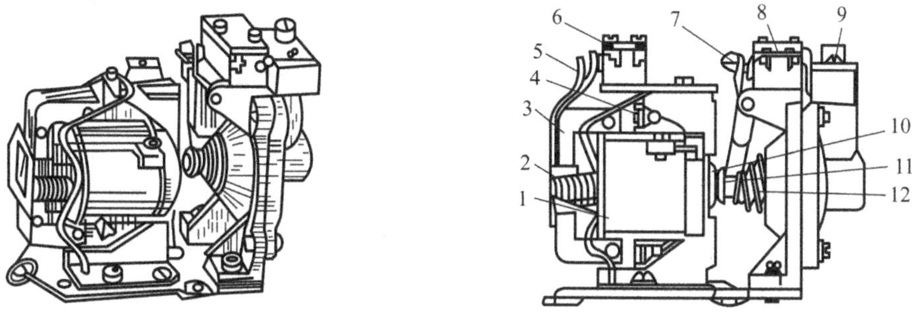

（a）外形　　　　（b）结构

图1－63　JS7－A系列时间继电器的外形及结构

1－线圈　2－反力弹簧　3－衔铁　4－铁芯　5－弹簧片　6－瞬时触点

7－杠杆　8－延时触点　9－调节螺钉　10－推杆　11－活塞杆　12－宝塔弹簧

（1）分类。

1）通电延时型。如图1－64（a）所示，它的主要功能是线圈通电后，触点不立即动作，而要延长一段时间才动作；当线圈断电时，触点立即复位。动作过程如下：当线圈通电时，衔铁克服反力弹簧的阻力，与固定的铁芯吸合，活塞杆在宝塔弹簧12的作用下向上移动，空气由进气孔进入气囊。经过一段时间后，活塞才能完成全部行程，到达最上端。通过杠杆压动微动开关

XK2，使常闭触点延时断开，常开触点延时闭合。延时时间的长短取决于节流孔的节流程度，进气越快，延时越短。延时时间的调节是通过旋动节流孔螺钉，改变进气孔的大小。微动开关XK1在衔铁吸合后，通过推板立即动作，使常闭触点瞬时断开，常开触点瞬时闭合。

当线圈通电时，衔铁在弹簧的作用下，通过活塞杆将活塞推向最下端，这时橡皮膜下方气室内的空气通过橡皮膜，弱弹簧和活塞的局部所形成的单向阀，很迅速地从橡皮膜上方气室缝隙中排掉，使微动开关XK2的常开触点瞬时断开，常闭触点瞬时闭合，而XK1的触点也瞬时动作，立即复位。

2)断电延时型。如图1－64(b)所示，它和通电延时型的组成元件是通用的，只是电磁铁翻转180°。当线圈通电时，衔铁被吸合，带动推板压合微动开关XK3，使常闭触点瞬时断开，常开触点瞬时闭合，同时衔铁压动推杆，使活塞杆克服弹簧的阻力向下移动，通过杠杆使微动开关XK4也瞬时动作，常闭触点断开，常开触点闭合，没有延时作用。

当线圈断电时，衔铁在反力弹簧的作用下瞬时断开，此时推板复位，使XK3的各触点瞬时复位，同时使活塞杆在宝塔弹簧及气室各元件作用下延时复位，使XK4的各触点延时动作。

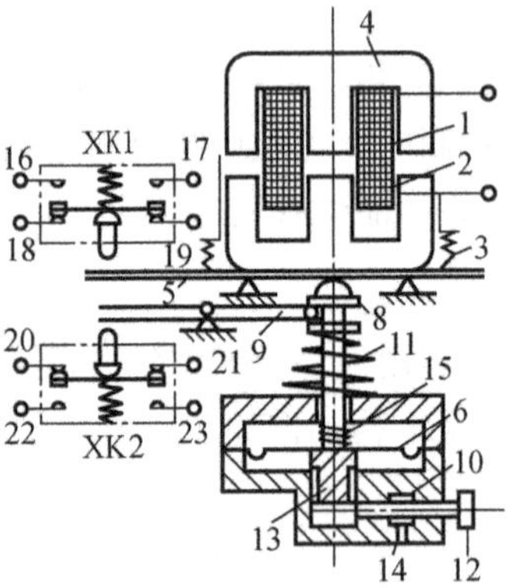

(a)通电延时型

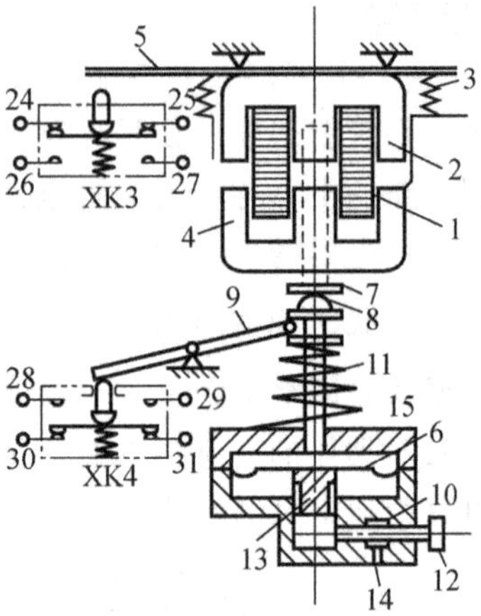

(b)断电延时型

图1－64　JS7－A系列时间继电器工作原理图

1－线圈　2－衔铁　3－反力弹簧　4－铁芯　5－推板　6－橡皮膜　7－推杆　8－活塞杆　9－杠杆　10－节流孔　11－宝塔弹簧　12－节流孔螺钉　13－活塞　14－进气孔　15－弱弹簧　16～31－触点

(2)符号。时间继电器在电路图中的符号如图1－65所示。

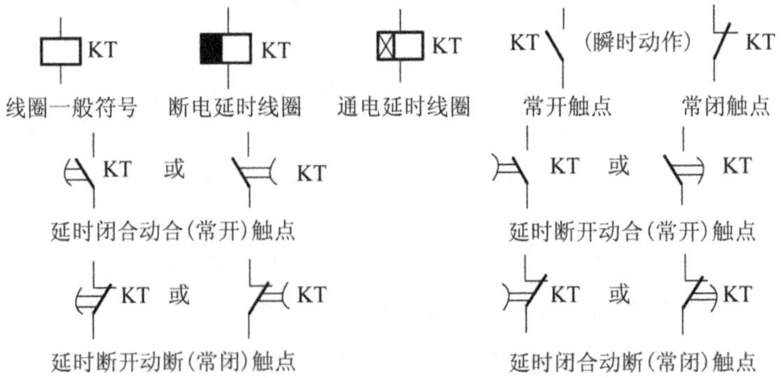

图1－65　时间继电器符号

(3)时间继电器型号含义及技术数据。

JS7—A 系列时间继电器的型号含义如下：

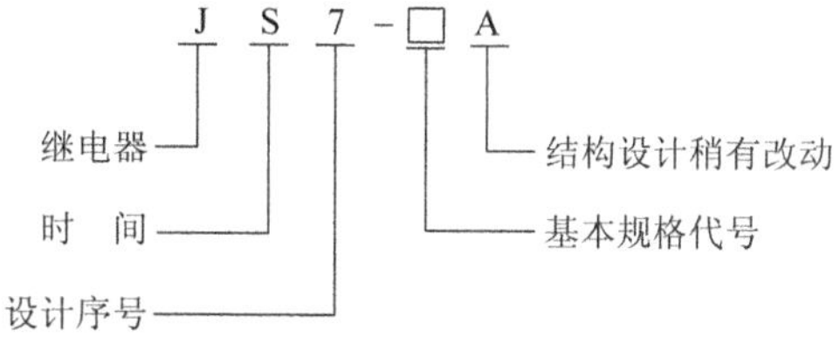

基本规格代号：

1—通电延时，无瞬时触点；

2—通电延时，有瞬时触点；

3—断电延时，无瞬时触点；

4—断电延时，有瞬时触点。

JS7—A 系列空气阻尼式时间继电器的主要技术数据如表 1—37 所示。

表 1—37　JS7—A 系列空气阻尼式时间继电器的主要技术数据

型号	瞬时动作触点对数		有延时的触点对数				触点额定电压/V	触点额定电流/A	线圈电压/V	延时范围/s	额定操作频率/(次·h^{-1})
			通电延时		断电延时						
	常开	常闭	常开	常闭	常开	常闭					
JS7—1A	—	—	1	1	—	—	380	5	24,36,110,127,220,380,420	0.4～60 及 0.4～180	600
JS7—2A	1	1	1	1	—	—					
JS7—3A	—	—	—	—	1	1					
JS7—4A	1	1	—	—	1	1					

(4)常见故障及处理方法。在机床电气控制中，经常使用的时间继电器是空气阻尼式时间继电器，其常见故障是由空气室造成的延时不准问题。

故障原因是由于气室经过拆卸再重新装配时，密封不严或者漏气，会使动作延时缩短，甚至不延时，此时应重新装配气室，检查漏气的地方。如果橡皮膜损坏或老化，就应予以更换，如果在拆卸过程中或其他原因有灰尘进入空气通道，使之受阻，继电器的动作延时就会变得很长，此时应清除气室内的灰尘，故障即可排除。

2. 晶体管时间继电器

晶体管时间继电器也称为半导体时间继电器或电子式时间继电器。它是自动控制系统中的重要元件，具有机械结构简单、延时范围广、精度高、返回时间短、消耗功率小、耐冲击、调节方便和寿命长等优点，所以发展很快，正日益得到推广和应用。

晶体管时间继电器种类很多。按构成原理分为阻容式和数字式两类；按延时方式分为通电延时型、断电延时型及带瞬动触点的通电延时型；按电压鉴别线路的不同分为采用单结晶体管的延时电路、采用不对称双稳态电路的延时电路及采用 MOS 型场效应管的延时电路三类。这里仅以具有代表性的 JS20 系列和 JSJ 型为例，介绍它们的结构和采用的电路。

(1)JS20 单结晶体管时间继电器。JS20 单结晶体管时间继电器电路原理图如图 1－66 所示，全部电路由延时环节、鉴幅器、输出电路、电源和指示灯电路 5 部分组成。如图 1－67 所示为其原理框图。

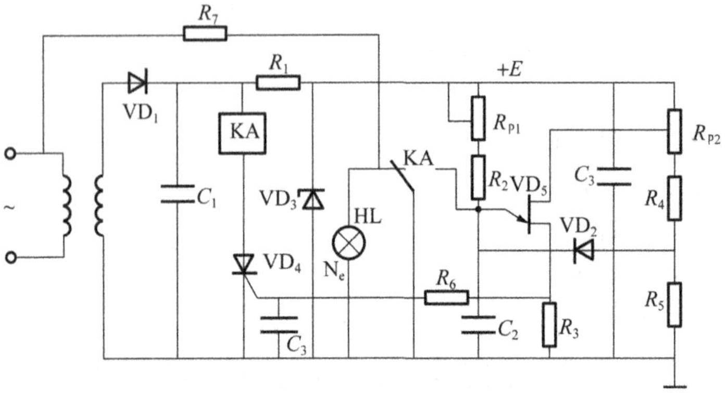

图 1－66　JS20 单结晶体管时间继电器电路原理图

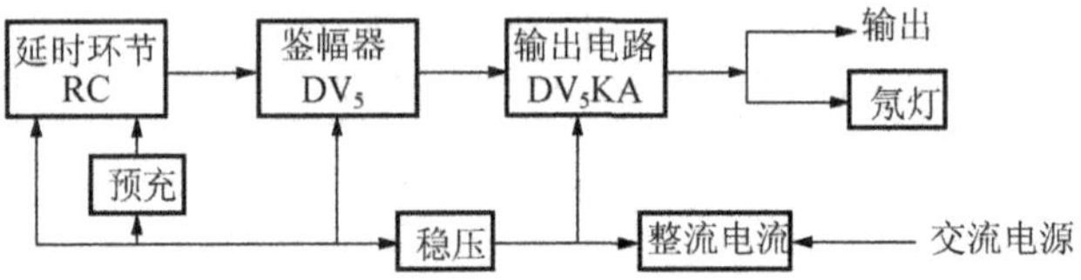

图 1－67　JS20 单结晶体管时间继电器原理框图

电源的稳压部分由电阻 R_1 和稳压管 VD_3 构成，可供电给延时环节和鉴幅器，输出电路中的 VD_4 和 KA 则由电源直接供电。电容器 C_2 的充电回路各有两条，一条是通过充电电阻 R_{P1}，R_2，另一条是通过由低电阻值电阻 R_{P2}，R_4，R_5 组成的分压器经二极管 VD_2 向电容器 C_2 提供的预充电电路。

电路的工作原理如下：当接通电源后，经二极管 VD_1 整流、电容器 C_1 滤波以及稳压管 VD_3 稳压的直流电压，即通过 R_{P2}，R_4，VD_2 向电容器 C_2 以极小的时间常数快速充电。电容器 C_2 上的电压在相当于 U_{RS} 预充电电压的基础上按指数规律逐步升高。当此电压大于单结晶体管的峰点电压 U_P 时，单结晶体管导通，输出电压脉冲触发小型晶闸管 VD_4。VD_4 导通后使继电器 KA 吸合。其触点除用来接通或分断电路外，还利用其另一对常开触点将 C_2 短路，使之迅速放电。同时氖指示灯泡 HL 起辉。当切断电源时，继电器 KA 释放，电路恢复原始状态，等待下次动作。只要调节 R_{P1} 和 R_{P2} 便可调整延时时间。

JS20 系列晶体管时间继电器主要参数如表 1－38 所示。

小思考

晶体管时间继电器同空气阻尼时间继电器相比，有哪些优点？

(2)JSJ 型晶体管时间继电器。JSJ 型晶体管时间继电器原理如图 1－68 所示，整个线路可分为主电源、辅助电源、双稳态触发器及其附属电路等几部分。

表1—38　JS20系列晶体管时间继电器主要参数

型号	结构形式	延时整定元件位置	延时范围/s	延时触点对数 通电延时 常开	通电延时 常闭	断电延时 常开	断电延时 常闭	不延时触头对数 常开	不延时触头对数 常闭	误差/(%) 重复	误差/(%) 综合	环境温度/℃	工作电压/V 交流	工作电压/V 直流	功率消耗/W	机械寿命/万次
JS20—□/00	装置式	内接	0.1～300	2	2											
JS20—□/01	面板式	内接		2	2	—	—	—	—							
JS20—□/02	装置式	外接		2	2											
JS20—□/03	装置式	内接		1	1			1	1							
JS20—□/04	面板式	内接		1	1	—	—	1	1							
JS20—□/05	装置式	外接		1	1			1	1							
JS20—□/10	装置式	内接	0.1～3 600	2	2											
JS20—□/11	面板式	内接		2	2	—	—	—	—	±3	±10	−10～40	36 110 127 220 380	24 48 110	≤5	1 000
JS20—□/12	装置式	外接		2	2											
JS20—□/13	装置式	内接		1	1			1	1							
JS20—□/14	面板式	内接		1	1	—	—	1	1							
JS20—□/15	装置式	外接		1	1			1	1							
JS20—□D/00	装置式	内接	0.1～180			2	2									
JS20—□D/01	面板式	内接		—	—	2	2	—	—							
JS20—□D/02	装置式	外接				2	2									

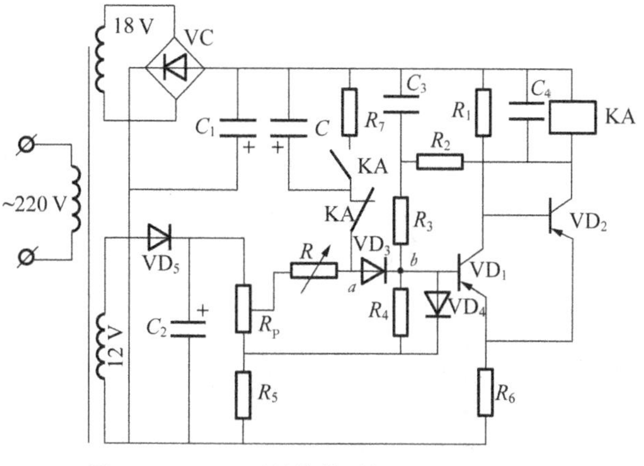

图1—68　JSJ型晶体管时间继电器原理图

其主电源是由桥式整流经电容器 C_1 滤波后而得，它是触发器和输出继电器的工作电源。辅助电源是带电容滤波的半波整流电路，它与主电源叠加起来作为 RC 环节的充电电源。

另外，在延时过程结束、二极管 VD_3 导通后，辅助电源的正电压又通过 R 和 VD_3 加到晶体管 VD_1 的基极上，使之截止，从而使触发器翻转。

其工作原理：当电源接通时，VD_1 由 R_3，R_2，继电器线圈 KA 获得偏流，处于导通状态，VD_2 处于截止状态。此时继电器线圈 KA 虽有电流通过，但电流太小，故不动作。主电源与辅助电源叠加后，通过电位器 R_P，可变电阻 R 及 KA 常闭触点对电容器 C 充电，在充电过程中 a 点电位逐渐升高，直至高于 b 点电位，二极管 VD_3 导通，使辅助电源的正电压加到晶体管 VD_1 的基极上，VD_1 由导通变为截止，VD_2 由 R_1 获得偏流而导通，又通过 R_2，R_3 产生正反馈，使 VD_1 加速截止，VD_2 迅速导通，于是继电器 KA 动作，通过触点发出相应的接通或分断控制信号。同时，电容器 C 通过 R_7 放电，为下次工作做准备。电位器 R_P 是用来整定延时时间的。

3. 时间继电器的选用

（1）根据系统的延时范围和精度选择时间继电器的类型和系列。在延时精度要求不高的场合，一般可选用价格较低的 JS7－A 系列空气阻尼式时间继电器；反之，对精度要求较高的场合，可选用晶体管式时间继电器。

（2）根据控制线路的要求选择时间继电器的延时方式（通电延时或断电延时）。同时，还必须考虑线路对瞬时动作触点的要求。

（3）根据控制线路电压选择时间继电器吸引线圈的电压。

二、热继电器

小思考

不同机器运转的时候，发热是各不相同的，那么不同的机器是不是一定要选用不同型号的热继电器呢？

前面介绍过用熔断器对电动机进行短路保护。但对电动机长期过载、频繁换向旋转、欠压运行等产生的过热，熔断器无法提供保护。目前广泛采用热继电器进行电动机的过载保护。热继电器是利用流过继电器的电流所产生的热效应而反时限动作的自动保护电器。所谓反时限动作，是指电器的延时动作时间随通过电流的增加而缩短。热继电器主要与接触器配合使用，用于电动机的过载保护、断相保护、电流不平衡运行的保护及其他电气设备发热状态的控制。

1. 热继电器结构与工作原理

热继电器的外形如图 1－69 所示。

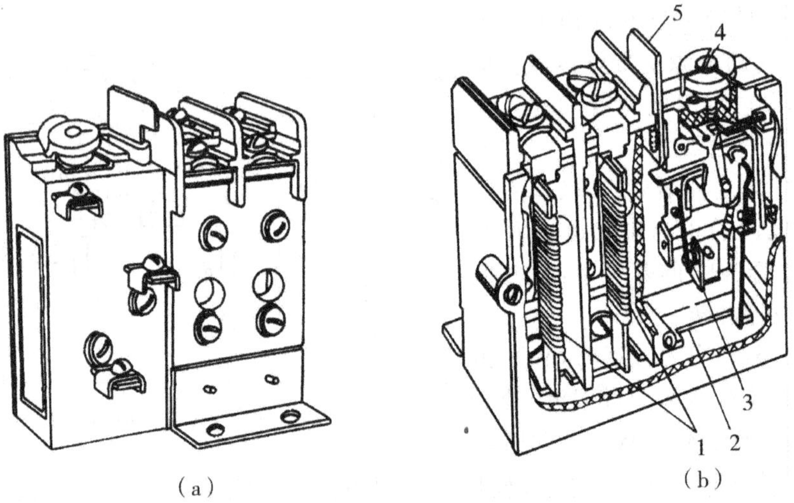

图 1－69　热继电器

1－热元件　2－动作机构　3－动断触点　4－整定电流装置　5－复位按钮

热继电器的形式有很多种，其中以双金属片式用得最多。热继电器的双金属片加热方式有 3 种:直接加热式、间接加热式和复合加热式。其中间接加热式应用最普遍。双金属片式热继电器的基本结构由加热元件、主双金属片、动作机构、触点系统、电流整定装置、温度补偿元件和复位机构等组成。

(1)加热元件。加热元件一般用康铜、镍铬合金材料制成,使用时将加热元件串接在被保护电路中,利用电流通过时产生的热量,促使主双金属片弯曲变形。

(2)主双金属片。主双金属片是由两种热膨胀系数不同的金属片以机械碾压方式使之形成一体。材料多为铁镍铬合金和铁镍合金。当受热时,主双金属片即弯曲变形,弯曲程度由各自材料膨胀系数及其温度所决定。

(3)动作机构和触点系统。动作机构大多利用杠杆传递及弹簧跳跃式机构完成触点的动作。触点系统多为单断点弹簧跳跃式动作,一般触点为一常闭一常开。

(4)电流整定装置。通过调整推杆间隙,改变推杆移动距离,从而达到电流整定值的调节。

(5)温度补偿元件。温度补偿元件也为双金属片,它能使热继电器的动作性能在－30～40 ℃的范围内基本上不受周围介质温度变化的影响,其弯曲方向与主双金属片的弯曲方向相同,否则就起不到补偿作用。

(6)复位机构。复位机构有手动和自动两种形式,可根据使用要求自由调整选择。

实践证明,三相异步电动机的缺相运行是导致电动机过热烧毁的主要原因之一。对定子绕组接成 Y 形的电动机,普通两极或三极结构的热继电器均能实现断相保护;而定子绕组接成△形的电动机,必须采用三极带断相保护装置的热继电器,才能实现断相保护。

2. 热继电器的型号含义及技术数据

常用 JR36 系列热继电器的型号含义如下:

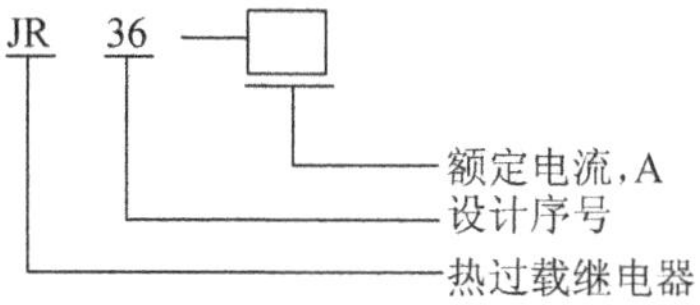

JR36 系列热继电器是在 JR16B 上改进设计的,是 JR16B 的替代产品,其外形尺寸和安装尺寸与 JR16B 系列完全一致。它具有断相保护、温度补偿、自动与手动复位等功能,动作可靠,适用于交流频率 50 Hz,电压至 660 V(或 690 V)、电流 0.25～160 A 的电路中,对长期或间断长期工作的交流电动机的过载与断相保护。该产品可与 CJT1 接触器组成 QC36 型的电磁启动器。JR36 系列热继电器的主要技术数据如表 1－39 所示。

表 1－39　JR36 系列热继电器的主要技术数据

热继电器型号	热继电器额定电流/A	热元件等级	
		热元件额定电流/A	电流调节范围
JR36－20	20	0.35	0.25～0.35
		0.5	0.32～0.5
		0.72	0.45～0.72
		1.1	0.68～1.1

续表

热继电器型号	热继电器额定电流/A	热元件等级	
		热元件额定电流/A	电流调节范围
JR36－20	20	1.6	1～1.6
		2.4	1.5～2.4
		3.5	2.2～3.5
		5	3.2～5
		7.2	4.5～7.2
		11	6.8～11
		16	10～16
		22	14～22
JR36－32	32	16	10～16
		22	14～22
		32	20～32
JR36－63	63	22	14～22
		32	20～32
		45	28～45
		63	40～63
JR36－160	160	63	40～63
		85	53～85
		120	75～120
		160	100～160

3.热继电器的选用

热继电器在选用时，应根据电动机额定电流来确定热继电器的型号及热元件的电流等级。

(1)一般情况下，可选用两极结构的热继电器。当电网电压的均衡性较差，工作环境恶劣或较少有人照管的电动机，可选用三极结构的热继电器。当电动机定子绕组是△接法时，应采用有断相保护装置的三相结构的热继电器。

(2)热元件的额定电流等级一般略大于电动机的额定电流。热元件选定后，再根据电动机的额定电流调整热继电器的整定电流，使之等于电动机的额定电流。对于过载能力较差的电动机，所选用的热继电器的额定电流应适当小一些，一般为电动机额定电流的60%～80%。

如果电动机拖动的是冲击性负载(如冲床、剪床等)或电动机启动时间较长的情况下，选择的热继电器的整定电流要比电动机额定电流高一些。

(3)双金属片式热继电器一般用于轻载、不频繁启动电动机的过载保护。对于重载、频繁启动的电动机，可采用电流继电器作过载和短路保护。

4. 热继电器常见故障及处理办法

热继电器的故障主要有热元件烧断、热继电器误动作和不动作3种情况。

(1)热继电器接入后电路不通。由于电阻丝是串联到主电路中,常闭触点串接在控制电路中,所以该故障与发热元件、常闭触点的运行状况有关。热元件烧断或热元件进出线头脱焊,造成热继电器接入后主电路不通,可用万用表进行通路测量,也可打开热继电器的盖子进行外观检查,但不得随意拆下热元件。对于烧断的热元件需要更换同规格的元件,但要重新调整整定电流值。对脱焊的线头则应重新焊牢。整定电流调节凸轮(或调节螺钉)转到不合适的位置上,使常闭触点断开;或者由于常闭触点烧坏,以及复位弹簧失灵,使常闭触点不能接触,造成热继电器接入后控制电路不通,此时应给予调整或更换。

(2)热继电器误动作。热继电器误动作是指电动机未过载时就动作,影响了电动机的正常运行。由于电动机频繁启动,热元件频繁地受到启动电流的冲击,或者电动机启动时间过长,热元件较长时间通过启动电流,均会造成热继电器动作。此时应限制电动机的频繁启动,对于后者可按电动机启动时间的要求,从控制电路上采取措施,在启动过程中短接热继电器,启动后再接入。

热继电器整定值偏小,造成未过载就动作,此时应重新合理调整。如果使用场合有强烈的冲击及振动,使热继电器动作机构松动而造成误动作,此时就应尽量减小冲击和振动,定期检查热继电器的动作机构,以避免误操作。

(3)热继电器不动作。由于热继电器电流整定值偏大,当电动机过负荷运行时,虽然热元件温度升高,双金属片弯曲,但不足以推动导板和温度补偿双金属片,使电动机长时间过载运行而烧毁,此时应重新调整整定值。

由于动作机构卡死,导板脱出,或者由于热元件通过过载电流,双金属片产生永久性变形,电动机过载时热继电器无法动作,此时应检查动作机构,排除卡死故障,如果双金属片产生永久变形,就应更换并重新调整。

另外,热继电器触点有灰尘,接触不良,电路接不通等原因,也会使热继电器不动作,应分别予以排除。

三、速度继电器

速度继电器是当转速达到规定值时动作的继电器,其作用是与接触器配合实现对电动机的制动,所以又称为反接制动继电器。当反接制动的转速下降到接近零时它能自动地及时切断电源。如图1—70所示为JY1型速度继电器的外形图。

图1—70　JY1型速度继电器

1. **速度继电器的结构和原理**

(1)结构。速度继电器由定子、转子和触点 3 部分组成，其结构原理图如图 1－71 所示。转子是一块永久磁铁，定子是一个笼形空心圆环，由硅钢片叠成，并装有笼形绕组。

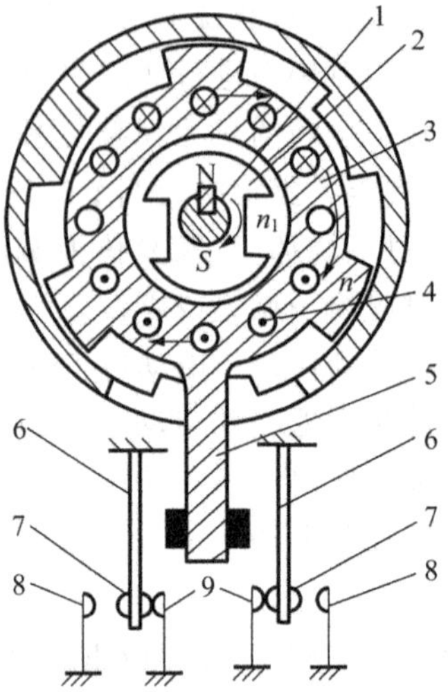

图 1－71　速度继电器结构原理图

1－转轴　2－转子磁极　3－定子　4－定子笼形绕组

5－摆杆　6－簧片　7－动触点　8－常开触点　9－静触点

(2)原理。速度继电器转轴与电动机同轴连接，当电动机转动时，速度继电器转子磁极随着一起转动，因而永久磁铁的磁场变成旋转磁场。定子笼形绕组的导条切割磁场产生感应电势和电流，此感应电流与旋转磁场相互作用产生转矩，使定子朝着转子转动方向偏摆，通过摆杆推动簧片，使常闭触点断开，常开触点闭合。当转速下降到一定值时，转矩小于簧片的反作用力矩，定子便返回到原来位置，对应的触点就恢复到原来状态。电动机转动方向相反时，继电器转子旋转方向也相反，产生的转矩方向也相反，摆杆将推动另一侧的簧片，使另一侧的触点动作。电动机转速一般在 120 r/min 以上时，速度继电器就能动作并完成其控制功能，一般在 100 r/min 以下时触点恢复原位。常用的速度继电器有 JY1 型和 JFZ0 型。

2. **速度继电器的型号含义及技术数据**

速度继电器的动作转速一般不低于 100～300 r/min，复位转速约在 100 r/min 以下。常用的速度继电器中，JY1 型能在 3 000 r/min 以下可靠地工作。JFZ0 型的两组触点改用两个微动开关，使触点的动作速度不受定子偏转速度的影响，额定工作转速有 300～1 000 r/min(JFZ0－1 型)和 1 000～3 000 r/min(JFZ0－2 型)两种。JFZ0 型速度继电器的型号含义如下：

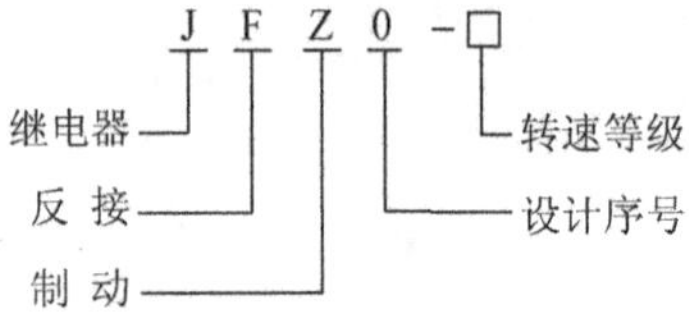

JY1 型速度继电器的技术数据如表 1－40 所示。

表 1－40　JY1 型速度继电器的技术数据

型号	触点额定电压/V	触点额定电流/A	触点对数		额定工作转速/(r·min^{-1})	允许操作频率/(次·h^{-1})
			正转动作	反转动作		
JY1	380	2	1 组转换触点	1 组转换触点	100～3 000	<30
JFZ0－1			1 常开,1 常闭	1 常开,1 常闭	300～1 000	
JFZ0－2			1 常开,1 常闭	1 常开,1 常闭	1 000～3 000	

3. **速度继电器的选用**

速度继电器主要根据所需控制的转速大小、触点数量和电压、电流来选择。

4. **速度继电器的安装与使用**

(1)速度继电器的转轴应与电动机同轴连接,且使两轴的中心线重合。速度继电器的轴可用联轴器与电动机的轴连接,如图 1－72 所示。

(2)安装接线时,应注意正、反向触点不能接错,否则不能实现反接制动控制。

(3)金属外壳应可靠接地。

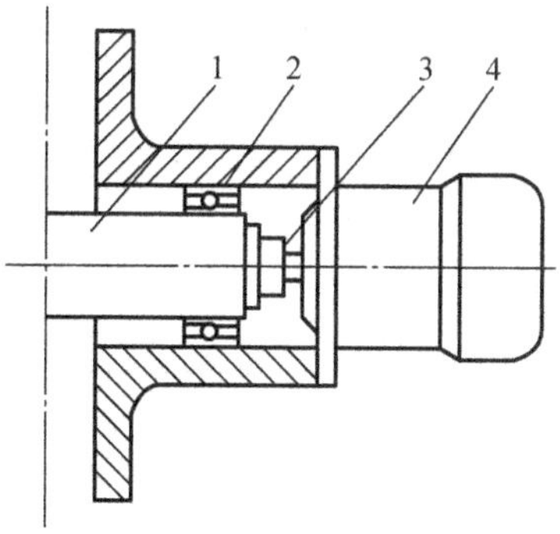

图 1－72　速度继电器的安装

1－电动机轴　2－ 电动机轴承　3－联轴器　4－速度继电器

四、压力继电器

压力继电器在电力拖动中,多用于机床的气压、水压和油压等系统,在机床设备运行前或运行中,通过不同压力源的压力变化,发出相应的工作指令或信号,达到操纵、控制、保护的目的。它是利用被控介质(如压力油)在波纹管或橡皮膜上产生的压力与弹簧的反作用力平衡来工作的。

压力继电器的结构原理如图 1－73 所示。压力继电器由缓冲器、橡皮薄膜、顶杆、压缩弹簧、调节螺母和微动开关等组成。微动开关和顶杆距离一般大于 0.2 mm。压力继电器装在气路、水路或油路的分支管路中。当管路中压力超过整定值时,通过缓冲器、橡皮薄膜推动顶杆,使微动开关动作,常闭触点 129 和 130 分断,常开触点 129 和 131 闭合。当管路中压力低于整定值时,顶杆脱离微动开关,使触点复位。

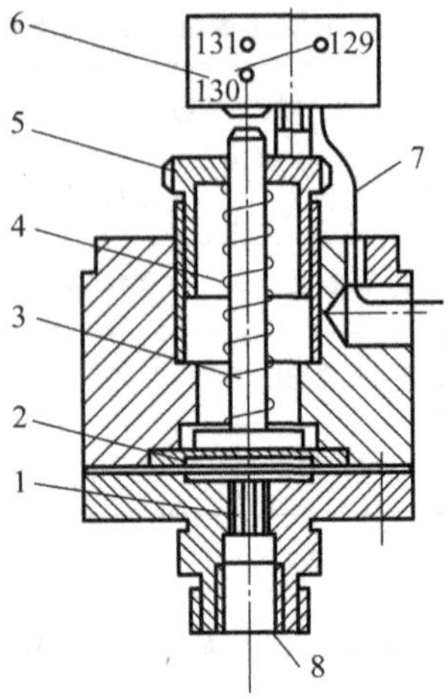

图 1－73 压力继电器结构原理图

1－缓冲器 2－薄膜 3－顶杆 4－压缩弹簧

5－螺母 6－微动开关 7－导线 8－压力油入口

压力继电器的调整非常方便，只要放松或拧紧调节螺母即可改变控制压力。YJ 系列压力继电器的技术数据如表 1－41 所示。

表 1－41 YJ 系列压力继电器的技术数据

型号	额定电压/V	长期工作电流/A	分断功率/V·A	控制压力	
				最大控制压力/Pa	最小控制压力/Pa
YJ－0	交流 380	3	380	6.0795×10^2	2.0265×10^2
YJ－1				2.0265×10^2	1.01325×10^2

五、固态继电器

固态继电器简称 SSR，又叫半导体继电器，是一种采用固体半导体元件组装而成的新颖的无触点开关。它因为具有一系列优点，所以不仅在许多自动化控制装置中代替了常规机电式继电器，而且广泛应用于数字程控装置、微电机控制、调温装置、数据处理系统及计算机终端接口电路，尤其适用于动作频繁、防爆耐潮和耐腐蚀等特殊场合。

1. 固体继电器的特点

固体继电器具有如下主要特点：

(1)控制功率小。只需输入很小的工作电流，SSR 便能正常工作。它广泛应用于各种电子设备中。

(2)可靠性高。由于 SSR 无触点，接触电阻小，因而工作可靠性高。它采用绝缘防水材料浇铸，适合在潮湿和有腐蚀性气体的场合使用。SSR 内部没有可动部件，因而具有耐振动和抗冲击的能力。

(3)抗干扰能力强。SSR 对系统的干扰小，同时自身抗干扰能力也强。它没有接点跳动，消除了因火花导致的电磁干扰。另外，由于交流型 SSR 采用了过零触发技术，具有零电压、零电流断开的特性，从而能有效地降低线路中的 dv/dt 和 di/dt，使得它对外界的电磁干扰降到最低限度。此外，由于 SSR 在输入与输出之间采取了光电隔离等措施，其抗干扰能力也相应明显提高。

(4)动作快。SSR 由电子元件组成，响应快，对直流 SSR，响应时间小于几十微秒，比电磁继电器的速度提高近千倍。对过零交流 SSR，其转换时间也不大于市电周期的一半(即 10 ms)。

(5)寿命长。SSR 属于永久性或半永久性电子器件，若使用得当，则其寿命一般为 1 012～1 013 次，比普通电磁继电器使用寿命(一般为 105～106)要高得多。

(6)对电源电压的适应范围广。交流型 SSR 的工作电压可以在 30 ～ 220 V 内任意选择。

(7)耐压水平高。SSR 输入与输出之间的介质耐压可达 2.5 kV 以上。

需要指出的是，尽管 SSR 有上述众多优点，但与传统的机电式继电器相比，仍有不足之处，如漏电流大，接触电压大，触点单一，使用温度范围窄，过载能力差及价格偏高等。

2. 固体继电器的工作原理

如图 1－74 所示为交流固体继电器工作原理图。它为一四端元件，1，2 为两个输入端；3，4 为两个输出端。VT_1 为光耦合器，用以实现输入与输出间的电气隔离，VT_2 为放大器，VC 为整流桥，由 VTH_1 和 VC 来获得使双向晶闸管 VTH_2 导通的双向触发脉冲。

当输入端控制信号加入时，光电耦合器中的发光二极管发光，光敏晶体管导通，使 VT_2 截止 VTH_1 导通，从而使 VTH_2 的控制极上获得一触发脉冲而导通，因此负载接通交流电源。当输入控制信号去掉时，光耦合器截止，VT_2 饱和导通，VTH_1 截止，但此时 VTH_2 仍保持导通，直到负载电流随外部电压减小到小于双向晶闸管的维持电流为止。

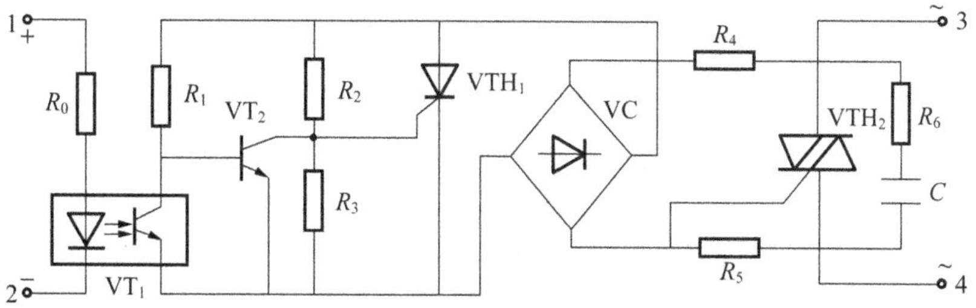

图 1－74　交流固态继电器工作原理图

JGX 系列固态继电器的技术参数如表 1－42 所示。

表 1－42　JGX 系列固态继电器的技术参数

型号	控制电压(直流)/V	控制电流(直流)/mA	输出电流/A	输出电压/V		断态漏电流/mA	外形尺寸/mm
				交流	直流		
JGX－1F/1FA	3～32	5～10	1	25～220	20～200	1～5	30.5×15×15.5
JGX－2F/2FA	3～32	5～10	2	25～380	20～200	1～5	33×25×14.5
JGX－3F/3FA			3				33×25×14.5
JGX－4F	3～32	5～10	4	25～380	20～200	1～5	42×25×11
JGX－5F/5FA			5				42×30×20

续表

型号	控制电压(直流)/V	控制电流(直流)/mA	输出电流/A	输出电压/V		断态漏电流/mA	外形尺寸/mm
				交流	直流		
JGX－7F/7FA	2.5～8	12	3	250	60	5	43.2×31.8×15.2
JGX－8FA	10～32	25	0.025	—	30	0.1	
JGX－9FA	250	6.5	0.025	—	30	0.1	
JGX－10F/10FA	3～32	5～10	10,20,40	25～380	20～200	1～5	57×44×23
JGX－11F	3～8	20	15	250	—	—	71×44×21
JGX－12F	3～8	20	2	250	—	5	31×20×18
JGX－50F	3～32	5～10	50	25～380	20～200	1～5	57×44×23
JGX－50FA	4～7	6	3	—	50	0.01	30×15×14.5
JGX－51FA	4～7	6	5	—	50	0.01	33×25×14.5
JGX－52FA	4～7	6	10	—	50	0.02	42×30×20
JGX－53FA	4～7	6	25	—	50	0.04	57×44×23
JGX－54FA	4～7	6	35	—	50	0.3	
JGX－55F	4～7	15	10	250	—	6	42×30×25
JGX－56F	4～7	40	1	250	—	6	40×30×18
JGX－60F	3～32	5～10	60	25～380	—	1～5	57×44×23
JGX－70F	3～32	5～10	70	25～380	—	1～5	57×44×23
JGX－6M	4～7	6	5	—	50	0.01	43.18×21.84×7.4

【例1－11】 某机床主轴电动机的型号为Y132S－4，额定功率为5.5 kW，电压380 V，电流11.6 A，定子绕组采用△接法，启动电流为额定电流的6.5倍。若用组合开关作电源开关，用按钮、接触器控制电动机的运行，并需要有短路、过载保护。试选择所用的组合开关、按钮、接触器、熔断器及热继电器的型号和规格。

答 组合开关的选择：$I_N=(1.5\sim2.5)\times11.6\ A=17.4\sim29\ A$。故选用HZ10－25型。

接触器的选择：$I_C=\dfrac{P_N\times10^3}{KU_N}=14.47\ A$，$I_C\approx15\ A$。

故选用CJ10－20型或CJ20－25型。

按钮的选择：选用LA19－11型，红、绿各一只。

熔断器的选择：选用RL1－60/25型熔断器。

热继电器的选择：选用JR16－20/3D或JR16B－20/3D。

方法点拨

(1)时间继电器重点是JS7－A系列气囊式的结构和工作原理，分清通电延时和断电延时的区别。可采用手动或给线圈通电的方法，调整(减小和增大)延时时间，注意观察瞬时触点和延时触点的动作情况。时间继电器的触点为瞬动型，这点要特别注意。对电子式时间继电器的特点作一般了解。

(2)对于热继电器，在了解其结构和工作原理的基础上，要知道热继电器为何不能用于短路保护及整定电流的调整原则。

(3)速度继电器主要学习其功能、结构、工作原理。

(4)对教材中给出的各种继电器的技术参数，不必花费过多的时间，学会查阅即可。

思考题

1. 气囊式时间继电器有何优缺点？
2. 什么是固态继电器？它有哪些优点？

技能实训1—6　热继电器的校验

1. 实训目标

(1)认识电磁热继电器，熟悉其工作原理。

(2)熟悉电磁热继电器的组成和其中零件的作用。

(3)学会电磁热继电器的检修与校验的方法。

2. 工具、仪表及器材

工具、仪表及器材如表1—43所示。

表1—43　工具、仪表及器材

	项目内容				
工具	电工常用工具、镊子等				
仪表	ZC25—3型兆欧表(500 V,0～500 MΩ)、MG3—1型钳形电流表、T10—A(5A)电流表、T10—V(600 V)电压表、MF47型万用表				
器材	代号	名称	型号	规格	数量
	KH	热继电器	JR36—20	热元件16 A	1
	TC1	接触式调压器	TDGC2—5/0.5		1
	TC2	小型变压器	DG—5/0.5		1
	QS	开启式负荷开关	HK1—30/2		1
	TA	电流互感器	HL24	100/5 A	1
	HL	指示灯		220 V,25 W	3
		控制板		500 mm×400 mm×30 mm	1
		连接导线	BVR—1.0		若干

3. 电路图

所用电路图如图1—75所示。

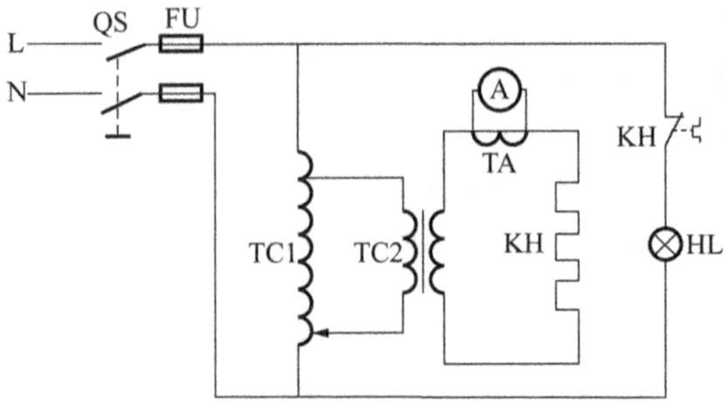

图 1—75　热继电器校验电路图

4. **安装要求**

(1)热继电器的安装方向应与规定的安装方向相同，倾斜度不应超过 5°，连接导线的截面积必须符合规定。

(2)当热继电器和其他继电器安装在一起使用时，应尽可能将它装在其他电器的下面，以免动作受发热的影响。热继电器的盖子要盖好。

(3)连接导线一般选用铜线，以免影响热元件的状态。

(4)接线螺钉要拧紧，使触点接触良好，以免发生由于螺钉松动而使触点的接触电阻增大，造成热元件温升增高，引起保护特性不稳定和发生误动作。

(5)安装完毕投入运行前，应检查整定电流与实际要求是否符合。

5. **调试**

(1)将输出变压器的输出调到零位置。将热继电器置于手动复位状态，并将整定值置于手动复位状态。

(2)动作机构应可靠，一般用手拨动几次进行观察，再扣按钮应灵活。若调整发现有松动，应予以紧固并重新进行调试。

(3)试验时，将各相热元件串联，向热继电器通入 1.05 倍额定电流，待发热后，再将电流增加到 1.2 倍额定电流，约 2～3 min，旋动电流调节凸轮使热继电器动作，这时动作电流即为热继电器的整定电流。

6. **注意事项**

(1)校验时的环境温度要尽量接近工作环境温度，连接导线长度一般不应小于 0.6 m，连接导线的截面积应与使用时的实际情况相同。

(2)校验过程中电流变化较大，为使测量结果准确，校验时应注意选择电流互感器的合适量程。

(3)通电校验时，必须将热继电器、电源开关等固定在校验板上，并有指导教师监护。

(4)电流互感器通电过程中，电流表回路不可开路，接线时应充分注意。

7. **评分标准**

评分标准如表 1—44 所示。

表 1—44　评分标准

项目内容	配分	评分标准			扣分
装前检查	15 分	电器元件漏检或错检　每处扣 1 分			
安装布线	30 分	(1)电器布置不合理　扣 5 分 (2)元件安装不牢固　每个扣 4 分 (3)元件安装不整齐、不匀称、不合理　每个扣 5 分 (4)损害元件　扣 20 分 (5)不按电路图接线　扣 20 分 (6)布线不符合要求　每根扣 3 分			
调试	20 分	(1)停电不验电　扣 10 分 (2)损坏继电器　扣 20 分 (3)损坏电器元件，或排除故障方法不正确　每个(次)扣 5～20 分			
通电检验	35 分	(1)第一次试通电不成功　扣 20 分 第二次试通电不成功　扣 30 分 (2)通电校验不符合要求　每处扣 5 分			
安全文明生产	违反安全文明生产规程　扣 5～40 分				
额定时间	3 h，训练不允许超时，在修复故障过程中才允许超时，每超时 1 min 扣 5 分				
备注	除额定时间外，各项目的最高扣分不应超过配分数			成绩	
开始时间		结束时间		实际时间	

第2单元 三相异步电动机的基本控制线路

(1)学会电气识图的方法。

(2)了解点动与连续运转的控制线路。

(3)了解自锁与互锁的控制线路。

(4)了解正反转控制线路。

(5)了解位置与自动往返控制线路。

(6)掌握降压启动控制线路,特别是星形-三角形(Y-△)减压启动控制电路。

(7)掌握电动机制动中的电气控制线路,特别是反接制动和能耗制动控制线路。

(8)掌握多台电动机的顺序控制线路,特别是针对不同的控制要求完成不同的顺序控制。

(9)掌握双速异步电动机实现变极调速的电气控制线路。

第1节 电气识图

学习目标

(1)了解电气图的分类。

(2)熟悉各电器元件规定的图形符号及相应的文字符号。

(3)熟悉电气原理图的绘制方法。

(4)熟练掌握电气原理图的识读。

学习要点

电气原理图的识读。

一、电气图中的统一符号

学习本节后应正确理解和熟练记忆一部分常用低压电器的图形符号和文字符号的国家统一标准。

1. 图形符号

图形符号是用以表示一个设备或概念的图形、标记或字符,含有符号要素、一般符号和限定符号。符号要素是一种具有确定意义的简单图形，必须同其他图形结合才能构成一个设备或概念的完整符号；一般符号用以表示一类产品和此类产品特征的一种简单的符号；限定符号是一种加在其他符号上提供附加信息的符号。

运用图形符号绘制电气图时应注意：

(1)符号尺寸大小、线条粗细依国家标准可放大与缩小，但在同一张图样中，统一符号的尺寸应保持一致，各符号之间及符号本身比例应保持不变。

(2)标准中指示出的符号方位，在不改变符号含义的前提下，可根据图面布置的需要旋转，或成镜像位置，但是文字和指示方向不得倒置。

(3)大多数符号都可以附加上补充说明标记。

(4)对标准中没有规定的符号，可选取GB4728《电气图常用图形符号》中给定的符号要素、一般符号和限定符号，按其中规定的原则进行组合。

2. **文字符号**

文字符号用于电气技术领域中技术文件的编制，也可以标注在电气设备、装置和元器件上或近旁，以表示电气设备、装置和元器件的名称、功能、状态和特性。文字符号包括基本文字符号、辅助文字符号。基本文字符号有单字母符号与双字母符号两种：单字母符号按拉丁字母顺序将各种电气设备、装置和元器件划分为23大类，每一类用一个专用单字母符号表示；双字母符号由一个表示种类的单字母符号与另一个字母组成，且以单字母符号在前，另一个字母在后的次序排列。辅助文字符号用来表示电气设备、装置和元器件以及电路的功能、状态和特征。

3. **接线端子**

接线端子的标记方法包括对三相交流电源、电动机主电路、控制电路、电动机绕组的标记方法。

二、电气图的绘制

电气图一般分为电气系统图和框图、电气原理图、电器元件布置图、电气安装接线图、功能图等。本章重点学习常用的电气原理图、电器元件布置图、电气安装接线图这3种图的定义和作用，特别着重于掌握其中的电气原理图的绘制原则、绘制方法及有关事项，简单了解电器元件布置图、电气安装接线图的主要内容及绘制原则。

1. **电气原理图**

电气原理图是为了便于阅读和分析控制线路工作原理而绘制的，其主要形式是把一个电气系统的各部件以分开的形式进行绘制，因此电路结构简单、层次分明，适用于研究和分析控制系统的工作原理。其绘制原则、绘制方法及有关事项如下：

(1)电气原理图中的电器元件按未通电、没有受外力作用时的状态、没有发生机械动作时的位置而绘制。

(2)主电路、控制电路和辅助电路应分开绘制。主电路用垂直线绘制在图的左侧，控制电路用垂直线绘制在图的右侧，控制电路中的耗能元件画在电路的最下端。

(3)使触点动作的外力方向必须是：当图形垂直放置时为从左到右，即垂线左侧的触点为常开触点，垂线右侧的触点为常闭触点；当图形水平放置时为从下到上，即水平线下方的触点为常开触点，水平线上方的触点为常闭触点。

(4)动力电路的电源电路绘成水平线,受电的动力装置(电动机)及其保护电器支路应垂直于电源电路。

(5)为读图方便,图中自左而右或自上而下表示操作顺序,并尽可能减少线条和避免线条交叉。

(6)图中有直接电联系的交叉导线的连接点(即导线交叉处)要用黑圆点表示。无直接电联系的交叉导线,交叉处不能画黑圆点。

(7)原理图上应标明各个电源的电压值、极性或频率和相数;某些元件、器件的特性;不常用的电器的操作方式和功能。

(8)在原理图的上方将图分成若干图区,并标明该区电路的用途与作用;在继电器、接触器线圈下方列有触点表,以说明线圈和触点的从属关系。

2. 电气安装接线图

电气安装接线图是为安装电气设备和电气元件进行配线或检修电气故障服务的,在图中显示出电气设备中各个元件的实际空间位置与接线情况。接线图是根据电器位置布置最合理、连接导线最方便且最经济的原则来安排的。

故障维修时通常由原理图分析电路原理、判断故障,由接线图确定故障部位。

(1)按国标规定,所有器件的接线端子和互联端子必须位于维修台之上至少 0.2 m,以便装拆导线。

(2) 图中一律用细实线绘制,并清楚地表明各电器元件的接线关系和接线走向。

接线图的接线关系有两种画法:

1)直接接线法。直接画出两元件之间的接线。它适用于电气系统简单、电器元件少、接线关系简单的场合。

2)符号标准接线法。仅在电器元件接线端处标注符号,以表明相互连接关系。它适用于电气系统复杂、电器元件多、接线关系较为复杂的场合。

(3)按规定清楚地标注配线导线的型号、规格、截面积和颜色。

(4)接线板上各接点按接线号顺序排列,并将动力线、交流控制线、直流控制线等分类排开。

3. 电器元件布置图

电器元件布置图表明了电气设备上所有电器元件的实际位置,为电气设备的安装及维修提供必要的资料。电器元件布置图可根据电气设备的复杂程度集中绘制或分别绘制。

(1)按国标规定,电气柜内电器元件必须位于维修台之上 0.4 ~2 m。

(2)电气柜内按照用户要求制作的电气装置,最少要留出 10%的备用面积,以供装置改进或局部修改。

(3)电气柜的门上,除了人工控制开关、信号和测量部件外,不能安装任何器件。

(4)电源开关最好安装在电气柜内右上方,其操作手柄应装在电气柜前面或侧面。电源开关上方最好不安装其他电器。

(5)发热元件安装在电气柜内的上方,并注意将发热元件和感温元件隔开,以防误动作。

(6)应尽量将外形与结构尺寸相同或相近的电气元件安装在一起,既便于安装和布线处理,又使电气柜内的布置整齐美观。

【例2—1】 电气图中为什么要规定统一的文字符号和图形符号？

答 为了便于设计人员的绘图与现场技术人员、维修人员的识读，必须按照我国已颁布实施的有关国家标准，用统一的文字符号、图形符号及画法来绘制电气图。并且要随时关注最新国家标准中有关电器元件的文字符号与图形符号的更新，以便及时调整。

【例2—2】 电气图分为哪几类？各有什么用途？

答 将电气控制系统中各电气元件及连接关系用一定的图样反映出来，在图样上用规定的图形符号表示各电气元件，并用文字符号说明各电气元件，这样的图样叫做电气图，也称电气控制系统图。图中必须根据国家标准，用统一的文字符号、图形符号及画法，以便于设计人员的绘图与现场技术人员、维修人员的识读。

常用的电气图包括：电气原理图、电器元件布置图、电气安装接线图。

用图形符号、文字符号、项目代号等表示电路各个电器元件之间的关系和工作原理的图称为电气原理图。电气原理图结构简单、层次分明，适用于研究和分析电路工作原理，并可为寻找故障提供帮助，同时也是编制电气安装接线图的依据，因此在设计部门和生产现场得到广泛应用。

根据电器元件的外形，并标出各电器元件的间距尺寸所绘制的图称为电器元件布置图。电器元件布置图主要是表明电气设备上所有电器元件的实际位置，为电气设备的安装及维修提供必要的资料，它不表达各电器的具体结构、作用、接线情况及工作原理。

根据电路图及电器元件布置图绘制表示出各电气设备、电器元件之间的实际接线情况的图称为电气安装接线图。电气安装接线图主要用于电气设备的安装配线、线路检查、线路维修和故障处理。在图中要标注出外部接线所需的数据。

三、识图

1.识图的基本方法

(1)结合电工基础知识识图。在实际生产的各个领域中，所有电路如输变配电、电力拖动和照明等，都是建立在电工基础理论之上的。因此，要想准确、迅速地看懂电气图，必须具备一定的电工基础知识。如三相笼形异步电动机的正转和反转控制，就是利用三相笼形异步电动机的旋转方向是由电动机三相电源的相序来决定的原理，用倒顺开关或两个接触器进行切换，改变输入电动机的电源相序，以改变电动机的旋转方向。

(2)结合电器元件的结构和工作原理识图。电路中有各种电器元件，如配电电路中的负荷开关、自动空气开关、熔断器、互感器、仪表等；电力拖动电路中常用的各种继电器、接触器和各种控制开关等；电子电路中，常用的各种二极管、三极管、晶闸管、电容器、电感器以及各种集成电路等。因此，在识读电气图时，首先应了解这些元器件的性能、结构、工作原理、相互控制关系以及在整个电路中的地位和作用。

(3)结合典型电路识图。典型电路就是常见的基本电路，如电动机的启动、制动、正反转控制、过载保护电路，时间控制、顺序控制、行程控制电路，晶体管整流电路，振荡和放大电路，晶闸管触发电路等。不管多么复杂的电路，几乎都是由若干基本电路所组成。因此，熟悉各种典型电路，在识图时就能迅速地分清主次环节，抓住主要矛盾，从而看懂较复杂的电路图。

(4)结合有关图纸说明识图。凭借所学知识阅读图纸说明，有助于了解电路的大体情况，便于抓住看图的重点，达到顺利识图的目的。

(5)结合电气图的制图要求识图。电气图的绘制有一些基本规则和要求，这些规则和要求是为了加强图纸的规范性、通用性和示意性而提出的。可以利用这些制图的知识准确识图。

2. 识图要点和步骤

(1)看图纸说明。图纸说明包括图纸目录、技术说明、元器件明细表和施工说明等。识图时，首先要看图纸说明，搞清设计的内容和施工要求，这样就能了解图纸的大体情况，抓住识图的重点。

(2)看主标题栏。在看图纸说明的基础上，接着看主标题栏，了解电气图的名称及标题栏中有关内容。凭借有关的电路基础知识，对该电气图的类型、性质、作用等有明确的认识，同时大致了解电气图的内容。

(3)看电路图。看电路图时，先要分清主电路和控制电路、交流电路和直流电路，其次按照先看主电路，再看控制电路的顺序读图。看主电路时，通常从下往上看，即从用电设备开始，经控制元件，顺次往电源看。看控制电路时，应自上而下、从左向右看，即先看电源，再顺次看各条回路，分析各回路元器件的工作情况及其对主电路的控制。

通过看主电路，要搞清用电设备是怎样从电源取电的，电源经过哪些元件到达负载等。通过看控制电路，要搞清它的回路构成、各元件间的联系(如顺序、互锁等)、控制关系和在什么条件下回路构成通路或断路，以理解工作情况等。

(4)看接线图。接线图是以电路图为依据绘制的，因此要对照电路图来看接线图。看的时候，也要先看主电路，再看控制电路。看主电路时，从电源输入端开始，顺次经控制元件和线路到用电设备，与看电路图有所不同。看控制电路时，要从电源的一端到电源的另一端，按元件的顺序对每个回路进行分析。

接线图中的线号是电器元件间导线连接的标记，线号相同的导线原则上都可以接在一起。因为接线图多采用单线表示，所以对导线的走向应加以辨别，还要弄清端子板内外电路的连接。

【例 2—3】 阅读电气原理图中的控制电路部分时，应当注意什么问题？

答 控制电路由各种电器组成，主要用来控制主电路工作的。在阅读控制电路时，一般先根据主电路接触器主触点的文字符号，到控制电路中去找与之相应的吸引线圈，进一步弄清楚电机的控制方式。这样可将整个电气原理图划分为若干部分，每一部分控制一台电动机。另外控制电路应依照生产工艺要求，按动作的先后顺序，自上而下、从左到右、并联排列。因此，读图时也应当自上而下、从左到右，一个环节、一个环节地进行分析。

【例 2—4】 简述电气原理图分析的一般步骤。

答 结合典型线路分析电路，即按功能的不同分成若干局部电路。如果电路比较复杂，就可将与控制系统关系不大的照明电路、显示电路、保护电路等辅助电路暂时放在一边，先分析主要功能，再集零为整。

结合基础理论分析电路，任何电气控制系统无不建立在所学的基础理论上，如电机的正反转、调速等是同电机学相联系的；交直流电源、电气元件以及电子线路部分又是和所学的电路理论及电子技术相联系的。应充分应用所学的基础理论分析电路及控制线路中元件的工作原理。

具体地说，电气原理图分析的一般步骤如下：

第一，看电路图中的说明和备注，有助于了解该电路的具体作用。

第二，划分电气原理图中的主电路、控制电路、辅助电路、交流电路和直流电路。

第三，从主电路着手，根据每台电动机和执行器件的控制要求去分析控制功能。分析主电路时，采用从下往上看，即从用电设备开始，经控制元件，依次往电源看；分析控制电路时，采用从上往下、从左往右的原则，将电路化整为零，分析局部功能。

第四，再分析辅助控制电路、联锁保护环节等。

最后，将各部分归纳起来全面掌握。

方法点拨

(1)通过新、旧国家标准的学习和比较，了解电气图形和文字符号的变化是存在的，但也是相对稳定的。电气图中根据国家标准，用统一的文字符号、图形符号及画法，是为了便于设计人员的绘图与现场技术人员、维修人员的识读。

(2)对照电气原理图的绘制原则，仔细研究书中电气原理图的实例，熟练掌握绘图过程中的有关事项，为控制线路设计的学习做好充分准备。

(3)研读电气原理图的读图要点和步骤，通过实例的分析，掌握读图的方法和故障分析的方法。

思考题

1. 简述接线图的接线关系的画法。
2. 简述识图要点和步骤。

技能实训 2—1　电器识图训练

1. 实训目标

(1)熟悉电气图的常用符号。

(2)了解电气原理图的组成。

(3)了解电气图中 3 个图之间的关系及绘图原则。

2. 实训内容

(1)在表 2—1 中画出两种时间继电器的线圈与两种触点的图形符号。

表 2—1　时间继电器的线圈与触点的图形符号

	线圈	瞬时触点	延时触点	文字符号
通电延时时间继电器	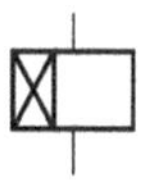	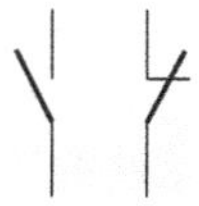	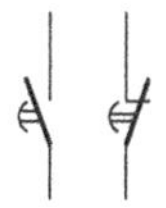	KT
断电延时时间继电器	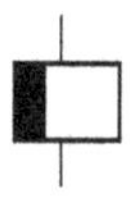	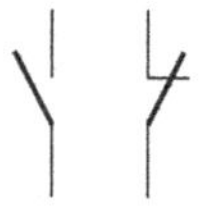	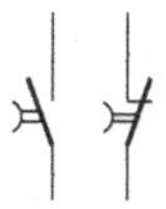	

(2)在表 2—2 中画出电流继电器线圈与触点的图形符号。

表 2—2 电流继电器的线圈与触点的图形符号

	线圈	触点	文字符号
过电流继电器	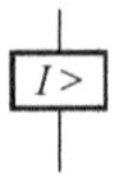	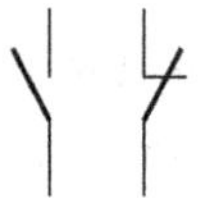	KI
欠电流继电器	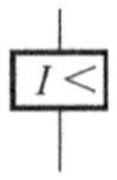	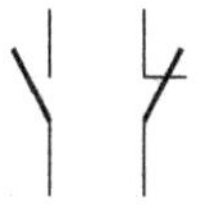	

(3)在表 2—3 中画出交流接触器线圈与触点的图形符号。

表 2—3 交流接触器的线圈与触点的图形符号

	线圈	主触点	辅助触点	文字符号
接触器	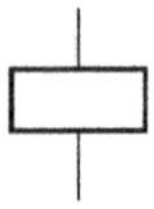	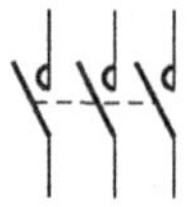	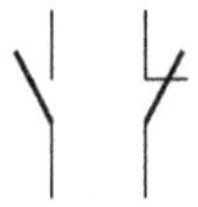	KM

(4)在表 2—4 中画出按钮和行程开关的图形符号,正确区分两种器件。

表 2—4 按钮和行程开关的图形符号

	常开触点	常闭触点	复合触点	文字符号
按钮			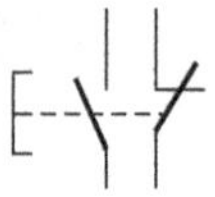	SB
行程开关			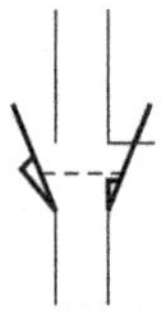	SQ

按钮和行程开关的区别在于:按钮是靠手指按下时触点动作,松开手指后触点复位。而行程开关工作原理与其相似,只是其触点的动作不是靠手指按压的手动操作,而是利用生产机械某些运动部件上的挡块碰撞或碰压使触点动作,以此来实现接通或分断某些电路,使之达到一定的控制要求。

3. 注意事项

(1)实际应用中,电动机、各种电器元件的图形符号和文字符号应符合我国已颁布实施的有关国家标准,并且应当关注最新国家标准。

(2)电气原理图是用图形符号、文字符号、项目代号等表示电路各个电器元件之间的关系和工作原理,它结构简单、层次分明,适用于研究和分析电路工作原理,并可为寻找故障提供帮助,同时也是编制电气安装接线图的依据,因此在设计部门和生产现场得到广泛应用,应当引起足够的重视。

(3)识读电气原理图时首先要弄清电气控制的基本要求和运行条件，在此基础上先读主电路，然后识读控制电路。

(4)特别注意图中所有电器的触点都是在线圈未通电或触点未受到机械外力作用时的状态，同一电器的各个部件在图中均用同一文字符号标注。

说明：本节旨在练习对电气线路图的识别，使学生得到准确的线路知识，在学习开始阶段打下好的基础。

【例 2—5】 如图 2—1 所示为某机床的电气原理图，要求：

(1)试对该图进行图面分区和接线标记。

(2)绘制出电器元件位置图。

(3)列出元器件清单。

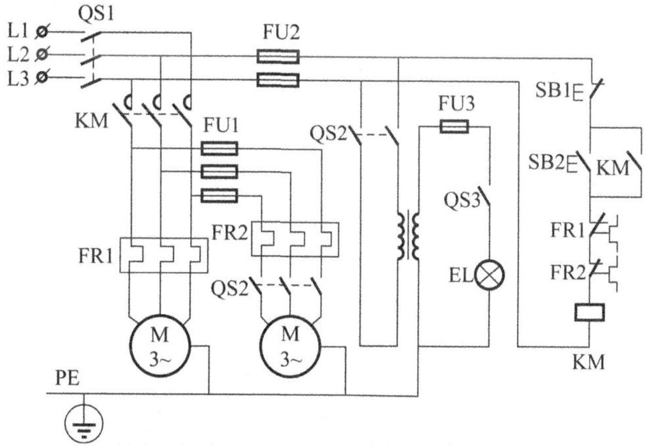

图 2—1　某机床的电气原理图

答　(1)对该图进行图面分区和接线标记：

1)图区的划分。为了便于阅读查找，在图纸的下方(或上方)沿横坐标方向划分，并用数字 1、2、3……标明图区，在图区编号的上方表明该区的功能，如图 2—2 区 1 所对应的是“电源开关”，使读者清楚地知道某个元件或某部分电路的功能，以便于理解整个电路的工作原理。

2)接线标记。为了便于电路分析及绘制接线图，电路图中各元件接线端子用字母、数字、符号标记。

a. 电动机绕组的标记。有多台电动机时，M1 电动机绕组用 U1、V1、W1 标记；M2 电动机绕组用 U2、V2、W2 标记；M3 电动机绕组用 U3、V3、W3 标记。

b. 主电路的标记。一般三相交流电源引入线用 L1、L2 、L3、N 标记，接地线用 PE 标记；三相交流电动机所在的主电路用 U 、V、 W 标记，凡是被器件、触点间隔的接线端子按双下标数字顺序标记，M1 电动机所在的主电路，用 U11、V11、W11，U12、V12、W12……标记；M2 电动机所在的主电路，用 U21、V21、W21，U22、V22、W22……标记；M3 电动机所在的主电路，用 U31、V31、W31，U32、V32、W32……标记，以此类推。

c. 控制电路和辅助电路的标记。控制电路和辅助电路各线号采用数字标志，其顺序一般从左到右、从上到下，凡是被线圈、触点等元件所间隔的接线端点，都应标以不同的线号。

现场实际应用中有时为了便于区分，辅助电路也可采用双数字下标，视具体情况而定。

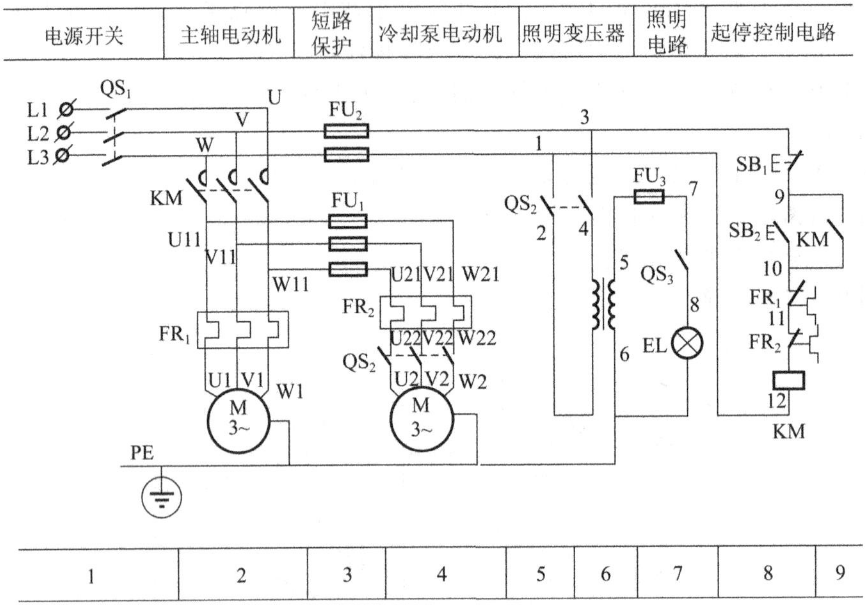

图 2—2　某机床的电气原理图(分区和标记)

(2)绘制电器元件位置图。电器元件位置图详细绘制电气设备零件安装位置。图中各电器元件代号应与有关电路图和清单上所有元器件对应代号相同，图中往往留有一定的备用面积及导线槽(管)的位置，以供改进设计时用，图中不需标注尺寸。如图 2—3 所示为上述机床的电器元件位置图，图中 FU1、FU2 为熔断器，KM 为接触器，FR1、FR2 为热继电器，TC 为照明变压器，XT 为接线端子板。

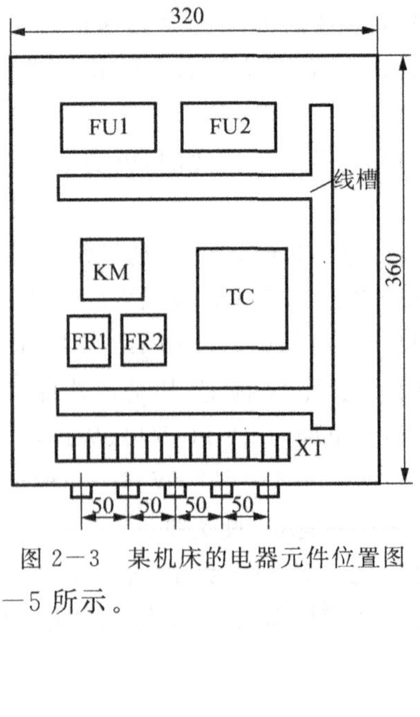

图 2—3　某机床的电器元件位置图

(3)列元器件清单，如表 2—5 所示。

表 2—5　某机床的元器件清单

代号	名称	型号	规格	数量
M1	主轴电动机	JO2—42—4	5.5 kW,1410 r/min	1 台
M2	冷却泵电动机	JCB—22 型	0.125 kW,2790 r/min	1 台
KM	交流接触器	CJO—20 型	380 V,20 A	1 个
FR1	热继电器	JRO—40 型	11.3 A	1 个
FR2	热继电器	JRO—10 型	3.5 A	1 个
QS1	三极开关	HZ1—10	380 V,10 A	1 个
QS2	三极开关	HZ1—10	380 V,10 A	1 个
QS3	单极开关	HZ1—10	220 V,6 A	1 个
SB1	按钮	LA2 型	1 组常闭触点	1 个
SB2	按钮	LA2 型	1 组常开触点	1 个
FU1	熔断器	RL1 型	15 A	1 个
FU2	熔断器	RL1 型	6 A	1 个
FU3	熔断器	RL1 型	2 A	1 个
TC	照明变压器	BK—50	50 V・A,380 V/36 V	1 个
EL	照明灯		40 W,36 V	1 个

第 2 节　点动与连续运转的控制

学习目标

(1)熟知手动连续、点动正转控制线路的构成、工作原理。

(2)能正确熟练地进行安装、调试与维修。

学习要点

点动控制线路的安装。

一、手动正转控制线路

正转控制线路只能控制电动机单向启动和停止，并带动生产机械的运动部件朝一个方向旋转或运动。类似于手动控制日光灯的亮灭一样，手动控制正转控制线路是通过低压开关来控制电动机单向启动和停止的。在工厂中，手动正转控制线路一般用来控制比较简单的机械，一般仅用于容量在 10 kW 以下的电动机，如三相电风扇和砂轮机等设备常采用这种线路。

1. 电路图

如图 2—4 所示为使用不同开关控制的电动机手动正转控制线路图。它是利用手动操作低压开关来控制电动机的单向启动和停止的，在工厂中常被用来控制三相电风扇和砂轮机等设备。

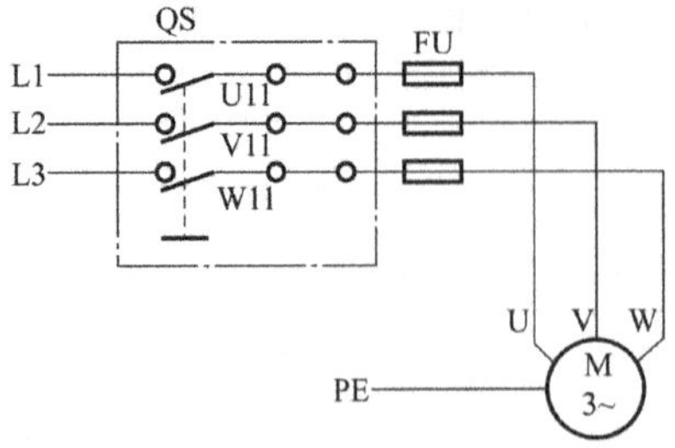

(a)用开启式负荷开关控制

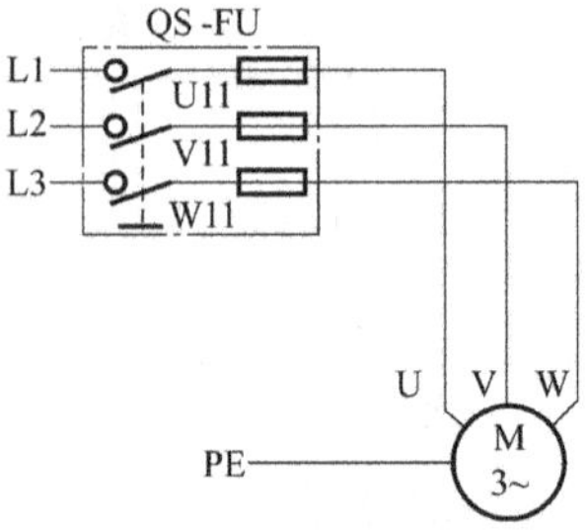

(b)用封闭式负荷开关控制

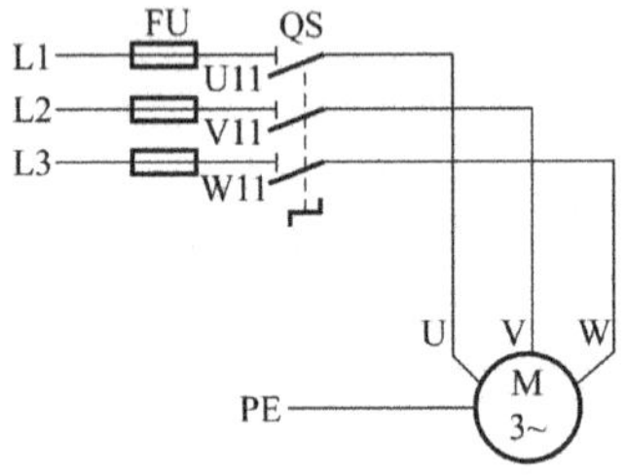

(c)用组合开关控制

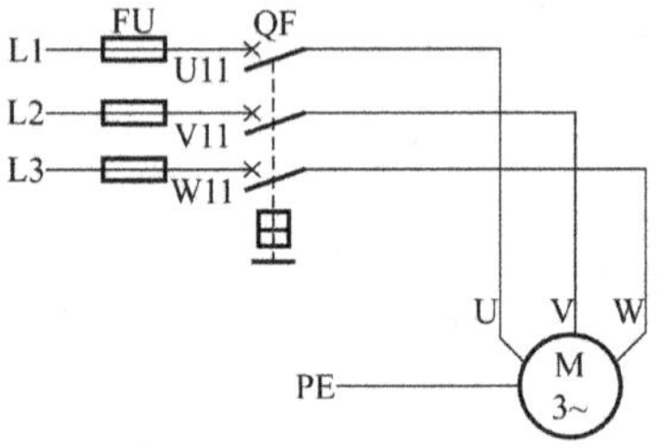

(d)用低压断路器控制

图 2－4　手动正转控制线路

2. **砂轮机**

(1)实物图及原理。如图 2－5(a)所示是砂轮机的外观图,砂轮机控制线路所用元器件很少,结构非常简单,是通过低压电路来控制的,并且它的控制和保护都是用低压断路器来实现的。如图 2－5(b)所示为砂轮机的电路图,其中 L1、L2、L3 为三相电源,FU 为熔断器,QF 为低压断路器,负责控制与保护,M 为三相异步电动机。

(2)使用方法。使用时,向上扳动低压断路器的按钮,砂轮开始转动进行磨刀;使用完后,向下扳动低压断路器的按钮,砂轮停转停止磨刀。当线路出现短路故障时,断路器会自动跳闸断开电路,起到短路保护作用。

(a)砂轮机的外观图

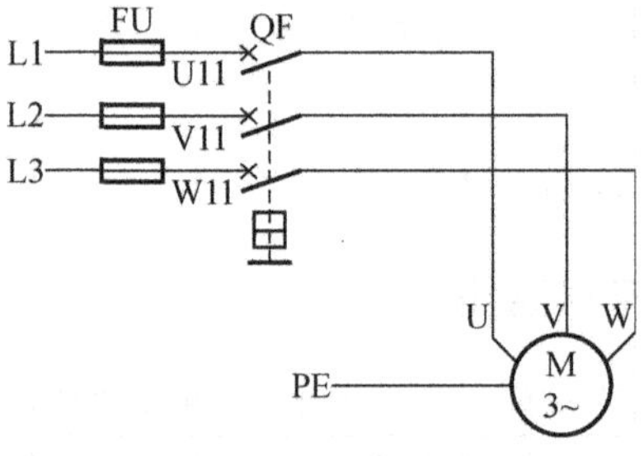

(b)砂轮机的电路程图

图 2－5　砂轮机

(3)手动正转控制线路工作原理。电流从三相电源流出,途经熔断器、低压断路器流入电动机,电动机带动砂轮机运转。低压断路器用来控制电路的通断。

3. **特点**

手动正转控制线路的优点是所用电器元件少,线路简单。但是也存在着一些不足之处,比如,操作劳动强度大,安全性差,线路本身只有主电路而没有辅助电路,这往往使线路中的电器元件和设备只能安装在同一个工作室内，从而严重地限制了它的应用范围，不便于实现远距离控制和自动控制。

小思考

上文列举了几种不同的控制开关，它们有什么优缺点？

二、点动正转控制线路

机械设备中，如机床在调整刀架、试车，吊车在定点放落重物时，常常需要电动机短时的断续工作。

1. 概念

所谓点动控制是指：按下按钮，电动机就得电运转；松开按钮，电动机就失电停转。点动正转控制线路是用按钮、接触器来控制电动机运转的最简单的正转控制线路。

2. 电路图

三相异步电动机的点动控制电气原理图如图 2－6 所示。点动正转控制线路是由低压断路器 QF、熔断器 FU、启动按钮 SB、接触器 KM 及电动机 M 组成。其中以低压断路器 QF 作电源隔离开关，熔断器 FU 作短路保护，按钮 SB 控制接触器 KM 的线圈得电、失电，接触器 KM 的主触点控制电动机 M 的启动与停止。

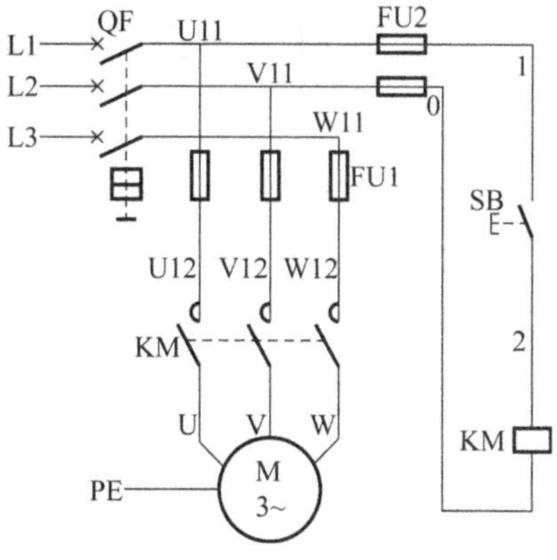

图 2－6　点动控制电气原理图

3. 工作原理

点动正转控制线路的工作原理如下：

(1)点动时，先合上低压断路器 QF，此时电动机 M 尚未接通电源。按下启动按钮 SB，接触器 KM 的线圈得电，使衔铁吸合，带动接触器 KM 的三对主触点闭合，电动机 M 便接通电源启动运转。

(2)停转时，只要松开启动按钮 SB，使接触器 KM 的线圈失电，按钮在复位弹簧作用下恢复到常开状态，使接触器线圈断电，这时接触器的常开主触点恢复到常开状态，带动接触器 KM 的三对主触点恢复断开，电动机 M 失电停转，电源断开，实现点动控制。就作用而言，这里的接触器常开主触点相当于手动开关的刀闸，起着接通、断开电动机电源的作用。电动机接通电源运转时间的长短完全由启动按钮 SB 按下的时间长短决定。

简述为：

启动：按下启动按钮 SB→接触器 KM 线圈得电→KM 主触点闭合→电动机 M 启动运行。

停止：松开按钮 SB→接触器 KM 线圈失电→KM 主触点断开→电动机 M 失电停转。

停止使用时，断开低压断路器 QF。

小思考

比较手动正转控制线路和点动正转控制线路，它们的不同之处与各自优点在哪里？

方法点拨

(1)以三相异步电动机单向运行控制为切入点，研究最简单的控制线路中的主电路和控制电路，对各组成部分作详尽的了解，为后续内容的学习打下扎实的基础。

(2)进行点动、手动相关内容的比较和区别，了解其作用和内在联系。

思考题

1. 简述砂轮机的使用方法。
2. 简述正转控制线路的工作原理。

技能实训 2—2　点动正转控制线路的安装

1. 实训目标

(1)熟悉电动机常用控制线路的动作原理与工艺要求。

(2)学会三相异步电动机点动控制的接线和操作方法。

2. 工具、仪表及器材

工具、仪表及器材如表 2—6 所示。

表 2—6　工具、仪表及器材

项目内容					
工具	测电笔、螺钉旋具、尖嘴钳、斜口钳、剥线钳、电工刀等常用工具				
仪表	ZC25—3 型兆欧表(500 V、0～500 MΩ)、MG3—1 型钳形电流表、MF47 型数字万用表				
器材	代号	名称	型号	规格	数量
	M	三相笼形异步电动机	Y112M—4	4 kW、380 V、8.8 A、△接法、1 440 r/min	1
	QF	低压断路器	DZ5—20/330	三极复式脱扣器、380 V、20 A	1
	FU1	螺旋熔断器	RL1—60/25	500 V、60 A、配熔体额定电流 25 A	3
	FU2	螺旋熔断器	RL1—15/2	500 V、15 A、配熔体额定电流 2 A	2
	KM	交流接触器	CJT1—20	20 A、线圈电压 380 V	1
	SB	按钮	LA4—3H	保护式、按钮数 3	1
	XT	端子板	TD—1515	660 V、15 A、15 节	1

续表

项目内容			
	名称	规格	数量
支架及连接线	控制板	500 mm×400 mm×20 mm	1
	主电路塑铜线	BV1.5 mm^2 和 BVR1.5 mm^2（黑色）	若干
	控制电路塑铜线	BV1 mm^2（红色）	若干
	按钮塑铜线	BVR0.75 mm^2（红色）	若干
	接地塑铜线	BVR1.5 mm^2（黄绿双色）	若干
	紧固体及编码套管		若干

3. **安装步骤及工艺要求**

（1）安装电器元件。点动正转控制的电路图如图 2－7 所示。按照如图 2－7(a)所示在木板上将电器元件摆放均匀、整齐、紧凑、合理，用螺钉进行安装，并贴上醒目的文字符号。

工艺要求：

1）组合开关、熔断器的受电端子应安装在控制板的外侧。组合开关和按钮要便于手动操作。

2）各元件间距合理，便于元件的更换。

3）紧固各元件时应用力均匀，紧固程度适当。用手轻摇，以确保其稳固。

（2）布线。按照如图 2－7(b)所示的接线图进行布线。

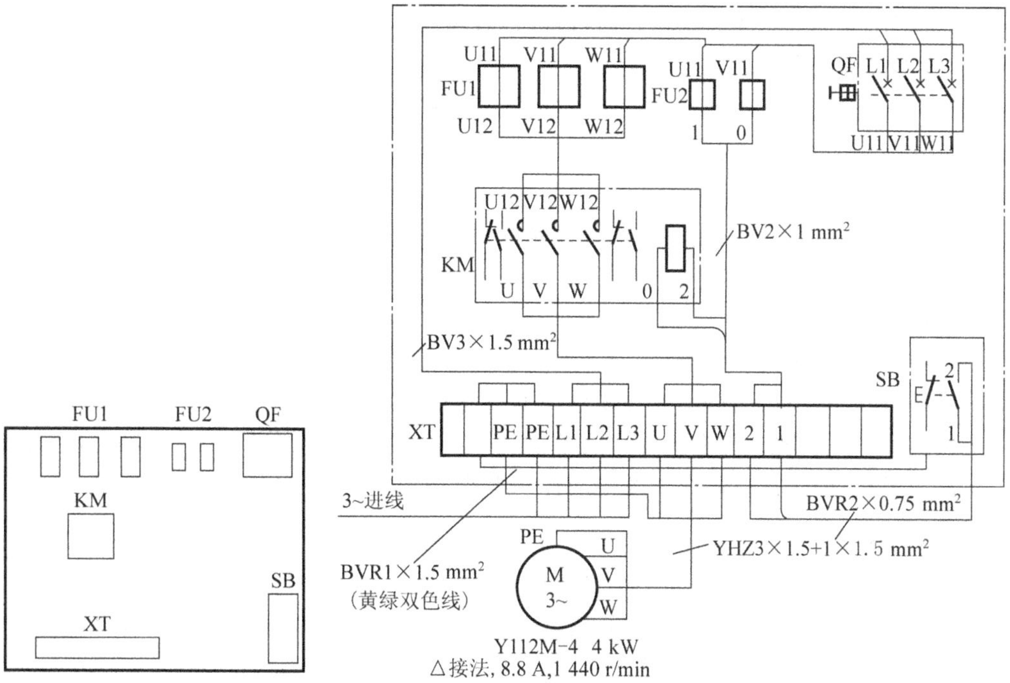

（a）布置图　　　（b）接线图

图 2－7　点动正转控制线路

工艺要求：

1)布线通道要尽可能减少。主线路、控制线路要分类清晰，同一类线路要单层密排，紧贴安装面布线。

2)同一平面内的导线要避免交叉。当必须交叉时，布线线路要清晰，便于识别。

3)布线应横平竖直，走线改变方向时，应垂直转向。

4)布线一般以接触器为中心，由里向外、由低至高，以不妨碍后续布线为原则。

5)布线一般按照先控制线路，后主电路的顺序。主电路和控制线路要尽量分开。

6)导线与接线端子或接线柱连接时，应不压绝缘层、不反圈及不露铜过长，并做到同一元件、同一回路的不同接点的导线间距离保持一致。

7)一个电器元件接线端子上的连接导线不得超过两根。每节接线端子板上的连接导线一般只允许连接一根。

8)布线时，严禁损伤线芯和导线绝缘。

9)布线时，不在控制板上的电器元件，要从端子排上引出。

10)布线时，要确保连接牢靠，用手轻拉不会脱落或断开。

(3)检查布线。按图 2—7(b)检验控制板布线的正确性。用万用表检查各连线的电气连接，保证连接正确，没有短路或断路。

(4)安装并连接电动机。先连接电动机和按钮金属外壳的保护接地线，然后接电动机控制板外部的导线，最后连接电源。连接电源时，要保证低压断路器处在断开状态。

(5)自检。

1)按电路图或接线图从电源端开始，逐段核对连线是否正确，连接点是否符合要求。注意不要有导线的线头露在外面。

2)用万用表进行检查时，应选用电阻挡的适当倍率，并进行校零，以防错漏短路故障。检查控制电路时，可将表笔分别搭在 U1、V1 线端上，读数应为“∞”，按下 SB 时读数应为接触器线圈的直流电阻阻值。

3)检查主电路时，可以用手动来代替接触器受电线圈励磁吸合时的情况进行检查。

(6)校验。

(7)通电试车。

1)接通电源。合上低压断路器 QF。

2)起停实验。按下启动按钮 SB，接触器 KM 线圈得电，KM 主触点闭合，电动机 M 启动运转，观察线路和电动机运行有无异常现象；松开启动按钮 SB，接触器 KM 线圈失电，KM 主触点断开，电动机停转，这就是所谓的点动控制电路。

4. 注意事项

(1)电动机和按钮的金属外壳必须可靠接地。

(2)接至电动机的导线必须结实，有良好的绝缘性能。导线要穿在导线通道内，或采用坚韧的四芯橡皮线，或采用塑料护套线。

(3)电源进线应接在螺旋式熔断器底座的中心端上，出线应接在螺纹外壳上。按钮内接线时，用力不能过猛，以防螺钉打滑。

(4)安装完毕的控制线路板，必须经过认真检查后，才允许通电试车，以防止错接、漏接，造成不能正常运转或短路事故。

5. **评分标准**

评分标准如表 2—7 所示。

表 2—7　评分标准

项目内容	配分	评分标准		扣分
装前检查	10 分	电器元件漏检或错检	每处扣 1 分	
安装	20 分	(1)不按布置图安装 (2)元件安装不牢固 (3)元件安装不整齐、不匀称、不合理 (4)损坏元件	扣 20 分 每只扣 4 分 每只扣 3 分 每只扣 5 分	
接线及运行	30 分	(1)不按电路图接线 (2)布线不符合要求 (3)接点松动、露铜过长、反圈等 (4)损伤导线绝缘层或线芯 (5)编码套管套装不正确 (6)漏接接地线	扣 20 分 每根扣 3 分 每个扣 1 分 每根扣 5 分 每处扣 1 分 扣 10 分	
检修	40 分	(1)熔体规格选用不当 (2)第一次试车不成功 (3)第二次试车不成功 (4)第三次试车不成功	扣 10 分 扣 20 分 扣 30 分 扣 40 分	
安全文明生产	违反安全文明生产规程		扣 5～40 分	
额定时间	2.5 h，每超时 5 min(不足 5 min 以 5 min 计)		扣 5 分	
备注	除额定时间外，各项目的最高扣分不应超过配分数		成绩	
开始时间		结束时间		实际时间

第 3 节　自锁与互锁的控制

学习目标

(1)熟知自锁及互锁控制线路的构成、工作原理。

(2)能正确熟练地进行安装、调试与维修。

学习要点

接触器自锁正转控制线路的原理。

一、接触器自锁正转控制线路

小思考

什么叫"自锁"？自锁线路由什么部件组成？如果用接触器的常闭触点作"自锁"触点，那么将会出现什么现象？

点动控制线路解决了手动控制线路的一些缺点，但是带来的问题也是明显的，要想使电动机长期运行，启动控制按钮 SB 必须始终用手按住。如何实现启动按钮按下之后立即松开而电动机长期运转呢？

由前面学习的接触器的知识知道，接触器除具有 3 个常开主触点之外，另外还有数个常开或常闭的辅助触点。这些辅助触点同主触点一样，均由衔铁的吸合与否使之闭合和断开。也就是说，当接触器线圈得电时，除 3 个常开主触点闭合外，其辅助的常开触点要闭合而常闭的辅助触点也要断开。

1. 概念

像这种依靠接触器自身辅助触点而使线圈保持通电的现象，称"自保持"或"自锁"。起自锁作用的常开辅助触点称为"自锁触点"。自锁的含义是：利用接触器自身常开辅助触点闭合这把"锁"来锁住线圈本身的电源。

2. 电路图

接触器自锁正转控制线路图如图 2－8 所示。电动机的自锁控制线路的主电路和点动控制的主电路大致相同，但在控制电路中又串接了一个停止按钮 SB2，在启动按钮 SB1 的两端并接了接触器 KM 的一对常开辅助触点。接触器自锁正转控制线路不但能使电动机连续运转，而且还有一个重要的特点，就是具有欠压和失压（或零压）保护作用。它主要由启动按钮 SB1（启动电动机）、停止按钮 SB2（停止电动机）、交流接触器 KM（用于接通和切断电动机的电源以及失压和欠压保护等）、热继电器（用于电动机的过载保护）等组成。

3. 工作原理

其动作原理为：合上电源开关 QF，引入电源。

启动：

按下启动按钮 SB1 → KM 线圈得电 → { KM 自锁触点闭合；KM 主触点闭合 } → 电动机 M 启动运转

停止：

按下停止按钮 SB2 → KM 线圈失电 → { KM 主触点分断；KM 自锁触点分断 } → 电动机 M 停转

当松开启动按钮 SB1 后，SB1 的常开触点虽然恢复分断，但接触器 KM 的辅助常开触点闭合时已将 SB1 短接，使控制电路仍保持接通，接触器 KM 继续得电，电动机 M 实现了连续运转。

在按下停止按钮 SB2 切断控制电路时，接触器 KM 失电，其自锁触点已分断解除了自锁，而这时 SB1 也是分断的，所以当松开 SB2 其常闭触点恢复闭合后，接触器也不会自行得电，电动机也就不会自行重新启动运转。

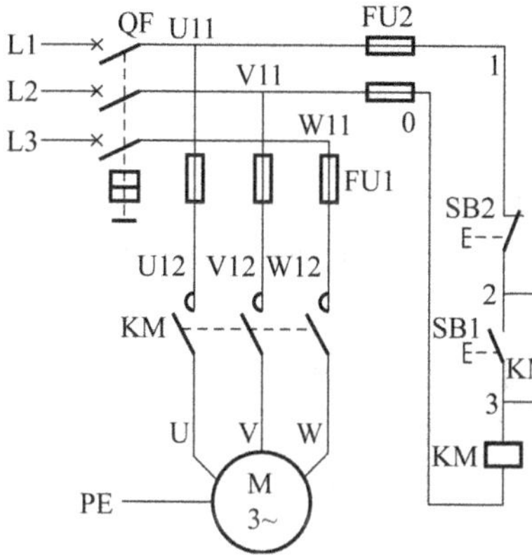

(a)电路图

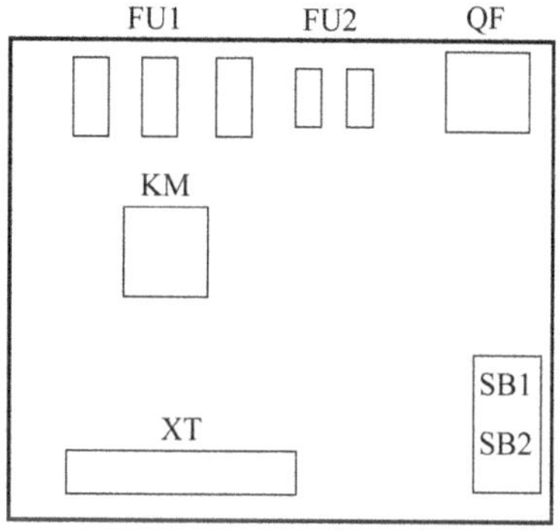

(b)布置图

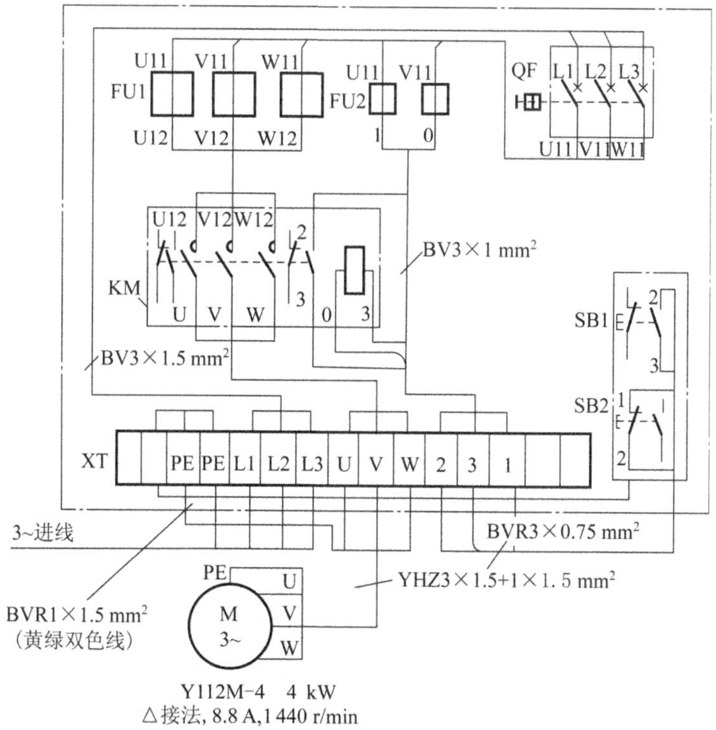

(c)接线图

图 2—8　接触器自锁正转控制线路

小思考

试比较点动控制线路与自锁控制线路的主要区别是什么？其功能的主要区别是什么？

【例 2—6】 分析如图 2—9 所示的控制线路中，停止按钮 SB2 是否起到了应有的作用，位置安排是否合适？

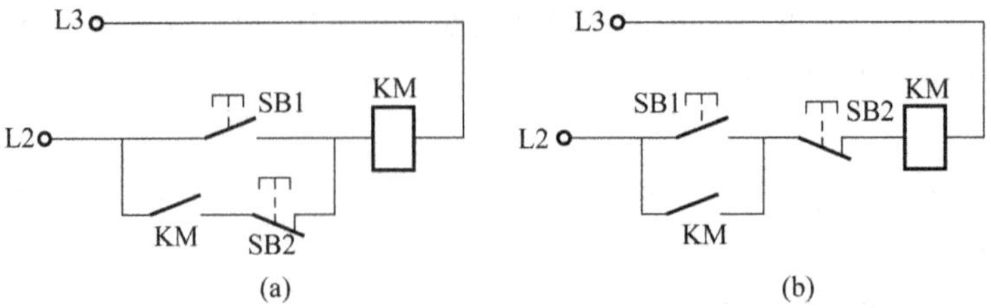

图 2—9 控制线路

答 从线路本身来看，图 2—9(a)和(b)两图所示控制线路 SB2 都能起到切断接触器线圈电源的作用。

当控制线路中有多个接触器或磁力启动器线圈需要断开其电源时，这种安装排列就有不妥之处，即此时在按下 SB2 停止按钮时，其他线圈的电源就不一定断开。为了使这只 SB2 按钮的安排与绝大多数控制线路相一致，在单向运行的控制线路中，它的位置安排就应如图 2—10所示。

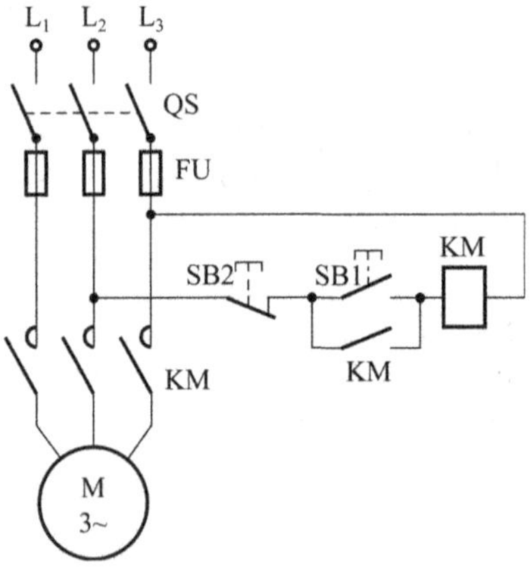

图 2—10 正转控制线路

4. 相关概念

(1)失压、欠压保护。“欠压”是指线路电压低于电动机应加的额定电压。这样的后果是电动机电磁转矩要降低，转速随之下降，会影响电动机正常工作，严重时还会损坏电动机，发生事故。在具有接触器自锁的控制线路中，当电动机运转，电源电压降低到一定值(一般指降低到额定电压 85%以下)时，使接触器线圈磁通减弱，电磁吸力不足，动铁芯在反作用弹簧的作用下释放，自锁触点断开，失去自锁，同时主触点也断开，使电动机停转，得到欠压保护。当电动机运行时，由于外界的原因，突然断电后又重新供电，在未加防范的情况下会造成危害。例如，前述的手动正转控制线路(无接触器自锁装置)断电时，若没有及时拉开电源开关，在电源重新供电时，生产设备会突然在带有负载或操作人员没有充分准备的情况下开车，这将导致各种可能的设备和人身事故。把防止这类事故的保护称为失压保护或零压保护。而带有接触器自锁的控制线路却具有这种功能。在电源临时停电又恢复供电时，由于自锁触点已经断开，控制电路不会自行接通，接触器线圈没有电流通过，常开主触点不会闭合，因而电动机就不会自行启动运转，可避免事故的发生。只有在操作人员有准备的情况下再次按下启动按钮，电动机才能启动，从而保证人身和设备的安全。

事实上，凡是具有接触器自锁环节的控制线路，其本身都具有失压和欠压保护作用。

(2)过载保护。电动机过载的原因基本上有两个方面：

1)电动机轴上的机械负载超过了电动机本身的能力。

2)三相电源中有一相断线或熔断器熔断。

对于第一种原因所引起的过载，一般来说，电动机的三相电流是同时升高的，也就是说它的电流仍然是平衡的。保护这种过载的措施，只要在电动机任意一根负荷线上，串接一只热继电器的热元件就可以了，但是对于后一种原因而引起的过载，这项措施在某种情况下就往往无能为力了。例如在电动机运转过程中，恰好在装设热元件的那一相发生断线或熔断器熔断，此时电动机有可能还继续运转——即所谓的单相运行。由于电动机轴上的机械负载并没有减小，其他两相的定子绕组电流必然增加，时间一长，电动机的绝缘会受到破坏，甚至烧毁电动机。为了避免后一种原因而引起的过载运行，必须在电动机任意两相的负荷线上，分别串联热继电器的热元件，此时电动机之所以能够避免上述的过载运行，是因为在任何一相发生断线或熔断器熔断时，至少有一只热元件上流过过载电流，其双金属片便弯曲并使它的常闭触点断开，于是接触器线圈的电路被切断，电动机立即停止运行，达到保护的目的。

为了提高热继电器对三相不平衡过载电流保护的灵敏度，可以在电动机的三相负荷线上均装设一只热元件，即选用具有三只热元件的热继电器。热元件串联在电动机三相负荷线上以后，由于热惯性的存在，即使热元件上瞬时流过的电流等于额定电流的好几倍，它也不可能使双金属片立即打开其常闭触点。电动机正常启动过程的时间是有限的，热继电器是经得起电动机启动电流冲击的。

小思考

在图 2—8 所示的接触自锁正转控制线路中，当电源电压降低到某一值时，发现电动机会自动停转，其原理是什么？若出现突然断电，恢复供电时电动机能否自行启动运转呢？

5. 具有过载保护的接触自锁正转控制线路

(1)电路图。电动机具有过载保护的接触自锁正转控制线路如图 2—11 所示。

(2)动作原理。其动作原理为：

启动：

按下启动按钮 SB1 → KM 线圈得电 → { KM 自锁触点闭合；KM 主触点闭合 } → 电动机 M 启动运转

停止：

按下停止按钮 SB2 → KM 线圈失电 → { KM 主触点分断；KM 自锁触点分断 } → 电动机 M 停转

若电动机在运行过程中，由于过载或其他原因使电流超过额定值，那么经过一段时间之后，串接在主电路中的热元件受热发生弯曲，通过传动机构使串接在控制电路中的常闭触点分断，切断控制电路，接触器 KM 的线圈失电，其主触点和自锁触点分断，电动机 M 失电停转，达到过载保护的目的。

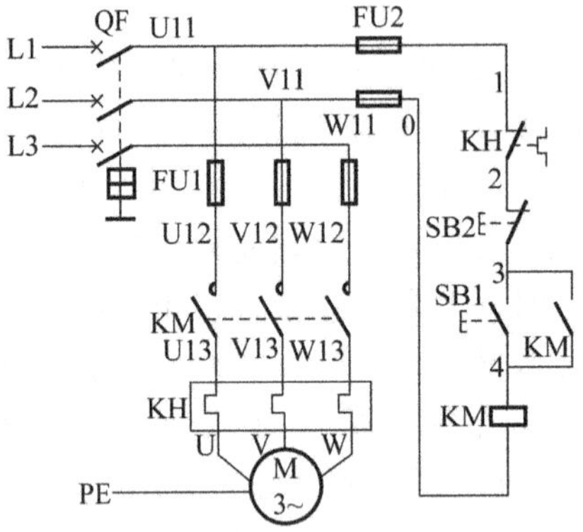

(a)电路图

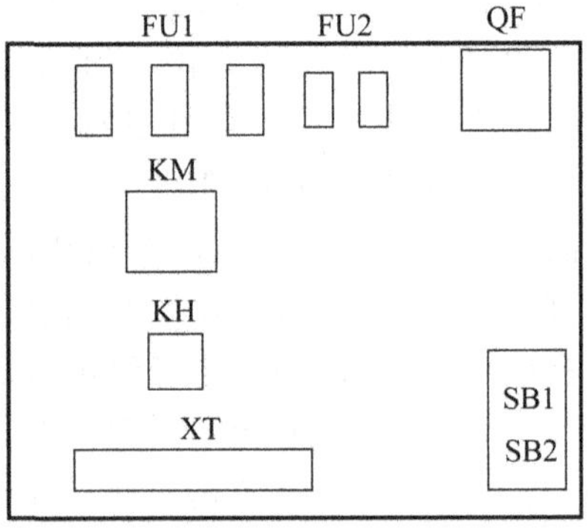

(b)布置图

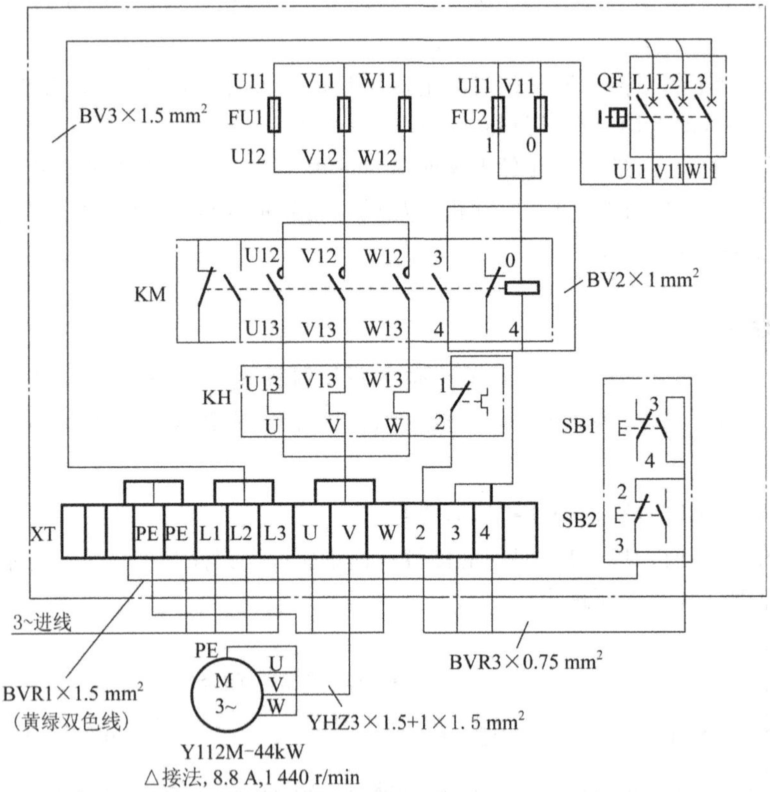

(c)接线图

图 2－11　具有过载保护的接触自锁正转控制线路

(3)特点。

1)采用接触器控制，可以以小电流控制大电流。

2)具有自锁的控制功能，使电动机能连续运转。

3)由熔断器作短路保护，熔体的额定电流应取电动机额定电流的1.5～2.5倍。

4)接触器作欠压和失压保护，热继电器作过载及断相保护，热继电器的整定值按电动机额定电流整定。

小思考

电动机控制线路中采用什么措施实现短路保护？熔断器为什么不能有过载保护的能力？过载保护采取什么措施？

【例2—7】 既然在电动机主电路中装有熔断器，为何还要装热继电器？而装有热继电器是否可以不装熔断器？两者的作用有什么不同？

答 熔断器和热继电器的作用各不相同。在电动机为负载的电路中，熔断器是一种广泛应用的最简单有效的短路保护电器。它串联在电路中，当通过的电流大于规定值时，使熔体熔化而自动分断电路。它分断的电流大，要求作用的时间短，以保护负载。

而热继电器是一种利用流过继电器的电流所产生的热效应而反时限动作的过载保护电器。在电动机为负载的电路中，热继电器用来对连续运行的电动机进行过载保护，以防止电动机过热而造成绝缘破坏或烧毁电动机。

据此，使熔断器作用的电流很大，过载电流不足以使其作用，所以它不能代替热继电器实施过载保护。而由于热惯性，虽然短路电流很大，但也不能使热继电器瞬间动作，因此它不能代替熔断器用作短路保护。

在电动机主电路中，既要装熔断器，以实现短路保护，也要装热继电器，以实现过载保护。

二、互锁控制环节

如图2—12所示为三相异步电动机可逆运行控制电路。图中SB1为停止按钮，SB2为正转启动按钮，SB3为反转启动按钮，KM1为正转接触器，KM2为反转接触器。

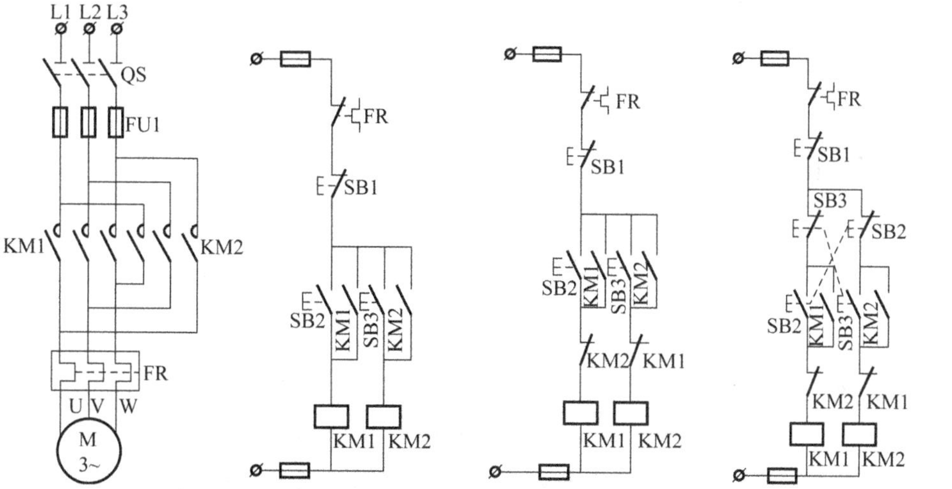

(a) 无互锁电路　(b) 具有电气互锁电路　(c) 具有双重互锁电路

图2—12　三相异步电动机可逆运行控制电路

工作原理：

在实际工作中，生产机械常常需要运动部件可以正、反两个方向运动，这就要求电动机能够实现可逆运行。由电机原理可知，三相交流电动机可改变定子绕组相序来改变电动机的旋转方向。因此，借助于接触器来实现三相电源相序的改变，即可实现电动机的可逆运行。

电路工作分析：

(1)由图 2－12(a)可知，按下 SB2，正转接触器 KM1 线圈通电并自锁，主触点闭合，接通正序电源，电动机正转。按下停止按钮 SB1，KM1 线圈断电，电动机停止。再按下 SB3，反转接触器 KM2 线圈通电并自锁，主触点闭合，使电动机定子绕组电源相序与正转时相序相反，电动机反转运行。

此电路最大的缺陷在于：从主电路分析可以看出，若 KM1、KM2 同时通电动作，将造成电源两相短路，即在工作中，如果按下了 SB2，再按下 SB3 就会出现这一事故现象，因此这种电路不能采用。

(2)图 2－12(b)是在图 2－12(a)基础上扩展而成的。将 KM1、KM2 常闭辅助触点分别串接在对方线圈电路中，形成相互制约的控制，称为互锁。当按下 SB2 的常开触点使 KM1 的线圈瞬时通电，其串接在 KM2 线圈电路中的 KM1 的常闭辅助触点断开，锁住 KM2 的线圈不能通电，反之亦然。该电路欲使电动机由正向到反向，或由反向到正向，必须先按下停止按钮，而后再反向启动。

这种利用两个接触器(或继电器)的常闭辅助触点相互控制，形成相互制约的控制，称为电气互锁。

(3)对于要求频繁实现可逆运行的情况，可采用如图 2－12(c)所示的控制电路。它是在图 2－12(b)基础上，将正向启动按钮 SB2 和反向启动按钮 SB3 的常闭触点串接在对方常开触点电路中，利用按钮的常开、常闭触点的机械连接，在电路中形成相互制约的控制。这种接法称为机械互锁。

这种具有电气、机械双重互锁的控制电路是常用的、可靠的电动机可逆运行控制电路，它既可以实现正向—停止—反向—停止的控制，又可以实现正向—反向—停止的控制。

电路的保护环节与图 2－11 相同。

方法点拨

(1)进行自锁和互锁相关内容的比较和区别，了解其作用和内在联系。

(2)重点掌握欠压保护和失压保护措施，包括欠压和失压状态下工作对设备和人身安全的潜在危害，造成欠压和失压状态的原因，实现欠压和失压保护的原理和措施。

思考题

1. 三相异步电动机启动时电流很大，热继电器是否会动作？为什么？

2. 如图 2－13 所示为单向运行的电动机的控制电路，如果按图接线，那么各会产生什么现象？

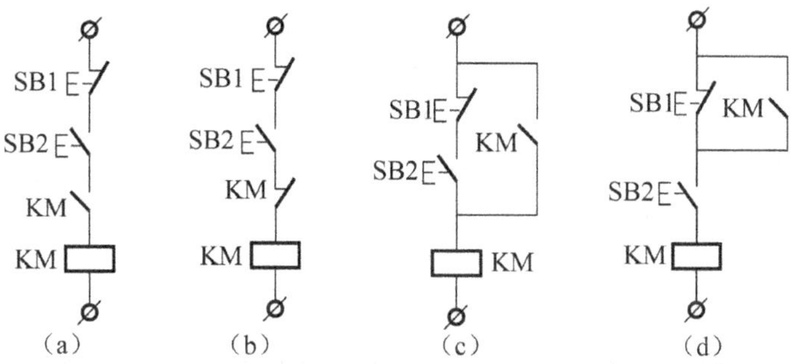

图 2—13　单向运行的电动机的控制电路

技能实训 2—3　安装接触器自锁正转控制线路

1. 实训目标

(1)能正确安装接触器自锁正转控制线路。

(2)理解线路的自锁作用以及欠压和失压保护作用。

2. 选用工具、仪表及器材

认真识读如图 2—8 所示的接触器自锁正转控制线路和如图 2—11 所示具有过载保护的接触自锁正转控制线路电气图,明确线路的构成和原理。根据电动机的规格选配工具、仪表及器材,并进行质量检验,如表 2—8 所示。

表 2—8　工具、仪表及器材

项目内容					
工具	测电笔、螺钉旋具、尖嘴钳、斜口钳、剥线钳、电工刀等常用工具				
仪表	3454 型兆欧表(500 V、0～500 MΩ)、DCL—10 型钳形电流表、DT—9927B 型数字万用表				
器材	代号	名称	型号	规格	数量
	M	三相笼形异步电动机	Y112M—4	4 kW、380 V、8.8 A、△接法、1 440 r/min	1
	KH	热继电器	JR36—20	三极、20 A、热元件 11 A、整定电流 8.8 A	1
支架及连接线	名称		规格		数量
	点动正转控制板		500 mm×400 mm×20 mm		1
	主电路导线		BV1.5 mm^2 和 BVR1.5 mm^2(黑色)		若干
	控制电路导线		BV1 mm^2(红色)		若干
	按钮导线		BVR0.75 mm^2(红色)		若干
	接地导线		BVR1.5 mm^2(黄绿双色)		若干
	木螺钉		ϕ3 mm×20 mm		若干
	编码套管				若干

3. 实训内容

(1)安装自锁正转控制线路。

小思考

电路中的几个接触器在电路中的位置可不可以随意改换？

(2) 根据如图 2－11 所示具有过载保护的接触器自锁正转控制线路完成具有过载保护的接触器自锁正转控制线路的安装。注意加装热继电器的安装方法。

小思考

热继电器 FR 的热元件应串接在主电路中，还是控制电路中？

4. 注意事项

(1)技能实训 2－2 的注意事项，仍应加以注意。

(2)电路中比上一个实验多了开关和接触器，电路图相对复杂，要注意接线的正确性。

(3)核查的时候，要按照控制线路、主电路分别核查，同时注意控制线路和主电路的连接是否正确。接触器 KM 的自锁触点应并接在启动按钮 SB1 两端，停止按钮 SB2 应串接在控制电路中；热继电器 KH 的热元件应串接在主电路中，它的常闭触点应串接在控制电路中。

(4)热继电器的整定电流应按电动机的额定电流自行调整，绝不允许弯折双金属片。

(5)热继电器因电动机过载动作后，若需再次启动电动机，则必须待热元件冷却并且热继电器复位后才可进行。

(6)启动电动机时，在按下启动按钮 SB1 的同时，手还必须按在停止按钮 SB2 上，以保证万一出现故障时，可立即按下 SB2 停车，防止事故扩大。

(7)按按钮的时候，要注意力度，切忌用力过大而损坏按钮。

小思考

在自锁正转启动线路中，如果电动机只能点动运行，试分析故障。

5. 评分标准

评分标准如表 2－9 所示。

表 2－9 评分标准

项目内容	配分	评分标准		扣分
装前检查	5 分	电器元件漏检或错检	每处扣 1 分	
安装	15 分	(1)不按布置图安装	扣 15 分	
		(2)元件安装不牢固	每只扣 4 分	
		(3)元件安装不整齐、不匀称、不合理	每只扣 3 分	
		(4)损坏元件	扣 15 分	
接线	40 分	(1)不按电路图接线	扣 20 分	
		(2)布线不符合要求	每根扣 3 分	
		(3)接点松动、露铜过长、反圈等	每个扣 1 分	
		(4)损伤导线绝缘层或线芯	每根扣 5 分	
		(5)编码套管套装不正确	每处扣 1 分	
		(6)漏接接地线	扣 10 分	

续表

<table>
<tr><th>项目内容</th><th>配分</th><th colspan="3">评分标准</th><th>扣分</th></tr>
<tr><td>通电试车</td><td>40 分</td><td colspan="3">(1)热继电器未整定或整定错误　扣 10 分
(2)熔体规格选用不当　扣 5 分
(3)第一次试车不成功　扣 10 分
第二次试车不成功　扣 15 分
第三次试车不成功　扣 20 分</td><td></td></tr>
<tr><td>安全文明生产</td><td colspan="4">违反安全文明生产规程　扣 10～70 分</td><td></td></tr>
<tr><td>额定时间</td><td colspan="4">2.5 h,每超时 5 min(不足 5 min 以 5 min 计)　扣 5 分</td><td></td></tr>
<tr><td>备注</td><td colspan="3">除额定时间外,各项目的最高扣分不应超过配分数</td><td>成绩</td><td></td></tr>
<tr><td>开始时间</td><td></td><td>结束时间</td><td></td><td>实际时间</td><td></td></tr>
</table>

第 4 节　三相异步电动机的正反转控制线路

学习目标

(1)熟知正反转控制线路的构成、工作原理。

(2)能正确熟练地进行安装、调试与维修。

学习要点

电动机正反转控制线路的原理。

在前面所介绍的控制线路中,电动机都只能朝某一个方向旋转,即所谓的单向运行或正转运行。但在生产加工过程中,往往要求电动机能够实现可逆运行,即正、反转,如机床工作台的前进与后退;万能铣床主轴的正转与反转;起重机的上升与下降等。

如何实现电动机正、反转运行控制?前面介绍过,要想实现三相异步电动机反向运转,只需要改变电动机旋转磁场的旋转方向,而实现这一点,只要改变输入电动机三相电源的相序。由电动机的原理可知,若改变通入电动机定子绕组的三相电源相序,即把接入电动机三相电源进线中的任意两根对调接线时,电动机就可以反转,如图 2－14 所示。所以可逆运行控制电路实质上是两个方向相反的单向运行电路中加设了必要的联锁。在实际生产工作现场如何改变电动机电源的相序呢?下面介绍几种常用的正反转控制线路。

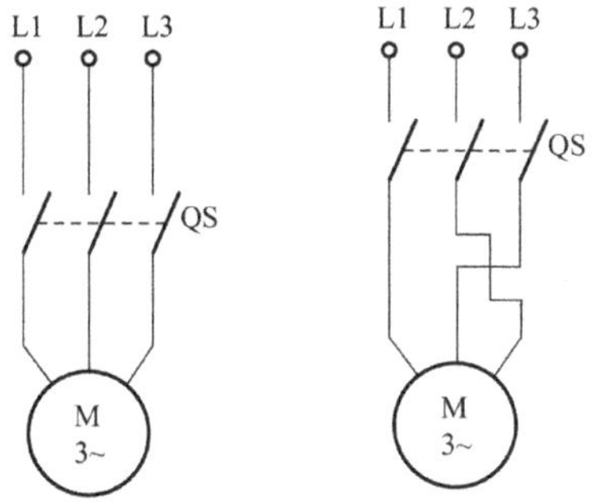

(a) 正转相序　　(b)反转相序

图 2－14　改变定子绕组接三相电源相序原理

一、倒顺开关正反转控制线路

1. 电路图

倒顺开关正反转控制线路如图 2－15 所示。

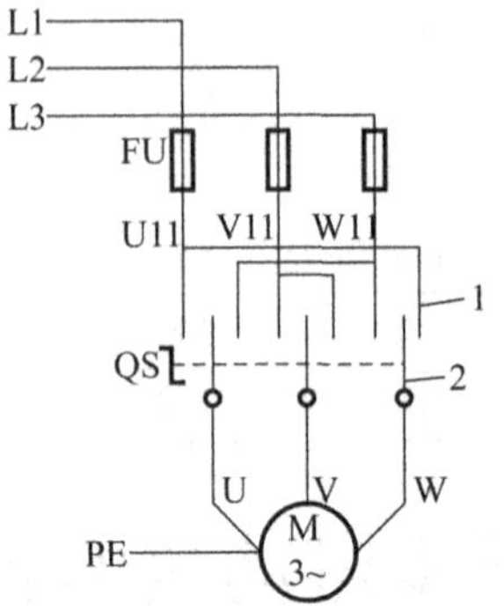

图 2－15　倒顺开关正反转控制线路

1－静触点　2－动触点

2. 动作原理

线路的动作原理如下：

操作倒顺开关 QS：

(1)当手柄处于“停”位置时，QS 的动、静触点不接触，电路不通，电动机不转。

(2)当手柄扳至“顺”位置时，QS 的动触点和左边的静触点相接触，电路按 L1－U 、L2－V 、L3－W 接通，输入电动机定子绕组的电源电压相序为 L1－L2－L3，电动机正转。

(3)当手柄扳至“倒”位置时，QS 的动触点和右边的静触点相接触，电路按 L1－W 、L2－V 、L3－U 接通，输入电动机定子绕组的电源电压相序变为 L3－L2－L1，电动机反转。

3. 特点

由倒顺开关组成的电动机正反转控制线路的优点是所用控制电器较少，其缺点是操作繁琐，特别是在频繁转向控制时，操作人员劳动强度较大，不方便，且被控制的电动机的容量较小。因此，生产过程中经常采用由两台接触器组成的电动机正反转控制线路。

小思考

欲使电机反转，为什么要把手柄扳到“停”，使电动机 M 停转后，才能扳向“倒”使之反转？若直接扳至“倒”会造成什么后果？

二、接触器联锁正反转控制线路

小思考

单独采用按钮联锁的正反转控制线路具有什么缺点？如何解决单独采用接触器联锁的电动机正反转控制线路的不足？为什么？

1. **电路图**

如图 2－16 所示为接触器联锁的正反转控制线路。其中 KM1 是正转接触器，KM2 是反转接触器，它们分别由正转按钮 SB1 和反转按钮 SB2 控制。KM1 使电动机按 L1－L2－L3 的相序接线，KM2 则使其按 L3－L2－L1 的相序接线。其中 KM1 和 KM2 的动断触点分别串在反转和正转的控制回路中，以避免两个接触器 KM1 和 KM2 同时得电动作，避免了电源短路故障的出现。

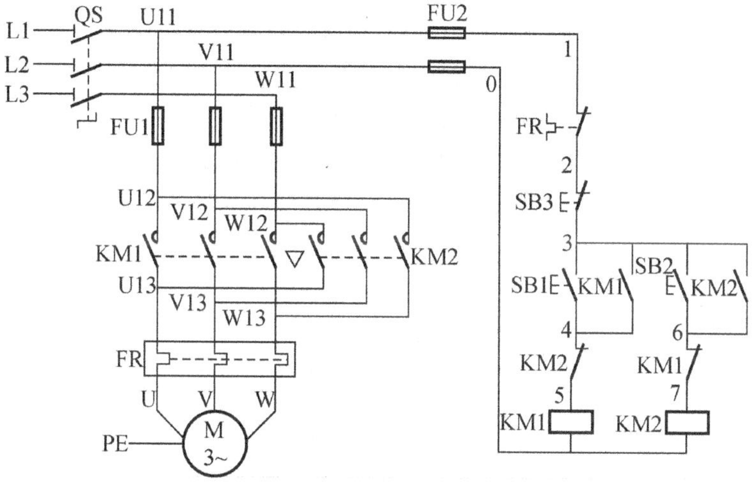

图 2－16　接触器联锁的正反转控制线路

2. **动作原理**

线路的动作原理如下：

合上电源开关 QS。

(1)正转时，先按下 SB1，接触器 KM1 线圈得电，根据接触器触点的动作顺序可知，其常闭辅助触点先断开，切断 KM2 线圈回路，起到联锁作用，然后 KM1 自锁触点闭合，KM1 主触点闭合，电动机 M 启动正转运行。

(2)反转时，必须先按下停止按钮 SB3，使 KM1 线圈失电，KM1 的常开主触点断开，电动机 M 失电停转，KM1 的常开辅助触点断开，解除自锁；KM1 的常闭辅助触点恢复闭合，解除对 KM2 的联锁。然后再按下启动按钮 SB2，KM2 线圈得电，KM2 的常闭辅助触点断开，对 KM1 联锁，KM2 的常开主触点闭合，电动机 M 启动反转运行，KM2 的常开辅助触点闭合自锁。需要停止时，按下停止按钮 SB3，控制电路失电，KM1(或 KM2)主触点断开，电动机 M 失电停转。

3. **特点**

(1)使用电器元件较少，线路简单。

(2)是一种手动控制线路，在频繁换向时，操作人员劳动强度大，操作安全性差。

(3)一般用于控制电流 10 A，功率在 3 kW 及以下的小容量电动机。

4. **存在问题**

对于这个线路，操作上是简便了，但是它还存在着不少问题，例如，在电动机依靠 KM1 接触器正向运行的时候，若 SB2 按钮不小心也被按下时，或由于是其他原因使接触器 KM2 线圈得电，KM2 主触点会立即闭合，这将造成在主电路中电源通过两组主触点造成短路的故障，两接触器的主触点也将被烧坏。短路事故是严重的，必须绝对避免。

小思考

试分析接触器联锁正反转控制线路有哪些缺点和不足？

【例 2—8】 为什么说接触器自锁控制电路具有欠压和失压保护作用？

答 当电源电压由于某种原因严重欠压或失压时，接触器的电磁吸力急剧下降或消失，衔铁释放，主触点与自锁触点断开，电动机停止运转。而当电源电压恢复正常时，电动机不会自行启动运转，从而避免事故的发生，因此说接触器自锁控制电路具有欠压和失压保护作用。

【例 2—9】 在如图 2—17 所示的正反转控制线路中，要想达到以下两个要求：(a)能实现正反转控制，(b)两个方向运行时能过载保护。试分析电路应怎样改变。

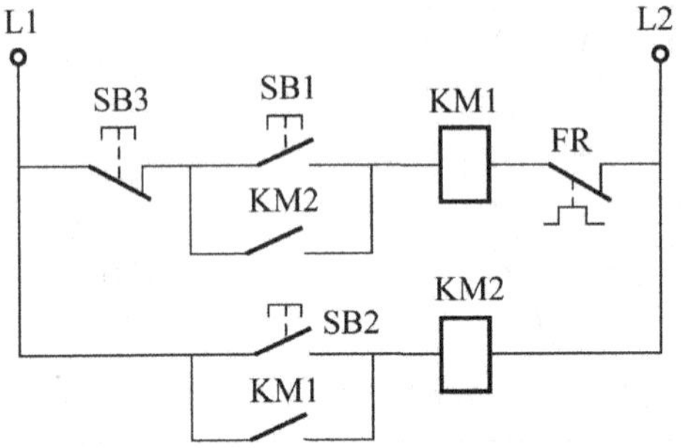

图 2—17 正反转控制线路

答 (1)反转启动按钮 SB3 不能采用常闭触点，这会使 KM2 长期得电，应更换成常开触点。

(2)停止按钮 SB3 只能使正向运转时停转，而不能使反向运转时停车，故 SB3 应接在两启动控制线路的公共线路中。

(3)自锁触点不能采用其他接触器的常开触点，故 KM2 和 KM1 常开辅助触点应对换。

(4)电路中热继电器的常闭触点 FR 只能对正转控制电路起过载保护，对反转不起作用。

为了使其对正、反转过程都起过载保护作用，应将 FR 串接在两接触器线圈并联后的公共线路上。

(5)电路中既无接触器联锁，也无按钮联锁，为确保安全可靠运行，应增加联锁环节。

【例 2—10】 如图 2—18 所示是电动机双向运行的主电路和控制电路，试分析电路是否存在问题。

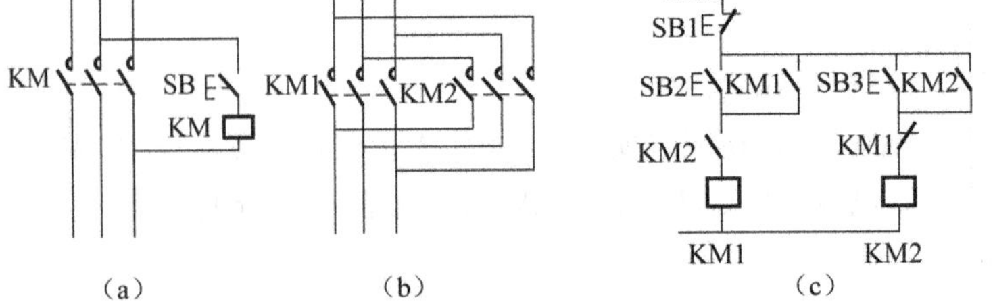

图 2—18 电动机双向运行电路

答　(a)图中按下启动按钮SB时，接触器线圈能够得电，松手后线圈失电，但是接触器的线圈接入了主电路，不正常。

(b)图中两个接触器的主触点交换了三根相线，接到电动机上的电源没有改变相序，电动机只能在一个方向上运行。

(c)图中按下启动按钮SB3时，接触器KM2线圈得电，自锁触点闭合，所以松开启动按钮SB3后，接触器线圈KM2持续得电。但是接触器KM1线圈回路上串接了接触器KM2的常开触点，所以按下SB2，接触器KM1线圈无法得电，电动机只能在一个方向上运行。

方法点拨

(1)通过复习电动机正反转运行的基本工作原理，掌握采用两个接触器的触点改变电动机定子绕组电源相序的方法，以达到改变电动机转向的目的。

(2)为防止电源被短路，两个接触器不能同时接通电源，以此来加深对互锁环节作用的理解。

(3)掌握不同的有互锁环节的控制线路，并学会在不同场合下正确使用。

思考题

1. 倒顺开关组成的电动机正反转控制线路有什么特点？

2. 接触器联锁的正反转控制线路存在什么问题？

3. 在三相笼形电动机的正反转控制电路中，为了避免主电路的电源两相短路所采取的措施是什么？

技能实训2—4　安装与检修正反转控制线路

1. 实训目标

(1)会按照工艺要求正确安装交流电动机正反转控制电路。

(2)能正确识读电路图、装配图。

(3)理解交流电动机正反转控制原理。

(4)根据故障现象，检修交流电动机正反转控制电路。

2. 工具、仪表及器材

根据如图2—19所示正反转控制线路的电路图，选用工具、仪表及器材，并分别填入表2—10和表2—11中。

表2—10　工具及仪表

电工常用工具	
线路安装工具	
仪表	

表 2—11　器材明细表

代号	名称	型号	规格	数量
M	三相笼形异步电动机	Y100L1—4Y	2.2 kW、380 V、5 A、Y 接法、1 440 r/min	1
	三相笼形异步电动机	Y112M—4	4 kW、380 V、8.8 A、△接法、1 440 r/min	1
QS	倒顺开关			
QF	低压断路器			
FU	熔断器			
FU1	熔断器			
FU2	熔断器			
KM1、KM2	交流接触器			
KH	热继电器			
SB1～SB3	按钮			
XT	端子板			
	主电路导线			
	控制电路导线			
	按钮线			
	接地线			
	电动机引线			
	控制板			
	紧固体及编码套管			

3. **工作电路图**

工作电路图如图 2—19 所示。

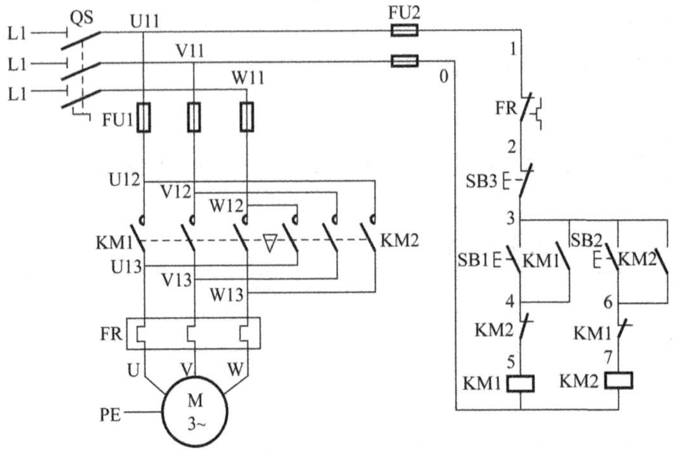

(a) 工作原理图

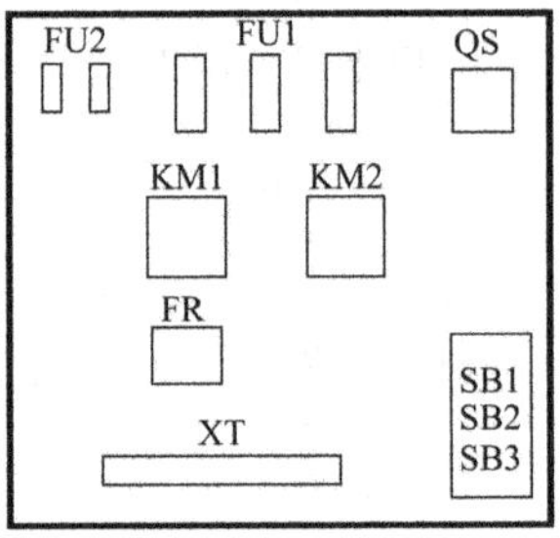

(b) 元件安装布置图

图 2—19　正反转控制线路工作图

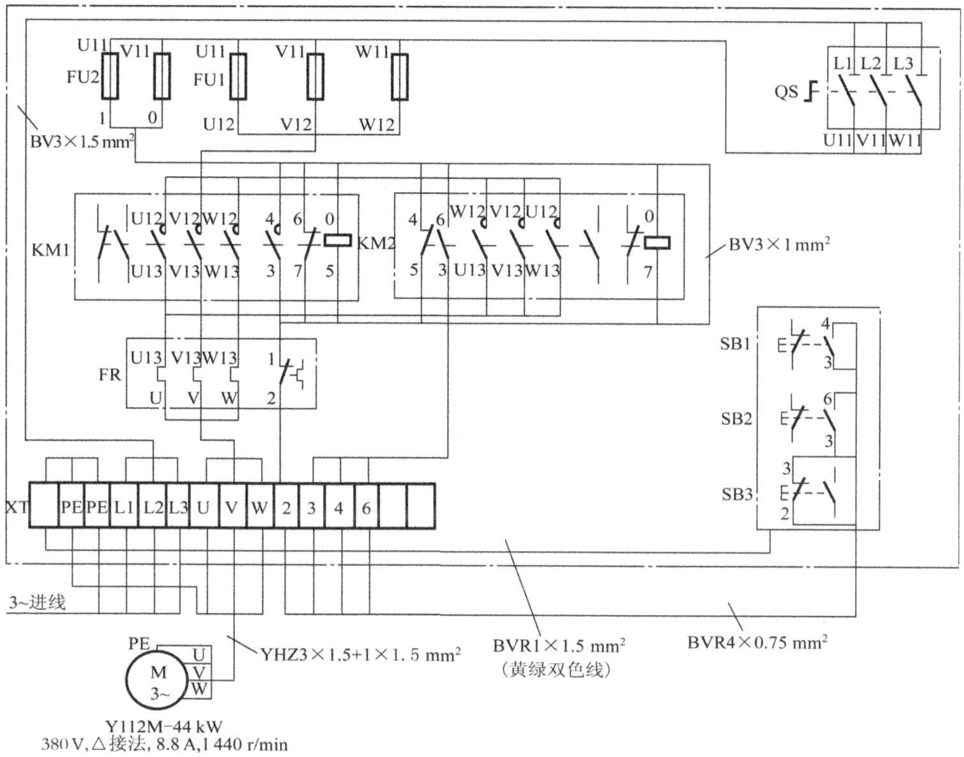

(c) 接线图

图 2－19(续)　正反转控制线路工作图

4. **本实训涉及的低压电器及其作用**

本实训涉及的低压电器有组合开关、熔断器、按钮开关、交流接触器、热继电器、三相异步电动机。

它们的作用如下：

(1)组合开关 QS:作电源隔离开关。

(2)熔断器 FU1、FU2:分别作主电路、控制电路的短路保护。

(3)停止按钮 SB3:控制接触器 KM1、KM2 的线圈失电；启动按钮 SB1:控制接触器 KM1 的线圈得电；启动按钮 SB2:控制接触器 KM2 的线圈得电。

(4)接触器 KM1、KM2 的主触点:控制电动机 M 正反向的启动与停止。

(5)接触器 KM1、KM2 的常开辅助触点:自锁；接触器 KM1、KM2 的常闭辅助触点:联锁。

(6)热继电器 FR:对电动机进行过载保护。

5. **安装步骤及工艺要求**

(1)按表配齐所用电器元件，并进行质量检验。电器元件应完好无损，各项技术指标应符合规定要求，否则应予以更换。

(2)在控制板上按如图 2－19(b)所示安装所有的电器元件，并贴上醒目的文字符号。安装时，组合开关、熔断器的受电端子应安装在控制板的外侧；元件排列要整齐、匀称、间距合理，且便于元件的更换；紧固电器元件时用力要均匀，紧固程度适当，做到既要使元件安装牢固，又不使其损坏。

(3)按如图 2－19(c)所示接线图进行板前明线布线和套编码套管。做到布线横平竖直、整齐、分布均匀、紧贴安装面、走线合理;套编码套管要正确;严禁损伤线芯和导线绝缘;接点牢靠,不得松动,不得压绝缘层,不反圈及不露铜过长等。

(4)根据如图 2－19(a)所示电路图检查控制板布线的正确性。

(5)安装电动机。做到安装牢固平稳,以防止在换向时产生滚动而引起事故。

(6)可靠连接电动机和按钮金属外壳的保护接地线。

(7)连接电源、电动机等控制板外部的导线。导线要敷设在导线通道内,或采用绝缘良好的橡皮线进行通电校验。

(8)自检。安装完毕的控制线路板,必须按要求进行认真检查,确保无误后才允许通电试车。

1)主电路接线检查。按电路图或接线图从电源端开始,逐段核对接线有无漏接、错接之处,检查导线接点是否符合要求,压接是否牢固,以免带负载运行时产生闪弧现象。

2)控制电路接线检查。用万用表电阻挡检查控制电路接线情况。检查时,应选用倍率适当的电阻挡,并欧姆调零。

a. 检查控制电路通断。断开主电路,将表笔分别搭在 U11、V11 线端上,读数应为"∞"。按下正转按钮 SB1(或反转按钮 SB2)时,万用表读数应为接触器线圈的直流电阻值(如 CJ10－10线圈的直流电阻值约为 1 800 Ω),松开 SB1(或 SB2),万用表读数为"∞"。

b. 自锁控制线路的控制电路检查。松开 SB1(或 SB2),按下 KM1(或 KM2)触点架,使其常开辅助触点闭合,万用表读数应为接触器线圈的直流电阻值。

c. 检查接触器联锁。同时按下 KM1 和 KM2 触点架,万用表读数为"∞"。

d. 停车控制检查。按下启动按钮 SB1(SB2)或 KM1(KM2)触点架,测得接触器线圈的直流电阻值,同时按下停止按钮 SB3,万用表读数由线圈的直流电阻值变为"∞"。

(9)校验合格后,通电试车。通电时,必须经指导教师同意后,由指导教师接通电源,并在现场进行监护。出现故障后,学生应独立进行检修。若需带电检查,则必须有教师在现场监护。

接通三相电源 L1、L2、L3,合上电源开关 QS,用电笔检查熔断器出线端,氖管亮说明电源接通。分别按下 SB2、SB3 和 SB1,观察是否符合线路功能要求,观察电器元件动作是否灵活,有无卡滞及噪声过大现象,观察电动机运行是否正常。若有异常,则立即停车检查。

(10)通电试车完毕,停转、切断电源。先拆除三相电源线,再拆除电动机负载线。

6. 注意事项

(1)螺旋式熔断器的接线要正确,以确保用电安全。

(2)接触器联锁触点接线必须正确,否则将会造成主电路中两相电源短路事故。

(3)通电试车时,应先合上 QS,再按下 SBl(或 SB2)及 SB3,看控制是否正常,并在按下 SBl 后再按下 SB2,观察有无联锁作用。

(4)训练应在规定的额定时间内完成,同时要做到安全操作和文明生产。训练结束后,安装的控制板留用。

7. 评分标准

评分标准如表 2－12 所示。

表 2—12　评分标准

项目内容	配分	评分标准		扣分
选用工具、仪表及器材	15 分	(1)工具、仪表少选或错选 (2)电器元件选错型号和规格 (3)选错元件数量或型号规格没有写全	每个扣 2 分 每个扣 4 分 每个扣 2 分	
装前检查	5 分	电器元件漏检或错检	每处扣 1 分	
安装布线	40 分	(1)电动机安装不符合要求 (2)控制板安装不符合要求 1)电器布置不合理 2)元件安装不牢固 3)元件安装不整齐、不匀称、不合理 4)损坏元件 5)不按电路图接线 6)布线不符合要求 7)接点松动、露铜过长、反圈等 8)损伤导线绝缘层或线芯 9)编码套管套装不正确 10)漏接接地线	扣 15 分 扣 5 分 每只扣 4 分 每只扣 3 分 扣 15 分 扣 15 分 每根扣 3 分 每个扣 1 分 每根扣 5 分 每处扣 1 分 扣 10 分	
故障分析	10 分	(1)故障分析、排除故障思路不正确 (2)标错电路故障	每个扣 5～10 分 每个扣 5 分	
通电试车	30 分	(1)热继电器未整定或整定错误 (2)熔体规格选用不当 (3)第一次试车不成功 第二次试车不成功 第三次试车不成功	扣 10 分 扣 5 分 扣 10 分 扣 15 分 扣 20 分	
安全文明生产	违反安全文明生产规程		扣 10～70 分	
额定时间	3 h，训练不允许超时，在修复故障过程中才允许超时，每超时 1min 扣 5 分			
备注	除额定时间外，各项目的最高扣分不应超过配分数		成绩	
开始时间		结束时间		实际时间	

第 5 节　接触器、按钮双重正反转控制线路

学习目标

(1)熟知接触器、按钮双重正反转控制线路的构成、工作原理。

(2)能正确熟练地进行安装、调试与维修。

学习要点

该控制线路的工作原理。

第 4 节所讲的接触器联锁正反转控制线路操作比较复杂，容易造成在主电路中电源通过两组主触点造成短路的故障，两接触器的主触点也将被烧坏。短路事故是严重的，必须绝对避免。这一节所讲控制方式，可以解决这个问题。

1. 电路图

接触器和按钮双重联锁正反转控制线路如图 2－20 所示。

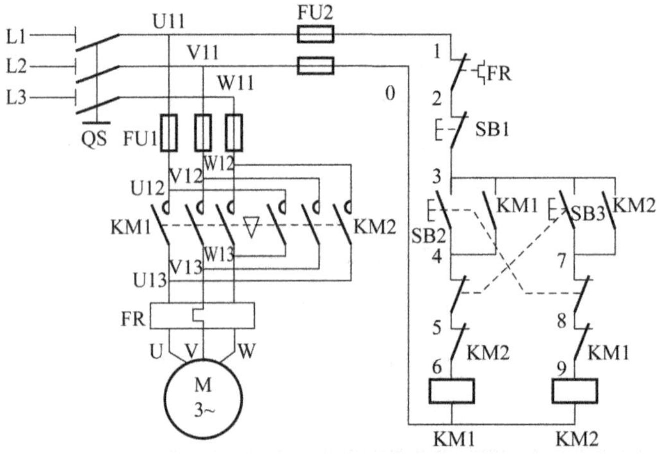

图 2－20　接触器和按钮双重联锁正反转控制线路图

小思考

对比前两种正反转控制线路，接触器、按钮双重的正反转控制线路有哪些优点？

2. 动作原理

线路的动作原理如下：先合上电源开关 QS。

（1）正转时，先按下启动按钮 SB2，SB2 的常闭触点先分断，对 KM2 联锁（切断反转控制电路）；SB2 的常开触点后闭合，使 KM1 线圈得电，KM1 的常闭辅助触点先分断，再次对 KM2 联锁（此时实现双重联锁），KM1 的主触点和常开辅助触点同时闭合，电动机 M 启动正转运行。

（2）反转时，直接按下启动按钮 SB3，SB3 的常闭触点先分断，对 KM1 联锁，KM1 线圈失电，KM1 主触点断开，电动机 M 失电，KM1 联锁触点恢复闭合，为 KM2 线圈得电作准备；SB3 的常开触点后闭合，KM2 线圈得电，电动机反转启动运行。

需要停止，按下停止按钮 SB1，整个控制电路失电，主触点分断，电动机 M 失电停止正转或反转。

3. 控制线路工作过程

合上电源开关 QS。

（1）正转控制：

按 SB2
- 常闭先分断→对 KM2 线圈联锁
- 常开后闭合→KM1 线圈得电→
  - KM1 常闭触点打开→对 KM2 线圈联锁
  - KM1 主触点闭合→电动机 M 正转
  - KM1 常开触点闭合→自锁

(2)由正转直接到反转控制：

按 SB3
- 先常闭打开→KM1 线圈失电→
  - KM1 常闭触点闭合→解除对 KM2 线圈的联锁
  - KM1 主触点打开→电动机 M 停止正转
  - KM1 常开触点打开→解除自锁
- 后常开闭合→KM2 线圈得电→
  - KM2 常闭触点断开→对 KM1 线圈联锁
  - KM2 主触点闭合→电动机 M 反转
  - KM2 常开触点闭合→自锁

(3)停止：

按 SB1→KM2 线圈失电→
- KM2 常闭触点闭合→解除对 KM1 线圈的联锁
- KM2 主触点打开→电动机 M 停转
- KM2 常开触点打开→解除自锁

知识拓展

电气控制线路故障检修的一般步骤与基本方法

电气控制线路的故障一般可分为自然故障和人为故障两大类。自然故障是由于电气设备在运行时过载、振动、锈蚀、金属屑和油污侵入、散热条件恶化等原因，造成电气绝缘下降、触点熔焊、电路接点接触不良，甚至发生接地或短路而形成的。人为故障是由于在安装控制线路时布线接线错误，在维修电气故障时没有找到真正原因或者修理操作不当，不合理地更换元器件或改动线路而形成的。一旦线路发生故障，轻者会使电气设备不能工作，影响生产；重者会造成人身、设备伤害事故。作为电气操作人员，一方面应加强电气设备日常维护与检修，严格遵守电气操作规范，消除隐患，防止故障发生；另一方面还要在故障发生后，保持冷静，及时查明原因并准确地排除故障。

电气控制线路故障检修的一般步骤是：

(1)确认故障现象的发生，并分清本故障是属于电气故障还是机械故障。

(2)根据电气原理图，认真分析故障发生的可能原因，大概确定故障发生的可能部位或回路。

(3)通过一定的技术、方法、经验和技巧找出故障点。这是检修工作的难点和重点。由于电气控制线路结构复杂多变，故障形式多种多样，因此要快速、准确地找出故障点，要求操作人员既要学会灵活运用“看”(看是否有明显损坏或其他异常现象)、“听”(听是否有异常声音)、“闻”(闻是否有异味)、“摸”(摸是否发热)、“问”(向有经验的老师傅请教)等检修经验，又要弄懂电路原理，掌握一套正确的检修方法和技巧。

电气控制线路故障的常用分析方法有调查研究法、试验法、逻辑分析法和测量法。

1)调查研究法。调查研究法就是通过“看”、“听”、“闻”、“摸”、“问”，了解明显的故障现象；通过走访操作人员，了解故障发生的原因；通过询问他人或查阅资料，帮助查找故障点的一种常用方法。这种方法效率高，经验性强，技巧性大，需要在长期的生产实践中不断地积累和总结。

2)试验法。试验法是在不损伤电气和机械设备的条件下，以通电试验来查找故障的一种方法。通电试验一般采用“点触”的形式进行试验。若发现某一电器动作不符合要求，即说明故障范围在与此电器有关的电路中，然后在这部分故障电路中进一步检查，便可找出故障点。有时也可采用暂时切除部分电路(如主电路)的方法，来检查各控制环节的动作是否正常，但必须注意不要随意用外力使接触器或继电器动作，以防引起事故。

3)逻辑分析法。逻辑分析法是根据电气控制线路工作原理、控制环节的动作程序以及它们之间的联系，结合故障现象进行故障分析的一种方法。它以故障现象为中心，对电路进行具体分析，提高了检修的针对性，可收缩目标，迅速判断故障部位，适用于对复杂线路的故障检查。

4)测量法。测量法是利用校验灯、试电笔、万用表、蜂鸣器、示波器等对线路进行带电或断电测量的一种方法。在利用万用表欧姆挡和蜂鸣器检测电器元件及线路是否断路或短路时必须切断电源。同时，在测量时要特别注意是否有并联支路或其他电路对被测线路产生影响，以防误判。

电气控制线路的故障检修方法不是千篇一律的。各种方法可以配合使用，但不要生搬硬套。在一般情况下，调查研究法能帮助我们找出故障现象；试验法不仅能找出故障现象，还能找到故障部位或故障回路；逻辑分析法是缩小故障范围的有效方法；测量法是找出故障点最基本、最可靠和最有效的方法。在实际检修工作中，应做到每次排除故障后，及时总结经验，做好检修记录，作为档案以备日后维修时参考。并要通过对历次故障的分析和检修，采取积极有效的措施，防止再次发生类似的故障。

(4)排除故障。

(5)通电运行试验。

4.特点

电路具有双重(复合)联锁功能，集中了接触器联锁和按钮联锁的两种正反转电路的优点。此电路不仅具有操作简单方便的特点，而且能安全可靠地实现正反转运行，是机床电气控制中经常采用的线路，广泛用于电力拖动系统中。

方法点拨

对照工作原理和控制线路工作过程，仔细分析线路如何工作。

思考题

1.简述接触器、按钮双重正反转控制线路的工作原理。

2.接触器、按钮双重正反转控制线路有什么特点？

技能实训 2—5　安装与检修交流电动机联锁控制线路

1.实训目标

(1)会按照工艺要求正确安装交流电动机联锁控制电路。

(2)能正确识读电路图、接线图和装配图。

(3)能分析交流电动机联锁控制原理。

(4)能根据故障现象,检修交流电动机联锁控制电路。

2. 工具、仪表及器材

工具、仪表及器材如表 2－13 所示。

表 2－13　工具、仪表及器材

项目内容					
工具	测电笔、螺钉旋具、尖嘴钳、斜口钳、剥线钳、电工刀等常用工具				
仪表	ZC25－3 型兆欧表(500 V、0～500 MΩ)、MG3－1 型钳形电流表、MF47 型数字万用表				
器材	代号	名称	型号	规格	数量
器材	M	三相笼形异步电动机	Y112M－4	4 kW、380 V、8.8 A、△接法、1 440 r/min	1
器材	QF	低压断路器	DZ5－20/330	三极复式脱扣机、380 V、20 A	1
器材	FU1	螺旋熔断器	RL1－60/25	500 V、60 A、配熔体 25 A	3
器材	FU2	螺旋熔断器	RL1－15/2	500 V、15 A、配熔体 2 A	2
器材	KM	交流接触器	CJT1－20	20 A、线圈电压 380 V	1
器材	SB	按钮	LA4－3H	保护式、按钮数 3	1
器材		端子板	TD－1515	660 V、15 A、15 节	1
支架及连接线	名称		规格		数量
支架及连接线	控制板		500 mm×400 mm×20 mm		1
支架及连接线	主电路塑铜线		BV1.5 mm^2 和 BVR1.5 mm^2(黑色)		若干
支架及连接线	控制电路塑铜线		BV1 mm^2(红色)		若干
支架及连接线	按钮塑铜线		BVR0.75 mm^2(红色)		若干
支架及连接线	接地塑铜线		BVR1.5 mm^2(黄绿双色)		若干
支架及连接线	紧固体及编码套管				若干

3. 电器布置图及接线图

电器布置图如图 2－21 所示。

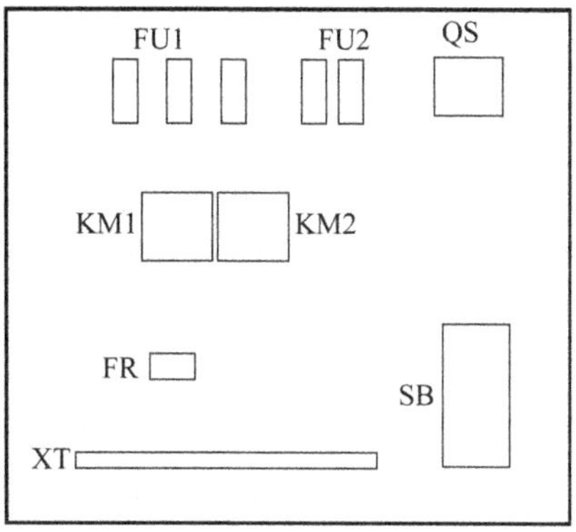

图 2－21　电器布置图

接线图如图 2－22 所示。

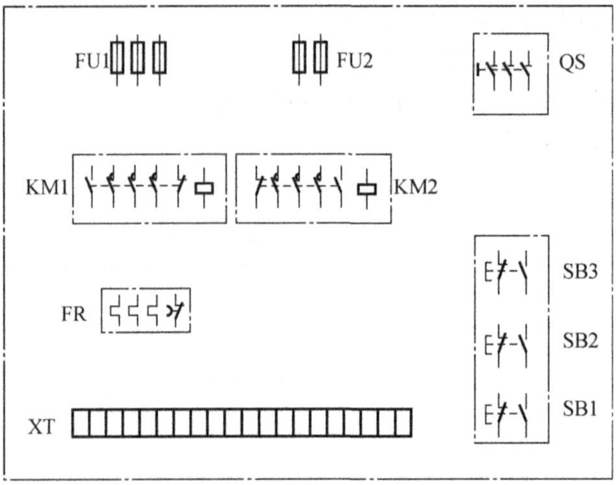

图 2—22 接线图

4.本任务涉及的低压电器及其作用

本任务涉及的低压电器有组合开关、熔断器、按钮开关、交流接触器、热继电器、三相异步电动机。

它们的作用如下：

组合开关 QS:作电源隔离开关。

熔断器 FU1、FU2:分别作主电路、控制电路的短路保护。

停止按钮 SB3:控制接触器 KM1、KM2 的线圈失电。

复合按钮 SB1:控制接触器 KM1 线圈得电，同时对接触器 KM2 线圈联锁。

复合按钮 SB2:控制接触器 KM2 线圈得电，同时对接触器 KM1 线圈联锁。

接触器 KM1、KM2 的主触点:控制电动机 M 正反向的启动与停止。

接触器 KM1、KM2 的常开辅助触点:自锁。

接触器 KM1、KM2 的常闭辅助触点:联锁。

热继电器 FR:对电动机进行过载保护。

5.安装步骤

(1)根据电路图画出接线图。

(2)按表配齐所用电器元件，并进行质量检验。电器元件应完好无损，各项技术指标应符合规定要求，否则应予以更换。

(3)在控制板上按如图 2—21 所示安装所有的电器元件，并贴上醒目的文字符号。安装时，组合开关、熔断器的受电端子应安装在控制板的外侧；元件排列要整齐、匀称、间距合理，且便于元件的更换；紧固电器元件时用力要均匀，紧固程度适当，做到既要使元件安装牢固，又不使其损坏。

(4)按如图 2—22 所示接线图进行板前明线布线和套编码套管。做到布线横平竖直、整齐、分布均匀、紧贴安装面、走线合理；套编码套管要正确；严禁损伤线芯和导线绝缘；接点牢靠，不得松动，不得压绝缘层，不反圈及不露铜过长等。

(5)根据如图 2—20 所示电路图检查控制板布线的正确性。

(6)安装电动机。做到安装牢固平稳,以防止在换向时产生滚动而引起事故。

(7)可靠连接电动机和按钮金属外壳的保护接地线。

(8)连接电源、电动机等控制板外部的导线。导线要敷设在导线通道内,或采用绝缘良好的橡皮线进行通电校验。

(9)自检。安装完毕的控制线路板,必须按要求进行认真检查,确保无误后才允许通电试车。

1)主电路接线检查。按电路图或接线图从电源端开始,逐段核对接线有无漏接、错接之处,检查导线接点是否符合要求,压接是否牢固,以免带负载运行时产生闪弧现象。

2)控制电路接线检查。用万用表电阻挡检查控制电路接线情况。

(10)校验合格后,通电试车。通电时,必须经指导教师同意后,由指导教师接通电源,并在现场进行监护。出现故障后,学生应独立进行检修。若需带电检查,则必须有教师在现场监护。

接通三相电源L1、L2、L3,合上电源开关QS,用电笔检查熔断器出线端,氖管亮说明电源接通。分别按下SB1、SB2和SB3,观察是否符合线路功能要求,观察电器元件动作是否灵活,有无卡滞及噪声过大现象,观察电动机运行是否正常。若有异常,立即停车检查。

(11)通电试车完毕,停转、切断电源。先拆除三相电源线,再拆除电动机负载线。

6.检修训练

(1)故障设置。在控制电路或主电路中人为设置电气、自然故障两处。

(2)教师示范检修。教师进行示范检修时,可把下述检修步骤及要求贯穿其中,直至故障排除。

1)用试验法来观察故障现象。主要注意观察电动机的运行情况、接触器的动作和线路的工作情况等,如发现有异常情况,应马上断电检查。

2)用逻辑分析法缩小故障范围,并在电路图上用虚线标出故障部位的最小范围。

3)用测量法正确、迅速地找出故障点。

4)根据故障点的不同情况,采取正确的修复方法,迅速排除故障。

5)排除故障后通电试车。

(3)学生检修。教师示范检修后,再由指导教师重新设置两个故障点,让学生进行检修。在学生检修的过程中,教师可进行启发性的示范指导。

7.检修注意事项

检修训练时应注意以下几点:

(1)要认真听取和仔细观察指导教师在示范过程中的讲解和检修操作。

(2)要熟练掌握电路图中各个环节的作用。

(3)在排除故障过程中,故障分析的思路和方法要正确。

(4)工具和仪表使用要正确。

(5)螺旋式熔断器的接线要正确,以确保用电安全。

(6)接触器联锁触点接线必须正确,否则将会造成主电路中两相电源短路事故。

(7)训练应在规定的额定时间内完成,同时要做到安全操作和文明生产。训练结束后,安装的控制板留用。

(8)带电检修故障时,必须有指导教师在现场监护,并要确保用电安全。

(9)检修必须在额定时间内完成。

(10)电路的检修方法在后面的章节会详细讲述，课上要认真听指导教师讲解，为下一步学习打下良好基础。

8. 评分标准

评分标准如表 2－14 所示。

表 2－14　评分标准

<table>
<tr><td>项目内容</td><td>配分</td><td colspan="4">评分标准</td><td>扣分</td></tr>
<tr><td>改画接线图</td><td>20</td><td colspan="4">改画不正确　每处扣 5 分</td><td></td></tr>
<tr><td>改装线路板</td><td>20</td><td colspan="4">(1)错套或漏套编码套管　每处扣 2 分
(2)改装不符合要求　每处扣 5 分
(3)改装不正确　每处扣 10 分</td><td></td></tr>
<tr><td>通电试车</td><td>20</td><td colspan="4">(1)热继电器未整定或整定错　扣 5 分
(2)熔体规格配错，主、控电路　各扣 5 分
(3)第一次试车不成功　扣 10 分
第二次试车不成功　扣 15 分
第三次试车不成功　扣 20 分</td><td></td></tr>
<tr><td>故障分析</td><td>20</td><td colspan="4">(1)故障分析、排除故障的思路不正确　每个扣 5～10 分
(2)标错电路故障范围　每个扣 15 分</td><td></td></tr>
<tr><td>排除故障</td><td>20</td><td colspan="4">(1)停电不验电　扣 5 分
(2)工具及仪表使用不当　每次扣 5 分
(3)排除故障的顺序不对　扣 5～10 分
(4)不能查出故障　每个扣 10 分
(5)查出故障点，但不能排除　每个扣 10 分
(6)产生新的故障：
不能排除　每个扣 10 分
已经排除　每个扣 5 分
(7)损坏电动机　扣 20 分
(8)损坏电器元件或排除故障方法不正确
每只(次)扣 5～20 分</td><td></td></tr>
<tr><td>安全文明生产</td><td colspan="5">违反安全文明生产规程　扣 10～30 分</td><td></td></tr>
<tr><td>额定时间</td><td colspan="5">3 h，训练不允许超时，在修复故障过程中才允许超时，每超时 1 min 扣 5 分</td><td></td></tr>
<tr><td>备注</td><td colspan="4">除额定时间外，各项内容的最高扣分，不得超过配分数</td><td>成绩</td><td></td></tr>
<tr><td>开始时间</td><td colspan="2"></td><td>结束时间</td><td></td><td>实际时间</td><td></td></tr>
</table>

第 6 节　位置控制与自动往返控制线路

学习目标

(1)熟知位置控制与自动往返控制线路的构成、工作原理。

(2)能正确熟练地进行安装、调试与维修。

学习要点

理解行程开关在控制线路中的作用。

一、位置控制线路

1. 概念

利用生产机械运动部件上的挡铁与行程开关碰撞,使其触点动作来接通或断开电路,以实现对生产机械运动部件的位置或行程的自动控制的方法称为位置控制。

2. 电路图

如图 2—23 所示为位置控制线路的电路图。

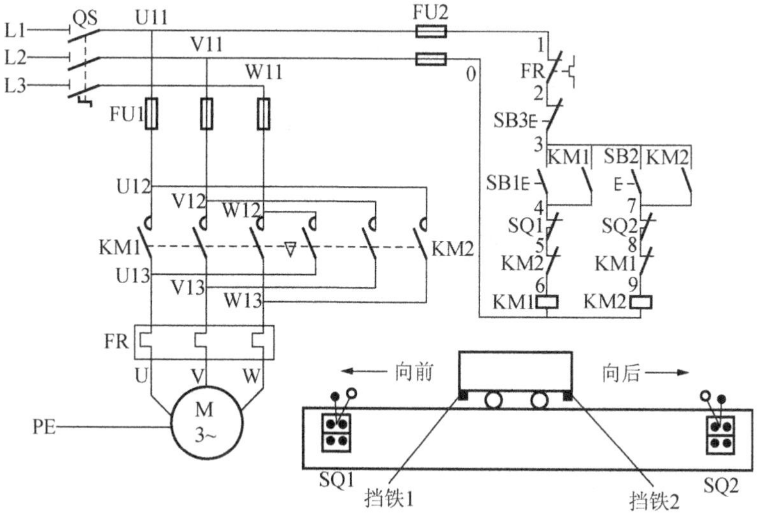

图 2—23　位置控制电路

从图中可以看出,它是以行程开关作控制元件来控制电动机的自动停止。图的右下角是行车示意图,在行车运行路线的两头终点处各安装一个行程开关 SQ1 和 SQ2,它们的常闭触点分别串接在正转控制电路和反转控制电路中。当安装在行车前后的挡铁 1 或挡铁 2 撞击行程开关的滚轮时,行程开关的常闭触点分断,切断控制电路,使行车自动停止。

3. 工作原理

它的工作原理是:当按下启动按钮 SB1 时,接触器 KM1 线圈通电吸合并自锁,电动机正转,拖动运动部件作相应的移动,当位移至规定位置(或极限位置)时,安装在运动部件上的挡铁 1(撞块)便压下行程开关 SQ1,切断 KM1 线圈回路,KM1 断电释放,电动机停止运转,这时即使再按下 SB1,KM1 也不会吸合。只有按下反转启动按钮 SB2,电动机才会反转,使运动部件退回,挡铁 1 脱离行程开关 SQ1,其常闭触点复原,为下次正向启动作准备。

反向自动停止的控制原理与正向相同。

小思考

在图 2—23 中,行车上的挡铁撞击行程开关使其停止向前运行后,再按下启动按钮 SB1,线路会不会接通使行车继续前进? 为什么?

4. **实际应用**

一般行程或位置需要受到限制的机械运动部件的生产,都会用到这种控制线路,如摇臂钻床、万能铣床、镗床、桥式起重机及各种自动或半自动控制的机床设备。

二、自动往返控制线路

1. 电路图

如图 2—24 所示为自动往返控制线路的电路图,在位置控制电路的基础上,将行程开关 SQ1 的常开触点并联在反转启动按钮 SB2 的两端,将 SQ2 的常开触点并联在 SB1 的两端,便成为自动往返控制线路了。

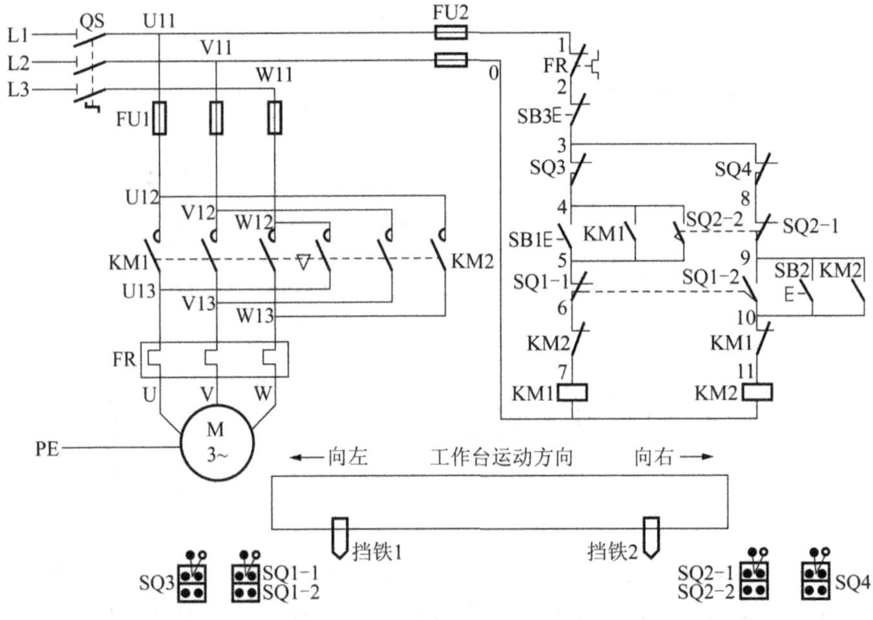

图 2—24　自动往返控制电路

为了使电动机的正反转控制与工作台的左右运动相配合,在控制线路中设置了 4 个行程开关 SQ1、SQ2、SQ3 和 SQ4,并把它们安装在工作台需限位的地方。其中 SQ1、SQ2 用于自动换接电动机正反转控制电路,实现工作台的自动往返;SQ3 和 SQ4 用于终端保护,以防止 SQ1、SQ2 失灵,工作台越过限定位置而造成事故。在工作台边的 T 形槽中装有两块挡铁,挡铁 1 只能和 SQ1、SQ3 相碰撞,挡铁 2 只能和 SQ2、SQ4 相碰撞。当工作台运动到所限位置时,挡铁碰撞行程开关,使其触点动作,自动换接电动机正反转控制电路,通过机械传动机构使工作台自动往返运动。工作台行程可通过移动挡铁位置来调节，拉开两块挡铁间的距离，行程变短，反之则变长。

小思考

自动往返的正反转控制线路中限位开关的作用和接线特点是什么？

2. 工作原理

线路的工作原理如下：启动时，先合上电源开关 QS。

(1)按下 SB1，KM1 得电，KM1 主触点闭合，同时 KM1 自锁触点闭合自锁，KM1 的动断触点分断 KM2 的控制线路，电动机 M 正转，工作台左移，直到限定位置挡铁 1 碰撞 SQ1。

(2)SQ1－1 先分断，KM1 线圈失电，KM1 主触点分断，KM1 自锁触点分断解除自锁，KM1 的动断触点恢复闭合解除联锁，电动机停止正转，工作台停止左移。

(3)SQ1－2 后闭合，KM2 线圈得电，KM2 主触点闭合，KM2 自锁触点闭合自锁，KM2 的动断触点分断 KM1 的控制线路，电动机 M 反转，工作台右移(SQ1 触点复位)，直到限定位置挡铁 2 碰撞 SQ2。

(4)SQ2－1 先分断，KM2 线圈失电，KM2 主触点分断，KM2 自锁触点分断解除自锁，KM2 的动断触点恢复闭合解除联锁，电动机停止反转，工作台停止右移。

(5)SQ2－2 后闭合，KM1 线圈得电，KM1 主触点闭合，KM1 自锁触点闭合自锁，KM1 的动断触点分断 KM2 的控制线路，工作台又左移(SQ2 触点复位)。

以后重复上述过程，工作台就在限定的行程内自动往返运动。

停止时：

(1)按下 SB3，整个控制线路失电，KM1(或 KM2)主触点分断，电动机 M 失电停转，工作台停止运动。

(2)按钮 SB1、SB2 分别作为正转启动按钮和反转启动按钮，若启动时工作台在左端，则应按下 SB2 进行启动。

小思考

行程开关主要用于什么场合？它是运用什么来达到行程控制？行程开关一般安装在什么地方？

方法点拨

从生产实际着手，通过实际例子来理解位置控制，能够认识到位置控制在实际生产中有着广泛应用。

(1)认真分析工作台位置与行程开关运行的关系，充分理解行程开关在控制线路中的作用。

(2)通过实际操作，认真观察行程开关的动作，加深对自动往返控制的理解。

思考题

1. 简述图 2－24 中 SQ1、SQ2、SQ3 和 SQ4 的作用。

2. 自动往返控制线路有什么实际应用?

技能实训 2—6 安装与检修工作台自动往返控制线路

1. 实训目标

能正确安装、调试和检修工作台自动往返控制线路。

2. 工具、仪表及器材

练习选用工具、仪表及器材,并填入表 2—15 和表 2—16 中,经指导教师许可后,方可进行下一步。

表 2—15 工具与仪表

工具	
仪表	

表 2—16 电器元件及部分电工器材明细表

代号	名称	型号	规格	数量
M	三相笼形异步电动机	Y132M—4	7.5 kW、380 V、15.4 A、△接法、1 440 r/min	1
QF	电源开关			
FU1	熔断器			
FU2	熔断器			
KM1、KM2	交流接触器			
FR	热继电器			
SQ1～SQ4	行程开关			
SB1～SB3	按钮			
XT	端子板			
	主电路导线			
	控制电路导线			
	按钮线			
	接地线			
	电动机引线			
	走线槽			
	控制板			
	紧固体及编码套管			
	针形及叉形轧头			
	金属软管			

3. 本任务涉及的低压电器及其作用

本任务涉及的低压电器有组合开关、熔断器、按钮开关、交流接触器、热继电器、三相异步电动机。它们的作用如下:

(1)组合开关 QF:作电源隔离开关。

(2)熔断器 FU1、FU2:分别作主电路、控制电路的短路保护。

(3)停止按钮 SB3:控制接触器 KM1、KM2 的线圈失电;启动按钮 SB1:控制接触器 KM1

的线圈得电；按钮 SB2：控制接触器 KM2 的线圈得电。

(4)接触器 KM1、KM2 的主触点：控制电动机 M 正反向的运行。

(5)接触器 KM1、KM2 的常开辅助触点：自锁；接触器 KM1、KM2 的常闭辅助触点：联锁。

(6)热继电器：对电动机进行过载保护。

(7)SQ1～SQ4 位置开关：控制电动机自动往返运行。

4. **安装训练**

(1)安装步骤和工艺要求如下：

1)检验所选电器元件的质量。

2)在控制板上按平面布置图安装走线槽和所有电器元件，并贴上醒目的文字符号，如图 2－25所示。

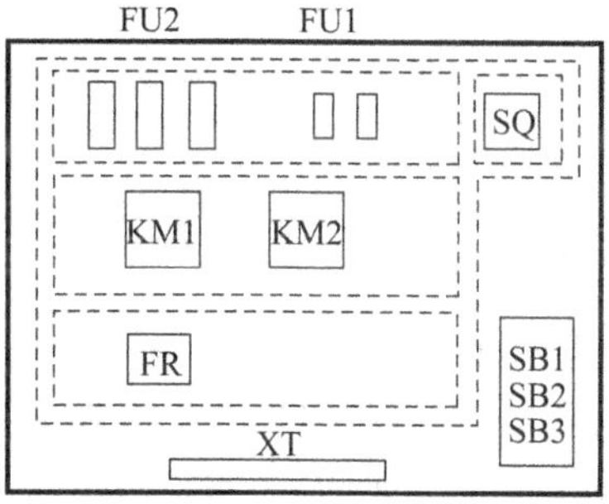

图 2－25　元件安装布置图

工艺要求：

安装走线槽时，应做到横平竖直、排列整齐均匀、安装牢固、便于走线。

(2)按图 2－26 所示电路图进行板前线槽配线，并在导线端部套编码和冷压缩接线头。

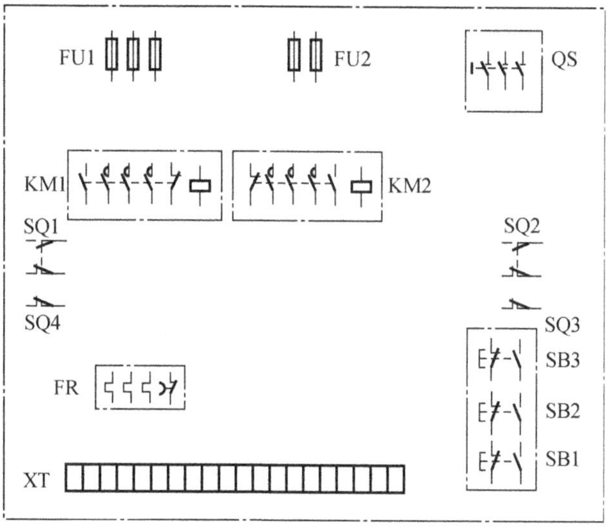

图 2－26　接线图

板前线槽配线的工艺要求：

1)由于机械强度的原因，所用导线的截面积等于或大于 0.5 mm^2 时，必须采用软线。而且最小截面积在控制箱外为 1 mm^2，在控制箱内为 0.75 mm^2。但对控制箱内通过很小电流的电路连线，如电子逻辑电路可用 0.2 mm^2，并且可以采用硬线，但只能用于不移动又无振动的场合。

2)布线时，严禁损伤线芯和导线绝缘。

3)各电器元件接线端子引出导线的走向以元件的水平中心线为界限。在水平中心线以上接线端子引出的导线，必须进入元件上面的走线槽；在水平中心线以下接线端子引出的导线，必须进入元件下面的走线槽。任何导线都不允许从水平方向进入走线槽内。

4)各电器元件接线端子引进或引出的导线，除间距很小或元件机械强度很差时允许直接架空敷设外，其他导线必须经过走线槽进行连接。

5)进入走线槽内的导线要完全置于走线槽内，并应尽可能避免交叉，装线不要超过其容量的 70%，以便于能盖上线槽盖和以后的装配及维修。

6)各电器元件与走线槽之间的外露导线，应合理走线，并尽可能做到横平竖直，垂直变换走向。同一个元件上位置一致的端子和同型号电器元件中位置一致的端子上引出或引入的导线，要敷设在同一平面上，并应做到高低一致或前后一致，不得交叉。

7)所有接线端子、导线线头上，都应套有与电路图上相应接点线号一致的编码套管，并按线号进行连接，连接必须牢固，不得松动。

8)在任何情况下，接线端子都必须与导线截面积和材料性质相适应。当接线端子不适合连接软线或不适合连接较小截面积的软线时，可以在导线端头穿上针形或叉形轧头并压紧。

9)一般一个接线端子只能连接一根导线，若采用专门设计的端子，则可以连接两根或多根导线，但导线的连接方法必须是公认的、在工艺上成熟的，如夹紧、压接、焊接、绕接等，并应严格按照连接工艺的工序要求进行。

(3)根据如图 2－24 所示电路图检查控制板内部布线的正确性。

(4)安装电动机。

(5)连接电动机和按钮金属外壳的保护接地线。

(6)连接电源、电动机等控制板外部的导线。

(7)自检。

(8)校验。

(9)校验合格后通电试车。

小思考

自动往返控制线路在试车过程中发现限位开关不起作用，若开关本身无故障，则可能是什么原因造成的？

5. 检修训练

在如图 2－24 所示的主电路或控制电路中，人为设置电气、自然故障两处。自编检修步骤，经指导教师审查合格后开始检修。检修注意事项如下：

(1)检修前，要先掌握电路中各个控制环节的作用和原理。

(2)在检修过程中，严禁扩大和产生新的故障，否则要立即停止检修。

(3)检修思路和方法要正确。

(4)寻找故障现象时，不要漏检行程开关，并且严禁在行程开关 SQ3、SQ4 上设置故障。

(5)带电检修故障时，必须有指导教师在现场监护，并要确保用电安全。

(6)检修必须在额定时间内完成。

6.注意事项

(1)行程开关可以先安装好，不占额定时间。行程开关必须牢固安装在合适的位置上。安装后，必须用手动工作台或受控机械进行试验，合格后才能使用。训练中，若无条件进行实际机械安装试验时，可将行程开关安装在控制板上方(或下方)侧，进行手控模拟试验。

(2)通电校验时，必须先手动行程开关，试验各行程控制和终端保护动作是否正常可靠。

(3)走线槽安装后可不必拆卸，以供后面课题训练时使用。安装线槽的时间不计入额定时间内。

(4)通电校验时，必须有指导教师在现场监护，学生应根据电路的控制要求独立进行校验，若出现故障则应自行排除。

(5)安装训练在规定的额定时间内完成，同时要做到安全操作和文明生产。

7.评分标准

评分标准如表2—17所示。

表2—17　评分标准

项目内容	配分	评分标准		扣分
选用工具、仪表及器材	15分	(1)工具、仪表少选或错选	每个扣2分	
		(2)电器元件选错型号和规格	每个扣4分	
		(3)选错元件数量或型号规格没有写全	每个扣2分	
装前检查	5分	电器元件漏检或错检	每处扣1分	
安装布线	30分	(1)电器布置不合理	扣5分	
		(2)元件安装不牢固	每只扣4分	
		(3)元件安装不整齐、不匀称、不合理	每只扣3分	
		(4)损坏元件	扣15分	
		(5)不按电路图接线	扣15分	
		(6)布线不符合要求	每根扣3分	
		(7)接点松动、露铜过长、反圈等	每个扣1分	
		(8)损伤导线绝缘层或线芯	每个扣5分	
		(9)编码套管漏装或套装不正确	每个扣1分	
		(10)漏接接地线	扣10分	
		(11)连线槽安装不符合要求	每处扣2分	
故障分析	10分	(1)故障分析、排除故障思路不正确	每个扣5～10分	
		(2)标错电路故障	每个扣5分	

续表

项目内容	配分	评分标准	扣分
排除故障	20 分	(1)停电不验电　扣 5 分 (2)工具及仪表使用不当　每次扣 5 分 (3)排除故障的顺序不对　扣 5 分 (4)不能查出故障点　每个扣 10 分 (5)查出故障点,但不能排除　每个故障扣 5 分 (6)产生新的故障: 不能排除　每个扣 10 分 已经排除　每个扣 5 分 (7)损坏电动机　扣 20 分 (8)损坏电器元件,或排除故障方法不正确　每只(次)扣 5～20 分	
通电试车	20 分	(1)热继电器未整定或整定错误　扣 10 分 (2)熔体规格选用不当　扣 5 分 (3)第一次试车不成功　扣 10 分 第二次试车不成功　扣 15 分 第三次试车不成功　扣 20 分	
安全文明生产	违反安全文明生产规程　扣 10～70 分		
额定时间	4 h,训练不允许超时,在修复故障过程中才允许超时,每超时 1 min 扣 5 分		
备注	除额定时间外,各项目的最高扣分不应超过配分数	成绩	
开始时间		结束时间		实际时间	

第 7 节　星形-三角形(Y-△)减压启动控制电路

学习目标

(1)熟悉星形-三角形(Y-△)减压启动控制电路的组成和工作原理。

(2)学会其安装和检修。

学习要点

星形-三角形(Y-△)减压启动控制电路的工作原理。

1. 概念

星形-三角形降压启动是指电动机启动时,把定子绕组接成星形,以降低启动电压,限制启动电流。待电动机启动后,把定子绕组接成三角形,使电动机全压运行。凡是在正常运行时定子绕组作三角形连接的异步电动机,均可采用这种降压启动方法。

电动机启动时接成星形,加在每相定子绕组上的启动电压只有三角形接法的 $1/\sqrt{3}$,启动电流为三角形接法的 1/3,启动转矩也只有三角形接法的 1/3,所以这种降压启动方法只适用于轻载或空载下启动。

星形-三角形减压启动控制电路常采用两种形式:一是按钮控制的星形-三角形减压启动控制电路;二是时间继电器控制的星形-三角形减压启动控制电路。

小思考

星形和三角形接法有什么不同？

2. 按钮控制的星形-三角形减压启动控制电路

(1)电路图。如图 2－27 所示为按钮控制的星形-三角形减压启动控制电路，适用于 13 kW以上的电动机。

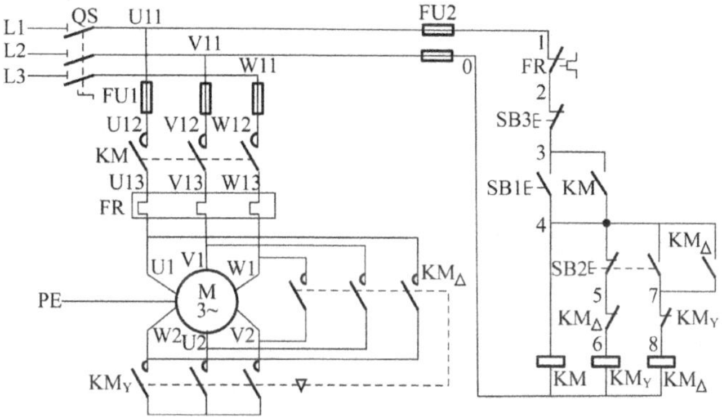

图 2－27　按钮控制的星形-三角形减压启动控制电路

(2)工作原理。电路工作原理如下：合上电源开关 QS，按下启动按钮 SB1，接触器 KM 和 KM_Y 线圈同时得电，KM_Y 主触点闭合，把电动机绕组接成 Y 形，KM 主触点闭合接通电动机电源，使电动机 M 接成 Y 形减压启动。当电动机转速上升到一定值时，按下启动按钮 SB2，SB2 常闭触点先分断，切断 KM_Y 线圈回路，SB2 常开触点后闭合，使 $KM_{\triangle}$ 线圈得电，电动机 M 被接成△运行，整个启动过程完成。当需要电动机停转时，按下停止按钮 SB3 即可。

3. 时间继电器控制的星形-三角形减压启动控制电路

(1)电路图。电动机用时间继电器控制的星形-三角形减压启动控制电路如图 2－28 所示。

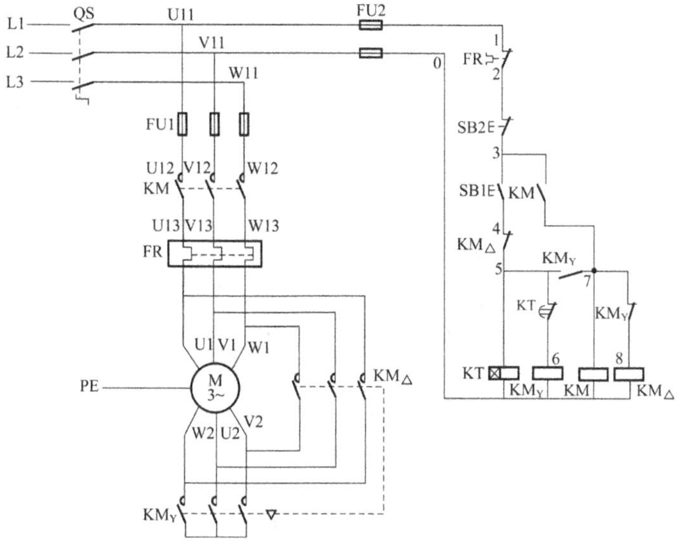

图 2－28　时间继电器控制的星形-三角形减压启动控制电路

(2)工作原理。电路工作原理如下：合上电源开关 QS。

按下 SB1，KM_Y 线圈得电，KM_Y 动合触点闭合，KM 线圈得电，KM 自锁触点闭合自锁、KM 主触点闭合；KM_Y 线圈得电后，KM_Y 主触点闭合；电动机 M 接成星形降压启动；KM_Y 联锁触点分断对 $KM_\triangle$ 的联锁；在 KM_Y 线圈得电的同时，KT 线圈得电，延时开始，当电动机 M 的转速上升到一定值时，KT 延时结束，KT 动触点分断，KM_Y 线圈失电，KM_Y 动触点分断；KM_Y 主触点分断，解除星形连接；KM_Y 联锁触点闭合，$KM_\triangle$ 线圈得电，$KM_\triangle$ 联锁触点分断对 KM_Y 的联锁；同时 KT 线圈失电，KT 动断触点瞬时闭合，$KM_\triangle$ 主触点闭合，电动机 M 接成三角形全压运行。

停止时，按下 SB2 即可。

(3)特点。简便经济，容易控制，使用比较普遍，只要是正常运行，定子绕组三角形连接的电动机就都可以进行星形-三角形减压启动。

4. **QX3－13 型星形-三角形自动启动器**

时间继电器控制的星形-三角形减压启动线路的定型产品有 QX3、QX4 两个系列，称之为星形-三角形自动启动器。它们的主要技术数据如表 2－18 所示。

QX3－13 型星形-三角形自动启动器外形结构和电路如图 2－29 所示。这种启动器主要由 3 个接触器 KM、KM_Y、$KM_\triangle$、1 个热继电器 FR、1 个通电延时型时间继电器 KT 和 2 个按钮组成。

表 2－18　Y－△自动启动器的技术数据

启动器型号	控制功率/kW			配用热元件的额定电流/A	延时调整范围/s
	220 V	380 V	500 V		
QX3－13	7	13	13	11、16、22	4～16
QX3－30	17	30	30	32、45	4～16
QX4－17		17	13	15、19	11、13
QX4－30		30	22	25、34	15、17
QX4－55		55	44	45、61	20、24
QX4－75		75		85	30
QX4－125		125		100～160	14～60

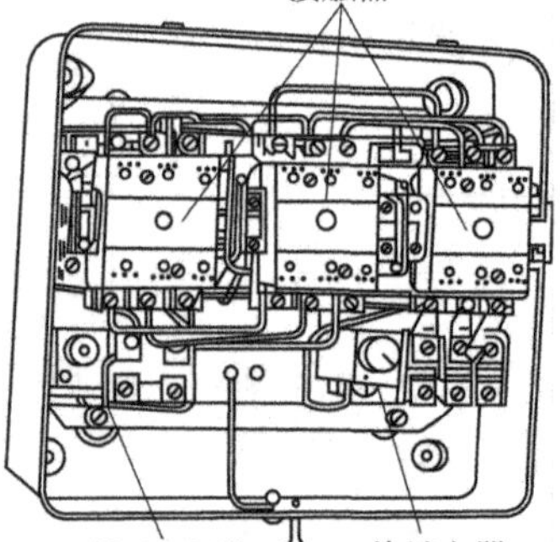

(a)外形结构图

图 2－29　QX3－13 型星形-三角形自动启动器

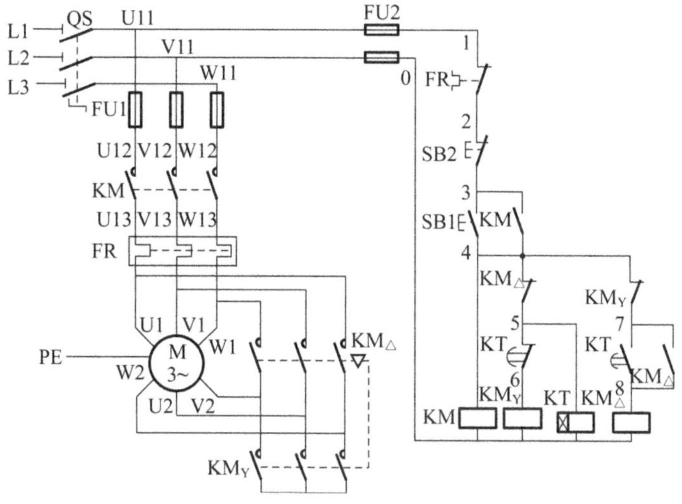

(b)电路图

图 2－29(续)　QX3－13 型星形-三角形自动启动器

5. **延边三角形降压启动控制线路**

(1)延边三角形降压启动。为解决 Y-△降压启动时启动转矩较低的问题，于是产生了把 Y 形接法启动电流小、△形接法启动转矩大的优点结合在一起的启动方法，可采用三角形-三角形换接减压启动：启动时将电动机定子绕组的一部分接成 Y 形(如图 2－30(a)中 1－7、2－8、3－9)，而另一部分接成△形(如图 2－30(b)中 6－7、4－8、5－9)，这种接法看上去好像是将一个三角形的三边延长了一样，故称为“延边三角形”，如图 2－30(b)所示。在启动结束后，再将定子绕组接成如图 2－30(c)所示，使电动机投入额定电压正常运行。这就是延边三角形降压启动方式。

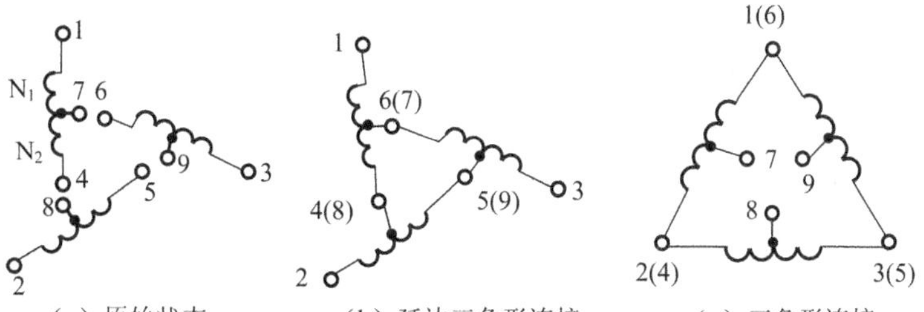

(a) 原始状态　(b) 延边三角形连接　(c) 三角形连接

图 2－30　延边三角形电动机绕组连接

由于三相绕组接成了延边三角形，因此每相绕组所承受的电压比三角形接法时的相电压要低，比星形接法时的相电压要高，介于 220～380 V 之间，启动转矩也大于星形启动时的启动转矩。这种启动方法启动电压、电流转矩的大小取决于每相绕组的两部分阻抗的比值——定子绕组的抽头比。所谓定子绕组的抽头比就是三条延长边中任何一条边的匝数(N_1)与三角形任何一条边的匝数(N_2)之比，当 $N_1:N_2=1:1$ 时，电源线电压为 380 V，则相电压为 264 V。当 $N_1:N_2=1:2$ 时，电源线电压为 380 V，则相电压为 290 V。

(2)延边三角形降压启动控制线路。

1)电路图。如图 2－31 所示为延边三角形降压启动控制线路的电路图。

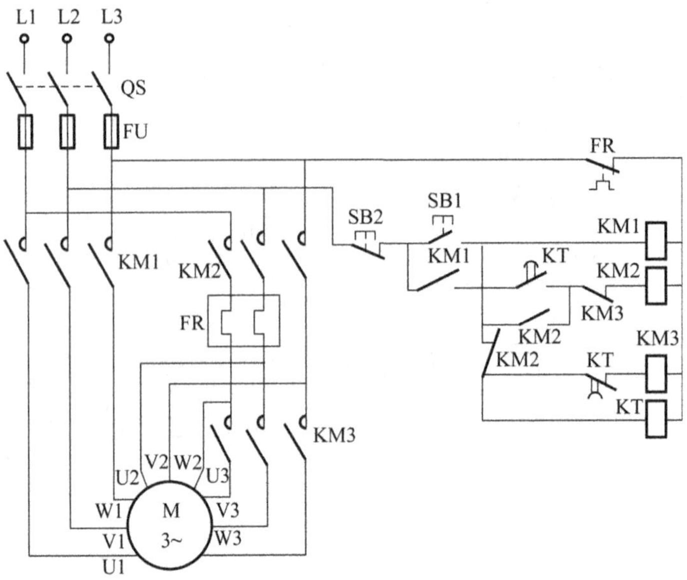

图 2－31　延边三角形降压启动控制线路

2)工作原理。延边三角形减压启动控制线路的工作原理为：启动时，按下启动按钮 SB1，接触器 KM1、KM3 及时间继电器 KT 线圈通电，KM1、KM3 主触点闭合，把电动机接成延边三角形减压启动，待电动机转速上升到一定值时，时间继电器 KT 延时结束，其延时常闭触点断开，使接触器 KM3 线圈断电，其主触点复位，同时，KT 延时常开触点闭合，接触器 KM2 线圈得电，主触点闭合，把电动机接成三角形全压运行。

(3)XJ1 系列减压启动控制箱的控制线路。XJ1 系列减压启动控制箱就是应用延边三角形降压启动方法而制成的一种启动设备，箱内无降压自耦变压器，可允许频繁操作，并可作 Y-△降压启动。

XJ1 系列减压启动控制箱的电路如图 2－32 所示。电路的工作原理请读者自行分析。

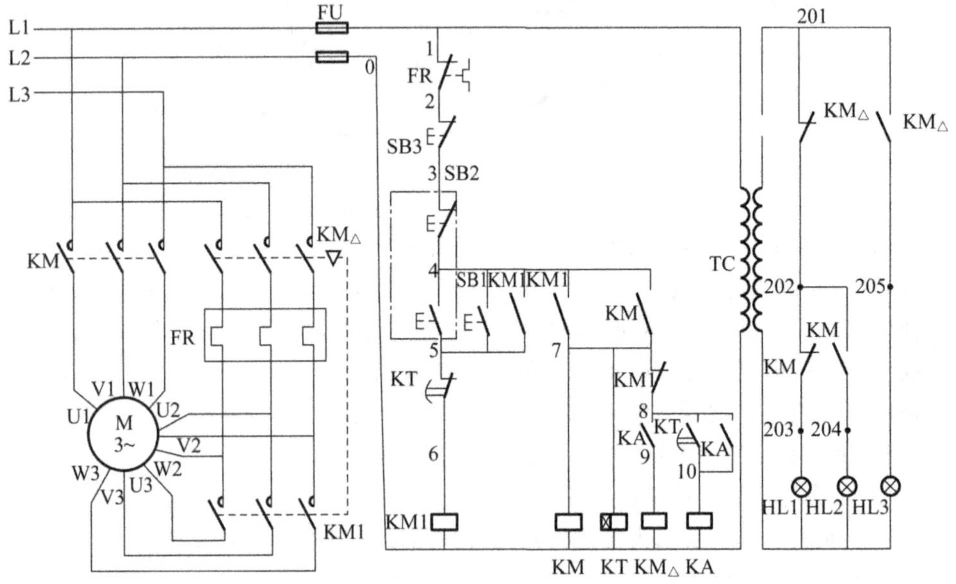

图 2－32　XJ1 系列减压启动控制箱的控制线路

方法点拨

在 Y-△连接降压启动的控制线路中，有 2 个接触器控制和 3 个接触器控制的线路，通过电路的比较，学会分析两种电路的特点，学会区别两种电路的不同之处。

思考题

1. 什么是星形-三角形降压启动？
2. 简述时间继电器控制的星形-三角形减压启动控制电路的工作原理。
3. 什么是延边三角形降压启动？

技能实训 2—7　安装与检修时间继电器自动控制 Y-△降压启动控制线路

1. 实训目标

学会正确安装与检修时间继电器自动控制 Y-△降压启动控制线路。

2. 工具、仪表及器材

工具、仪表及器材如表 2—19 所示。

表 2—19　工具、仪表及器材

项目内容					
工具	测电笔、螺钉旋具、尖嘴钳、斜口钳、剥线钳、电工刀等常用工具				
仪表	ZC25—3 型兆欧表(500 V、0～500 MΩ)、MG3—1 型钳形电流表、MF47 型数字万用表				
器材	代号	名称	型号	规格	数量
	M	三相异步电动机	Y132S—4	5.5 kW、380 V、11.6 A、△接法、1 440 r/min，$I_N/I_{st}=1/7$	1
	QS	组合开关	HZ10—25/3	三极、25 A	1
	FU1	熔断器	RL1—60/25	500 V、60 A、配熔体 25 A	3
	FU2	熔断器	RL1—15/2	500 V、15 A、配熔体 2 A	2
	KM	交流接触器	CJ10—20	20 A、线圈电压 380 V	3
	KT	时间继电器	JS7—2A	线圈电压 380 V	1
	FR	热继电器	JR16—20/3	22.3 A、7 Ω、每片电阻 0.7 Ω	2
	SB1～SB3	按钮	ZX2—2/0.7	保护式、按钮数 3	1
	XT	端子板	JX2—1015	380 V、10 A、15 节	1
支架及连接线	名称		规格		数量
	控制板		500 mm×400 mm×20 mm		1
	主电路塑铜线				若干
	控制电路塑铜线		BV1.5 mm^2 和 BVR1.5 mm^2(黑色)		若干
	按钮塑铜线		BV1 mm^2(红色)		若干
	接地塑铜线		BVR0.75 mm^2(红色)		若干
	紧固体及编码套管		BVR1.5 mm^2(黄绿双色)		若干

3. **实训过程**

(1)按表配齐所用电器元件,并检验元件质量。

(2)固定元器件。参照图 2－29 自行设计布置图、接线图。将元件固定在控制板上。要求元件安装牢固,并符合工艺要求。按钮 SB 可安装在控制板外。

(3)安装主电路。根据电动机容量选择主电路导线,按电气控制线路图接好主电路。

(4)安装控制电路。根据电动机容量选择控制电路导线,按电气控制线路图接好控制电路。

(5)自检。

1)主电路接线检查。按电路图或接线图从电源端开始,逐段核对接线有无漏接、错接之处,检查导线接点是否符合要求,压接是否牢固,以免带负载运行时产生闪弧现象。

2)控制电路接线检查。用万用表电阻挡检查控制电路接线情况。

(6)检查无误后通电试车。为保证人身安全,在通电试车时,要认真执行安全操作规程的有关规定,经老师检查并现场监护。

接通三相电源 L1、L2、L3,合上电源开关 QS,用电笔检查熔断器出线端,氖管亮说明电源接通。分别按下 SB2 和 SB1,观察是否符合线路功能要求,观察电器元件动作是否灵活,有无卡阻及噪声过大现象,观察电动机运行是否正常。若有异常,则立即停车检查。

4. **注意事项**

(1)安装控制板上的走线槽及电器元件时,必须根据电器元件位置图画线后进行安装,并做到安装牢固、排列整齐、均称、合理、便于走线及更换元件。

(2)紧固各元件时,要受力均匀,紧固程度适当,以防止损坏元件。

(3)各电器元件与走线槽之间的外露导线,要尽可能做到横平竖直、走线合理、美观整齐,变换走向要垂直。

(4)进行星形-三角形启动时,必须将电动机的 6 个出线端子全部引出。

(5)各电器元件接线端子上引出或引入的导线,以元件的水平中心线为界限,从水平中心线以上的接线端子引出的导线,必须进入元件上面的走线槽;从水平中心线以下的接线端子引出的导线,必须进入元件下面的走线槽。任何导线都不允许从水平方向进入走线槽内。

(6)电动机、时间继电器、不带电金属外壳或底板的接线端子板应可靠接地,严禁损伤线芯和导线绝缘。

(7)接线时要注意电动机的三角形接法不能接错,应将电动机定子绕组的 Ul、Vl、Wl 通过 $KM_{\triangle}$ 接触器分别与 W2、U2、V2 相连,否则会产生短路现象。

(8)KM_{Y} 接触器的进线必须从三相绕组的末端引入,若误将首端引入,则 KM_{Y} 接触器吸合时,会产生三相电源短路事故。

5. **电路的故障检修**

电动机 Y-△启动控制电路的常见故障主要有 3 个:

(1)按下启动按钮 SB2,电动机不能启动。

(2)由星形接法无法正常切换到三角形接法,要么不切换,要么切换时间太短。

(3)启动时主电路短路。

第一个故障的主要原因可能是接触器接线有误,自锁、互锁没有实现;第二个故障的主要原因是时间继电器接线有误或时间调整不当;第三个故障的主要原因是主电路接线错误。

根据上面的常见故障,同学之间相互设置故障,练习电路的故障检修。

6. 评分标准

评分标准如表 2—20 所示。

表 2—20　评分标准

项目内容	配分	评分标准		扣分
选用工具、仪表及器材	15 分	(1)工具、仪表少选或错选	每个扣 2 分	
		(2)电器元件选错型号和规格	每个扣 4 分	
		(3)选错元件数量或型号规格没有写全	每个扣 2 分	
装前检查	5 分	电器元件漏检或错检	每处扣 1 分	
安装布线	30 分	(1)电器布置不合理	扣 5 分	
		(2)元件安装不牢固	每只扣 4 分	
		(3)元件安装不整齐、不匀称、不合理	每只扣 3 分	
		(4)损坏元件	扣 15 分	
		(5)不按电路图接线	扣 15 分	
		(6)布线不符合要求	每根扣 3 分	
		(7)接点松动、露铜过长、反圈等	每个扣 1 分	
		(8)损伤导线绝缘层或线芯	每根扣 5 分	
		(9)编码套管漏装或套装不正确	每处扣 1 分	
		(10)漏接接地线	扣 10 分	
		(11)走线槽安装不符合要求	每处扣 2 分	
故障分析	10 分	(1)故障分析、排除故障思路不正确	每个扣 5～10 分	
		(2)标错电路故障	每个扣 5 分	
排除故障	20 分	(1)停电不验电	扣 5 分	
		(2)工具及仪表使用不当	每次扣 5 分	
		(3)排除故障的顺序不对	扣 5 分	
		(4)不能查出故障点	每个扣 10 分	
		(5)查出故障点,但不能排除	每个故障扣 5 分	
		(6)产生新的故障:		
		不能排除	每个扣 10 分	
		已经排除	每个扣 5 分	
		(7)损坏电动机	扣 20 分	
		(8)损害电器元件,或排除故障方法不正确	每只(次)扣 5～20 分	
通电试车	20 分	(1)热继电器未整定或整定错误	扣 10 分	
		(2)熔体规格选用不当	扣 5 分	
		(3)第一次试车不成功	扣 10 分	
		第二次试车不成功	扣 15 分	
		第三次试车不成功	扣 20 分	
安全文明生产	违反安全文明生产规程		扣 10～70 分	
额定时间	4 h,训练不允许超时,在修复故障过程中才允许超时,每超时 1 min 扣 5 分			
备注	除额定时间外,各项目的最高扣分不应超过配分数		成绩	
开始时间		结束时间		实际时间	

第 8 节　其他减压启动控制线路

学习目标

(1)熟悉定子绕组串接电阻减压启动控制线路。

(2)熟悉自耦变压器减压启控电路。

(3)熟悉它们的工作原理,并学会 3 种控制线路的安装和检修。

学习要点

时间继电器自动控制原理。

一、定子绕组串接电阻减压启动控制线路

定子绕组串接电阻减压启动方法是在电动机启动时,将电阻 R 串入电动机三相定子绕组中,从而降低了定子绕组上的电压;待启动结束后再将电阻 R 切除,使电动机以全电压投入正常运行。

1. 手动控制线路

(1)电路图。如图 2—33 所示为手动切换的定子绕组串接电阻减压启动电路。

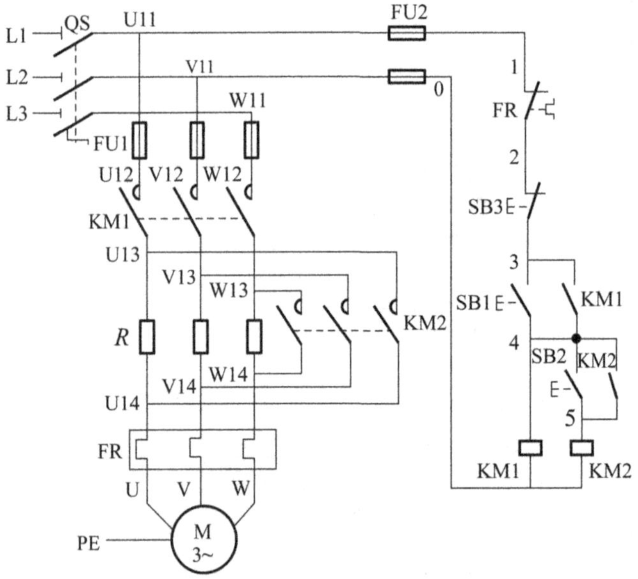

图 2—33　手动切换的定子绕组串接电阻减压启动电路

(2)工作原理。其工作原理如下:先合上电源开关 QS,按下启动按钮 SB1,KM1 得电吸合并自锁,电动机 M 串接电阻 R 减压启动,待电动机转速上升到一定值时,再按下按钮 SB2,KM2 得电吸合并自锁,R 被短接,电动机 M 在全压下运行。

(3)特点。电动机从减压启动到全压运行需要工作人员操作两次才能完成,工作既不方便又不可靠。

2. 时间继电器自动控制线路

小思考

如图 2—33 所示的手动控制线路有什么不足？如何改善？时间继电器自动控制线路能否克服如图 2—33 所示线路的不足？

(1)电路图。如图 2—34 所示为时间继电器自动控制线路的电路图。这个电路中采用时间继电器 KT 代替了图 2—33 电路中的 SB2，从而实现了电动机从减压启动到全压运行的自动控制。只要调整好时间继电器 KT 触点的动作时间，电动机由减压启动到全压运行这个过程就可准确完成。

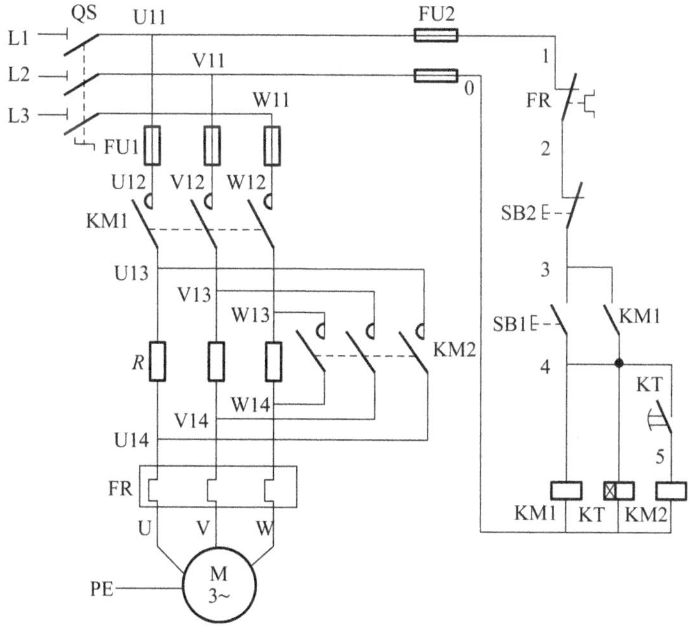

图 2—34　时间继电器自动控制线路

(2)工作原理。其工作原理如下：

合上电源开关 QS，按启动按钮 SB1，接触器 KM1 得电吸合并自锁，电动机定子绕组串接电阻 R 减压启动；接触器 KM1 得电的同时，时间继电器 KT 得电吸合，其延时闭合常开触点不能立即动作，待电动机转速上升到一定值时，KT 延时结束，KT 延时闭合常开触点闭合。接触器 KM2 得电动作，主电路中电阻被短接，电动机在全压下正常运行。

【例 2—11】 在如图 2—35 所示的接触器控制的串接电阻降压启动控制线路中，要使电动机在进入全压运行后，仅依靠 KM2 接触器通电工作，试分析电路应如何改造。

答　(1)主电路中，要想使电动机仅依靠 KM2 接触器主触点来进行全压运行，KM2 主触点要连接到 KM1 主触点和启动电阻 R 两端。

(2)为使 KM2 线圈通电后，KM1 线圈断电，必须在 KM1 线圈支路中串接上接触器 KM2 的辅助常闭触点。

(3)要使 KM2 线圈长时间维持通电状态，KM2 自锁触点应连接到 KM1 自锁触点与按钮 SB2 两端。改造后的电路如图 2—36 所示。

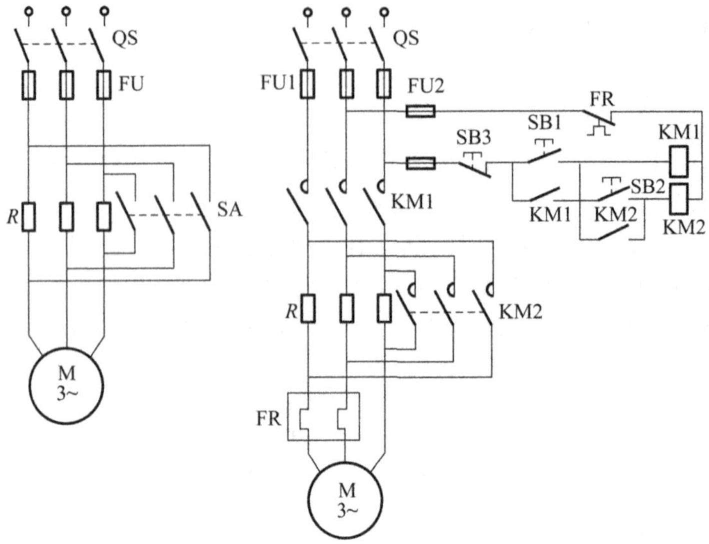

（a）　　　　　　　　（b）

图 2—35　接触器控制的串接电阻降压启动控制线路

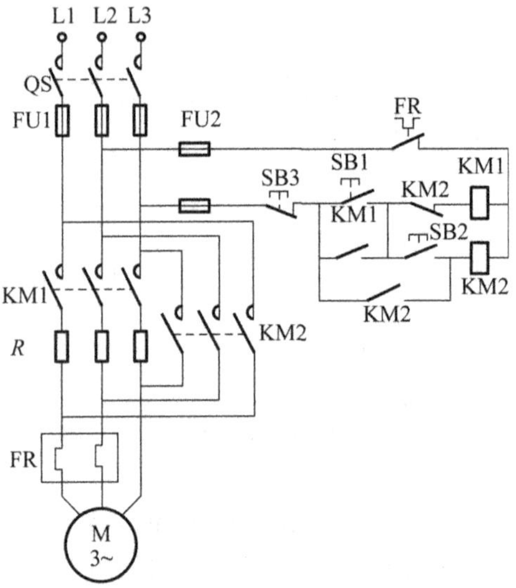

图 2—36　改造后的电路

（3）性能分析。

1）从主电路看，只要 KM2 得电就能使电动机全压运行，图 2—34 在电动机启动后，接触器 KM1、KM2 和时间继电器 KT 都处于得电状态，从而使能耗增加，缩短了电器元件的使用寿命。图 2—37 就解决了这个问题。在 KM1 和 KT 的线圈回路中串接了 KM2 的常闭触点进行联锁，当 KM2 得电动作后，其常闭触点就会切断 KM1 及 KT 线圈电路使其失电，同时 KM2 自锁。这样在电动机全压运行后，就会把接触器 KM1 和时间继电器 KT 全部从电路中切除，从而延长其使用寿命，节省了电能，同时也提高了电路的可靠性。

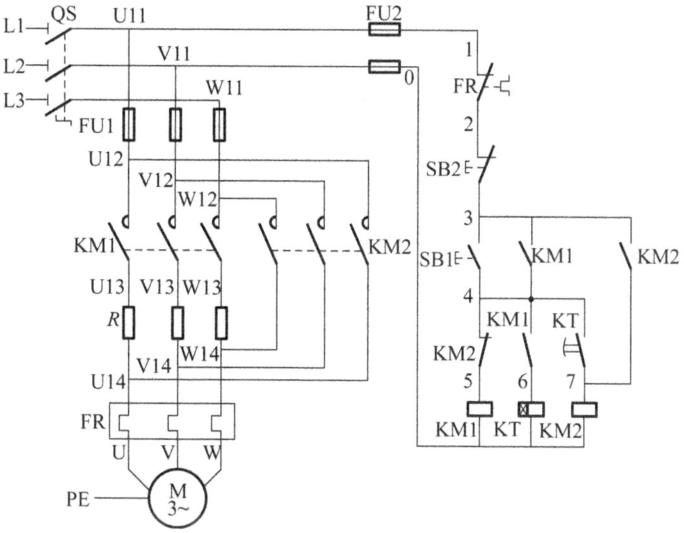

图 2—37　减压启动控制电路

2)启动电阻 R 一般采用 ZX1、ZX2 系列铸铁电阻。铸铁电阻能够通过较大电流，功率大。启动电阻 R 的阻值可按下列近似公式确定：

$$R=190\times\frac{I_{st}-I'_{st}}{I_{st}I'_{st}}$$

式中　I_{st}——未串电阻前的启动电流，A，一般 $I_{st}=(4\sim7)I_N$(I_N 为电动机的额定电流)；

I'_{st}——串电阻后的启动电流，A，一般 $I'_{st}=(2\sim3)I_N$；

R——电动机每项串接的启动电阻值，Ω。

电阻功率可用公式 $P=I_N^2R$ 计算。由于启动电阻 R 仅在启动过程中接入，且启动时间很短，所以实际选用的电阻规律可比计算值减小 3～4 倍。

【例 2—12】　一台三相鼠笼异步电动机，功率为 28 kW，$\frac{I_q}{I'_q}=6.5$，额定电流 52 A，问应串接多大的电阻启动？

解　$R=\frac{220}{I_e}\sqrt{(\frac{I_q}{I'_q})^2-1}=\frac{220}{52}\sqrt{(6.5)^2-1}=27.2\ \Omega$

启动电阻功率：$P=I_N^2R=52^2\times27.2=73\ 548.8$ W

由于启动中短时间内电流较大，启动电阻仅在启动时应用，故电阻功率选择应选择计算值的 $\frac{1}{4}\sim\frac{1}{3}$。

【例 2—13】　定子绕组为星形接法的三相鼠笼式异步电动机能否用 Y-△启动方法？为什么？

答　定子绕组为星形接法的三相鼠笼式异步电动机不能采用 Y-△启动方法。因为定子绕组为星形接法的三相鼠笼式异步电动机，意味着额定运行时电动机的定子绕组承受电源的相电压，如果也采用 Y-△启动方法，那么启动时接入电源的相电压，启动结束进入运行后，定子绕组将承受电源的线电压，这样非但没有实现降压启动，而且，运行时定子绕组三角形接法接入电源线电压，将使绕组过压而烧毁。

二、自耦变压器减压启动控制电路

在自耦变压器减压启动控制电路中，电动机启动电流的限制是依靠自耦变压器的减压作用来实现的。电动机启动时候，定子绕组得到的电压是自耦变压器的二次电压，一旦启动完毕，自耦变压器便被短接，额定电压即自耦变压器的一次电压直接加于定子绕组，电动机进入全电压正常工作。

小思考

自耦变压器的作用是什么？利用自耦变压器能否实现电动机降压启动？

1. 电路图

如图 2—38 所示为自耦变压器减压启动控制电路。

2. 工作原理

自耦变压器减压启动控制电路的工作原理为：启动时，合上电源开关，按下启动按钮 SB2，时间继电器 KT 的线圈通电；常开触点 KT 闭合，接触器 KM1 主触点闭合将电动机定子绕组经自耦变压器接至电源，开始减压启动。时间继电器经过一定时间延时后，其延时常闭触点打开，从而将自耦变压器从电网上切除。而延时常开触点闭合，使接触器 KM2 线圈通电，于是电动机直接接到电网上运行，完成了整个启动过程。

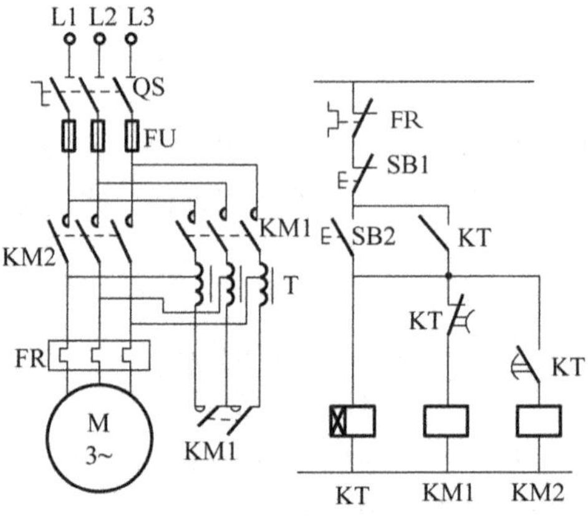

图 2—38　自耦变压器减压启动控制电路

自耦变压器减压启动分为手动控制和自动控制。

(1)手动自耦减压启动器。常用的手动自耦减压启动器有 QJD3 系列油浸式和 QJ10 系列空气式两种。

1)电路图。如图 2—39 所示是手动控制自耦变压器减压启动控制电路。

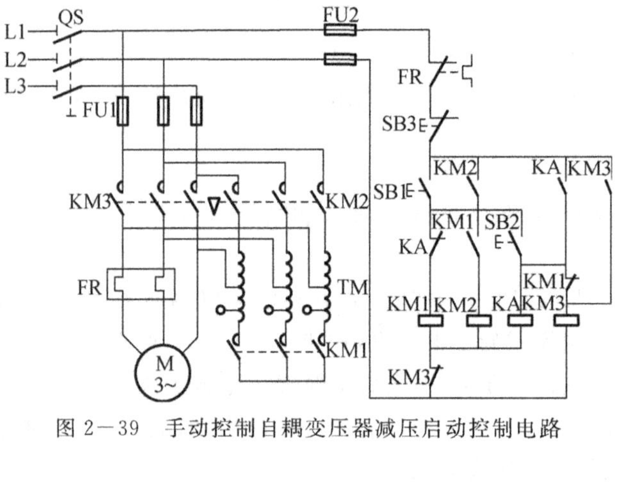

图 2—39　手动控制自耦变压器减压启动控制电路

2)工作原理。其工作原理如下:合上电源开关 QS,按下启动按钮 SB1,接触器 KM1、KM2 相继得电并自锁,自耦变压器 TM 接入电动机 M 的主电路中,使电动机作减压启动。当电动机转速上升接近额定转速时(即启动完毕),按下按钮 SB2,中间继电器 KA 与接触器 KM3 相继得电动作,常闭辅助触点打开,接触器 KM1、KM2 断电,切除自耦变压器 TM,电动机进入全电压正常运行状态。

(2)自动自耦减压启动器。

1)电路图。如图 2—40 所示是自动控制自耦变压器减压启动控制电路。

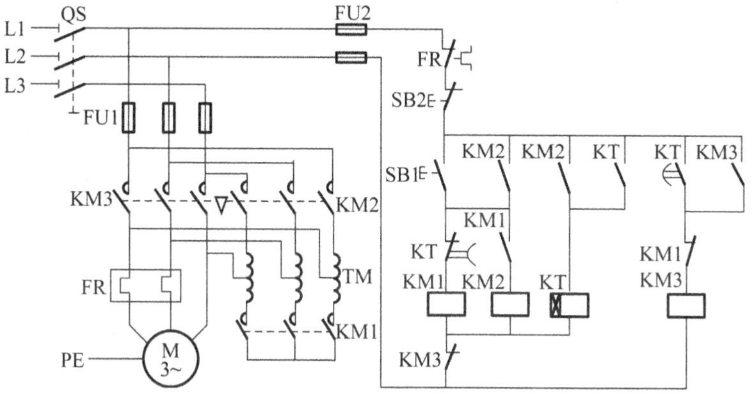

图 2—40　自动控制自耦变压器减压启动控制电路

2)特点。自耦减压启动方法适用于较大容量的正常工作接成星形或三角形的电动机,启动转矩可以通过改变抽头的连接位置得到改变。它的缺点是自耦变压器价格较贵,而且不允许频繁启动。

方法点拨

(1)熟练掌握定子绕组串接电阻(或电抗器)降压启动的控制线路,学会电路的分析,能熟练应用,并会作简单的改变。

(2)了解自耦变压器降压启动、延边三角形启动等降压启动方法,学会分析电路,自行比较电路的优缺点。

思考题

1. 手动控制线路有什么缺点?

2. 自动自耦减压启动器有什么特点?

技能实训 2—8　安装定子绕组串接电阻减压启动控制线路

1. 实训目标

学会正确安装定子绕组串接电阻减压启动控制线路。

2. 工具、仪表及器材

按表 2—21 选配工具、仪表及器材,并进行质量检验。

表 2—21 工具、仪表及器材

项目内容					
工具	测电笔、螺钉旋具、尖嘴钳、斜口钳、剥线钳、电工刀等				
仪表	ZC25—3 型兆欧表(500 V、0～500 MΩ)、MG3—1 型钳形电流表、MF47 型万用表				
器材	代号	名称	型号	规格	数量
	M	三相笼形异步电动机	Y112M—4	5.5 kW、380 V、11.6 A、△接法、1 440 r/min，$I_N/I_{st}=1/7$	1
	QF	断路器	DZ5—20/330	三极、复式脱扣器、380 V、20 A	3
	FU1	熔断器	RL1—60/25	500 V、60 A、配熔体 25 A	2
	FU2	熔断器	RL1—15/2	500 V、15 A、配熔体 2 A	2
	KM1	交流接触器	CJT1—20	20 A、线圈电压 380 V	2
	KM2	交流继电器	JS7—2A	线圈电压 380 V	2
	KT	时间继电器	JR36—20/3	三极、20 A、整定电流 11.6 A	1
	FR	热继电器	ZX2—2/0.7	22.3 A、7 Ω、每片电阻 0.7 Ω	1
	R	电阻器			3
	SB21、SB22	按钮	LA4—3H	保护式、按钮数 3	1
	XT	端子板	JD0—1020	380 V、10 A、20 节	1
支架及连接线	名称		规格		数量
	控制板		550 mm×500 mm×20 mm		1
	导线		1.5 mm^2(黑色)、1.5 mm^2(黄绿双色)		若干
	走线槽		1 mm^2 和 0.75 mm^2(红色)		若干
	紧固体、编码套管、针形及叉形轧头、金属软管等		18 mm×25 mm		若干

3. 安装训练

根据图 2—37 所示电路图画出布置图，自编安装步骤，并熟悉安装工艺，经指导教师审查合格后进行安装训练。注意时间继电器的使用，注意事项如下：

(1)时间继电器应按说明书规定的方向安装。无论是通电延时型还是断电延时型，都必须使继电器在断电后，释放时衔铁的运动方向垂直向下，其倾斜度不得超过 5°。

(2)时间继电器的整定值，应预先在不通电时整定好，并在试车时校正。

(3)时间继电器金属底板上的接地螺钉必须与接地线可靠连接。

(4)通电延时型和断电延时型可在整定时间内自行调换。

(5)使用时，应经常清除灰尘及油污，否则延时误差将更大。

4. 评分标准

评分标准如表 2—22 所示。

表2—22　评分标准

项目内容	配分	评分标准		扣分
装前检查	15分	(1)电动机质量检验	每漏一处扣5分	
		(2)电器元件漏检或错检	每处扣1分	
安装布线	45分	(1)不按布置图安装	扣5分	
		(2)元件安装不牢固	每只扣4分	
		(3)元件安装不整齐、不匀称、不合理	每只扣3分	
		(4)损害元件	扣15分	
		(5)走线槽安装不符合要求	每处扣2分	
		(6)不按电路图接线	扣25分	
		(7)布线不符合要求	每根扣3分	
		(8)接点松动、露铜过长、压绝缘层、反圈等	每个扣1分	
		(9)损伤导线绝缘层或线芯	每根扣5分	
		(10)编码套管漏装、套装不正确	每个扣1分	
		(11)漏接接地线	扣10分	
检修	40分	(1)热继电器未整定或整定错误	每只扣5分	
		(2)熔体规格选用不当	扣5分	
		(3)第一次试车不成功	扣10分	
		第二次试车不成功	扣20分	
		第三次试车不成功	扣40分	
安全文明生产	(1)违反安全文明生产规程		扣10～40分	
	(2)乱线敷设		扣10分	
额定时间	3 h，每超时5 min(不足5 min以5 min计)		扣5分	
备注	除额定时间外，各项目的最高扣分不应超过配分数		成绩	
开始时间		结束时间		实际时间

第9节　三相异步电动机的制动控制线路

学习目标

(1)熟悉电磁抱闸制动器的结构和工作原理，学会正确安装电磁抱闸制动器断电制动控制线路。

(2)理解反接制动和能耗制动的制动原理，学会正确安装与检修单向启动反接制动控制线路和无变压器半波整流单向启动能耗制动控制线路。

学习要点

能耗制动的原理。

三相异步电动机在断开电源之后，由于惯性的作用，还要继续旋转，而不能立即停止。许多机床，如万能铣床、卧式镗床、组合机床等，都要求能迅速停车和准确定位。这就要求对电动机进行制动，强迫其立即停车。

所谓制动，就是给电动机一个与转动方向相反的转矩使它迅速停转。制动的方式有两大类，即机械制动和电气制动。机械制动采用机械抱闸或液压装置制动，机床中经常应用的电气制动有反接制动、能耗制动、发电制动和电容制动。

一、机械制动

1. 概念

利用机械装置使电动机切断电源后迅速停转的方法称为机械制动，由于这个外加的机械作用力，常常采用制动闸紧紧抱住与电动机同轴的制动轮来产生，所以机械制动往往俗称为抱闸制动。机械制动常用的方法有电磁抱闸和电磁离合器制动。两者的制动原理类似，控制线路也基本相同。

2. 电磁抱闸制动器

电磁抱闸制动器主要由两部分组成：制动电磁铁和闸瓦制动器。制动电磁铁由铁芯、衔铁和线圈三部分组成，并有单相和三相之分；闸瓦制动器由闸轮、闸瓦、杠杆和弹簧等组成；闸轮与电动机装在同一根转轴上，制动强度可通过调整机械结构来改变。

电磁抱闸制动器分为断电制动型和通电制动型两种。

(1)断电制动型的工作原理是：当制动电磁铁的线圈得电时，制动器的闸瓦与闸轮分开，无制动作用；当线圈失电时，制动器的闸瓦紧紧抱住闸轮制动。

(2)通电制动型的工作原理是：当制动电磁铁的线圈得电时，闸瓦紧紧抱住闸轮制动；当线圈失电时，制动器的闸瓦与闸轮分开，无制动作用。

3. 电磁抱闸断电制动控制线路

(1)电路图。电磁抱闸断电控制线路如图2—41所示。这种制动控制电路的特点是：主电路通电时，闸瓦与闸轮是分开的，电动机自由转动，一旦主电路断电，闸瓦与闸轮就抱住。

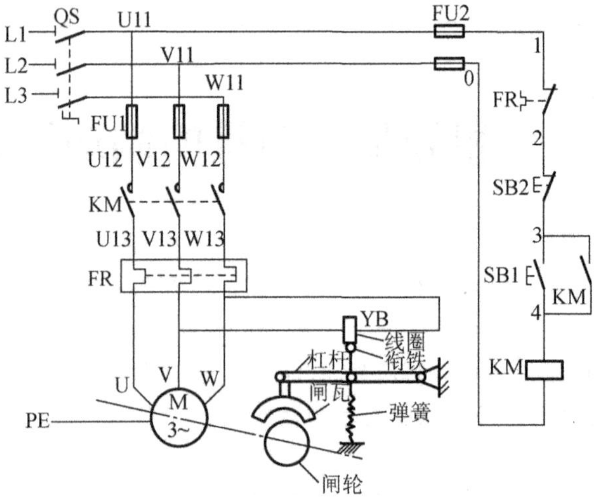

图2—41 电磁抱闸断电制动控制线路

(2)工作原理。其工作原理如下：合上电源开关QS。

1)启动运转。按动启动按钮SB1，接触器线圈KM通电，其自锁触点和主触点闭合，电动机 M 通电运行；同时电磁抱闸制动器 YB 线圈获电，吸引衔铁，使之与铁芯闭合，衔铁克服弹簧拉力，使杠杆顺时针方向旋转，从而使闸瓦与闸轮分开，电动机正常运行。

2）制动停转。当按下停止按钮 SB2 时，接触器 KM 线圈失电，KM 自锁触点和主触点恢复分断，电动机失电；同时电磁抱闸线圈 YB 也失电，杠杆在弹簧恢复力作用下，逆时针方向转动，使闸瓦与闸轮紧紧抱住，电动机被迅速制动而停转。

（3）线路特点。电磁抱闸断电制动在起重机械上得到了广泛应用，例如电梯吊车、卷扬机等一类升降机械，因为这种制动方法可使重物准确定位。另外，如果电路发生断电、停电的紧急故障，电磁抱闸也将迅速使电动机制动，从而避免了重物下落和电动机反转的事故。其缺点是耗电时间与电机运行时间同样长，故很不经济，并且由于电磁抱闸制动器在切断电源后的制动作用，使手工调整工件很困难，所以有些经常需要调整加工件位置的机床，也不能采用这种制动方法。

4. **电磁抱闸通电制动控制线路**

（1）电路图。对要求电动机制动后能调整工件位置的机床设备，可采用通电制动控制线路。电磁抱闸通电制动控制线路的电路图如图 2—42 所示。通电制动控制与断电制动型相反，电动机通电运行时，电磁抱闸线圈无电，闸瓦与闸轮分开。当电动机主电路断电的同时，使电磁抱闸线圈通电，闸瓦抱住闸轮开始制动。

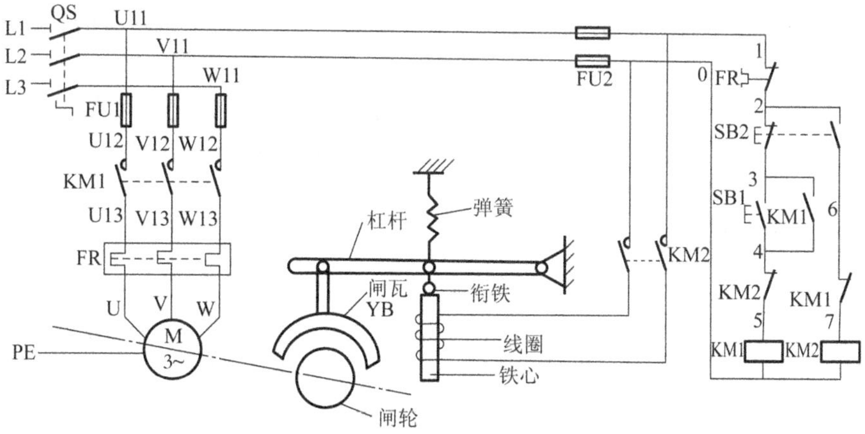

图 2—42　电磁抱闸通电制动控制线路

（2）工作原理。电路的工作原理如下：合上电源开关 QS。

1）启动运转：按动启动按钮 SB1，接触器线圈 KM1 通电，KM1 自锁触点和主触点闭合，电动机正常运转。由于其常闭辅助触点 KM1 分断，使接触器 KM2 线圈失电，因此电磁抱闸线圈回路不通电，电磁抱闸的闸瓦与闸轮分开，电动机正常运转。

2）制动停转：当按下停止复合按钮 SB2 时，因其常闭触点分断，KM1 线圈断电，故电动机定子绕组脱离三相电源，同时 KM1 的常闭辅助触点恢复闭合。这时若将 SB2 按到底，则其常开触点闭合，使 KM2 线圈得电，KM2 触点闭合使电磁抱闸线圈通电，吸引衔铁，使闸瓦抱住闸轮实现制动。

松开 SB2 时，KM2 线圈失电，电磁抱闸线圈也失电，闸瓦与闸轮分开，恢复常态。

注意：电磁抱闸中杠杆的支点位置，停止按钮采用复合按钮。显然，电磁抱闸在制动过程中是不允许电动机运行的，因此在 KM1 线圈支路中串接了 KM2 的常闭辅助触点，以防制动过程中电动机接通三相电源。

5. **电磁离合器制动**

电磁离合器制动的原理和电磁抱闸制动器的制动原理相似，所不同的是：电磁离合器是利用动、静摩擦片之间产生足够大的摩擦力，使电动机断电后立即制动的。

(1)结构示意图。电磁离合器的结构如图 2—43 所示。

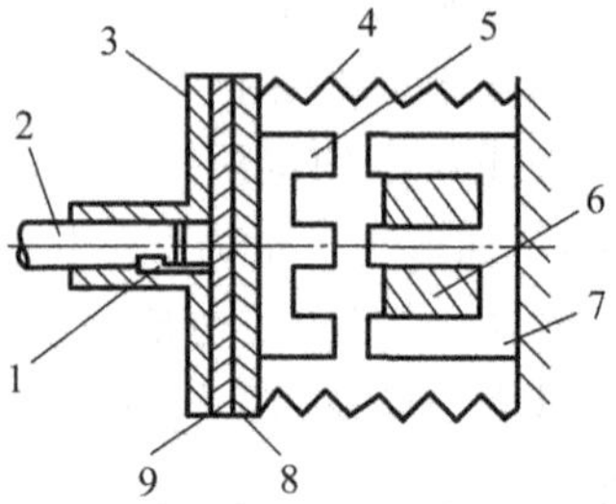

图 2—43 断电制动型电磁离合器的结构示意图

1—键 2—绳轮轴 3—法兰 4—制动弹簧 5—动铁芯

6—励磁线圈 7—静铁芯 8—静摩擦片 9—动摩擦片

(2)电路图。电磁离合器的制动控制线路与电磁抱闸断电控制线路基本相同。

(3)制动原理。电磁离合器制动的原理为：电动机断电时，线圈失电，制动弹簧将静摩擦片紧紧地压在动摩擦片上，此时电动机通过绳轮轴被制动。当电动机通电运转时，线圈也同时得电，电磁铁的动铁芯被静铁芯吸合，使静摩擦片分开，于是动摩擦片连同绳轮轴在电动机的带动下正常启动运转。当电动机切断电源时，线圈也同时失电，制动弹簧立即将静摩擦片连同铁芯推向转着的动摩擦片，强大的弹簧张力迫使动、静摩擦片之间产生足够大的摩擦力，使电动机断电后立即受制动停转。

6. **机械制动的特点及线路原则**

(1)采用机械制动时，制动强度可以通过调整机械制动装置而改变。一般来说，制动时间愈短，冲击振动愈大，这一点对于电动机的传动系统来说是不利的。另外机械制动需要在电动机轴伸端安装体积较大的制动装置，所以对于某些空间位置比较紧凑的机床一类的生产机械，在安装上就存在一定的困难。但是由于机械制动具有电气制动中所没有的优点，即可以设法利用抱闸的作用力，使升降机械上的电动机在任何时候都能够停止旋转，因此这种制动安全可靠，不受电网停电或电气线路故障的影响，因而得到了广泛应用。

(2)线路原则。

1)在采用机械制动的控制线路中，应该尽可能避免或减少电动机在启动前瞬间存在的“异步电动机短路运行状态”，即电动机定子已接三相电源，而转子因抱闸而不转动的运动状态。

2)在电梯、吊车、卷扬机等一类升降机械上，一律采用制动闸平时处于“抱紧”状态的制动方法，而机床一类经常需要调整加工件位置的生产机械上，则往往采用制动闸平时处于“松开”状态的制动方法。

知识拓展

常用电磁抱闸制动器

如图 2—44 所示为常用的 MZD1 系列交流制动电磁铁与 TJ2 系列闸瓦制动器的外形，它们配合使用共同组成电磁抱闸制动器，其结构和符号如图 2—45 所示。TJ2 系列闸瓦制动器与 MZD1 系列交流制动电磁铁的配用表如表 2—23 所示。

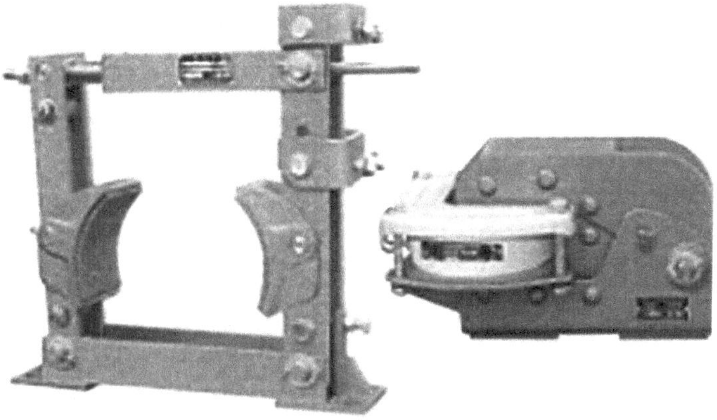

(a)MZD1 系列交流制动电磁铁　(b)TJ2 系列闸瓦制动器

图 2—44　制动电磁铁与闸瓦制动器

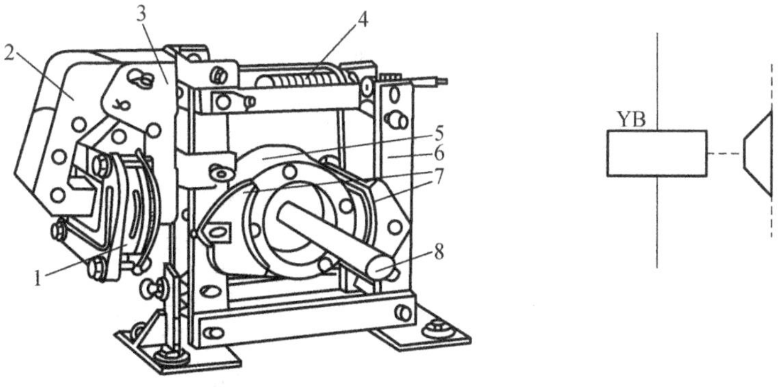

(a)结构　(b)符号

图 2—45　电磁抱闸制动器

1—线圈　2—衔铁　3—铁芯　4—弹簧　5—闸轮　6—杠杆　7—闸瓦　8—轴

表 2—23　TJ2 系列闸瓦制动器与 MZD1 系列交流制动电磁铁的配用表

制动器型号	制动力矩/(N·m)		闸瓦退距/mm(正常/最大)	调整杆行程/mm(开始/最大)	电磁铁型号	电磁铁转矩/(N·m)	
	通电持续率为 25%或 40%	通电持续率为 100%				通电持续率为 25%或 40%	通电持续率为 100%
TJ2—100	20	10	0.4/0.6	2/3	MZD1—100	5.5	3
TJ2—200/100	40	20	0.4/0.6	2/3	MZD1—200	5.5	3
TJ2—200	160	80	0.5/0.8	2.5/3.8	MZD1—200	40	20
TJ2—300/200	240	120	0.5/0.8	2.5/3.8	MZD1—200	40	20
TJ2—300	500	200	0.7/1	3/4.4	MZD1—300	100	40

电磁铁和制动器的型号及其含义如下：

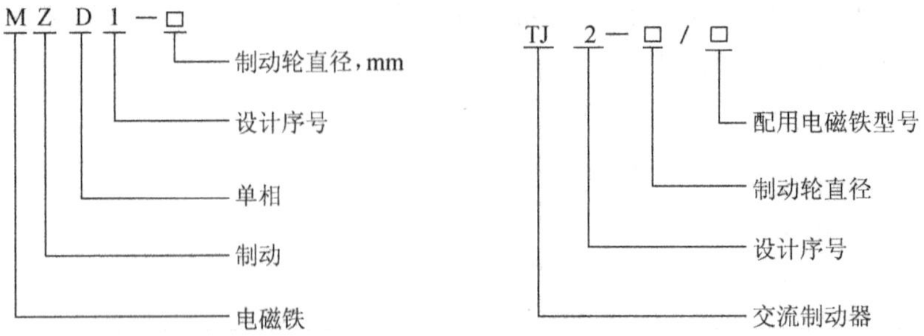

二、反接制动

电气制动是利用电动机电磁原理在电动机需要制动过程中，产生一个与原转子旋转方向相反的电磁力矩，使电动机转速迅速下降并停止转动。常用的制动方法有反接制动、能耗制动、电容制动及再生发电制动。

1. 反接制动原理

（1）概念。依靠改变电动机定子绕组的电源相序来产生制动力矩，迫使电动机迅速停转的方法称为反接制动。

（2）原理图。如图 2—46 所示为反接制动原理图。

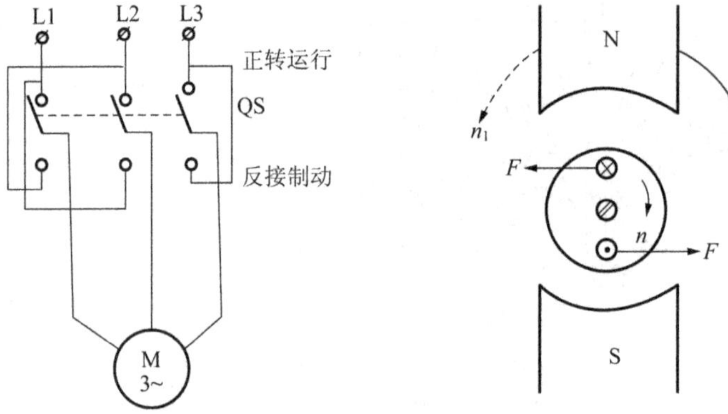

图 2—46　反接制动原理图

小思考

如图 2—46 所示电路图中，开关 QS 向上和向下投合时，接入电动机的电压相序一样吗？

（3）原理。当 QS 向上投合时，电动机定子绕组的电源相序为 L1—L2—L3，电动机将沿旋转磁场方向（如图 2—46 中顺时针方向）以 $n<n_1$ 的转速正常运转。当电动机需要停转时，可断开开关 QS，使电动机先脱离电源（此时转子凭惯性仍按原方向旋转），随后，将开关 QS 迅速向下投合，此时，L1、L3 两相电源线对调，电动机定子绕组线的电源相序变为 L3—L2—L1，旋转磁场反转（如图 2—46 中逆时针方向），此时转子将以 n_1+n 的相对转速沿原转动方向切割旋转磁场，在转子绕组中产生感应电流，其方向用右手定则判断，如图 2—46 所示。而转子绕组一旦产生电流又受到旋转磁场的作用产生电磁转矩，其方向由左手定则判断。可见此电磁力产生的力矩阻碍了电动机继续旋转，因而为制动转矩，电动机转速将迅速下降直至停转。反

接制动常利用速度继电器来自动及时地切断电源。

小思考

反接制动线路、反接制动电动机不能停车而出现反向启动现象，试分析原理并加以排除。

注意：当转子转速降到零时，转子所受电磁力并未消失，其作用将使转子向相反方向运转。所以要达到反接制动目的，在电动机转速降至零时，应立即切除定子绕组的电源使旋转磁场为零。

2. 单向启动反接制动控制线路

（1）电路图。如图2－47所示为单向启动反接制动控制线路，主电路与正反转控制的主电路相同，只是在反接制动时增加了3个限流电阻 R。线路中，KM1为正转运行接触器，KM2为反接制动接触器，KS为速度继电器，它与电动机同轴连接。KM1的主触点闭合时电动机将实现单向运转，当需要停转时，KM2的主触点闭合，电动机定子绕组相序改变，实现反接制动。

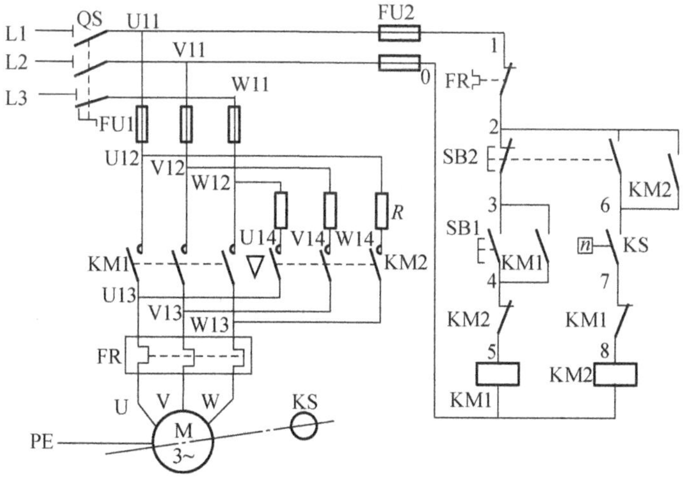

图2－47　单向启动反接制动控制线路

（2）工作原理。其工作原理为：合上电源开关QS。

1）单向启动。

按下SB1 → KM1线圈得电 → KM1自锁触点闭合、KM1主触点闭合 → 电动机M启动运转 →；KM1联锁动断触点断开对KM2联锁

→ 至电动机转速上升到一定值（约150 r/min）时 → KS常开触头闭合为制动作准备

2）反接制动。

按下SB2 → SB2常闭触点先分断 → KM1线圈失电 → KM1自锁触点分断解除自锁；KM1主触点分断，M暂失电；KM1联锁触点闭合 →

按下SB2 → SB2常开触点后闭合 →

→ KM2 线圈得电 → KM2 联锁触点分断对 KM1 联锁

→ KM2 自锁触点闭合自锁

→ KM2 主触点闭合 → 电动机 M 串接 R 反接制动 →

→ 至电动机转速下降到一定值（100 r/min）时 → KS 常开触点分断 →

→ KM2 线圈失电 → KM2 联锁触点闭合解除联锁

→ KM2 联锁触点分断解除自锁

→ KM2 主触点分断 → 电动机 M 脱离电源停转，反接制动结束

3)理论知识。在制动主线路中增加了 3 只限流电阻 R,原因是当电动机处于反接制动过程中,转子切割磁场的相对速度应为 n_1+n,所以转子感生电流的数值很大,定子绕组中电流也很大,故需要限流。反接制动电流一般可达额定电流的 10 倍,故在主电路中要串入合适的限流电阻 R。当电源电压为 380 V 时,若要求反接制动电流不大于启动电流,则每相限流电阻阻值 R 为

$$R \approx 1.5 \times \frac{220}{I_{起}}\ \Omega$$

若反接制动电流等于启动电流,则每相串接电阻 R' 应取值为

$$R' \approx 1.3 \times \frac{220}{I_{起}}\ \Omega$$

若反接制动时只在两相绕组中串接电阻,则电阻值应略大些,分别取上述电阻值的1.5倍。

(3)特点。单向启动反接制动控制线路的优点是制动力强,制动迅速。缺点是制动准确性差,制动过程中冲击强烈,易损害传动零件,制动能量消耗大,不宜经常制动。因此,反接制动一般适用于制动要求迅速、系统惯性较大、不经常启动与制动的场合,如铣床、镗床、中型车床等主轴的制动控制。

3. 双向启动反接制动控制线路

小思考

相比单向启动反接制动控制线路,双向启动反接制动控制线路有何优点?

双向启动反接制动的控制线路如图 2－48 所示。

(1)工作原理。双向启动反接制动控制线路工作原理与单向启动反接制动控制线路的工作原理相同。

(2)特点。双向启动反接制动控制线路的优点是:线路中的电阻 R 既能限制反接制动电流,又能限制电动机启动电流,电路所用电器元件较多,但运行安全可靠,是一个较为完善的线路。缺点是在制动中冲击较大,易损坏传动机件,且制动能量损耗较大,故这种制动方式适用于制动要求迅速、系统惯性较大而制动不太频繁的场合。

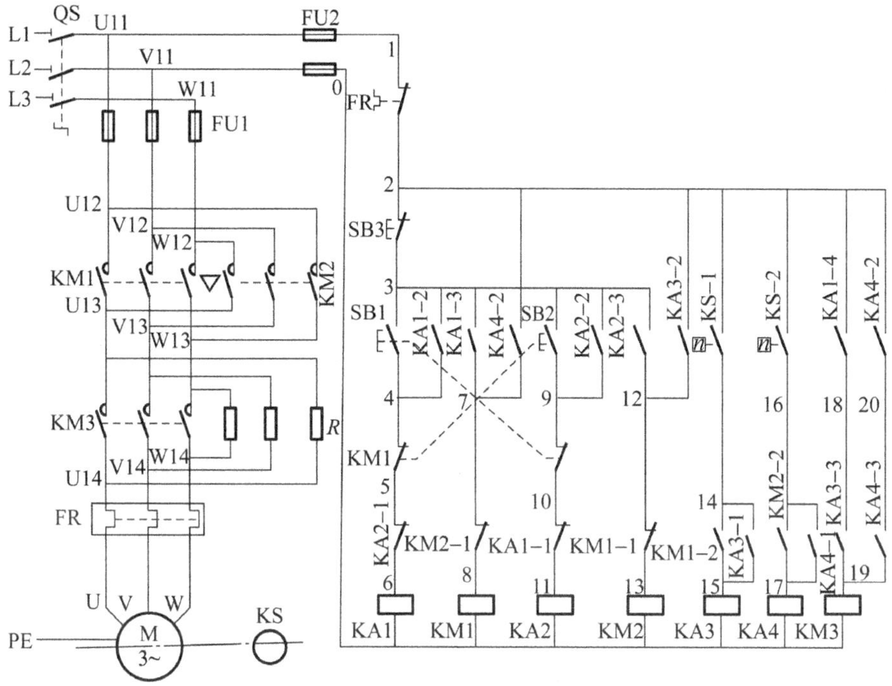

图 2－48　双向启动反接制动控制线路

三、能耗制动

小思考

三相异步电动机制动方式有哪几类？能耗制动与反接制动比较有何优缺点？

很多生产机械都希望在停车时有适当的制动作用，使运动部件迅速停车。停车制动有机械制动和电气制动等多种方法。能耗制动是应用很广泛的一种电气制动方法。

1. 能耗制动原理

(1)概念。所谓能耗制动，是指在电动机脱离三相交流电源后，立即在定子绕组的任意两相通入低压直流电流，使其在电动机内部产生一恒定磁场。由于惯性，电动机仍按原方向继续旋转，转子内产生感应电势和感应电流。该电流与恒定磁场相互作用，产生与转子旋转方向相反的制动力矩，从而使电动机转速迅速下降，达到制动目的。当转速降为零时，转子对磁场无相对运动，转子中的感应电势和感应电流变为零，制动力矩消失，电动机停转，制动过程结束。

可见，这种方法是将电动机转子的机械能转换为电能，并消耗在电动机转子回路中。

(2)原理图。如图 2－49 所示为能耗制动原理图。

(3)制动原理。如图 2－49(a)所示电路中，断开电源开关 QS1，切断电动机的交流电源后，立即合上开关 QS2，并将 QS1 向下合闸，电动机定子绕组接入直流电源时，在电动机空间将产生一个静止的磁场如图 2－49(b)所示的 N、S 永久磁场，电动机转子由于惯性仍继续按原方向旋转，如图中的 n 为顺时针方向，转子导体作切割磁力线的运动，由电磁感应原理可知，在转子绕组中将产生感应电流，由右手定则可确定其方向，而通电导体在磁场中将受到力的作用。由左手定则可知，该磁场力 F 如图 2—49(b)所示，其电磁转矩的方向与惯性转矩方向相反，故对转子起制动作用。

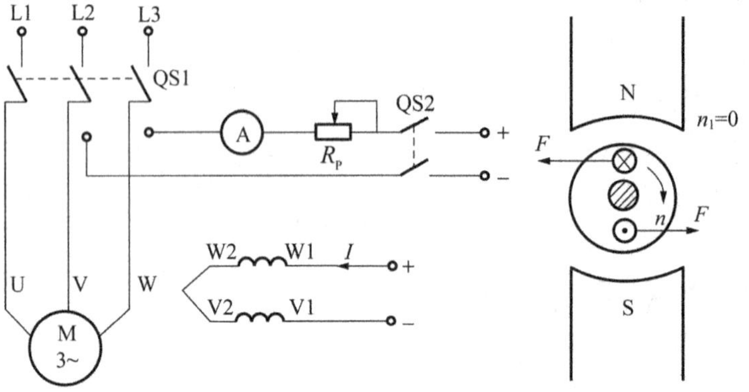

(a) (b)

图 2—49 能耗制动原理图

制动转矩的大小与所通入的直流电流的大小及电动机的转速有关，电流越大，直流磁场越强，产生的制动转矩就越大。

小思考

若能耗制动结束时电动机仍未停转，则应如何调整电路？

2. 单向启动能耗制动自动控制线路

(1)电路图。如图 2—50 所示为无变压器单相半波整流单向启动能耗制动自动控制线路。电动机正常运行时，若按下停止按钮 SB2，SB2 的常闭触点先分断，切断接触器 KM1 线圈回路，电动机由于 KM1 的断电释放而脱离三相交流电源，暂时失电并惯性运转，而 SB1 的常开触点闭合，接通 KM2 线圈回路，KM2 线圈和 KT 线圈相继得电并自锁，直流电通过 KM2 主触点的闭合加入定子绕组，电动机 M 接入直流电进行能耗制动，当电动机转子的转速接近零时，时间继电器延时结束，其常闭触点打开，切断 KM2 线圈回路。由于 KM2 常开辅助触点复位，也切断了时间继电器 KT 的电源，同时，KM2 主触点的断开，使电动机切断了直流电源并停转，能耗制动结束。

(2)工作原理。线路的工作原理简述为：合上电源开关 QS。

单向启动运转：

按下 SB1→KM1 线圈得电→
- KM1 自锁触点闭合 ─┐
- KM1 主触点闭合 ───┴→电动机 M 启动运转
- KM1 联锁动断触点断开对 KM2 联锁

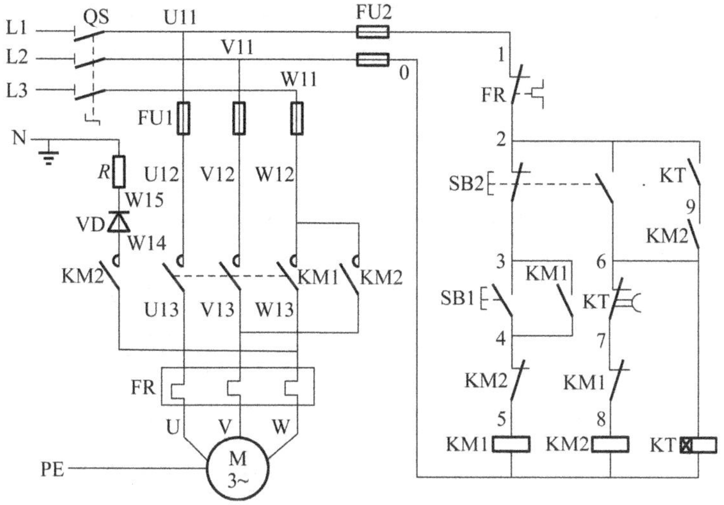

图 2—50　无变压器单相半波整流单向启动能耗制动自动控制线路

能耗制动停转：

按下 SB2 → SB2 常闭触点先分断 → KM1 线圈失电 → KM1 自锁触点分断解除自锁
　　　　　　　　　　　　　　　　　　　　　　→ KM1 主触点分断，M 暂时失电
　　　　　　　　　　　　　　　　　　　　　　→ KM1 联锁触点闭合
　　　　　→ SB2 常开触点后闭合
（两者共同）→

→ KM2 线圈得电 → KM2 联锁触点分断对 KM1 联锁
　　　　　　　　→ KM2 主触点闭合 → M 接入直流电能耗制动
　　　　　　　　→ KM2 自锁触点闭合自锁
→ KT 线圈得电 → KT 常开触点瞬时闭合自锁
　　　　　　　→ KT 常闭触点延时后分断 →

KM2 线圈失电 → KM2 联锁触点闭合解除联锁
　　　　　　　→ KM2 主触点分断 → 电动机 M 切断直流电源并停转，能耗制动结束
　　　　　　　→ KM2 自锁触点分断 → KT 线圈失电 → KT 触点瞬时复位

小思考

试分析 KT 瞬时闭合常开触点的作用是什么？

KT 瞬时闭合常开触点的作用是：当 KT 出现线圈断线或机械卡住等故障时，按下 SB2 后能使电动机制动后脱离直流电源。

(3)特点。线路采用单相半波整流器作为直流电源，所用附加设备少，线路简单，成本低，常用于 10 kW 以下小容量电动机，且对制动要求不高的场合。

3. 有变压器单向桥式整流单向启动能耗制动自动控制线路

对于功率较大(10 kW 以上)的电动机的能耗制动多采用全波整流能耗制动控制线路。

(1)电路图。有变压器单向桥式整流单向启动能耗制动自动控制线路如图 2—51 所示。其中直流电源由单相桥式整流器 VC 供给，TC 是整流变压器，电阻 R 用来调节直流电流，从而调节制动强度，整流变压器一次侧与整流器的直流侧同时进行切换，有利于提高触点的使用寿命。

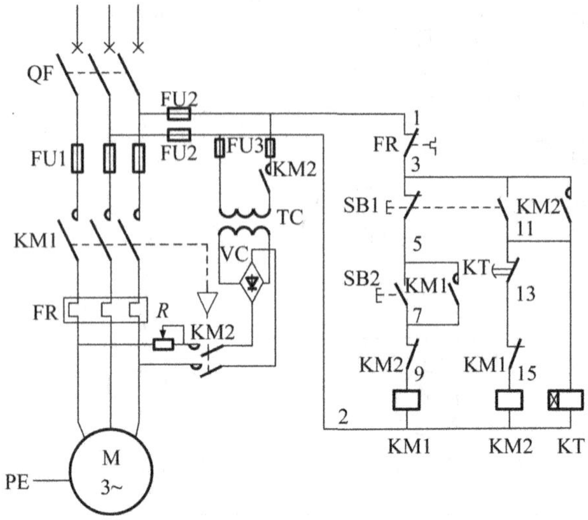

图 2－51　有变压器单向桥式整流单向启动能耗制动自动控制线路

(2)工作原理。线路的工作原理简述为：合上电源开关 QS。

启动运行：

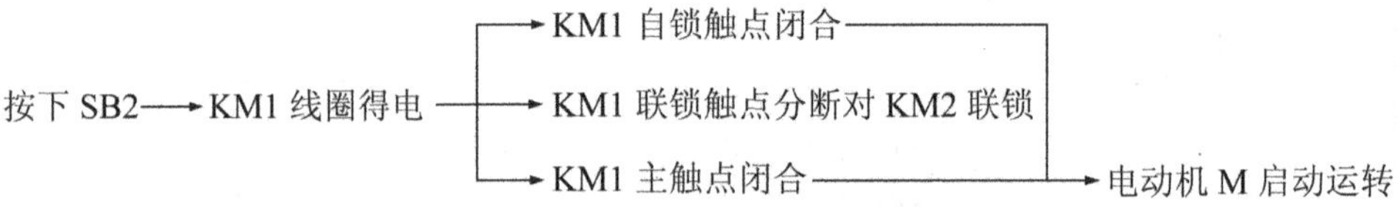

停车制动：

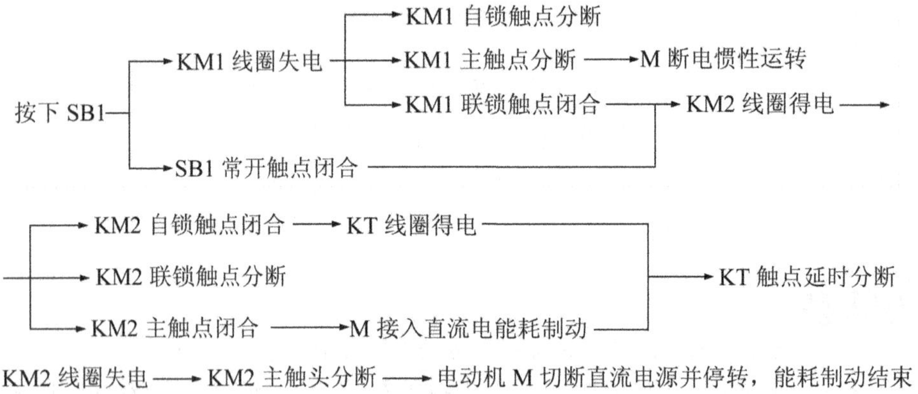

(3)特点。能耗制动的优点是制动准确，平稳，能量损耗小。缺点是需要附加直流电源装置，制动力较弱，在低速时制动转矩小，适用于要求制动准确、平衡的场合，如磨平、立式铣床等制动控制。

4. 能耗制动所需直流电源

若要估算能耗制动所需的直流电源，采用以下的方法，其具体步骤为(以常用的单相桥式整流电路为例)：

(1)首先测量出电动机三根进线中任意两根之间的电阻 $R(\Omega)$。

(2)测量出电动机的进线空载电流 I_0(A)。

(3)能耗制动时,所需的直流电流和直流电压可按下式计算:

直流电压的计算为

$$U=IR$$

直流电流的计算为

$$I=(3.5\sim4)I_0$$

笼形电动机为

$$U=(3.5\sim4)I_0R$$

绕线转子电动机为

$$U=(2\sim3)I_0R \quad 或 \quad U=I_NR$$

式中 I_0——电动机空载电流,A;

I_N——电动机额定电流,A;

U——直流电压,V;

I——直流电流,A;

R——接入直流电源的定子绕组电阻值,Ω。

绕线转子电动机能耗制动时外加制动电阻的计算为

$$R_{制}=(0.2\sim0.4)r_2=(0.2\sim0.4)\frac{S_NU_{2N}}{\sqrt{3}I_{2N}}$$

式中 U_{2N}——转子额定电压,V;

I_{2N}——转子额定电流,A;

S_N——额定转差率。

【例 2—14】 一台 JZ2—22—6 型 7.5 kW 三相异步电动机,已知 $U_N=380$ V,$I_0=7.8$ A,$R_{15℃}=0.896$ Ω,$I_N=19.5$ A,欲采用能耗制动方法进行制动,问直流电压和直流电流范围多大?

解 对于三相异步电动机,有

$$I=(3.5\sim4)I_0=(3.5\sim4)\times7.8=27.3\sim31.2 \text{ A}$$

$$I=1.5I_N=1.5\times19.5=29.3 \text{ A}$$

$$U=(3.5\sim4)I_0R=(3.5\sim4)\times7.8\times0.896=24.5\sim28 \text{ V}$$

或

$$U=IR=29.3\times0.896=26.3 \text{ V}$$

5. 能耗制动与反接制动的比较

如表 2—24 所示为能耗制动与反接制动的比较。

表 2—24　能耗制动与反接制动的比较

所需设备	能耗制动需要直流电源	反接制动需要速度继电器
工作原理	消耗转子动能,使电动机停转	依靠反向旋转磁场产生反作用力,使电动机减速停车
电动机停车后的情况	能准确、平衡停车	制动强、冲击强烈、准确性差、易造成反向启动
优缺点	能量损耗小、低速时制动效果不好,制动力小	制动迅速,冲击强烈,易损坏转动零件,不宜经常制动

续表

所需设备	能耗制动需要直流电源	反接制动需要速度继电器
适用范围	用在非逆转的转动系统和停转后才允许反转的可逆传动系统上，如磨床、龙门刨床、卷扬机、起重机、轧钢机等生产机械的制动控制中	一般用于不经常启动与制动的场合，如铣床、镗床、中型车床的主轴控制

知识拓展

可逆运行能耗制动控制线路

1. 电路图

如图 2—52 所示为速度原则控制电动机可逆运行能耗制动电路。图中 KM1、KM2 为电动机正、反向接触器，KM3 为能耗制动接触器，KS 为速度继电器。

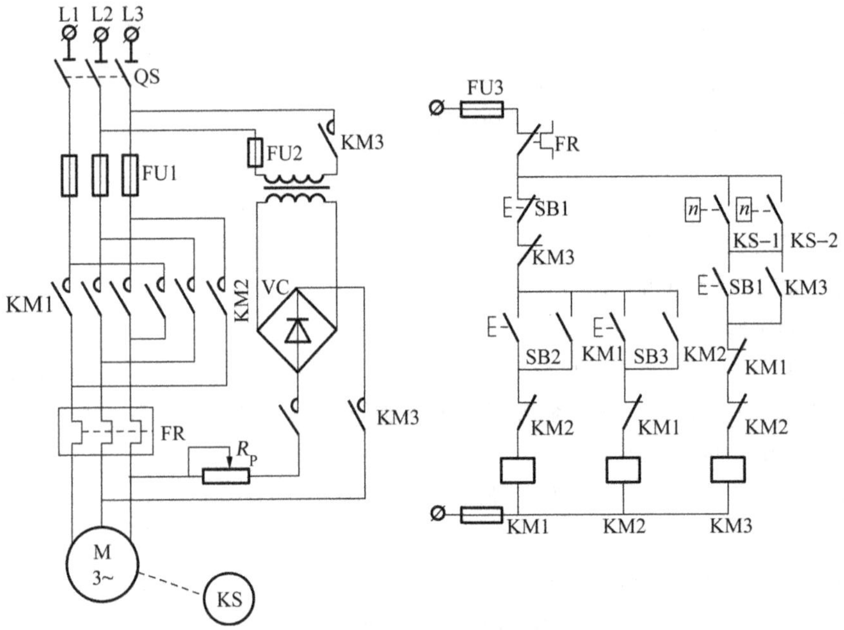

图 2—52　速度原则控制电动机可逆运行能耗制动电路

2. 工作原理

(1)正、反向启动：合上电源开关 QS，按下正转或反转启动按钮 SB2 或 SB3，相应接触器 KM1 或 KM2 通电并自锁，电动机正常运转。速度继电器相应触点 KS—1 或 KS—2 闭合，为停车接通 KM3，实现能耗制动作准备。

(2)能耗制动：停车时，按下停止按钮 SB1，定子绕组脱离三相交流电源，同时 KM3 通电，电动机定子接入直流电源进行能耗制动，转速迅速下降，当转速降至 100 r/min 时，速度继电器释放，其 KS—1 或 KS—2 触点复位断开，此时 KM3 断电。能耗制动结束，以后电动机自然停车。

3. 性能分析

对于负载转矩较为稳定的电动机，能耗制动时采用时间原则控制为宜，因为此时对时间继电器的延时整定较为固定。而对于那些能够通过传动机构来反映电动机转速时，采用速度原则控制较为合适。应视具体情况而定。

方法点拨

（1）通过复习制动的概念，进一步了解电气制动的实质。

（2）通过理解电气制动中反接制动和能耗制动的工作原理，掌握电气制动控制线路的工作过程。

（3）认识制动过程中制动电阻的作用。

思考题

1. 什么是反接制动？有什么特点？适用于什么场合？

2. 什么是能耗制动？有什么特点？适用于什么场合？

技能实训 2—9　安装与检修单向启动能耗制动自动控制线路

1. 实训目标

学会安装与检修单相半波整流单向启动能耗制动自动控制线路。

2. 工具、仪表及器材

（1）按表 2—25 选配工具、仪表及器材，并进行质量检验。

表 2—25　工具、仪表及器材

项目内容					
工具	测电笔、螺钉旋具、尖嘴钳、斜口钳、剥线钳、电工刀等常用工具				
仪表	ZC25—3 型兆欧表、MG3—1 型钳形电流表、MF47 型数字万用表				
器材	代号	名称	型号	规格	数量
	M	三相笼形异步电动机	Y112M—4	4 kW、380 V、8.8 A、△接法、1 440 r/min	1
	QS	电源开关	HZ10—25/3	三极、25 A、380 V	1
	FU1	熔断器	RL1—60/25	500 V、60 A、配熔体 25 A	3
	FU2	熔断器	RL1—15/4	500 V、15 A、配熔体 4 A	2
	KM1、KM2	交流接触器	CJ10—20	20 A、线圈电压 380 V	2
	KT	时间继电器	JS7—2A	线圈电压 380 V、整定时间(3±1)s	1
	FR	热继电器	JR36—20/3	三极、20 A、整定电流 8.8 A	1
	SB1、SB2	按钮	LA10—3H	保护式、380 V、5 A、按钮数 3	1
	XT	端子板	JD0—1020	380 V、10 A、20 节	1

续表

项目内容			
	名称	规格	数量
支架及连接线	控制板 导线、走线槽 各种规格的紧固体、针形及叉形轧头、金属软管、编码套管等	550 mm×500 mm×20 mm 1.5 mm^2、1 mm^2、0.75 mm^2、18 mm×25 mm	1 若干

3. **安装训练**

根据如图 2—47 所示的电路图，自行编写安装步骤及工艺要求进行安装。安装注意事项如下：

(1)制动电阻要良好散热，要安装在控制板外面。

(2)注意整流二极管是否符合功率要求，同时加装散热片，以便于散热。

(3)制动时间过长会引起定子绕组过热，注意时间继电器的整定时间不要调得太长。

(4)通电试车时，必须有指导教师在现场监护，同时要做到安全操作和文明生产。

4. **检修训练**

针对本节训练内容，同学之间互相设置电气故障，主电路和控制电路分别设置一处故障。经教师审查合格后进行检修训练。

5. **评分标准**

评分标准如表 2—26 所示。

表 2—26　评分标准

项目内容	配分	评分标准		扣分
装前检查	10 分	电器元件漏检或错检	每处扣 1 分	
安装布线	30 分	(1)电器布置不合理 (2)元件安装不牢固 (3)元件安装不整齐、不匀称、不合理 (4)损坏元件 (5)走线槽安装不符合要求 (6)不按电路图接线 (7)布线不符合要求 (8)接点松动、露铜过长、反圈等 (9)损伤导线绝缘层或线芯 (10)编码套管漏装套装不正确 (11)漏接接地线	扣 5 分 每只扣 4 分 每只扣 3 分 扣 15 分 每处扣 2 分 扣 15 分 每根扣 3 分 每个扣 1 分 每根扣 5 分 每个扣 1 分 扣 10 分	

续表

项目内容	配分	评分标准		扣分
故障分析	10 分	(1)故障分析、排除故障思路不正确　每个扣 5～10 分 (2)标错电路故障范围　每个扣 5 分		
排除故障	20 分	(1)停电不验电　扣 5 分 (2)工具及仪表使用不当　每次扣 5 分 (3)排除故障的顺序不对　扣 5 分 (4)不能查出故障点　每个扣 10 分 (5)查出故障点,但不能排除　每个故障扣 5 分 (6)产生新的故障: 不能排除　每个扣 15 分 已经排除　每个扣 5 分 (7)损坏电动机　扣 20 分 (8)损坏电器元件,或排除故障方法不正确　每只(次)扣 5～20 分		
通电试车	30 分	(1)热继电器未整定或整定错误　扣 10 分 (2)熔体规格选用不当　扣 5 分 (3)第一次试车不成功　扣 10 分 第二次试车不成功　扣 15 分 第三次试车不成功　扣 20 分		
安全文明生产	违反安全文明生产规程　扣 10～70 分			
额定时间	4 h,训练不允许超时,在修复故障过程中才允许超时,每超时 1 min 扣 5 分			
备注	除额定时间外,各项目的最高扣分不应超过配分数		成绩	
开始时间		结束时间		实际时间	

第 10 节　多速异步电动机的控制线路

学习目标

(1)熟悉多速异步电动机控制线路的工作原理。

(2)学会正确安装与检修双速异步电动机的控制线路。

学习要点

双速电动机的控制线路。

三相异步电动机的调速控制线路由电动机原理可知,三相异步电动机的转子的转速 n 与

电源频率 f、定子的磁极对数 p 及转差率 s 的关系为

$$n=(1-s)n_0=(1-s)\frac{60f}{p}$$

由上式可知，改变三相异步电动机的转速的方法(也即调速方法)有：改变磁极对数 p；改变转差率 s；改变电源频率 f。改变转差率 s 的方法是在转子电路中串入电阻。这种调速方法只适合于绕线转子异步电动机，对笼形转子异步电动机不适合。

目前广泛使用的调速方法主要是变更定子绕组的极对数，因为极对数的改变必须在定子和转子上同时进行，因此对于绕线式转子异步电动机不太适用。由于鼠笼转子异步电动机的转子极数是随定子极数的改变而自动改变的，变极时只需要考虑定子绕组的极数即可，因此，这种调速方法适用于笼形转子异步电动机。

小思考

改变三相异步电动机转速的方法有几种？

一、变更极对数的原理

鼠笼式异步电动机往往采用下列两种方法来改变绕组的极对数：①改变定子绕组的连接，或者说变更定子绕组每相的电流方向；②在定子上设置具有不同极对数的两套独立的绕组。有时为使一台电动机获得更多的速度等级，如需要获得 4 个以上的速度等级，上述的两种方法往往同时采用。

二、双速异步电动机的控制线路

1. 双速异步电动机定子绕组的连接

(1)连接示意图。如图 2—53 所示为 2 极/4 极的双速电动机三相定子绕组接线示意图。

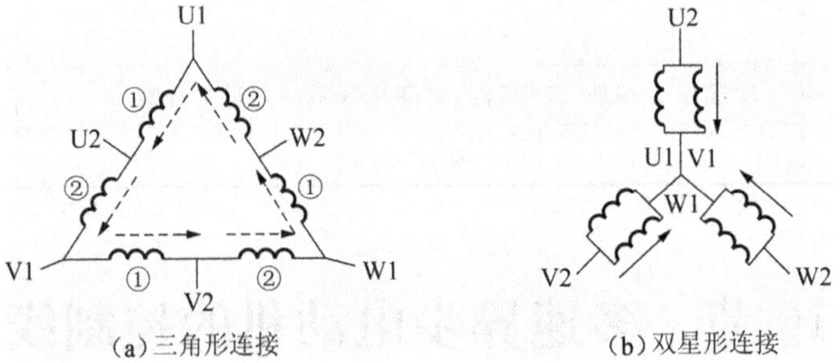

(a)三角形连接　　(b)双星形连接

图 2—53　双速电动机三相定子绕组接线示意图

(2)连接原理。这种电动机定子绕组有 6 个出线端。若将电动机定子绕组三个出线端 U1、V1、W1 分别接三相电源 L1、L2、L3，而将 U2、V2、W2 三个出线端悬空，如图 2—53(a)所示，则电动机的三相定子绕组构成了三角形，此时每相绕组的①、②线圈相互串联，电流方向如图中的虚线箭头所示，磁极为 4 极，同步转速为 1 500 r/min。

若将电动机定子绕组的 U2、V2、W2 三个出线端分别接三相电源 L1、L3、L2，而将 U1、V1、W1 三个出线端连接在一起，如图 2—53(b)所示，则电动机的三相定子绕组接成双 Y 连

接，此时每相绕组中的①、②线圈相互并联，电流如图中实线箭头所示，磁极数为 2 极，同步转速为 3 000 r/min。可见，双速电动机高速运转时的转速是低速的 2 倍。

值得注意的是，双速电动机定子绕组从一种连接变为另一种连接时，必须把电源相序反接，以保证电动机旋转方向不变。

2. 双速电动机的控制线路

(1)接触器控制双速电动机的控制线路。

1)电路图。如图 2—54 所示为接触器控制的双速电动机的控制线路。主电路中有 3 组主触点：KM1、KM2、KM3。当 KM1 主触点闭合时电动机定子绕组接成三角形，低速转动；当 KM1 主触点断开，而 KM2 和 KM3 两组主触点闭合时，电动机定子绕组接成双星形高速运转。

小思考

试分析，如图 2—54 所示电路，各按钮的作用是什么？若双速电动机低速运转，应按下哪个按钮？

2)工作原理。

低速运行时：

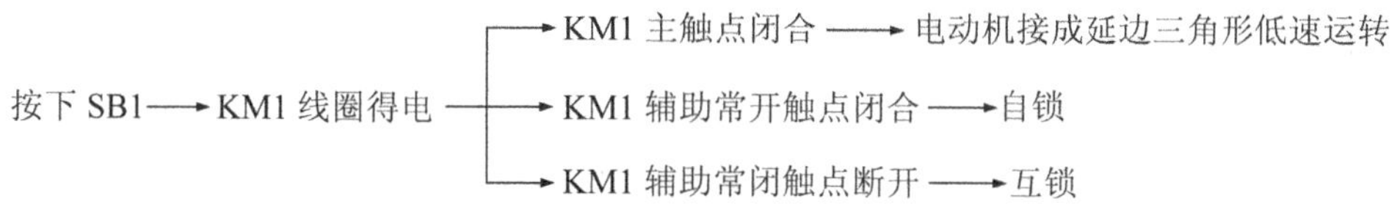

高速运行时：

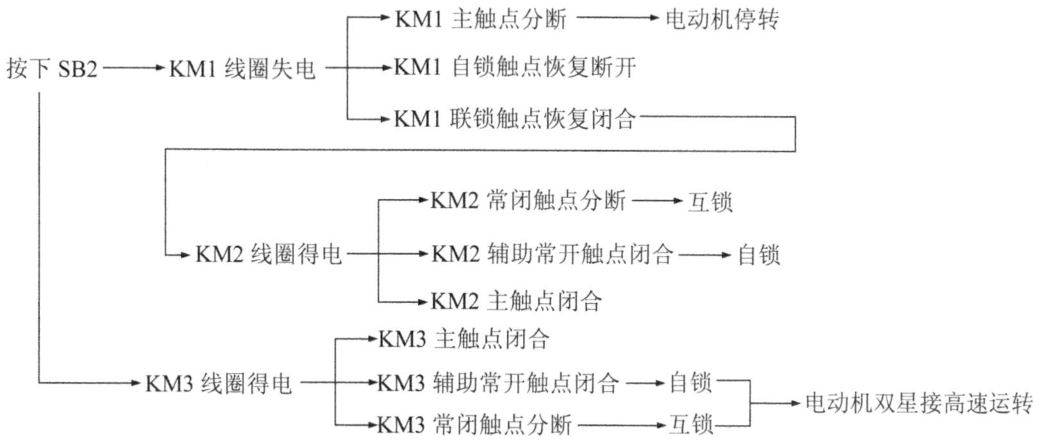

3)特点。变极调速方法的特点是：电动机的定子绕组必须特制；这种调速方法只能使电动机获得两个及两个以上的转速，且不可能获得连续可调。

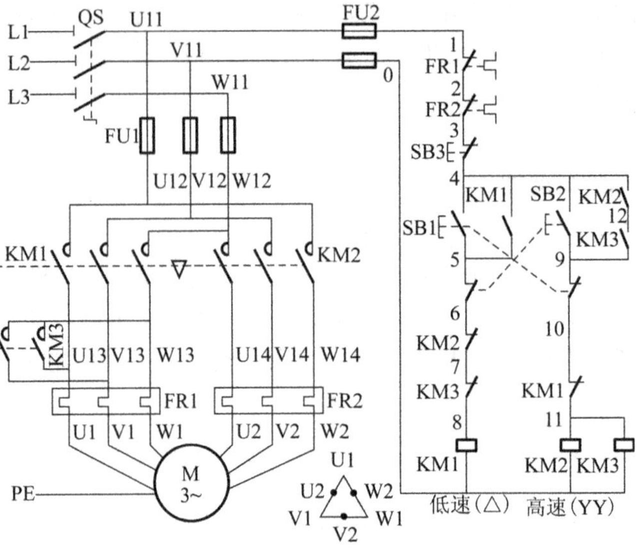

图 2—54 接触器控制的双速电动机的控制线路

(2)时间继电器控制双速电动机的控制线路。

1)电路图。如图 2—55 所示为时间继电器控制双速电动机的控制线路。时间继电器 KT 控制电动机△启动时间和△-YY 的自动换接运转。

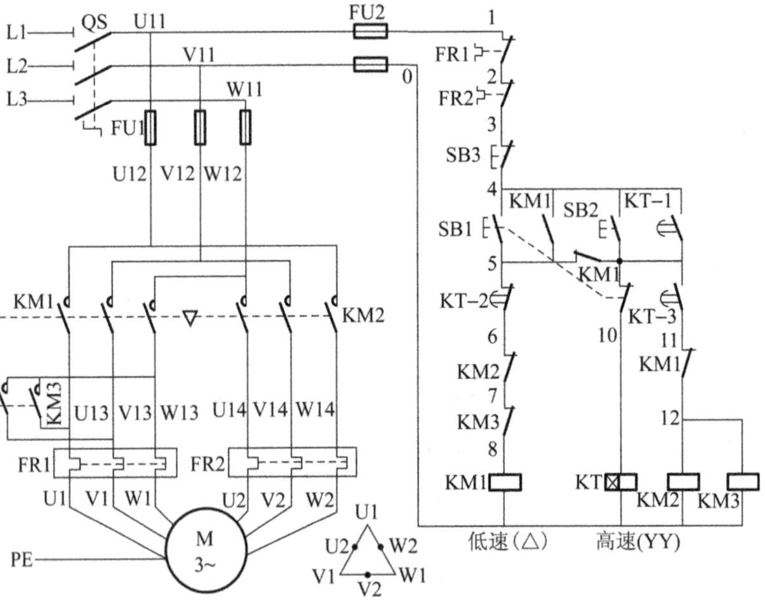

图 2—55 时间继电器控制双速电动机的控制线路

2)工作原理。

线路的工作原理如下:合上电源开关 QS。

三角形低速启动运转:

按下 SB1 → SB1 常闭触点先分断

按下 SB1 → SB1 常开触点后闭合 → KM1 线圈得电 → KM1 自锁触点闭合自锁；KM1 主触点闭合；KM1 两对辅助常闭触点分断对 KM2、KM3 联锁

→电动机 M 接成三角形低速启动运转

双星形高速运转：

按下 SB2，KT 线圈得电，KT－1 常开触点瞬时闭合自锁，经延时整定计时 KT－2 先分断，KM1 线圈失电，KM1 常开触点均分断，KM1 常闭触点复位闭合，同时 KT－3 后闭合，KM2、KM3 线圈得电，KM2、KM3 主触点闭合，电动机 M 接成双星形高速运转，同时 KM2、KM3 联锁触点分断对 KM1 联锁。

停止：按下 SB3 即可。

注意：若电动机只需高速运转时，则可直接按下 SB2，电动机三角形低速启动后，双星形高速运转。

三、三速异步电动机的控制线路

1. 三速异步电动机定子绕组的连接

三速异步电动机的定子绕组如图 2—56 所示。

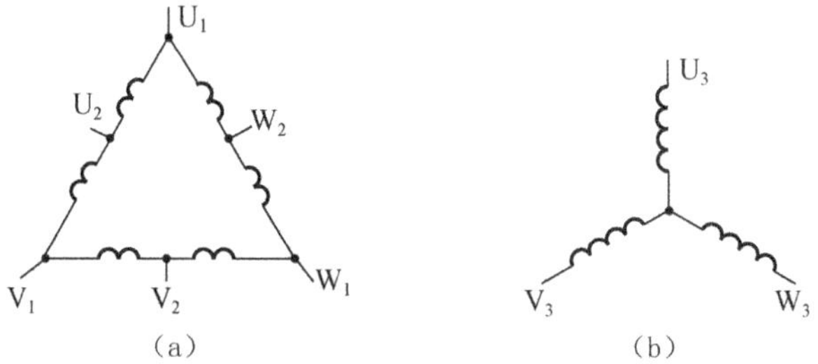

图 2—56 三速电动机的定子绕组

它的定子绕组具有两套线圈，其中如图 2—56(a)所示绕组可以接成三角形，也可以接成双星形。三角形接法时为 8 极，双星形接法时为 4 极。另一套绕组图如图 2—56(b)所示，可以接成星形，绕组极数为 6 极。当两套绕组分别换接成 3 种接法接电源时，即可获得 3 种不同的速度，第一套绕组 U1、V1、W1 分别接电源 L1、L2、L3 时，定子绕组接成三角形，电动机低速运行；电动机中速运行时，利用第二套绕组的 Y 接，即 U3、V3、W3 接三相电源；若需电动机高速运转时，则只需要将第一套绕组的 U2、V2、W2 接电源而 U1、V1、W1 短接，绕组接成双星形。

2. 三速电动机的控制线路

小思考

试分析，如图 2—57 所示电路中各按钮的作用是什么？若三速电动机低速运转，应按下哪个按钮？

如图 2－57 所示为接触器控制的三速电动机的控制线路。

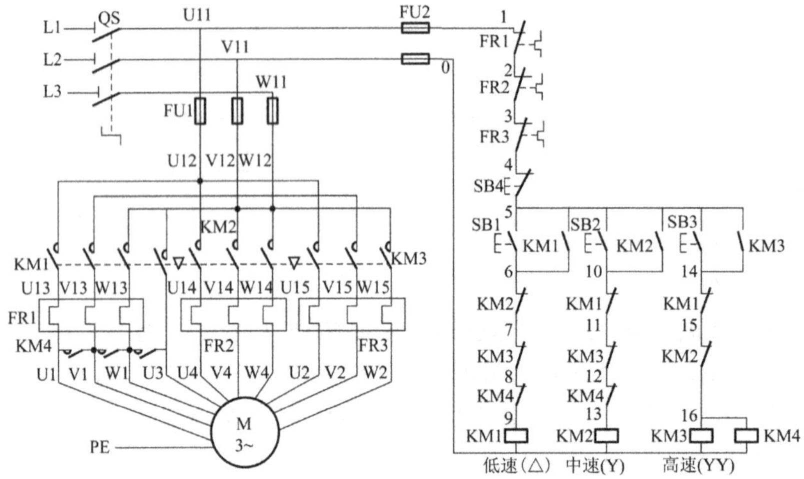

图 2－57　接触器控制的三速电动机的控制线路

线路工作原理请根据接触器控制双速电动机的控制线路的工作原理自行分析。

方法点拨

(1)通过复习三相笼形异步电动机的转速公式

$$n=60\frac{f_1(1-s)}{p}$$

式中　s ——转差率；

f_1——电源频率；

p ——定子绕组的磁极对数。

懂得改变电动机的磁极对数 p,就可改变笼形异步电动机的转速。多速电动机就是通过改变定子绕组的连接方法来改变电动机的磁极对数,从而实现调速。

(2)观察定子绕组接线图,掌握能改变磁极对数的接线方法。

思考题

(1)变更极对数的方法有哪些?

(2)简述三速异步电动机定子绕组的连接。

(3)变极调速方法的特点是什么?

第 11 节　顺序控制与多地控制线路

学习目标

(1)熟知顺序控制与多地控制线路的构成、工作原理。

(2)熟悉多地顺序控制线路的构成与工作原理,学会正确安装与检修两地控制的具有过载保护的接触器自锁正转控制线路。

学习要点

顺序控制电路的原理。

一、顺序控制线路

在机床的控制线路中，经常要求电动机有顺序地启动和停止。例如，磨床上要求润滑油泵启动后才能启动主轴；龙门刨床工作台移动时，导轨内必须有足够的润滑油；铣床在主轴旋转后，工作台方可移动。在装有多台电动机的生产机械上，各电动机所起的作用是不同的，有时需按一定的顺序启动或停止，才能保证操作过程的合理和工作的安全可靠。像这种要求几台电动机的启动或停止必须按一定的先后顺序来完成的控制方式，叫做电动机的顺序控制。

1. 电路图

顺序控制电路图如图2—58所示。

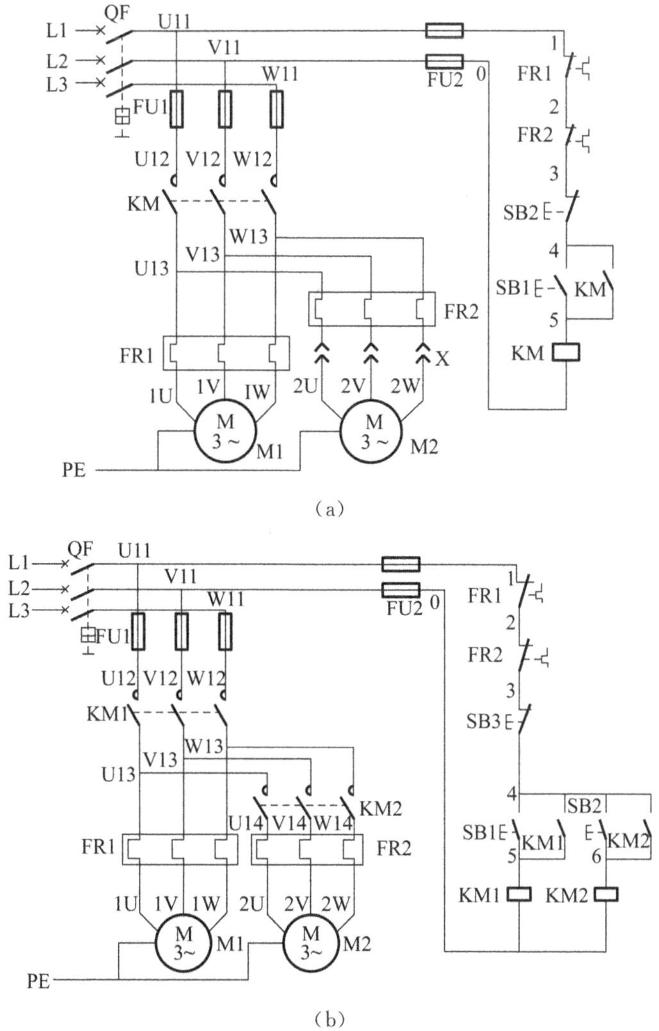

图2—58　主电路实现顺序控制的电路图

如图 2－58 所示为顺序控制线路主电路的电路图，其特点是电动机 M2 的主电路接在 KM(或 KM1)主触点的下面。在如图 2－58(a)所示控制线路中，电动机 M2 通过接插器 X 接在接触器 KM 主触点的下面，因此，只有当 KM 主触点闭合，电动机 M1 启动运转时，电动机 M2 才可能接通电源运转。

在如图 2－58(b)所示控制线路中，电动机 M1 和 M2 分别通过接触器 KM1 和 KM2 来控制，接触器 KM2 的主触点接在接触器 KM1 主触点的下面，这样就保证了只有当 KM1 主触点闭合，电动机 M1 启动运转时，电动机 M2 才可能接通电源运转。

2. 工作原理

如图 2－58(b)所示顺序控制线路主电路的工作原理如下：合上电源开关 QF。

(1)M1 启动后 M2 才能启动：

按下 SB1 → KM1 线圈得电 → KM1 主触点闭合 → 电动机 M1 启动连续运转
→ KM1 自锁触点闭合自锁 → 再按下 SB2 → 线圈 KM2 得电 → KM2 主触点闭合 → 电动机 M2 启动连续运转
→ KM2 自锁触点闭合

(2)M1、M2 同时停转：

按下 SB3 → 控制电路失电 → KM1、KM2 主触点分断 → KM1、KM2 同时停转

小思考

按下 SB3 使电动机停转后，先按 SB2，分析电动机 M2 为什么不能启动？

3. 实际应用

M7120 型平面磨床的砂轮电动机和冷却泵电动机就采用了这种顺序控制电路。

二、多地控制线路

小思考

什么叫多地控制？多地控制有何特点？

1. 概念

能在两地或多地控制同一台电动机的控制方式称为电动机的多地控制。

2. 电路图

如图 2－59 所示为两地控制的具有过载保护接触器自锁正转控制线路的电路图。

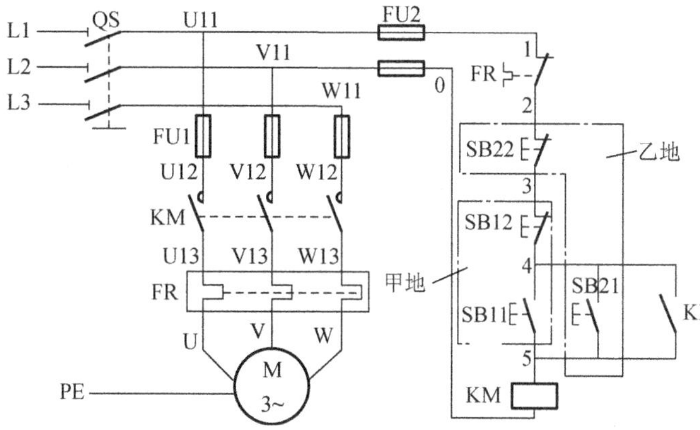

图 2—59　两地控制线路图

(1)线路特点:两地的启动按钮 SB11、SB21 并联在一起,停止按钮 SB12、SB22 串联在一起。这样就可以在甲、乙两地起、停同一台电动机,达到操作方便的目的。

(2)电路连接原则:启动按钮并联,停止按钮串联。

技能实训 2—10　安装两台电动机顺序启动控制线路

1. 实训目标

正确安装两台电动机顺序启动、逆序停止控制线路。

2. 工具、仪表及器材

工具、仪表及器材的选用如表 2—27 所示。

表 2—27　工具、仪表及器材

项目内容				
工具	测电笔、螺钉旋具、尖嘴钳、斜口钳、剥线钳、电工刀等			
仪表	ZC25—3 型兆欧表(500 V、0～500 MΩ)、MG3—1 型钳形电流表、MF47 型万用表			
代号	名称	型号	规格	数量
M1	三相笼形异步电动机	Y112M—4	4 kW、380 V、8.8 A、△接法、1 440 r/min	1
M2	三相笼形异步电动机	Y90S—2	1.5 kW、380 V、3.4 A、Y 接法、2 845 r/min	1
QF	电源开关	DZ5—20/330	三极复式脱扣器、380 V、20 A	1
FU1	熔断器	RL1—60/25	500 V、60 A、配熔体 25 A	3
FU2	熔断器	RL1—15/2	500 V、15 A、配熔体 2 A	2
KM1	交流接触器	CJT1—20	20 A、线圈电压 380 V	1
KM2	交流接触器	CJT1—10	10 A、线圈电压 380 V	1
FR1	热继电器	JR36—20/3	三极、20 A、整定电流 8.8 A	1
FR2	热继电器	JR36—20/3	三极、20 A、整定电流 3.4 A	1
SB11、SB12	按钮	LA4—3H	保护式、按钮数 3	1
SB21、SB22	按钮	LA4—3H	保护式、按钮数 3	1
XT	端子板	JD0—1020	380 V、10 A、20 节	1

续表

项目内容			
	名称	规格	数量
支架及连接线	控制板	500 mm×400 mm×20 mm	1
	BVR－1.5	1.5 mm^2(7×0.52 mm)	若干
	BVR－1.0	1 mm^2(7×0.43 mm)	若干
	BVR－0.75	0.75 mm^2	若干
	BVR－1.5	1.5 mm^2(黄绿双色)	若干
	走线槽	18 mm×25 mm	若干

3. 安装步骤及工艺要求

(1)按如表2－27所示选用工具、仪表和器材，并检验电器元件质量。

(2)参照图2－58(b)设计布置图，并画出接线图。设计安装步骤和工艺，由指导教师检查通过后，开始安装。

4. 注意事项

(1)在试验之前，弄清各个开关的顺序和作用，制作一个顺序表，按照这个表进行试验。

(2)当电路出现故障时，应立即关断QF。

5. 评分标准

评分标准如表2－28所示。

表2－28　评分标准

项目内容	配分	评分标准		扣分
装前检查	15分	(1)电动机质量检验	每漏一处扣5分	
		(2)电器元件漏检或错检	每处扣1分	
安装布线	45分	(1)不按布置图安装	扣5分	
		(2)元件安装不牢固	每只扣4分	
		(3)元件安装不整齐、不匀称、不合理	每只扣3分	
		(4)损坏元件	扣15分	
		(5)走线槽安装不符合要求	每处扣2分	
		(6)不按电路图接线	扣25分	
		(7)布线不符合要求	每根扣3分	
		(8)接点松动、露铜过长、反圈等	每个扣1分	
		(9)损伤导线绝缘层或线芯	每根扣5分	
		(10)编码套管漏装或套装不正确	每处扣1分	
		(11)漏接接地线	扣10分	

续表

<table>
<tr><th>项目内容</th><th>配分</th><th colspan="4">评分标准</th><th>扣分</th></tr>
<tr><td>检修</td><td>40分</td><td colspan="4">(1)热继电器未整定或整定错误　扣5分
(2)熔体规格选用不当　扣5分
(3)第一次试车不成功　扣10分
第二次试车不成功　扣20分
第三次试车不成功　扣40分</td><td></td></tr>
<tr><td>安全文明生产</td><td></td><td colspan="4">(1)违反安全文明生产规程　扣10～40分
(2)乱线敷设　扣10分</td><td></td></tr>
<tr><td>额定时间</td><td colspan="5">3 h,每超时5 min(不足5 min以5 min计)　扣5分</td><td></td></tr>
<tr><td>备注</td><td colspan="4">除额定时间外,各项目的最高扣分不应超过配分数</td><td>成绩</td><td></td></tr>
<tr><td>开始时间</td><td colspan="2"></td><td>结束时间</td><td></td><td>实际时间</td><td></td></tr>
</table>

第12节　绕线转子异步电动机的控制线路

学习目标

(1)熟悉绕线转子异步电动机的控制线路的构成和工作原理。

(2)能正确安装与检修凸轮控制器控制线路。

学习要点

转子绕组串接频敏变阻器启动控制线路的工作原理。

三相绕线转子异步电动机的转子绕组为绕线式(非笼形铸铝),如图2—60所示为三相绕线转子异步电动机的外形和符号,其优点是可以通过滑环在转子绕组中串接外加电阻,其目的是减小启动电流,增加启动转矩以及调节转速。在一般要求启动转矩较高的场合,绕线转子异步电动机得到了广泛应用。绕线转子异步电动机常用的控制线路有转子绕组串接电阻启动控制线路、转子绕组串接频敏变阻器启动控制线路和凸轮控制器控制线路。

(a)YR系列　(b)符号

图2—60　三相绕线转子异步电动机

一、转子绕组串接电阻启动控制线路

1. 转子串接三相电阻启动原理

串接在三相转子绕组中的启动电阻，一般都连接成星形。在启动前，启动电阻全部接入电路，随着启动过程的结束（转速的增加），启动电阻被逐段地短接。启动完毕，外串电阻全部切除，转子绕组被直接短接，电动机便在额定状态下运行。其短接方法有三相电阻不平衡接法和三相电阻平衡接法两种。

采用平衡接法，电动机转子绕组中串接的外加电阻在每段切除前和切除后，三相始终是对称的，称为三相对称电阻器，如图 2－61(a)所示。启动过程依次切除 R_1、R_2、R_3，最后全部电阻被切除。

采用不平衡接法，若启动时串入的全部电阻是不对称的，且每段切除后三相仍不对称，则称为三相不对称电阻器，如图 2－61(b)所示。启动过程依次切除 R_1、R_2、R_3、R_4，最后全部电阻被切除。

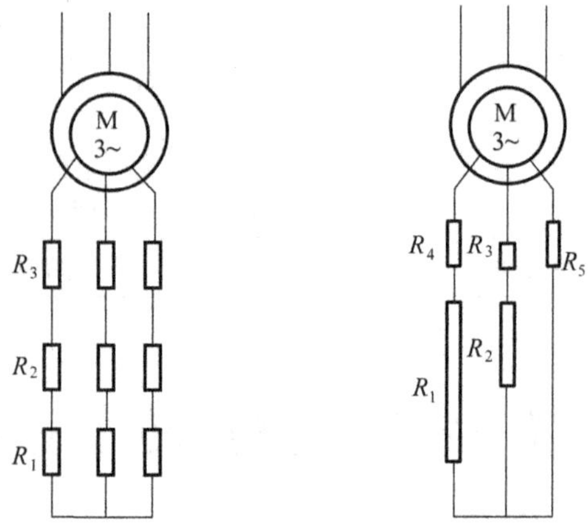

（a）转子串接三相对称电阻器　（b）转子串接三相不对称电阻器

图 2－61　转子串接三相电阻

2. 按钮操作控制线路

(1) 电路图。按钮操作转子绕组串接电阻启动控制线路如图 2－62 所示。

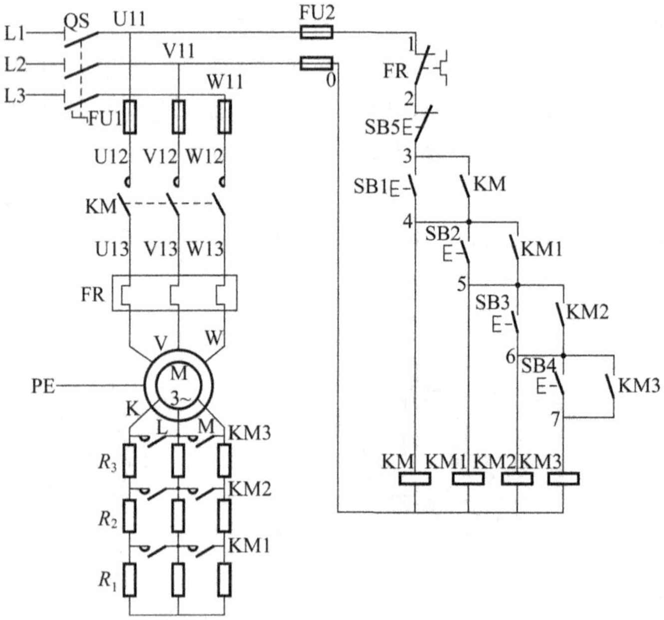

图 2－62　按钮操作转子绕组串接电阻启动控制线路

(2)工作原理。该线路的工作原理比较简单,请自行分析。

(3)特点。该线路结构比较简单,但操作不方便,工作的安全性和可靠性较差。

3.时间继电器自动控制线路

(1)电路图。时间继电器自动控制线路如图 2－63 所示。转子回路三段启动电阻的短接是依靠 3 个时间继电器 KT1、KT2、KT3 和 3 个接触器 KM1、KM2、KM3 的相互配合来完成的。

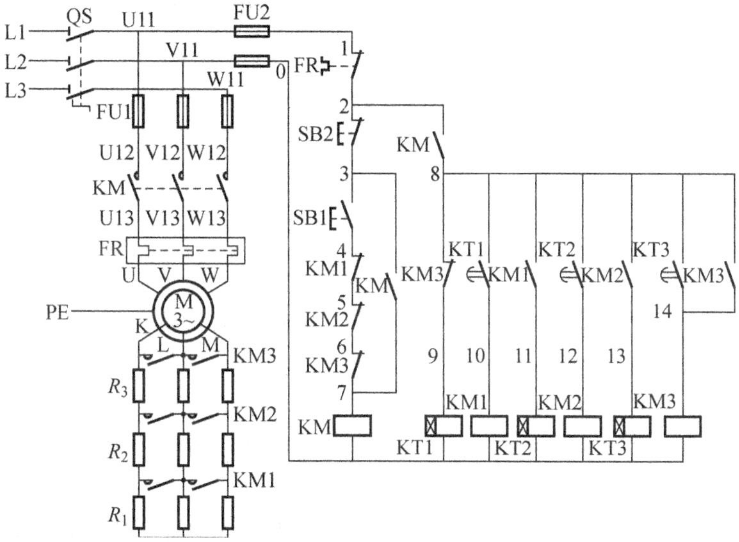

图 2－63　时间继电器自动控制线路

(2)工作原理。该线路的动作原理如下:

合上电源开关 QS,按启动按钮 SB1,接触器 KM 线圈得电,电动机定子接通电源,转子串入全部电阻启动。

在接触器 KM 线圈得电的同时,时间继电器 KT1 同时得电,经过整定的时间后,KT1 的动合触点延时闭合,接触器 KM1 线圈得电动作,使在转子回路的两副 KM1 的动合触点闭合,切除第一级电阻 R_1,同时使时间继电器 KT2、KT3 相继得电,各经过一段延时时间后将 R_2、R_3 电阻逐级切除,电动机正常运行。

合上电源开关 QS。

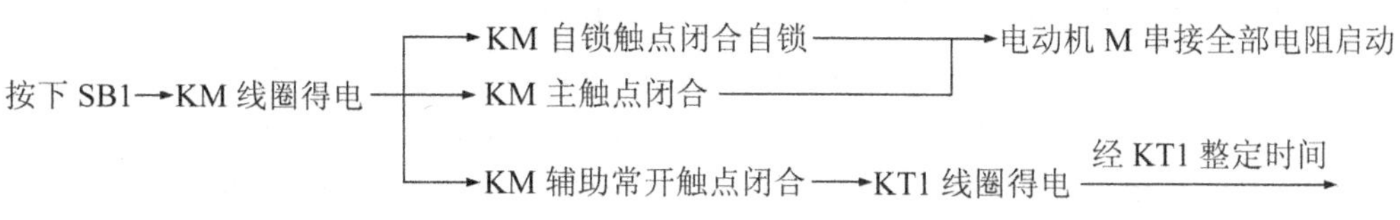

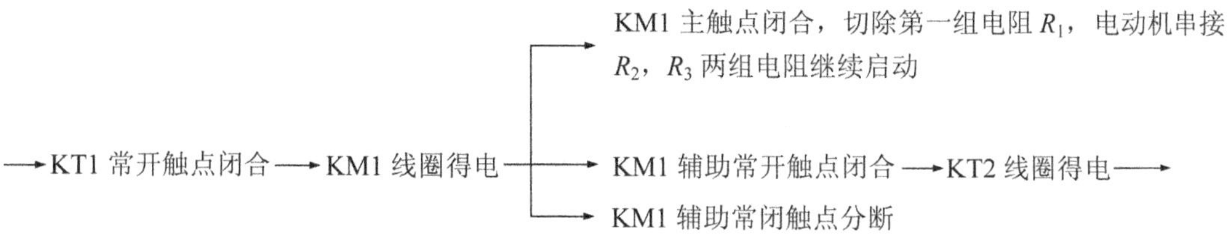

经 KT2 整定时间 → KT2 常开触点闭合 → KM2 线圈得电 →
- → KM2 主触点闭合，切除第二组电阻 R_2，电阻机串接 R_3 继续启动
- → KM2 辅助常开触点闭合 → KT3 线圈得电 —经 KT3 整定时间→ KT3 常开触点闭合 → KM3 线圈得电 →
  - → KM3 自锁触点闭合自锁
  - → KM3 主触点闭合，切除第三组电阻 R_3，电动机 M 启动结束，正常运转
  - → KM3 辅助常闭触点分断 → KT1、KM1、KT2、KM2、KT3 依次断电释放，触头复位
- → KM2 辅助常闭触点分断

停止时，按下 SB2 即可。

(3)性能分析。从以上分析可以看出，电路中只有 KM1 和 KM 是长期通电的，而 KT1、KT2、KT3 以及 KM2、KM3 线圈的通电时间均被压缩到最低限度。这样一方面节省了电能，更重要的是延长了它们的使用寿命。而与启动按钮 SB1 串接的接触器 KM1、KM2 和 KM3 的常闭辅助触点的作用是保证电动机在转子绕组中接入全部外加电阻的条件下才能启动。当接触器 KM1、KM2 和 KM3 中任何一个触点因熔焊或机械故障而没有释放时，电动机就不可能接通电源而直接启动。

控制线路也存在两个问题：一是当时间继电器损坏时，电路将无法实现电动机的正常启动和运转；二是在电动机启动过程中逐渐减小电阻时，电流和转矩反复突然增大，频繁产生机械冲击。

4. 电流继电器自动控制线路

前述由交流接触器控制三相绕组式异步电动机启控线路，电动机转子串接任一阻值电阻启动的时间既不可过长，又不能过短，串接电阻的长短是由控制线路中时间继电器来决定的。

电动机启动过程中，转子电流是由大到小变化的。利用这一特点，选择适当的电流继电器控制转子绕组中电阻的切除也可达到串接电阻启动的目的。

(1)电路图。电流继电器自动控制线路如图 2－64 所示。该控制线路是利用电动机转子电流大小的变化来控制电阻切除的。当电流大时，电阻不切除，当电流小到某值时，短接一段电阻，电流又重新增大，这样便能控制启动电流在一定的范围内。KA1、KA2、KA3 是欠电流继电器，其线圈串接在电动机的转子绕组中，其触点的动作取决于通过线圈的电流，这 3 个继电器的吸合电流是相同的。但释放电流不同，KA1 的释放电流最大，KA2 次之，KA3 的释放电流最小，从而能根据转子电流的变化，控制接触器 KM1、KM2、KM3 依次动作，逐级切除电阻。

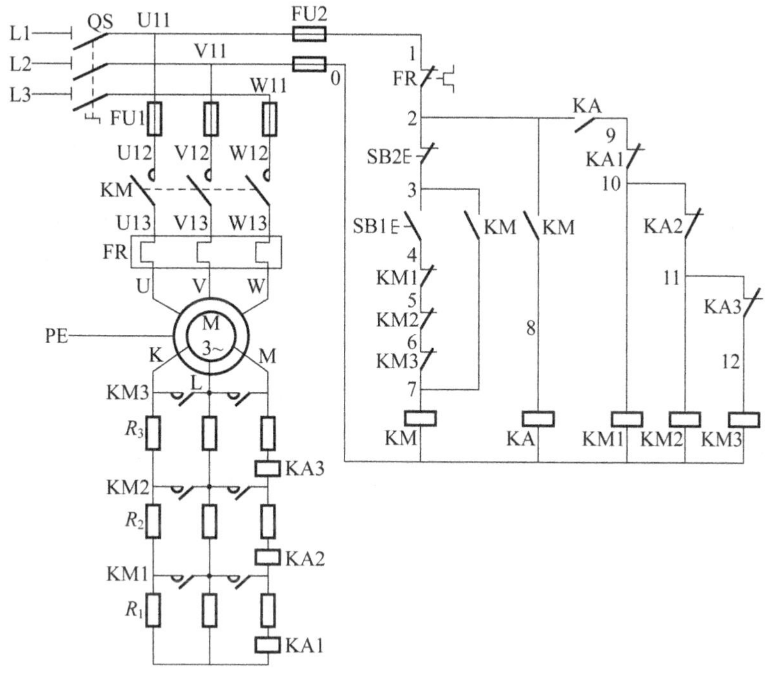

图 2－64　电流继电器自动控制线路

(2)工作原理。线路的工作原理如下：刚启动时，由于转子电流较大，3 只电流继电器全部吸合，KA1、KA2、KA3 的常闭触点均断开，于是接触器 KM1、KM2、KM3 的线圈断电不动作。同时，接在转子绕组中的接触器常开触点均处于开断状态。电动机转子绕组接全部电阻启动。当电动机的转速上升到一定值时，转子电流减小，电流继电器 KA1 首先释放，它的常闭触点恢复闭合，致使接触器 KM1 线圈获电，KM1 常开触点闭合，电阻 R_1 被短接。电动机进入新的串电阻(R_2+R_3)运行，这时转子电流重新增大，但随着转速的上升，电流再进一步减小，使电流继电器 KA2 释放，它的常闭触点恢复闭合，使得接触器 KM2 线圈获电，其常开触点闭合，从而将 R_2 电阻短接，如此继续直到全部电阻被切除，电动机启动完毕，进入额定运转。

中间继电器 KA 的作用是保证启动时，全部接入启动电阻。由于刚启动时，转子电流由零剧增到最大需要一些时间，因此，电流继电器 KA1、KA2、KA3 可能都未动作，使全部启动电阻都被短接，电动机等于未串电阻启动。有了中间继电器 KA 后，则启动时，短接电阻的接触器 KM1、KM2、KM3 不会通电。当接触器 KM 获电动作，同时 KM 的常开触点使中间继电器 KA 线圈获电，KA 的常开触点闭合后，接触器 KM1、KM2、KM3 线圈方能通电。KA 的动作时间，能保证电流剧增到最大值，这时电流继电器 KA1、KA2、KA3 已全部吸合，保证了电动机在串入全部电阻下启动。

简述为：

先合上电源开关 QS。

按下 SB1→KM 线圈得电 → KM 主触点闭合自锁 → 电动机 M 串接全部电阻启动
　　　　　　　　　　　→ KM 自锁触点闭合
　　　　　　　　　　　→ KM 辅助常开触点闭合 → KA 线圈得电 →

KA 常开触点闭合，为 KM1、KM2、KM3 得电作准备

二、转子绕组串接频敏变阻器启动控制线路

利用转子电路串电阻启动方法启动电动机时，在逐级切除电阻的过程中，启动电流和转矩呈阶跃变化，电流和转矩的突然增大会对机械系统产生不必要的冲击。同时由于串接启动电阻，使控制线路复杂，工作可靠性降低，且能耗较大，因此通常利用频敏变阻器代替启动电阻。频敏变阻器因其阻抗对频率的“敏感”作用而得名，即频敏变阻器的阻抗能够随着转子电流频率的下降而自动减小，所以它是一种较为理想的启动方法，常用于较大容量的绕线式异步电动机。

1. 频敏变阻器

(1)原理。频敏变阻器实质上是一个铁芯损耗非常大的三相电抗器。它由数片 E 形钢板叠成，具有线圈和铁芯两部分，一般作星形连接，并制成开启式，将其串接在转子回路中，相当于转子绕组接入一个铁损很大的电抗器，这时的转子等效电路如图 2－65 所示。图中 R_d 为绕组直流电阻，R 为铁损等值电阻，L 为等值电感，R、L 值与转子电流频率相关。

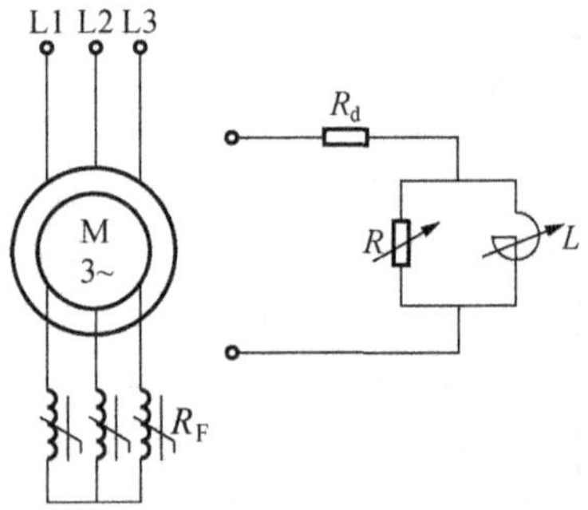

图 2－65　频敏变阻器的等效电路

当电动机启动时，频敏变阻器通过转子电流得到交变磁通，其电抗为 X。由于变阻器铁芯是用厚钢板制成的，交变的磁通在铁芯中产生很大的涡流损耗和较小的磁滞阻抗，此涡流损耗在变阻器电路中相当于一个等值电阻 R。由于电抗 X 和电阻 R 都是由交变磁通产生的，其大小都随转子电流频率变化而变化，因此，在绕线转子异步电动机的转子回路中串接频敏变阻器启动时，频敏变阻器的等值阻抗就随启动过程而减小，从而达到自动变阻的目的，因而只需用一级频敏变阻器就可以平稳地把电动机启动起来了。

(2)特点。用频敏变阻器启动绕线转子异步电动机的优点是启动性能好，无电流和机械冲击，结构简单，价格低廉，使用维护方便。这种启动方式在空气压缩机与桥式起重机等设备中获得了广泛应用。

但其由于功率因数较低，启动转矩较小，一般不适用于重载启动的场合。

(3)常用频敏变阻器。常用的频敏变阻器有 BP1、BP2、BP3、BP4 和 BP6 等系列，如图 2－66(a)所示为 BP1 系列的外形。频敏变阻器在电路图中的符号如图 2－66(b)所示。频敏变阻器大致的适用场合如表 2－29 所示。

(a)BP1 系列外形　　　　(b)符号

图 2－66　频敏变阻器

表 2－29　频敏变阻器大致的适用场合

负载特性			轻载	重载
适用频敏变阻器系列	频繁程度	偶尔	BP1、BP2、BP4	BP4G、BP6
		频繁	BP1、BP2、BP3	

2. 转子绕组串接频敏变阻器启动控制线路

(1)电路图。如图 2－67 所示为转子绕组串接频敏变阻器启动控制线路，该线路利用转换开关 SA 进行自动和手动控制。

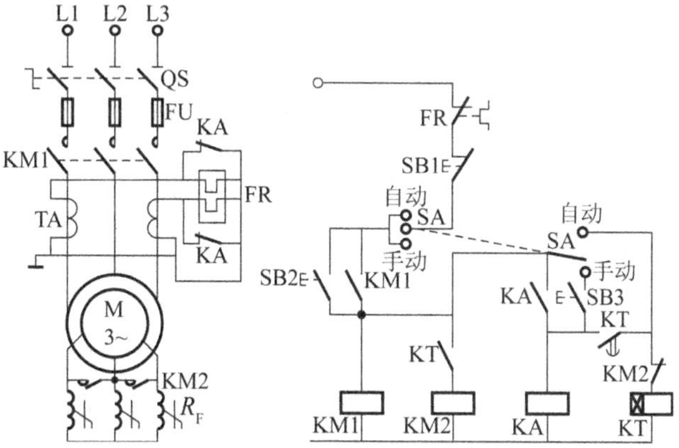

图 2－67　转子绕组串接频敏变阻器启动控制线路

(2)工作原理。线路的工作原理如下：先合上电源开关 QS。

自动控制：将转换开关 SA 扳到“自动”位置。

按下 SB2 →
- KM1 线圈得电 →
  - KM1 主触点闭合 → 电动机 M 串接电阻启动
  - KM1 自锁触点闭合自锁 → 电动机 M 串接电阻启动
- KT 线圈得电 → KT 常开触点闭合 → KM2 线圈得电 →
  - KM2 主触点闭合 → 短接切除频敏变阻器 R_F，启动结束
  - KM2 辅助常闭触头分断 → KT 线圈失电 → KT 触点瞬时复位

三、凸轮控制器控制线路

凸轮控制器适用于交流 50 Hz、电压 380 V 以下的电力线路中，用于改变三相异步电动机定子电路的接法或转子电路的电阻值，直接控制电动机的启动、调速、制动和换向。这种控制方法可靠，维修方便，在桥式起重机上应用较多。

1. 凸轮控制器的控制线路

绕线转子异步电动机凸轮控制器控制线路如图 2－68(a)所示。

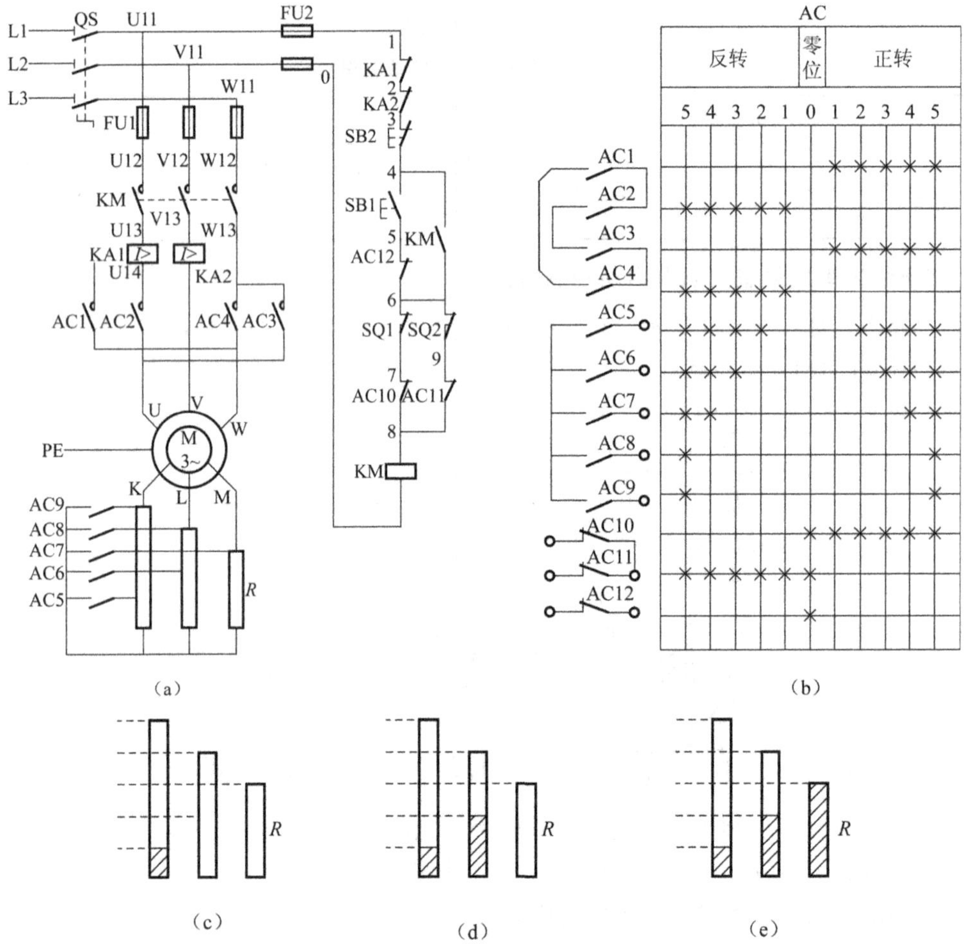

(a)　　　(b)

(c)　　　(d)　　　(e)

图 2－68　绕线转子异步电动机凸轮控制器控制线路

图中转换开关 QS 作引入电源用；熔断器 FU1、FU2 分别作为主电路和控制电路的短路保护；接触器 KM 控制电动机电源的通断，同时起欠压、失压保护作用；位置开关 SQ1、SQ2 分别作为电动机正、反转时工作机构运动的限位保护；过电流继电器 KA1、KA2 作为电动机的过载保护；R 是电阻器；AC 是凸轮控制器，它有 12 对触点，如图 2－68(b)左面所示。图 2－68(b)中 12 对触点的分合状态是凸轮控制器手轮处于“0”位时的情况。当手轮处于正转的 1～5 挡或反转的 1～5 挡时，触点的分合状态如图 2－68(b)所示，用“×”表示触点闭合，无此标记表示触点断开。AC 最上面的 4 对配有灭弧罩的动合触点 AC1～AC4 接在主电路中用以控制电动机的正反转；中间 5 对动合触点 AC5～AC9 与转子电阻相接，用来逐级切换电阻以控制电动机的启动和调速；最下面的 3 对动断辅助触点 AC10～AC12 都用于零位保护。

2. 工作原理

线路的工作原理为：合上QS，将凸轮控制器 AC 的手柄放在零位，这时只有 AC10～AC12 三副触点处于闭合状态，为控制线路的接通作准备。按下启动按钮 SB1，接触器 KM 线圈通电，主电路中 KM 主触点闭合，为电动机电源电路接通作准备，同时控制线路中的 KM 辅助触点闭合自锁(这时即使 AC10 和 AC12 断开了，对 KM 的获电也没影响)。

(1)正转控制。将手轮扳至正转“1”的位置，此时凸轮控制器的 AC1、AC3、AC10 触点闭合，接触器 KM 线圈线路仍旧通电，AC1、AC3 使电动机所接三相电源相序为 L1、L2、L3，因此电动机转子绕组接入全部电阻正转启动运行。这时转子绕组中接电阻较大，启动电流、启动转矩均较小，电动机缓慢启动。

将 AC 手柄扳到正转“2”位置，这时 AC5 触点又闭合，可知转子绕组有一段电阻被切除，如图 2－68(c)中阴影所示，电动机转矩增加，转速上升，电动机进入新的机械特性运行。将 AC 手柄依次扳到正转“3”和“4”位置后，又先后有 AC6、AC7 闭合，转子绕组中的电阻再次被不对称短接，如图 2－68(d)、(e)阴影部分所示，电动机再次加速。最后当手柄扳到正转“5”位置时，又有 AC8 和 AC9 触点同时闭合，转子绕组中的电阻全部被切除，电动机启动完毕，进入额定运转状态。

停止时，将 AC 手轮扳回零位即可。

(2)反转控制。当 AC 手柄扳到反转“1～5”位置时，AC2、AC4 闭合，电源相序改变，电动机反向启动运行；同时因 AC11 触点闭合，故使 KM 线圈继续得电。

电动机停止运转时，只需按动停止按钮 SB2，接触器 KM 线圈断电，其接在主电路中的主触点恢复断开，电动机切断电源，电动机停转。

3. 性能分析

凸轮控制器接在辅助电路中的触点 AC11、AC10、AC12 的作用很明显，可以保证电动机转子绕组接入全部电阻的情况下才能启动。例如，电动机停止转动后，凸轮控制器没有恢复到“0”位置，这时由于 AC12 和 AC11 或者 AC12 和 AC10 均不闭合，所以辅助电路不能接通电源，电动机也就无法启动。不论在何种情况下，只有凸轮控制器恢复到“0”位后，三副触点全部闭合，再按启动按钮电动机才可启动，避免了电动机的直接启动，同时也防止了按钮 SB1 误动作时，使电动机启动运转而产生意外事故。

方法点拨

(1)绕线式异步电动机降压启动的目的是达到减小启动电流和提高启动转矩。

(2)复习回顾绕线式异步电动机的组成，特别是转子绕组的结构，更好地了解降压启动的工作原理。

(3)转子电路中串接外加电阻的降压启动，分为按启动过程中转子电流变化、按启动所需时间这两种方法来逐段切除转子外加电阻来完成启动到运行的过渡，分别称为电流原则控制线路和时间原则控制线路。可以分别采用电流继电器和时间继电器来实现启动。

(4)通过对频敏变阻器的学习，了解其阻抗值随频率变化的趋势。转子电路中串接频敏变阻器的降压启动，随着启动过程中转子频率的降低，其阻抗值自动减小，实现平滑的无级启动。

思考题

1. 绕线转子异步电动机有哪几种常用的控制线路？
2. 时间继电器自动控制线路存在哪些问题？
3. 用频敏变阻器启动绕线转子异步电动机有哪些优点？
4. 凸轮控制器控制线路主要应用于什么场合？

技能实训 2—11　安装与检修绕线转子异步电动机凸轮控制器控制线路

1. 实训目标

学会正确安装与检修绕线转子异步电动机凸轮控制器控制线路。

2. 工具、仪表及器材

按如表 2—30 所示选配工具、仪表及器材，把规格信息填写到表中，并进行质量检验。

表 2—30　工具、仪表及器材

项目内容					
工具	测电笔、螺钉旋具、尖嘴钳、斜口钳、剥线钳、电工刀等常用工具				
仪表	兆欧表、钳形电流表、万用表、转速表				
器材	代号	名称	型号	规格	数量
	M	绕线转子异步电动机	YZR—123MA—6		1
	QS	组合开关	HZ10—25/3		1
	FU1	熔断器	RL1—60/25		3
	FU2	熔断器	RL1—15/2		2
	KM	交流接触器	CJT1—20		1
	SB1、SB2	按钮	LA10—3H		1
	KA1、KA2	过流继电器	JL14—11J		2
	AC	凸轮控制器	KTJ1—50/2		1
	R	启动电阻器	2K1—12—6/1		1
	SQ1、SQ2	行程开关	LX19—212		2
	XT	端子板	JX2—1015		1
支架及连接线	名称		规格		数量
	控制板		500 mm×400 mm×20 mm		1
	导线、走线槽、紧固体及编码套管				若干

3. 安装训练

(1)参照图 2—68(a)设计布置图，并画出接线图。设计安装步骤和工艺，由指导教师检查通过后，开始安装。

(2)安装注意事项。

1)熟悉绕线转子异步电动机凸轮控制器控制线路的工作原理，弄清凸轮控制器在控制线路中的作用。

2)注意凸轮控制器各个引线的连接点，由于连接点较多，不要接错。

3)安装之前检查凸轮控制器是否完好，工作是否正常。

4)通电试车前电流继电器的整定值应调整合适。通电试车最好带负载运行，否则手轮在不同挡位时所测得的转速可能无明显差别。

5)启动操作时，凸轮控制器不能转动太快。要逐级启动，以免造成过大的冲击电流。

6)通电试车必须在指导教师的监护下进行，并做到安全文明生产。

4. 检修训练

同学之间相互设置电气故障。在控制电路及主电路中分别设置一处电气故障，由教师检查后，开始检修训练。

5. 评分标准

评分标准如表 2—31 所示。

表 2—31　评分标准

项目内容	配分	评分标准		扣分
装前检查	5 分	电器元件漏检或错检	每处扣 1 分	
安装元件	10 分	(1)不按布置图安装 (2)元件安装不牢固 (3)元件安装不整齐、不匀称、不合理 (4)损坏元件	扣 5 分 每只扣 3 分 每只扣 3 分 扣 10 分	
布线	25 分	(1)不按电路图接线 (2)布线不符合要求 (3)接点松动、露铜过长、反圈等 (4)损伤导线绝缘层或线芯 (5)编码套管套装不正确 (6)不会接凸轮控制器 (7)漏接接地线	扣 20 分 每根扣 3 分 每个扣 1 分 每根扣 5 分 每处扣 1 分 扣 20 分 扣 10 分	
通电试车	20 分	(1)热继电器未整定或整定错误 (2)熔体规格选用不当 (3)操作顺序错误 (4)第一次试车不成功 第二次试车不成功 第三次试车不成功	扣 5 分 主控电路各扣 3 分 每次扣 10 分 扣 10 分 扣 15 分 扣 20 分	

续表

项目内容	配分	评分标准			扣分
故障检修	40 分	(1)检修思路不正确 扣 3～5 分 (2)标错故障电路范围 每个扣 5 分 (3)工具及仪表使用不当 每次扣 3 分 (4)不能查出故障点 每个扣 15 分 (5)查出故障点,但不能排除 每个故障扣 10 分 (6)产生新的故障: 不能排除 每个扣 20 分 已经排除 每个扣 10 分 (7)损坏电动机 扣 40 分 (8)损坏电器元件 每只扣 5～10 分 (9)排除故障方法不正确 每次扣 3～5 分 (10)排故后通电试车不成功 扣 40 分			
安全文明生产	违反安全文明生产规程 扣 5～40 分				
额定时间	6 h,每超时 5 min(不足 5 min 以 5 min 计) 扣 5 分				
备注	除额定时间外,各项目的最高扣分不应超过配分数			成绩	
开始时间		结束时间		实际时间	

第3单元 直流电动机及电机应用基础知识

(1)并励直流电动机的基本控制线路。
(2)串励直流电动机的基本控制线路。
(3)电气控制系统常见故障的查找。
(4)电动机的保护和选择。
(5)设计电气控制线路的基本原则。

第1节 并励直流电动机的基本控制线路

学习目标

(1)熟悉并励直流电动机控制线路的工作原理。

(2)学会安装与检修并励直流电动机的基本控制线路。

学习要点

并励直流电动机控制线路的工作原理。

交流电动机和直流电动机使用的电源不同，交流电动机采用交流电源，而直流电动机使用直流电源。与交流电动机相比，直流电动机具有启动转矩大、调速范围广、调速精度高、能够实现无级平滑调速以及可以频繁启动等一系列优点，故对需要在大范围内实现无级平滑调速或需要大启动转矩的生产机械，常用直流电动机来拖动。

直流电动机按照主磁极绕组与电枢绕组接线方式的不同，可以分为他励式和自励式两种，自励式又可分为并励、串励和复励等几种。

如图 3－1 所示为并励直流电动机外形图、内部接线图和电路原理图。并励直流电动机励磁绕组与电枢绕组并联，并可通过调节电阻 R_P 的大小来调节励磁电流。其特点为励磁绕组匝数多，导线截面较小，励磁电流只占电枢电流的一小部分。

一、启动控制线路

小思考

交流电动机在启动时为避免产生过大启动电流会采用降压启动等措施，那么直流电动机是否也存在这样的问题？可以采取什么办法解决？

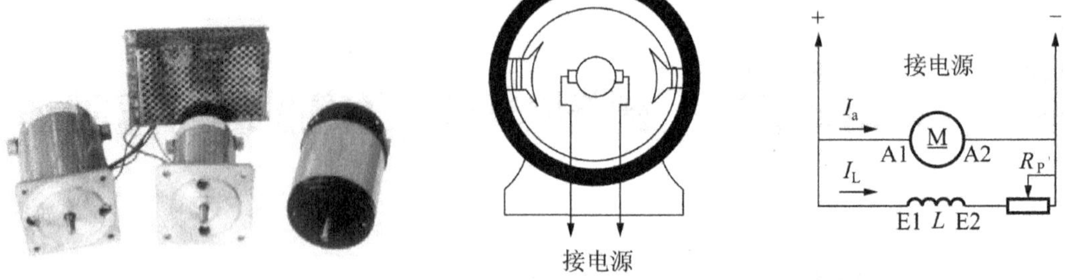

(a)外形图　　(b)内部接线图　　(c)电路原理图

图 3－1　并励直流电动机

1. 并励直流电动机串电阻启动控制线路

(1)电路图。并励直流电动机串电阻启动控制线路如图 3－2 所示。图中 KA1 为过电流继电器，对电动机进行过载和短路保护；KA2 为欠电流继电器，作励磁绕组的失磁保护，以免励磁绕组因断线或接触不良引起“飞车”而产生事故；电阻 R 为电动机停转时，励磁绕组的放电电阻；V 为截流二极管，使励磁绕组正常工作时，电阻 R 上没有电流流过。

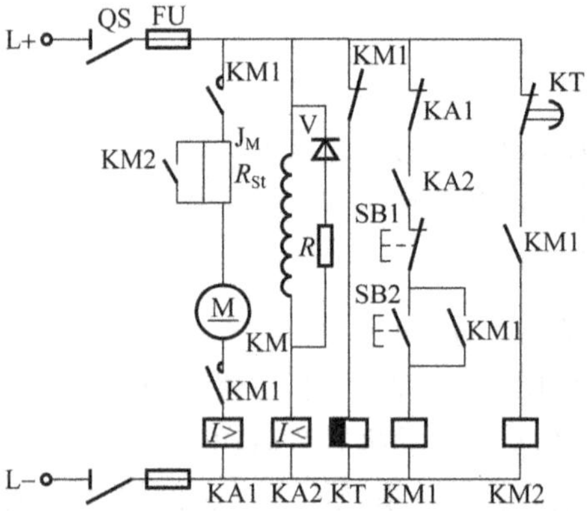

图 3－2　并励直流电动机串电阻启动控制线路

(2)工作原理。线路的工作原理为：启动时合上电源开关 QS，励磁绕组获电励磁，欠电流继电器 KA2 线圈获电吸合，KA2 动合触点闭合，时间继电器 KT 线圈获电吸合，KT 动断触点瞬时断开，以保证 R_{St} 串在电枢回路启动，然后按下启动按钮 SB2，接触器 KM1 线圈获电吸合，KM1 主触点闭合，电动机 M 串电阻 R_{St} 启动，KM1 的动断触点断开，KT 线圈断电释放，经过一定的整定时间，KT 动断触点延时闭合，接触器 KM2 线圈获电吸合，KM2 动断触点闭合将 R_{St} 短接，电动机正常运行。

小思考

如图 3－3 所示也是一种串电阻启动线路，比较它和图 3－2 的区别，分析其原因。

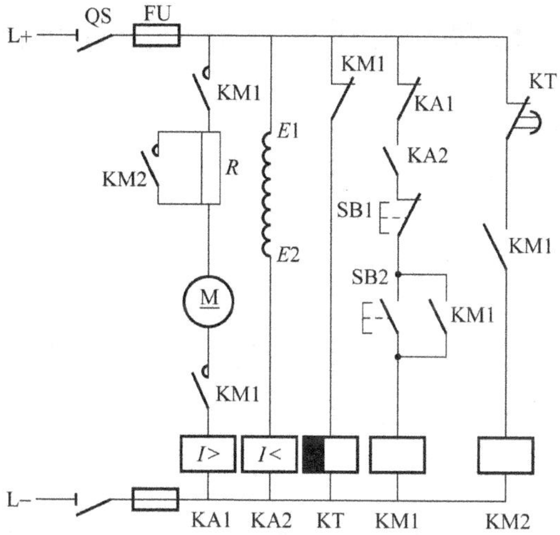

图 3－3　并励直流电动机启动控制线路

2. 电枢回路串电阻二级启动控制线路

(1)电路图。如图 3－4 所示为并励直流电动机电枢回路串电阻二级启动控制线路。

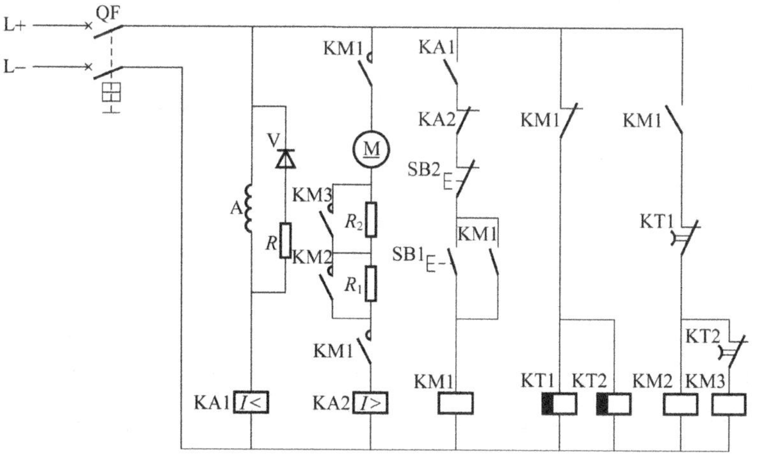

图 3－4　并励直流电动机电枢回路串电阻二级启动控制线路

(2)工作原理。线路的工作原理为：

合上断路器QF → 励磁绕组A获电励磁
→ 欠电流继电器KA1线圈获电→KA1常开触点闭合为启动作准备
→ 时间继电器KT1、KT2线圈获电→KT1、KT2延时闭合的常闭触头瞬时断开→
→接触器KM2、KM3线圈处于断电状态，以保证电阻R_1、R_2全部串入电枢回路启动

按下SB1→KM1线圈得电
→ KM1辅助常开触点闭合，为KM2、KM3得电作准备
→ KM1主触点闭合 → 电动机M 串R_1和R_2启动
→ KM1自锁触点闭合自锁
→ KM1辅助常闭触点分断→KT1、KT2线圈失电
→经KT1整定时间，KT1常闭触点恢复闭合→KM2线圈获电→KM2主触点闭合短接R_1
→电动机M串接R_2继续启动→经KT2整定时间，KT2常闭触头恢复闭合→KM3线圈获电
→KM3主触头闭合短接R_2→电动机M启动结束，进入正常运转。

技能实训 3—1 安装与调试并励直流电动机启动控制线路

1. 实训目标

能正确安装与调试并励直流电动机启动控制线路。

2. 工具、仪表及器材

按照如表 3—1 所示选配工具、仪表及器材，并进行质量检验。

表 3—1 工具、仪表及器材

项目	内容				
工具	测电笔、螺钉旋具、尖嘴钳、斜口钳、剥线钳、电工刀等常用工具				
仪表	ZC25—3 兆欧表、MG20(或 MG21)型电磁系钳形电流表、MF47 万用表、636 转速表				
器材	代号	名称	型号	规格	数量
	M	直流电动机	Z4—100—1	他励式、1.5 kW、160 V、13.3 A、955(2 000) r/min	1
	QF	断路器	DZ5—20/230	220 V、2 极、20 A、整定电流 13.4 A	2
	FU	熔断器	RC1A—60/30	60 A、配熔体 30 A	1
	R_S	启动变阻器	BQ3		1
	R_P	调速变阻器	BC1—300	300 W、0～200 Ω	1
	XT	端子板	JD0—2520	380 V、25 A、20 节	1
支架及连接线	名称		规格		数量
	控制板		500 mm×400 mm×20 mm		1
	导线		1.5 mm^2(7×0.52 mm)		若干

3. 安装调整

线路的安装方法及步骤如下：

(1)根据如图 3—5 所示电路图，设计布置图和接线图。电源开关及启动变阻器的安装位置要接近电动机和被拖动的机械，以便控制时能看到电动机和被拖动机械的运行情况。

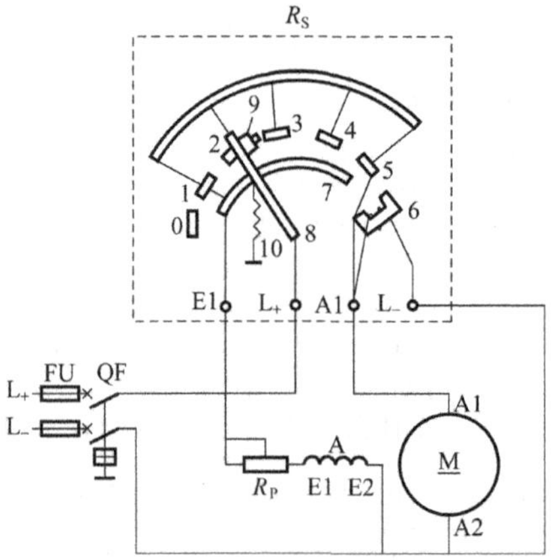

图 3—5 并励直流电动机手动启动控制线路图

0～5—分段静触点 6—电磁铁 7—弧形铜条 8—手轮 9—衔铁 10—恢复弹簧

(2)自检。

(3)检查无误后通电试车,其操作顺序是:

1)合上电源开关QF前,确保启动变阻器R_S的手轮置于最左端的0位,同时R_P的阻值调到零。合上QF,逐级启动。

2)在每切除一级后要停留数秒钟,用转速表测量其转速并填入表3—2中。用钳形电流表测电枢电流以观察电流的变化情况。

表3—2　测量结果

手轮位置	1	2	3	4	5
转速/($r\cdot min^{-1}$)					

a.调节变阻器R_P,在逐渐增大其阻值时,要注意测量电动机转速,其转速不能超过电动机的弱磁转速2 000 r/min。测量结果并填入表3—3中。

表3—3　测量结果

测量次数	1	2	3	4	5
转速/($r\cdot min^{-1}$)					

b.停转时,切断电源开关QF,将变阻器R_P的阻值调到零,并检查启动变阻器R_S是否自动返回起始位置。

4.注意事项

(1)为保证供电稳定,采用单相桥式整流器供电时,要外接15 mH的电抗器。

(2)通电试车前,要认真检查线路连接,确保励磁回路接线正确、牢固,以免造成飞车事故。

(3)启动时,应使变阻器R_P短接,使电动机在满磁情况下启动;启动变阻器R_S要逐级切换,不可越级切换或一扳到底。

(4)如果遇到异常情况,就应立即断开电源开关QF。

(5)变阻器要放在没有强烈振动的地方,以免造成变阻器误动作。

(6)要做到安全文明生产。

5.评分标准

评分标准如表3—4所示。

表3—4　评分标准

项目内容	配分	评分标准	扣分
装前检查	10分	(1)电动机质量检验　每漏1处扣5分 (2)电器元件漏检或错检　每处扣1分	
安装布线	20分	(1)电动机安装不符合要求: 1)松动　扣15分 2)地脚螺栓未拧紧　每只扣10分 (2)其他元件安装不牢固　每只扣5分 (3)安装位置不符合要求　扣10分 (4)损坏元件　扣10～20分	

续表

项目内容	配分	评分标准		扣分
布线	30 分	(1)不按电路图接线 (2)布线不符合要求 (3)接点不符合要求 (4)损伤导线绝缘层或线芯 (5)不会接直流电动机或启动变阻器	扣 20 分 每根扣 4 分 每个扣 4 分 扣 10 分 扣 30 分	
通电试车	40 分	(1)操作顺序不对 (2)第一次试车不成功 第二次试车不成功 第三次试车不成功	每一次扣 10 分 扣 20 分 扣 30 分 扣 40 分	
安全文明生产	违反安全文明生产规程		扣 5～40 分	
额定时间	3 h,每超时 10 min(不足 10 min 以 10 min 计)		扣 5 分	
备注	除额定时间外,各项目的最高扣分不应超过配分数		成绩	
开始时间		结束时间		实际时间	

二、并励直流电动机的正反转控制

小思考

还记得交流电机是如何实现正反转控制的吗？那么直流电机会如何实现正反转控制呢？

改变直流电动机旋转方向有两种方法，一是保持励磁磁场方向不变，改变电枢电流的方向；二是保持电枢电流的方向不变，改变励磁磁场，即磁通的方向。由于励磁绕组匝数多，电感大，在进行反接时因电流突变，会产生很大的自感电动势，危及电动机及电器的绝缘安全；同时励磁绕组在断开时，由于失磁造成很大电枢电流，易引起“飞车”事故，因此一般采用电枢绕组反接法。在将电枢绕组反接的同时必须连同换向极绕组一起反接，以达到改善换向的目的。

(1)电路图。如图 3－6 所示为并励直流电动机的正反转控制线路。

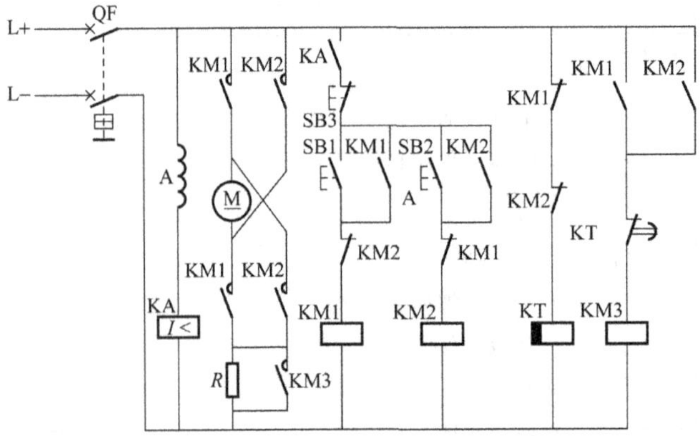

图 3－6　并励直流电动机的正反转控制线路

(2)工作原理。线路的工作原理为：启动时按下启动按钮 SB1，接触器 KM1 线圈获电，KM1 常开触点闭合，电动机正转。若要反转，则需先按下 SB3，使 KM1 断电，KM1 联锁触点闭合。这时再按下反转按钮 SB2，接触器 KM2 线圈获电，KM2 常开触点闭合，使电枢电流反向，电动机反转。

具体步骤为：

先合上断路器QF →励磁绕组A得电励磁
→欠电流继电器KA得电→KA常开触点闭合
→时间继电器KT线圈获电→KT延时闭合的常闭触点瞬时分断→
→接触器KM3处于失电状态→保证电动机M串接电阻R启动
然后按下正转启动按钮SB1（或反转启动按钮SB2）→KM1（或KM2）线圈得电→

→KM1（或KM2）辅助常开触点闭合，为KM3得电作准备
→KM1（或KM2）主触点闭合→电动机M串接电阻R正转(或反转)启动
→KM1（或KM2）自锁触点闭合
→KM1（或KM2）辅助常闭触点分断→KT线圈失电→经KT整定时间→KT常闭触点恢复闭合→
→KM1（或KM2）联锁触点分断，对KM2（或KM1）联锁
→KM3线圈获电→KM3主触点闭合→短接R→电动机M启动结束，进入正常运转

停止时，按下 SB3 即可。

三、制动控制线路

直流电动机的制动控制与三相异步电动机的制动相似，其制动方法与交流电动机相似，分为机械制动和电气制动两大类。机械制动常用的方法是电磁抱闸制动；电气制动常用的方法有能耗制动、反接制动和回馈制动。由于电气制动具有制动力矩大，操作方便、无噪声等优点，所以在直流电力拖动中应用广泛。

1. 能耗制动控制线路

(1)概念。能耗制动是指保持直流电动机的励磁电流不变，将电枢绕组的电源切除后，立即使其与制动电阻连接成闭合回路，电枢凭惯性处于发电运行状态，将动能转化为电能并消耗在电枢回路中，同时获得制动力矩，迫使电动机迅速停转。

(2)电路图。如图 3－7 所示为并励直流电动机单向启动能耗制动控制线路。图中 KM1 为线路接触器，KM3、KM4 为短接启动电阻接触器，KM2 为制动接触器，KA1 为欠电流继电器，KA2 为过电流继电器，KT1、KT2 为时间继电器。

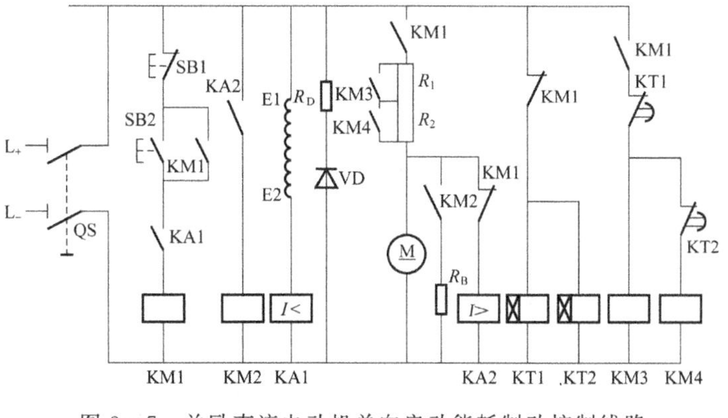

图 3－7　并励直流电动机单向启动能耗制动控制线路

小思考

如图 3—7 所示电路图和前面的启动电路图相比较，有什么异同？

(3)工作原理。线路的工作原理为：启动时合上电源开关 QS，励磁绕组获电励磁，欠电流继电器 KA1 线圈获电吸合，KA1 常开触点闭合；同时时间继电器 KT1 和 KT2 线圈获电吸合，KT1 和 KT2 常闭触点瞬时断开，保证启动电阻器 R_1 和 R_2 串入电枢回路中启动。

按下启动按钮 SB2，接触器 KM1 线圈获电吸合，KM1 常开触点闭合，电动机 M 串电阻器 R_1 和 R_2 启动，KM1 两副常闭触点分别断开 KT1、KT2 和中间继电器 KA2 线圈电路；经过一定的整定时间，KT1 和 KT2 的常闭触点先后延时闭合，接触器 KM3 和 KM4 线圈先后获电吸合，电阻器 R_1 和 R_2 先后被短接，电动机正常运行。

进行能耗制动时，按下停止按钮 SB1，接触器 KM1 线圈断电释放，KM1 常开触点断开，使电枢回路断电，而 KM1 常闭触点闭合，由于惯性运转的电枢切割磁力线(励磁绕组仍接至电源上)，在电枢绕组中产生感应电动势，使并励在电枢两端的中间继电器 KA2 线圈获电吸合，KA2 常开触点闭合，接触器 KM2 线圈获电吸合，KM2 常开触点闭合，接通制动电阻器 R_B 回路；这时电枢的感应电流方向与原来方向相反，电枢产生的电磁转矩与原来反向而成为制动转矩，使电枢迅速停转。

当电动机转速降低到一定值时，电枢绕组的感应电动势也降低，中间继电器 KA2 释放，接触器 KM2 线圈和制动回路先后断开，能耗制动结束。

2. 反接制动控制线路

(1)概念。直流电动机的反接制动，通常是通过改变电枢两端电压极性或改变励磁电流的方向来改变电磁转矩的方向，形成制动力矩，从而迫使电动机迅速停转。

(2)电路图。如图 3—8 所示为直流电动机可逆旋转反接制动控制电路。图中 KM1、KM2 为电动机正反转接触器，KM4、KM5 为短接启动电阻接触器，KM3 为反接制动接触器，KV 为反接制动欠电压继电器，R_1、R_2 为启动电阻，R 为电动机停车时励磁绕组的放电电阻，R_3 为反接制动限流电阻，KT1、KT2 为时间继电器，KM_L 为正向接触器，KM_R 为反向接触器。

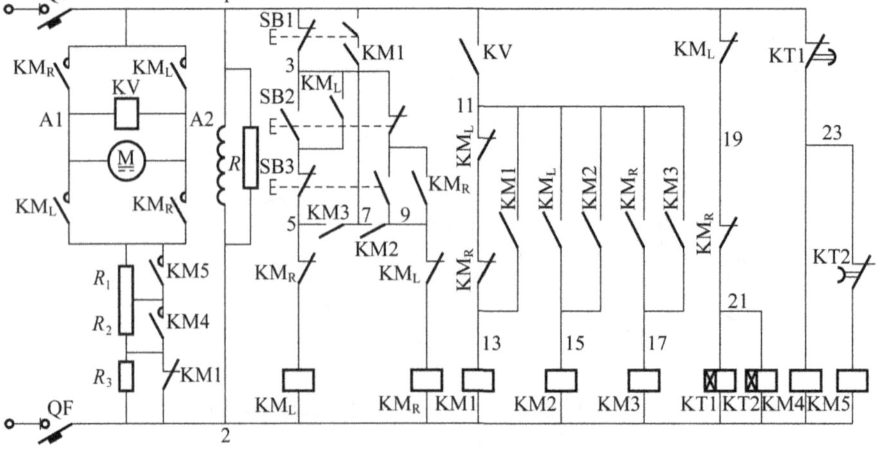

图 3—8　直流电动机可逆旋转反接制动控制电路

(3)工作原理。线路的工作原理为：合上电源开关 QF，励磁绕组开始励磁，同时，时间继电器

KT1、KT2 线圈得电吸合，它们的延时闭合的常闭触点瞬时断开，接触器 KM4 和 KM5 线圈处于断电状态，时间继电器 KT2 的延时时间大于 KT1 的延时时间，此时电路处于准备工作状态。按下正向启动按钮 SB2，接触器 KM_L 线圈得电吸合，其主触点闭合，直流电动机电枢回路串入电阻 R_1 和 R_2 而减压启动，它的常闭触点(1—19)断开，时间继电器 KT1、KT2 断电，经一定的延时时间后，KT1 延时闭合的常闭触点先闭合，然后 KT2 延时闭合的常闭触点闭合，接触器 KM4 和 KM5 先后得电吸合，先后切除电阻 R_1 和 R_2，直流电动机进入正常运行。

由于启动开始时电动机的反电动势为零，电压继电器 KV 不会动作，所以接触器 KM1、KM2(或 KM3)都不会动作，当电动机建立起反电动势时，电压继电器 KV 吸合，其常开触点闭合，接触器 KM2 得电吸合并自锁，其常开触点(7—9)闭合，为反接制动做好准备。假设电动机原来正转，按下停止按钮 SB1，则正向接触器 KM_L 线圈断电释放，此时，电动机由于惯性仍按原方向高速旋转，反电动势仍较高，电压继电器 KV 不会释放，因而 KM_L 释放后，KM1 线圈得电吸合并自锁，同时 KM3 触点(5—7)闭合，使接触器 KM_R 瞬时得电吸合，电枢通以反向电流，产生制动转矩。同时，在 R_3 上的常闭触点断开，使电动机在串入 R_3 的情况下进行反接制动。待转速降低到 KV 释放电压时，KV 释放，断开接触器 KM1 的线圈通电回路，使 KM1 的常闭触点又恢复闭合而短接 R_3，同时，反接制动接触器 KM3 和反向接触器线圈 KM_R 也断电释放，为下次启动做好准备。

3. 再生发电制动

再生发电制动只适用于当电动机的转速大于理想空载转速 n_0 的场合。此时电动机处于发电机状态运行，将发出的电能返送回电网，电动机处于发电制动状态。

方法点拨

本部分内容由交流电动机的启动控制引出并励直流电动机的启动，来理解并励直流电动机不允许直接启动的原因。并励直流电动机常用的启动方法，并对并励直流电动机各种启动方法的优缺点及其适应范围进行了介绍。又对并励直流电动机的正反转控制线路、制动控制线路、调速控制线路的工作原理作了详细介绍，在学习过程中要注意新旧知识的联系。

思考题

1. 和交流电机相比，直流电机有什么特点？

2. 改变直流电动机旋转方向有几种方法？这几种方法的特点是什么？广泛采用的是什么方法？

3. 直流电机如何反接制动？

技能实训 3—2　安装、调试与检修并励直流电动机正反转及能耗制动控制线路

1. 实训目标

(1)能正确安装并励直流电动机正反转及能耗制动控制线路。

(2)能进行通电调试,并能独立检修各种故障。

2. **工具、仪表及器材**

参照电器元件如表 3－5 所示,练习制作和技能实训 3－1 类似的工具、仪表及器材表。

表 3－5 元件明细表

代号	名称	型号	规格	数量
M	Z 型并励直流电动机	Z200/20－220	200 W、220 V、I_N＝1.1 A、I_{fn}＝0.24 A、2 000 r/min	1
QF	直流断路器	DZ5－20/220	2 极、20 A、220 V、整定电流 1.1 A	1
KM1～KM3	直流接触器	CZ0－40/20	2 常开 2 常闭、线圈功率 P＝22 W	3
KT	时间继电器	JS7－3A	线圈电压 220 V、延时范围 0.4～60 s	1
KA	欠电流继电器	JL14－ZQ	I_N＝1.5 A	1
SB1～SB3	按钮	LA19－11A	电流:5 A	3
R	启动变阻器		100 Ω、1.2 A	1
XT	端子板	JD0	380 V、10 A、20 节	1
	导线	BVR－1.5	1.5 mm^2(7×0.52 mm)	若干
	控制板		500 mm×400 mm×20 mm	1

3. **安装训练**

(1)安装方法及步骤。

1)按元件明细表配齐所用电器元件,并对各电器元件进行质量检查。如元件外观有无破损、活动部分是否灵活、型号规格是否相符等。

2)根据如图 3－7 所示电路图设计布置图、接线图,交由指导教师检查。

3)在配电板上合理布局各电器元件,并对电器元件进行牢固安装,然后贴上醒目的文字符号。电源开关、启动变阻器和按钮板的安装位置要接近电动机和被拖动的机械,以便控制时能看到电动机和被拖动机械的运行情况。在控制板上根据电路图进行正确布线和套编码套管。

4)设计接线图,连接控制板外部的导线。

5)可靠连接电动机和金属元件金属外壳的保护接地线。

6)接线完毕,采用自检、互检的方式进行检查。

7)检查无误后按正确的操作步骤通电试车。

(2)通电试车具体操作如下:

1)将启动变阻器 R 的阻值调到最大位置,合上电源开关 QF,按下正转启动按钮 SB1,用钳形电流表测量电枢绕组和励磁绕组的电流,观察其大小的变化;同时观察并记下电动机的转向,待转向稳定后,用转速表测其转速。然后按下 SB3 停车,并记下制动停车所用的时间 t_1。

2)按下反转启动按钮 SB2,用钳形电流表测量电枢绕组和励磁绕组的电流,观察其大小的变化;同时观察并记下电动机的转向,与 1)比较是否两者方向相反。如果二者方向相同应切断电源并检查接触器 KM1、KM2 主触点的接线正确与否,改正后重新通电试车。

3)增加一只欠压继电器 KV 和制动电阻 R_B 和负荷开关 QS,参照如图 3－8 所示电路图,把正反转控制线路板改装成能耗制动控制线路板,检查无误后通电试车。具体操作如下:

合上电源开关 QS,按下启动按钮 SB2,待电动机启动转速稳定后,用转速表测其转速。

4)按下 SB1,电动机进行能耗制动,记下能耗制动所用时间 t_2,并与无制动所用时间 t_1 比较，求出时间差 $\Delta t=t_1-t_2$。

(3)安装注意事项。

1)通电试车前要认真检查接线是否正确、牢靠，特别是励磁绕组的接线；各电器动作是否正常，有无卡阻现象；欠电流继电器、时间继电器以及欠压继电器的整定值是否满足要求。

2)对电动机无制动停车时间 t_1 和能耗制动停车时间 t_2 的比较，必须保证电动机的转速在两种情况下基本相同时开始计时。

3)制动电阻 R_B 的值，可按下式估算：

$$R_B=\frac{E_a}{I_N}-R_a\approx\frac{U_N}{I_N}-R_a$$

式中　U_N——电动机额定电压，V；

I_N——电动机额定电流，A；

R_a——电动机电枢回路电阻，Ω。

4)若遇异常情况，则应立即断开电源停车检查，若带电检查，则必须有指导教师在现场监护。

5) 训练应在规定的定额时间内完成，同时要做到安全操作和文明生产。

4. 检修训练

同学之间相互设置电气故障。在控制电路或主电路中分别设置一处电气故障。由教师检查后，开始检修训练。

5. 评分标准

评分标准如表 3－6 所示。

表 3－6　评分标准

项目内容	配分	评分标准		扣分
选用工具、仪表及器材	10 分	(1)工具、仪表少选或错选	每个扣 2 分	
		(2)电器元件选错型号和规格	每个扣 2 分	
装前检查	10 分	电器元件漏检或错检	每处扣 1 分	
安装布线	30 分	(1)电动机安装不符合要求	扣 15 分	
		(2)电器布置不合理	扣 5 分	
		(3)元件安装不牢固	每只扣 4 分	
		(4)损坏元件	每只扣 10～15 分	
		(5)不按电路图接线	扣 15 分	
		(6)布线不符合要求	每根扣 3 分	
		(7)接点松动、露铜过长、反圈等	每个扣 1 分	
		(8)损伤导线绝缘层或线芯	每根扣 5 分	
		(9)编码套管漏装或套装不正确	每个扣 1 分	
故障分析	10 分	(1)故障分析、排除故障思路不正确	每个扣 5～10 分	
		(2)标错电路故障范围	每个扣 5 分	

续表

项目内容	配分	评分标准	扣分
排除故障	20 分	(1)停电不验电 扣 5 分 (2)工具及仪表使用不当 每次扣 5 分 (3)排除故障的顺序不对 扣 5～10 分 (4)不能查出故障点 每个扣 10 分 (5)查出故障点，但不能排除 每个故障扣 5 分 (6)产生新的故障： 不能排除 每个扣 10 分 已经排除 每个扣 5 分 (7)损坏电动机 扣 20 分 (8)损坏电器元件，或排除故障方法不正确 每只(次)扣 5～20 分	
通电试车	20 分	(1)操作顺序不对 每一次扣 10 分 (2)继电器未整定或整定错误 每只扣 5 分 (3)第一次试车不成功 扣 10 分 第二次试车不成功 扣 15 分 第三次试车不成功 扣 20 分	
安全文明生产	违反安全文明生产规程 扣 10～70 分		
额定时间	6 h，训练不允许超时，在修复故障过程中才允许超时，每超时 10 min 扣 5 分		
备注	除额定时间外，各项目的最高扣分不应超过配分数	成绩	
开始时间		结束时间		实际时间	

第 2 节　串励直流电动机的基本控制线路

学习目标

(1) 熟悉串励直流电动机的基本控制线路工作原理。

(2)学会安装与检修串励直流电动机的基本控制线路。

学习要点

制动控制线路原理。

如图 3－9 所示为串励直流电动机的外形和接线原理图。

串励直流电动机与并励直流电动机相比较，主要有以下特点：

(1)在同样大的启动电流下，串励直流电动机的启动转矩要比他励或者是并励的直流电动机的启动转矩大得多，具备易启动的特点。这是因为串励直流电动机的励磁绕组和电枢绕组相串联，启动时，磁路未达饱和，电动机的启动转矩与电枢电流的平方成正比，从而产生较大的启动转矩。

(2)过载能力较强。由于串励直流电动机机械特性是双曲线，机械特性较软，当电动机的转矩增大时，其转速显著下降，使串励直流电动机能保持恒功率运行(因 $P=T\Omega$)，不会因转矩增大而过载。因此，在要求有大的启动转矩，负载变化时转速允许变化的恒功率负载场合，如起重机、吊车、电力机车等，宜采用串励直流电动机。

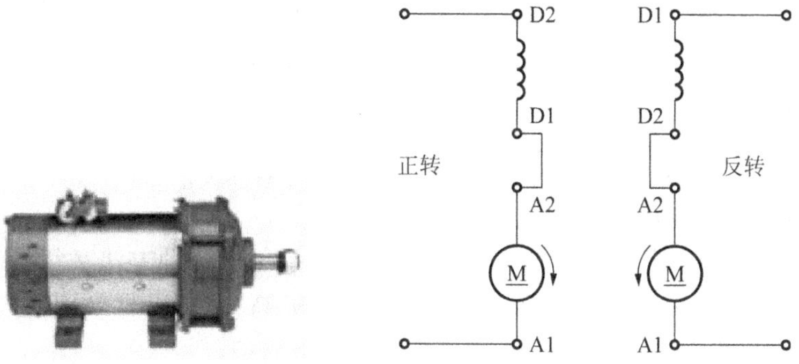

(a)外形　　　　(b)接线原理图

图 3－9　串励直流电动机

串励直流电动机较常用的启动方法是电枢串电阻启动，可以串入两级电阻启动，也可以串入三级电阻启动。

小思考

串励直流电动机和上一节所讲的并励直流电机有什么异同?

一、串励直流电动机的启动控制线路

1. 电路图

如图 3－10 所示是串励直流电动机串入两级电阻，用时间继电器自动控制的控制线路。

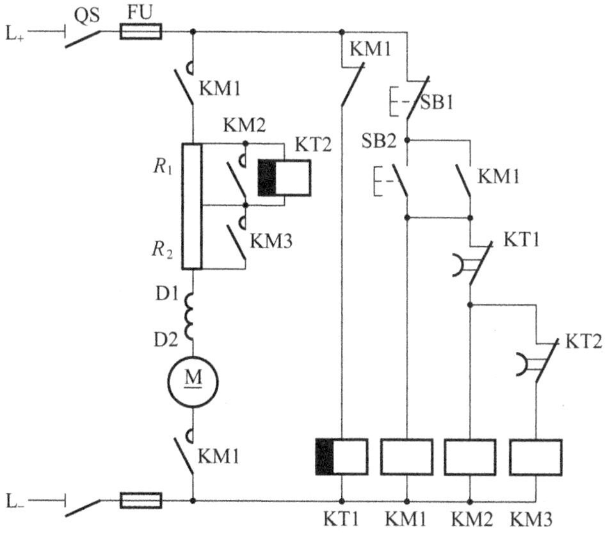

图 3－10　串励直流电动机串电阻启动控制线路

2. **工作原理**

线路的工作原理如下：

合上电源开关QS→KT1线圈得电→KT1线圈延时闭合的常闭触点瞬时断开→接触器KM2、KM3处于断电状态→保证电动机串入电阻R_1、R_2启动

按下SB2→KM1线圈得电
- →KM1自锁触点闭合自锁——→电动机M串入R_1、R_2启动
- →KM1主触点闭合→KT2线圈得电→KT2常闭触点瞬时分断
- →KM1辅助常闭触点分断→KT1线圈失电→经KT1整定时间→KT1延时闭合的常闭触点恢复闭合→KM2线圈得电→KM2主触点闭合短接电阻R_1→电动机M串入R_2继续启动→在R_1被短接的同时→KT2的线圈也被短接断电→经KT2整定时间→KT2延时闭合的常闭触点恢复闭合→KM3线圈得电→KM3主触点闭合短接电阻R_2→电动机M进入正常工作状态

停止时，按下停止按钮SB1即可。

串励直流电动机常采用磁场反接法来实现正反转控制。这种方法必须指出，串励电动机不能在空载或轻载下启动和运行，否则电动机的转速极高，会使电枢受到极大的离心力而损坏，因此串励电动机应在带有20％～25％负载的情况下启动。

二、正反转控制线路

正反转控制线路就是保持电枢电流方向不变而改变磁场方向（即励磁电流的方向）使电动机反转。此法常用于串励电动机，因为串励电动机电枢绕组两端的电压很高，而励磁绕组两端的电压很低，反接较容易。内燃机车、电力机车的反转均用此法。

1. **电路图**

如图3－11所示是串励电动机正反转控制线路。

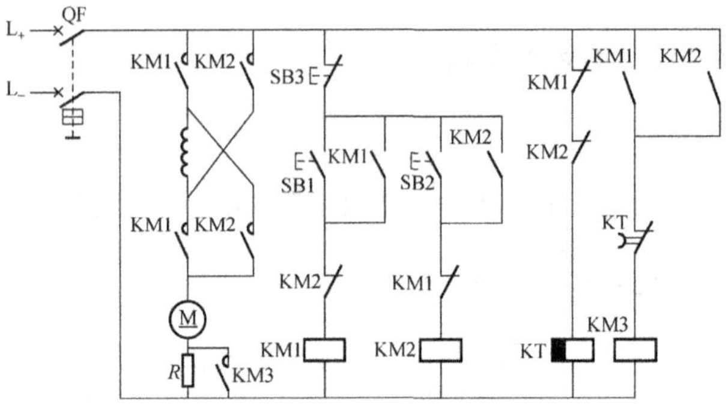

图3－11　串励电动机正反转控制线路

2. **工作原理**

线路工作原理如下：

合上电源开关QF→KT线圈得电→KT延时闭合的常闭触点瞬时断开→使接触器KM3处于断电状态→保证电动机M串入电阻R启动

按下SB1→KM1（或KM2）线圈得电→
- →KM1（或KM2）自锁触点闭合自锁
- →KM1（或KM2）主触点闭合→电动机M串接电阻R启动正转（或反转）
- →KM1（或KM2）辅助常开触点闭合，为KM3线圈得电作准备
- →KM1（或KM2）联锁触点分断对KM2（或KM1）的联锁
- →KM1（或KM2）辅助常闭触点分断→KT线圈失电→经KT整定时间→KT延时闭合的常闭触点恢复闭合→KM3线圈得电→KM3主触点闭合短接电阻R→电动机M进入正常运转

停止时，按下停止按钮SB3即可。

三、制动控制线路

串励直流电动机的理想空载转速趋于无穷大，所以运行中不可能满足再生发电制动的条件。因此，串励直流电动机有两种制动方式：能耗制动和电枢反接制动。

小思考

综合比较几种不同的电机制动方式，分析其异同。

1. 能耗制动控制线路

串励直流电动机的能耗制动有自励式和他励式两种。

(1)自励式能耗制动。自励式能耗制动是将运行着的电动机的电源切除，并附加一制动电阻，将励磁绕组和电枢绕组反向串联，构成制动回路，如图 3－13 所示。在惯性作用下运转的电枢处于自动发电状态，使流过电枢的电流方向改变，转矩 M 的方向与转速 n 的方向相反，迫使电动机迅速停转。

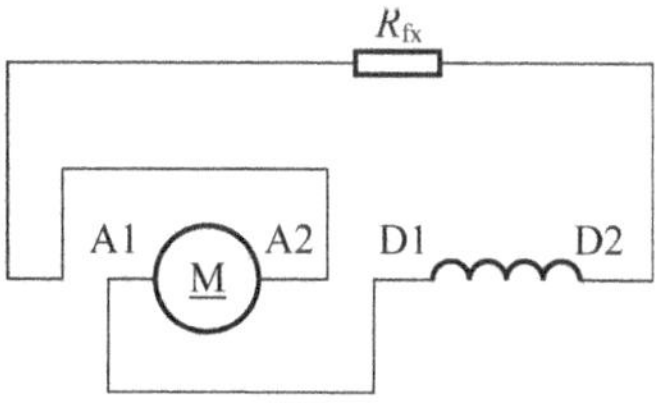

图 3－12　串励直流电动机自励式能耗制动

1)电路图。如图 3－13 所示是自励式能耗制动的实际控制线路。图中 QS 是电源开关，KM1 是正向运转控制接触器，KM2 是反向运转控制接触器，KM3、KM4 是启动接触器，SB1 是停止按钮，SB2 是启动按钮，KT1、KT2 是时间继电器，且 KT1 的延时时间比 KT2 的短。R_B 是制动电阻，R_1、R_2 是启动电阻。

2)工作原理。线路的工作原理如下：

合上电源开关 QS，时间继电器 KT1、KT2 线圈得电，它们的常闭触点瞬时断开，使接触器 KM3、KM4 线圈断电，R_1、R_2 串入电枢电路中。

按下启动按钮 SB2，其常闭触点断开，使反向运转控制接触器 KM2 断电。同时，SB2 的常开触点闭合，使正向运转控制接触器 KM1 线圈通电，KM1 常闭触点断开，进一步保证了反向运转控制接触器 KM2 的断电状态。KM1 常开触点闭合，使电枢正向串接启动电阻 R_1、R_2，同时使电源接触器 KM 线圈通电，KM 常开触点闭合，主回路接通电源，KM 常闭触点断开，使时间继电器 KT1、KT2 线圈断电，它们的延时闭合常闭触点要延时闭合。注意，这里的时间继电器 KT1 的常闭延时闭合触点要先于 KT2 的常闭延时闭合触点闭合，接触器 KM3 首先通电自锁，则 R_1 第一个被切除，电动机转速继续上升。一段时间后，KT2 的延时闭合常闭触点闭合，KM4 通电自锁，R_2 被最后短接，电动机转速上升至正常运转状态，启动过程结束。

按下停止按钮 SB1，接触器 KM1 断电，KM1 常开触点断开，电枢与 R_1、R_2 脱离，同时电源接触器 KM 断电，KM 常开触点断开，主回路断电。KM1 常闭触点闭合，反向接触器 KM2 通电，其常闭触点断开，进一步保证 KM1 断电；其常开触点闭合，使串励电动机电枢接上制动电阻 R_B 后与其励磁绕组反向串联，组成回路，实现自励式能耗制动。

3)特点。自励式能耗制动设备简单，在高速时，制动力矩大，制动效果好。但在低速时，制动力矩减小很快，使制动效果变差。

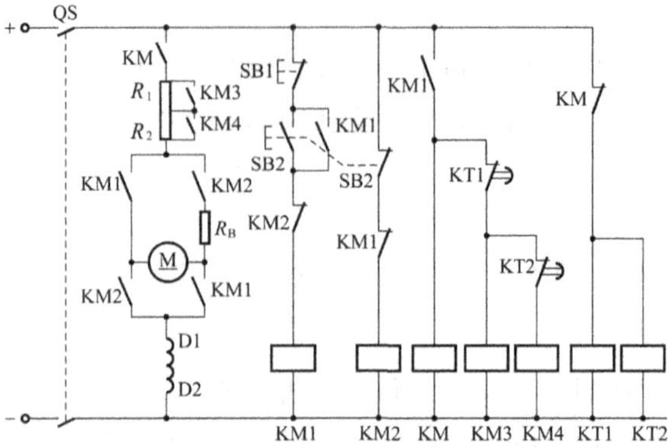

图 3－13　串励直流电动机自励式能耗制动控制线路

(2)他励式能耗制动。

1)制动原理图。他励式能耗制动的原理图如图 3－14 所示。

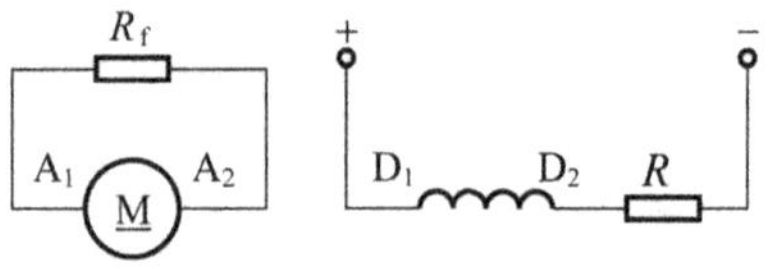

图 3－14　串励直流电动机的他励式能耗制动原理图

2)制动原理。串励直流电动机的他励式能耗制动与他励直流电动机的能耗制动相似。制动时，其励磁绕组由外加的直流电源单独供电，此时，电动机的励磁通为定值，与制动电流无关。电枢回路中的制动电流产生的制动转矩的方向与电动机的转速方向相反，即 M 与 v_n 反向，这样就使电动机中的电能转化为制动电阻上的热能消耗掉，实现停车，完成了能耗制动过程。这种制动方法不仅需要外加的直流电源设备，而且励磁电路消耗的功率较大，所以经济性较差。

3)小型串励直流电动机。小型串励直流电动机作为伺服电动机使用时，采用的他励式能耗制动控制电路图如图 3－15 所示。其中，R_1 和 R_2 为电枢绕组的放电电阻，减小它们的阻值可使制动力矩增大；R_3 是限流电阻，防止电动机启动电流过大；R 是励磁绕组的分压电阻；SQ1 和 SQ2 是行程开关。线路的工作原理请自行分析。

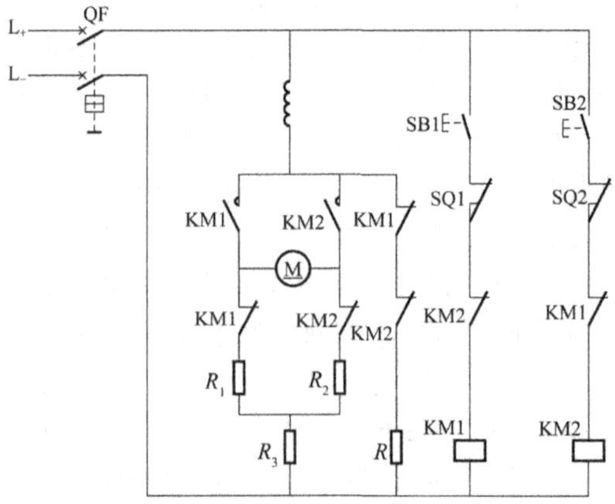

图 3－15　小型串励直流电动机他励式能耗制动控制电路图

2. **反接制动控制线路**

串励直流电动机的反接制动一般在下面两种情况下应用的可能性较大。

(1)运行在电动状态下的电动机电枢被突然反接。这种方法通过强迫电动机的转速反向,使电动机的转速方向与电磁转矩的方向相反来实现制动。如提升机放下重物时,电动机在重物(位能负载)的作用下,转速 n 与电磁转矩 T 反向,使电动机处于制动状态,如图 3—16 所示。

(2)位能负载转矩强迫电机反转。由于串励直流电动机的励磁绕组与电枢绕组是串联的,其励磁电流就是其电枢电流,因此,在采用反接制动方法时,必须注意:通过电枢绕组的电流和励磁绕组的电流不能同时反向,一般只将电枢绕组反接,如图 3—17 所示。图中 R_Z 是制动电阻,起限制反接制动电流的作用。位能负载转矩强迫电动机反转的工作状态,多用于下放重物的时候。

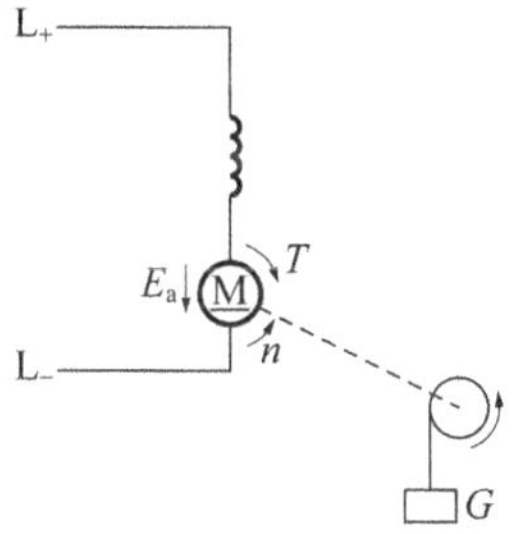

图 3—16　串励电动机转速反向法制动原理图

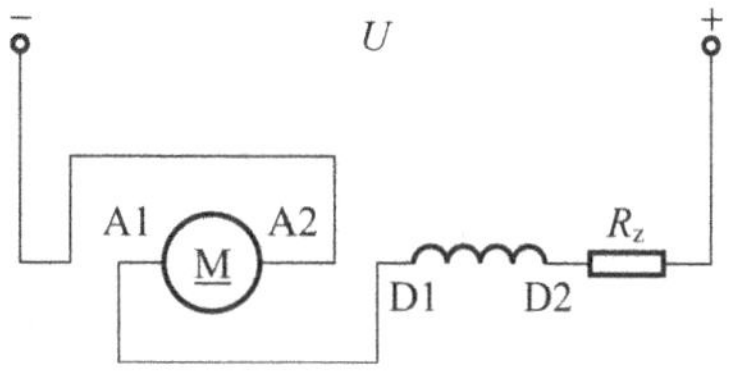

图 3—17　串励直流电动机的反接制动原理图

【例 3—1】　并励直流电动机与串励直流电动机比较,主要有哪些区别?

答　并励直流电动机与串励直流电动机的区别主要表现在以下三个方面:

(1)机械特性不同。并励直流电动机的机械特性为硬特性,在转矩变化时转速变化很小;串励电动机的机械特性为软特性,转速随转矩的变化而剧烈变化。

(2)适用场合不同。并励直流电动机主要用于转速要求恒定的场合,适用于恒转速负载;串励直流电动机主要用于负载转矩在大范围内变化的场合,适用于恒功率负载。

(3)启动时对负载的要求不同。并励直流电动机适用于空载启动或轻载启动;串励直流电动机不允许空载启动,同时不允许用皮带或链条传动。

方法点拨

串励直流电动机的基本控制包括启动控制、正反转控制、制动控制和调速控制,与并励直流电动机控制线路比较,除主电路有较大区别外,控制电路基本上是一样的。所以在学习时,可参考并励直流电动机的基本控制线路来学习。

思考题

1. 串励电动机采用电枢法反接制动时,通过改变外电源的电压极性是否能达到制动目的?为什么?

2. 串励直流电动机与并励直流电动机相比较有什么特点?

技能实训 3—3　安装与调试串励直流电动机串电阻启动控制

1. 实训目标

学会安装与调试串励直流电动机串电阻启动。

2. 工具、仪表及器材

根据如图 3—11 所示电路图，练习选配工具、仪表及器材，并进行校验。经指导教师检查通过后，方可进行下一步。

3. 安装步骤

（1）根据如图 3—11 所示电路图设计布置图和接线图，经由指导教师同意后，进行安装训练。

（2）在配电板上合理布局各电器元件，并对电器元件进行牢固安装，然后贴上醒目的文字符号。电源开关、按钮板的安装位置要接近电动机和被拖动的机械，以便控制时能看到电动机和被拖动机械的运行情况。

（3）在控制板上根据电路图进行正确布线和套编码套管。

（4）连接控制板外部的导线。

（5）可靠连接电动机和金属元件金属外壳的保护接地线。

（6）接线完毕，采用自检、互检的方式进行检查，初次进行接线练习的，必须由指导教师现场指导并作最后的检查。

（7）检查无误后按正确的操作步骤通电试车。

4. 注意事项

（1）为保证供电稳定，采用单相桥式整流器供电时，要外接 15 mH 的电抗器。

（2）串励电动机拖动的生产机械之间不要用带拖动，以防止带断裂或滑脱引起电动机“飞车”事故。

（3）严禁空载或轻载启动运行串励电动机，试车时，必须带 20%～30%的额定负载。

（4）调速变阻器 R_P 要和励磁绕组并联。启动前，应把 R_P 的阻值调到最大。调速时，R_P 的阻值逐渐调小，使电动机的转速逐渐升高，但其最高转速不得超过 2 000 r/min。

（5）通电试车时，必须有指导教师在场监护，同时做到安全操作和文明生产。若遇到异常情况，则应立即断开电源开关 QS。

5. 评分标准

评分标准如表 3—7 所示。

表 3—7　评分标准

项目内容	配分	评分标准	扣分
选配元件	10 分	（1）选错型号和规格　每个扣 5 分 （2）选错元件数量　每个扣 4 分 （3）型号没有写全　每个扣 3 分 （4）规格没有写全　每个扣 3 分	

续表

项目内容	配分	评分标准			扣分
安装步骤及工艺要求	10 分	安装步骤及工艺要求不合理、不完善　扣 1～10 分			
装前检查	10 分	(1)电动机质量检查　每漏一处扣 5 分 (2)电器元件漏检或错检　每处扣 1 分			
安装	20 分	(1)电动机安装不符合要求： ①松动　扣 10 分 ②地脚螺栓未拧紧　每只扣 5 分 (2)其他元件安装不牢固　每只扣 4 分 (3)元件安装位置不符合要求　扣 10 分 (4)损坏元件　每只扣 10～20 分			
布线	20 分	(1)不按电路图接线　扣 15 分 (2)布线不符合要求　每根扣 4 分 (3)接点松动、露铜过长、反圈等　每个扣 4 分 (4)损伤导线绝缘层或线芯　扣 10 分 (5)不会接直流电动机或启动变阻器　扣 20 分			
通电试车	30 分	(1)操作顺序不对　每一次扣 10 分 (2)第一次试车不成功　扣 10 分 第二次试车不成功　扣 20 分 第三次试车不成功　扣 30 分			
安全文明生产	违反安全文明生产规程　扣 5～40 分				
额定时间	3 h，每超时 10 min(不足 10 min 以 10 min 计)　扣 5 分				
备注	除额定时间外，各项目的最高扣分不应超过配分数			成绩	
开始时间		结束时间		实际时间	

第 3 节　电气控制系统常见故障的查找

学习目标

(1)回忆并总结有关元器件故障和查找方法。

(2)学会电气控制电路检修的一般方法。

学习要点

检修电路时的常用方法。

电气控制电路故障的查找是一项技术性较强的工作，也是实际工作中一项十分重要和繁琐的工作。具体的故障查找方法，不仅因人而异、因时而异，而且不同故障、不同的控制系统查找方法也互不相同。控制系统出了故障后，一时难以弄清是什么地方出了问题，需要进行故障点的查找，而故障点的查找又有一定规律。实际中技能的培养就是对这一规律的摸索和积累。

作为一名电气工作者，应立足于一无图纸、二无资料、三无借鉴实例的情况下，独立地工作。一方面要藐视困难，另一方面要稳扎稳打，对故障进行充分的分析和判断，确定一个切实可行的检修方案，绝不可盲目行动，乱拆乱调，使得原故障没有排除却造成新故障。在遇到疑难问题时，要理清头绪，开阔思路，考虑另外一种解决办法。

一、元件故障及其查找

元件故障的种类很多，发生故障时的现象也表现各异，但从故障原因来划分大致可以分为自身故障、工作于过负荷状态下造成的故障和外界因素造成的故障3种，只有对故障的现象进行分析，找出产生故障的原因，才能采取有针对性的措施，准确而又迅速地排除故障。

下面是对部分常用低压电器的常见故障现象进行故障原因的分析，并讨论相应的排除故障的方法。

(1)刀开关的常见故障及排除方法如表3—8所示。

表3—8　刀开关的常见故障及排除方法

故障现象	故障原因	排除方法
合闸后电路一相或两相无电源	(1)静触点弹性消失，开口过大使静动触点接触不良 (2)熔丝熔断或虚连 (3)静动触点氧化或生垢 (4)电源进出线头氧化后接触不良	(1)更换静触点 (2)更换或紧固螺丝 (3)清洁触点 (4)清除氧化物
闸刀短路	(1)外接负载短路，熔丝熔断 (2)金属异物落入开关内引起相间短路	(1)排除负载短路故障 (2)清除开关内异物
触点烧坏	(1)开关容量太小 (2)拉闸或合闸时动作太慢，造成电弧过大，烧坏触点	(1)更换大容量开关 (2)改善操作方法

(2)转换开关的常见故障及排除方法如表3—9所示。

表3—9　转换开关的常见故障及排除方法

故障现象	故障原因	排除方法
手柄转动后内部触点未动	(1)手柄上的轴孔磨损变形 (2)绝缘杆变形 (3)手柄与轴或轴与绝缘杆配合松动 (4)操作机构损坏	(1)更换手柄 (2)更换绝缘杆 (3)紧固松动部件 (4)修理
手柄转动不能到位	弹簧安装不准确	重新安装弹簧
手柄转动后，动静触点不能同时通断	(1)动触点安装角度不正确 (2)静触点失去弹性或接触不良	(1)重新安装动触点 (2)更换触点
接线柱间短路	因铁屑或油污附着在接线柱间，形成导电层，将胶木烧焦，绝缘损坏后而形成氧化层	清除氧化层或污垢

(3)自动空气开关的常见故障及排除方法如表3－10所示。

表3－10　自动空气开关的常见故障及排除方法

故障现象	故障原因	排除方法
不能合闸	(1)开关容量太大 (2)热脱扣器的热元件未冷却复原 (3)锁链和搭钩衔接处磨损，合闸时滑扣 (4)杠杆或搭钩卡滞	(1)更换大容量的开关 (2)待双金属片复位后再合闸 (3)更换锁链及搭钩 (4)检查并排除卡滞
开关温升过高	(1)触点表面过分磨损，接触不良 (2)触点压力过低 (3)接线柱螺钉松动	(1)更换触点 (2)调整触点压力 (3)拧紧螺钉
电流达到整定值时开关不断开	(1)热脱扣器的双金属片损坏 (2)电磁脱扣器的衔铁与铁芯距离太大或电磁线圈损坏 (3)主触点熔焊后不能分断	(1)处理接触面或更换触点 (2)调整触点压力 (3)拧紧螺钉
电流未达到整定值，开关误动作	(1)整定电流调得过小 (2)锁链或搭钩磨损，稍受振动即脱钩	(1)调高整定电流值 (2)更换磨损部件

(4)熔断器的常见故障及排除方法如表3－11所示。

表3－11　熔断器的常见故障及排除方法

故障现象	故障原因	排除方法
熔体电阻无穷大	熔体已断	更换相应的熔体
电动机启动瞬间，熔体熔断	(1)熔体电流等级选择太小 (2)电动机侧有短路或接地 (3)熔体安装时受到机械损伤	(1)更换合适的熔体 (2)排除短路或接地故障 (3)更换熔体
熔断器入端有电，出端无电	(1)紧固螺钉松脱 (2)熔体或接线端接触不良	(1)调高整定电流值 (2)更换磨损部件

(5)按钮的常见故障及排除方法如表3－12所示。

表3－12　按钮的常见故障及排除方法

故障现象	故障原因	排除方法
按下停止按钮被控电器未断电	(1)接线错误 (2)线头松动搭接在一起 (3)杂物或油污在触点间形成通路 (4)胶木壳烧焦后形成短路	(1)校对改正错误线路 (2)检查按钮连接线 (3)清扫按钮开关内部 (4)更换新品
按下启动按钮被控电器不动作	(1)被控电器有故障 (2)按钮触点接触不良或接线松脱	(1)检查被控电器 (2)清扫按钮触点或拧紧接线
触摸按钮时有触电的感觉	(1)按钮开关外壳的金属部分与连接导线接触 (2)按钮帽的缝隙间有导电杂物，使其与导电部分形成通电	(1)检查连接导线 (2)清扫按钮内部

续表

故障现象	故障原因	排除方法
松开按钮，但触点不能自动复位	(1)复位弹簧弹力不够 (2)内部卡阻	(1)更换弹簧 (2)清扫内部杂物

(6)行程开关的常见故障及排除方法如表3—13所示。

表3—13　行程开关的常见故障及排除方法

故障现象	故障原因	排除方法
挡铁碰撞行程开关后触点不动作	(1)安装位置不准确 (2)触点接触不良或接线松动 (3)触点弹簧失效	(1)调整安装位置 (2)清刷触点或紧固接线 (3)更换弹簧
无外界机械力作用，但触点不复位	(1)复位弹簧失效 (2)内部撞块卡阻 (3)调节螺钉太长，顶住开关按钮	(1)更换弹簧 (2)清扫内部杂物 (3)检查调节螺钉

(7)交流接触器的常见故障及排除方法如表3—14所示。

表3—14　交流接触器的常见故障及排除方法

故障现象	故障原因	排除方法
触点熔焊	(1)操作频率过高或电流过大断开容量不够 (2)长期过载使用 (3)触点表面有金属颗粒异物 (4)触点压力过小 (5)负载侧短路	(1)更换容量大的接触器 (2)清理触点表面 (3)更换接触器 (4)调高触点弹簧压力 (5)排除短路故障
触点不能复位	(1)复位弹簧损坏 (2)内部机械卡阻 (3)铁芯安装歪斜	(1)更换弹簧 (2)排除机械故障 (3)重新安装铁芯
不释放或释放缓慢	(1)触点熔焊 (2)触点弹簧压力过小 (3)机械可动部分被卡有生锈现象 (4)反力弹簧损坏 (5)铁芯接触面有油污或尘埃粘着 (6)E形铁芯磨损过大	(1)更换触点 (2)调整触点参数 (3)排除卡住现象 (4)更换反力弹簧 (5)清理铁芯接触面 (6)更换E形铁芯
吸不上或吸不足	(1)电路实际电压低于线圈额定电压，或有波动 (2)触点弹簧压力过大 (3)配线错误 (4)触点接触不良	(1)检查电源或更换合适的接触器 (2)调整触点参数 (3)改正配线 (4)更换触点或清除氧化层和污垢

续表

故障现象	故障原因	排除方法
衔铁振动和噪声	(1)电路实际电压低于线圈额定电压 (2)触点弹簧压力过大 (3)铁芯短路环断裂 (4)铁芯接触面有油污或尘埃粘着 (5)磁系统歪斜或机械上卡住，使铁芯不能吸平 (6)铁芯接触面过度磨损而不平	(1)检查电源或更换合适的接触器 (2)调整触点参数 (3)更换铁芯或接触器 (4)清理铁芯接触面 (5)重新安装磁系统排除机械故障 (6)更换铁芯或接触器
线圈过热或烧损	(1)电路实际电压高于线圈额定电压 (2)线圈匝间短路	(1)检查电源或更换合适的接触器 (2)更换线圈或接触器

(8)时间继电器的常见故障及排除方法（气囊式及排除方法）如表 3－15 所示。

表 3－15　时间继电器的常见故障及排除方法

故障现象	故障原因	排除方法
延时时间缩短	(1)气室装配不严，漏气 (2)橡皮膜损坏	(1)修理后调试气塞 (2)更换橡皮膜
延时时间变长	排气孔堵塞	排除阻塞故障
延时触点不动作	(1)电路实际电压低于线圈额定电压 (2)线圈损坏 (3)接线松脱 (4)传动机构卡住或损坏	(1)检查电源或更换合适的接触器 (2)更换线圈 (3)紧固接线 (4)排除卡住故障或更换部件

(9)速度继电器的常见故障及排除方法如表 3－16 所示。

表 3－16　速度继电器的常见故障及排除方法

故障现象	故障原因	排除方法
电动机断电后不能迅速制动	(1)触点处导线松脱 (2)摆杆卡住或损坏	(1)拧紧松脱导线 (2)排除卡住故障或更换摆杆
电动机反向制动后继续往反方向转动	触点粘连未及时断开	修理或更换触点

(10)热继电器的常见故障及排除方法如表 3－17 所示。

表 3—17　热继电器的常见故障及排除方法

故障现象	故障原因	排除方法
热元件烧断	(1)负载侧短路，电流过大 (2)操作频率过高	(1)排除短路故障，更换热继电器 (2)合理选用热继电器
热继电器动作太快	(1)整定电流值偏小 (2)电动机启动时间太长 (3)连接导线太细 (4)操作频率太高或点动控制 (5)环境温差太大	(1)合理调整整定电流值，相差太大则换新品 (2)选择合适的热继电器或在启动时热继电器短接 (3)按要求选用导线 (4)改用过流继电器 (5)改善环境
主电路不通	(1)热元件烧毁 (2)接线松脱	(1)更换热继电器 (2)拧紧松脱导线
控制电路不通	(1)触点烧坏 (2)控制电路侧导线松脱	(1)修理触点 (2)拧紧松脱导线
热继电器不动作，电机烧坏	(1)热继电器的额定电流值与电机的额定电流值不符 (2)整定电流值偏大 (3)触点接触不良 (4)导板脱出或动作机构卡住	(1)按电机的容量选用热继电器 (2)根据负载合理调整整定电流 (3)清除触点表面灰尘和氧化物 (4)重新放置导板并试验动作的灵活程度或排除卡住故障

二、电气控制电路故障检修的一般步骤及方法

1. 电气控制电路故障检修的一般步骤

维修人员技术水平的高低，也最能在故障点的查找上体现出来。从某种意义上讲，故障的维修并不困难，难就难在故障的查找上，如何对控制电路的故障进行检修呢？一般来说，可以分成“望”、“闻”、“问”、“切”几个步骤，最为有效。

(1)“望”。首先弄清电路型号、组成及功能。例如输入信号是什么，输出信号是什么，由什么元件受令、什么元件检测、什么元件分析、什么元件执行、各部分在哪些地方、操作方式有哪些等。这样可以根据以往的经验，将系统按原理和结构分成几部分，再根据控制元件的型号如接触器、时间继电器，大概分析其工作原理。然后对故障系统进行初步检查。检查内容包括：系统外观有无明显操作损伤，各部分连线是否正常，控制柜内元件有无损坏、烧焦，导线有无松脱等。

(2)“闻”。听一下电路工作时有无异常响声，如振动声、摩擦声等。这对确定电路故障范围是十分有用的。

(3)“问”。询问系统的主要功能、操作方法、故障现象、故障过程、内部结构、其他异常情

况、有无故障先兆等，通过询问，往往能得到一些很有用的信息。

(4)"切"。即检查电路，检查电路应该按以下几个步骤进行：

第一步：保养性例行检修。这是根据军用设备总结出的有效的技术保障措施，即当电气控制系统运行到规定时间时，不管系统是否发生了故障，都必须进行保养性例行检修。因为电路在运行过程中，会磨损、老化，内部元器件会蒙上污垢，特别是在湿度较高的雨季，容易造成漏电、接触不良和短路故障。所有这些都需要采取一定的措施，恢复其原有性能。电气控制系统的"例保"检测的项目主要包括以下内容：

1)除尘和清除污垢，消除漏电隐患。

2)检查各元件导线的连接情况及端子面的锈蚀情况。

3)电磨损、自然磨损和疲劳磨损的弹性件及电接触部件。

4)检查活动部件有无生锈、污物、油泥干涸和机械操作损伤。

5)对于已经被人检修过的电气控制系统，应检查新换上元器件的型号和参数是否符合原电路的要求，连接导线型号是否正确，接法有无错误，其他导线、元件有无移位、改接和损伤等。如果有以上情况，就必须及时复原，再进行下一步检修。

第二步：对于比较明显的故障，应单刀直入，首先排除。例如明显的电源故障、导线断线、绝缘烧焦、继电器损坏、触点烧损、行程开关卡滞等，都应该首先排除，以消除其影响，使其他故障更加直观，易于观察和测量。

第三步：多故障并存的电路，应分清主次，按步检修。如果电路生疏，多种故障同时出现或相继出现，按第一步和第二步检修难以奏效时就应理清头绪，根据故障的情况分出主次，先易后难。检修时，应注意遵循"分析—判断—检查—修理，再分析—判断—检查—修理"的基本规律，及时纠正分析和判断的结果，一步一步地进行，逐个排除存在的故障。

如果对电路原理比较熟悉，就应首先弄清电路元件的实际排列位置，然后根据故障情况，确定出测量关键点，根据测量结果，确定出故障的所在部位。

一般来说，对电路的检修应按一定的步骤进行。首先是检修电源，然后按照电路动作的流程，从后向前，一部分一部分地进行。这样做的优点是：每一步的检修结果都可以在电路的实际动作中加以验证和确定，保证检修过程不走弯路。

第四步：根据控制电路的控制旋钮和可调部分，判断故障范围。由于电气控制系统种类较多，每种设备的电路互不相同，控制按钮和可调部分也无可比性，因此这种方法应根据具体设备具体制定。电路都是分"块"的，各部分相互联系，但又相对独立。根据这一特点，按照可调部分是否有效、调整范围是否改变、控制部分是否正常、互相之间联锁关系能否保持等，大致确定故障范围。再根据关键点的检测，逐步缩小故障点，最后找出故障元件。

一般来说，根据设备故障现象，可大致确定故障范围如下：

1)所有按钮功能失效，电源故障或熔断器故障可能性较大。

2)一部分按钮失效，另一部分按钮功能正常。此时出现故障的部位多在这部分电路的公共部分或这部分电路的电源部分。

3)单个的按钮或单个功能失效，按钮本身及引线发生故障的可能性较大。

4)大部分故障，若是长时间不用的设备，则可能是接触不良或漏电的故障，或接触不良和漏电引发的其他故障。

5)软故障，如果与时间或外界环境有一定规律，就有可能是电路与外界环境相联系部分性能变劣，受到一定的影响。若与工作时间有一定的关系，则电路受温度的影响较大，可能是元件性能变劣，如漏电、性能不稳或污物形成的故障。

例如，某电动机的可逆控制，出现了不能正转，只能反转的故障。根据这一特点，大致可以确定故障范围在正转控制回路，而不在电动机本身和反转控制电路。按下正转按钮不松手，再按反转启动按钮，电动机不反转启动，说明按钮联锁功能有效，电路故障出在正转控制回路中。

然后按照从后向前的分步方法，先检查正转接触器。将线圈引线越过按钮及其他触点，直接接入电源，通电后，电动机正转，说明接触器没有故障。然后将引线接至启动按钮后，接通电源，按下启动按钮，电动机正转，说明正转按钮正常。正转按钮和正转接触器之间只串接了一个反转按钮的动断触点和反转接触器的动断触点，电路出故障，说明故障点就在反转按钮和反转接触器的动断触点上。检查后发现反转启动按钮的动断触点不能良好闭合。

第五步：控制电路无线路图时，应绘制出电路图，然后根据绘制出的电路图，仔细分析电路的动作原理，弄清电路在不同状态下的各种参数，以便正确选择修理方法。

电气电路的绘制有很大的难度，特别是一些比较复杂的电路。绘制控制电路图时，应以现有元件为基础，以控制功能为指引，初步设计出电路原理图，然后通过导线编号，调整元件位置，反复对照，最后得出完整的电路图。

2. 检修电路时的常用方法

在进行检修过程中，常用的有经验法、检测法和一些其他的方法。

(1)经验法。常用的经验法较多，可归纳如下：

1)弹压活动部件法。这种方法主要用于活动部件，如接触器的衔铁、行程开关的滑轮臂、按钮、开关等。通过反复弹压活动部件，使活动部件动作灵活，同时也使一些接触不良的触点得到摩擦，达到接触导通的目的。

例如，对于长期没有启用的控制系统，在启用前，应采用弹压活动部件法全部动作一次，以消除动作卡滞与触点氧化现象。对于因环境条件污物较多或潮气较大而造成的故障，也应使用这一方法。但必须注意，弹压活动部件法可用于故障范围的确定，而不常用于故障的排除，因为仅采用这一种方法，故障的排除常常是不彻底的，要彻底排除故障还需采用另外的措施。

2)电路敲击法。电路敲击法基本同于弹压活动部件法，二者的区别主要是前者带电检查，而后者是在断电的过程中进行的。电路敲击法可用一只小的橡皮锤，轻轻敲击工作中的元件。如果电路故障突然排除，或者故障突然出现，就说明被敲击元件附近或者是被敲击元件本身存在接触不良现象。对正常电气设备，一般能经住一定幅度的冲击，即使工作没有异常现象，如果在一定程度的敲击下，发生了异常现象，也就说明该电路存在着故障隐患，应及时查找并予以排除。

3)黑暗观察法。电路存在接触不良故障时，在电源电压的作用下，常产生火花并伴随着一定的声响。因为火花和声音一般比较微弱，在环境光线较为明亮、噪音稍大的场所，常不容易察觉，所以应在比较黑暗和安静的情况下，观察电路有无火花产生，聆听是否有放电时的“嘶嘶”声或“噼啪”声。若有火花产生，则可以肯定，产生火花的地方存在着接触不良或放电击穿的故障。但若没有火花产生，则不一定就接触良好。因此，黑暗观察法只是一个辅助手段，对故障点的确定有一定帮助。

4)元件替换法。对值得怀疑的元件，可采用替换的方法进行验证。若故障依旧，则说明故障点怀疑不准，可能该元件没有问题。但若故障排除，则与该元件相关的电路部分存在故障，应加以确认。

5)交换法。当有两台或两台以上的电气控制系统时，可把系统分成几个部分，将各系统的部件进行交换。当换到某一部分时，电路恢复正常工作，而将故障部分换到其他设备上时，其他设备也出现了相同的故障，说明故障就在该部分。

当只有一台设备，而控制电路内部又存在相同元件时，可以将相同元件调换位置，检查相应元件对应的功能是否得到恢复，故障是否又转到另外的部分。若故障转到另外的部分，则说明调换元件存在故障；若故障没有变化，则说明故障与调换元件没有关系。通过调换元件，可以不借用其他仪器来检查元件的好坏，因此可在检测条件不具备时采用。

6)对比法。若电路有两个或两个以上的相同部分时，则可以对两部分的工作情况作一对比。由于两个部分同时发生相同故障的可能性很小，因此通过比较，可以方便地测出各种情况下的参数差异，通过合理分析，可以方便地确定故障范围和故障情况。例如，根据相同元件的发热情况、振动情况、电流、电压、电阻及其他数据，可以确定该元件是否过负荷、电磁部分是否损坏、线圈绕组是否有匝间短路、电源部分是否正常等。使用这一方法时应特别注意，两电路部分工作状况必须完全相同时才能互相参照，否则不能比较，至少是不能完全比较。

7)分割法。首先将电路分成几个相互较为独立的部分，弄清其间的联系方式，再对各部分电路进行检测，从而确定故障的大致范围。然后再将电路存在故障的部分细分，对每一小部分进行检测，再确定故障的范围，继续细分至每个支路，最后将故障点查找出来。

以上所述的经验法还有很多。但经验法一般只能作为故障查找时的辅助手段，最终确定故障点时，仍需使用检测法进行确认。

(2)检测法。检测法是指采用仪器仪表作为辅助工具对电气线路进行故障判断的检修方法。由于仪器仪表种类很多，且有日新月异之势，因此检测法发展很快，准确率大大提高，手段也日益增多。

例如目前市场上出现的电路板测试仪，在不知道电路原理的情况下，可以由仪器对线路板进行检测，据厂方数据，故障查找准确率在90%以上；新型接地电阻测试仪，也不再需要打辅助极，等等。但比较常用、比较实用的方法仍为利用欧姆表、电压表和电流表对电路进行测试。

1)测量电压法。如图3－18所示电路，故障现象是行程开关SQ和中间继电器KA的常开触点闭合时，按启动按钮SB1，接触器KM1不吸合。

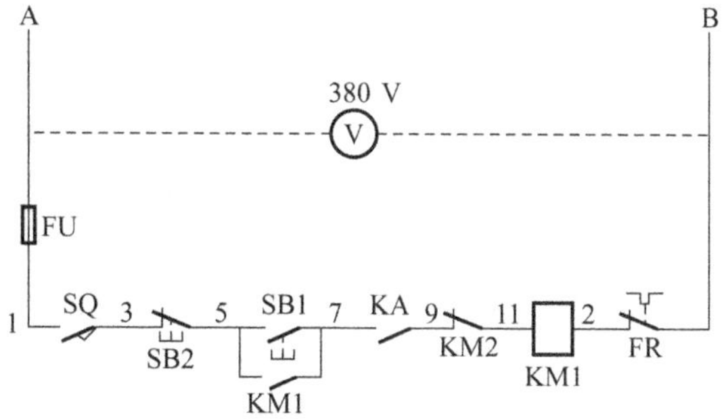

图3－18　测量电压(电阻)法

用万用表测量电压的方法查找故障，若$U_{AB}=380$ V，则上述故障现象说明电路有断路之处。可用万用表测相邻两点间电压，若电路正常，除接触器线圈(1与2点之间)电压等于电源电压380 V外，则其他相邻两点间的电压都应为0；若相邻两点间的电压等于380 V，则说明该两点间的触点或导线接触不良或断路，例如3与5两点间的电压为380 V，说明停止按钮SB2接触不良，若各点间的电压均正常，只有接触器线圈11与2两点之间电压为380 V，但不吸合，则说明线圈断路或机械部分卡住。

测量电压法适合多种电气线路判断故障，这是一种简单、实用的方法。

2)测量电阻法。电阻测量的原理为在被测线路两端加一特定电源，则在被测线路中有一电流流过。被测线路的电阻越大，流过的电流就越小。反之，被测电阻越小，流过的电流就越大。这样在测量回路中，串接一电流表，就可根据电流表电流的指示换算出电阻的大小。由于换算中，电流和电阻是一一对应关系，故可直接在电流表的刻度盘上标出电阻的大小。具体的原理图如图3—19所示。

万用表的低阻挡($R\times1$、$R\times10$、$R\times100$、$R\times1k$)，如图3—20所示，一般采用的电源是1.5 V干电池，所以无论测量阻值多大，两表笔之间电压不超过1.5 V。而高阻挡则不同，为了补偿高阻挡时工作电流的不足，采用了提高电源电压的方法。例如MF500型万用表，$R\times10k$电阻挡时所用的电池为9 V叠层电池，MF30型万用表，则采用15 V叠层电池，而MF95型万用表，使用的是22.5 V的叠层电池。测绝缘电阻的兆欧表，采用手摇发电机获得高电压，可达数百伏至数千伏。

利用电阻表进行测量，主要判断线路是否通断。例如测量熔断器管座两端，如果阻值小于0.5 Ω，就认为正常；如果阻值为几个欧姆，就认为接触不良，需进行处理；如果阻值超过10 kΩ，就认为断线不通。

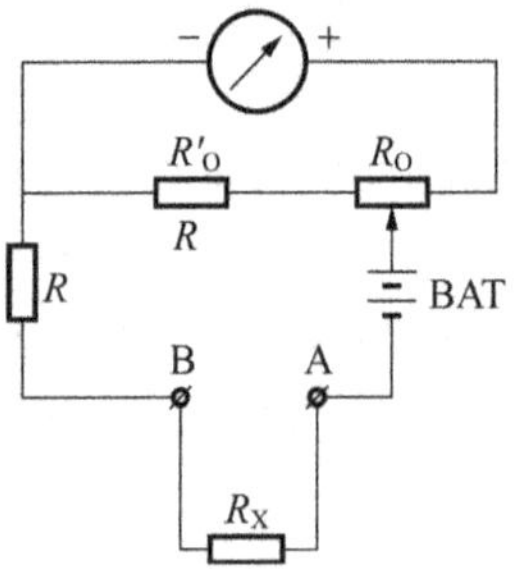

图3—19　欧姆表原理图

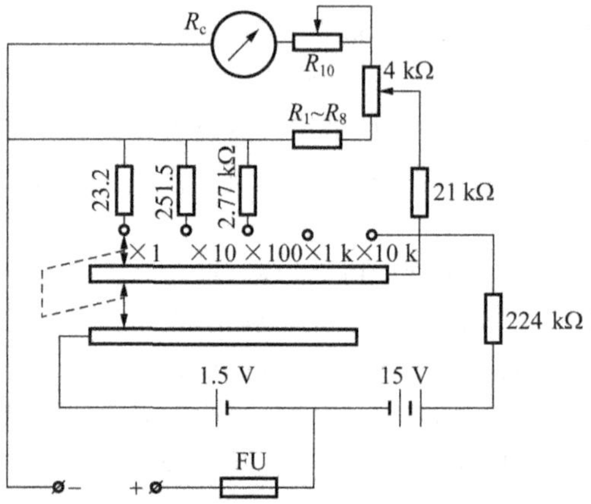

图3—20　MF30型万用表电阻挡内部电路

控制线路如图3—19所示，故障现象同上，即行程开关SQ和中间继电器KA的常开触点闭合时，按下启动按钮SB1，接触器KM1不吸合。用万用表测量电阻的方法就是测试电路中相邻两点间的电阻，如果两点间的电阻很大，就说明该触点接触不良或导线断路。例如，测得1、3两点间电阻很大，说明行程开关的触点接触不良。但要注意，因为接触器线圈匝数很多，测出的电阻较大，所以接触器是否有故障，可以用电压测量法再判断。

测量电阻法不加电源电压，比较安全。但要注意，对并联支路要先断开后再测量，测量数值较大的电阻时，应注意换挡，以防仪表误差。

(3)其他方法。

1)非接触测温法。温度异常时，元件性能常发生改变，同时，元件温度异常也反应了元件本身的工作情况，如过负荷、内部短路等。因此可以用测温法判断电路的工作情况。按常规的方法，元件的温度测量不是一件容易的事情，但随着测温技术的发展，非接触测量温度已经不是一件难事，这就为温度测量法的实施提供了条件。例如，最简单的可采用感温贴片，复杂一点的可采用红外辐射测温计。感温贴片是一种温致变色的薄膜，具有一定的变色温度点，超过这一温度，感温贴片就会改变颜色(如鲜红色)。将具有不同变色温度点的感温贴片贴在一起，通过颜色的变化情况，就可以直接读出温度值。目前生产的感温贴片通常是每 5 ℃一个等级，因此用感温贴片可读出±5 ℃的温度值。

红外测温仪是一种典型的非接触式测温仪，有的还带有激光瞄准系统。其测温点较小，基本上可以实现对远距离“点”的测温，测温区域直径与测温距离之比可达 1∶150。红外测温仪温度显示反应快，精度高，但仪表售价较高。

2)加热法。当电气故障与开机时间呈一定的对应关系时，可采用加热法促使故障更加明显。因为随着开机时间的增加，电气线路内部的温度上升。在温度的作用下，电气线路中的故障元件或浸入污物使电气性能不断改变，从而引发故障。因此可采用加热法，加速电路温度的上升，起到诱发故障的作用。具体做法是，使用电吹风或其他加热方式，对怀疑元件进行局部加热，若诱发故障，则说明被怀疑元件存在故障，若没有诱发故障，则说明被怀疑元件可能没有故障，从而起到确定故障点的作用。

使用这一方法时应注意安全，加热面不要太大，温度不能过高，以达到电路正常工作时所能达到的最高温度为限，否则可能会造成绝缘材料及其他元件的损坏。

3)短接法。在各类故障中出现较多的是断路，包括导线断路、虚连、松动、触点接触不良、虚焊、假焊、熔断器熔断等。短接法就是用一根绝缘良好的导线，将所怀疑的短路部位短接起来，若电路工作恢复正常，则说明该部位断路。此法要注意安全，勿触电；且本方法只适用于电压降极小的导线，电流不大的触点(5 A 以下)，否则容易出事故。

常用的测量数据如下面的常见阻值范围，如表 3—18 所示。

表 3—18　常用的测量数据

名称	规格	电阻值
铜连接导线	10 m，1.5 mm^2	<0.012 Ω
铝连接导线	10 m，1.5 mm^2	<0.018 Ω
熔断器	小型玻璃管式 0.1 A	<3 Ω
接触器触点	—	<3 Ω
接触器线圈	—	20 Ω～10 kΩ
小型变压器绕组	高压侧绕组	10 Ω～9 kΩ
	低压侧绕组	数欧
电动机绕组	≤10 kW	1～10 Ω
	≤100 kW	0.05～1 Ω
	>100 kW	0.001～0.1 Ω
灯泡	220 V，40 W	90 Ω
电热器具	900 W	50 Ω
	2 000 W	20～30 Ω
启辉器、氖发光管	—	无穷大
镇流器	—	约 40 Ω
日光灯丝	—	约 5 Ω
喇叭	—	4～16 Ω
控制电路	—	>10 Ω

方法点拨

本节所讲的是常见的线路故障和查找方法，其方法在实际中应用很广，要想对故障和检修有比较深刻的认识和比较熟练的操作技能，还要在实践中多观察，多思考。

思考题

1. 简述电气控制电路故障检修的一般步骤。
2. 列举几种常用的经验法。

第 4 节　电动机的保护和选择

学习目标

(1)学会电动机保护的基本知识。

(2)了解电动机选择的基本方法。

学习要点

电动机选择的方法。

随着电动机的广泛应用，其工作环境和使用条件也越来越复杂，出现故障的可能性和故障的种类也越来越多。归纳起来主要有断相、过载、三相不平衡、堵转、环境温度高等故障，其中过载和断相占的比例最高。

一、电动机的保护

1. 电动机保护的原理

(1)电热原理。电热原理就是利用电流的热效应，如过载保护，就是将热继电器的热元件与电动机的主电路串联，当电动机出现过载时，电流增大，使热元件动作触动热继电器的触点系统动作，断开电动机电源。

(2)电磁原理。电磁原理就是利用电磁感应原理，当电流经过线圈时就产生电磁场。如接触器实现的是欠压保护，就是利用接触器线圈中电压降低时，产生的磁场减弱，从而使衔铁在弹簧拉力下释放，切断主电路，保护电动机。用电压继电器实现的过压、欠压保护，用电流继电器实现的过流和欠流保护都是利用电磁原理。

(3)复式保护原理。复式保护原理是电热原理、电磁原理的综合运用。如自动空气开关中有电磁脱扣器，利用电磁原理对过流、短路进行保护，还有热脱扣器利用电热原理对过载进行保护等。

2. 电动机保护装置

对电动机的保护主要有电流、温度检测两大类型。下面结合产品作介绍：

(1)电流检测型保护装置。热继电器利用负载电流流过经核准的电阻元件，使双金属热元件加热后产生弯曲，使继电器的触点在电动机绕组烧坏以前动作。其动作特性与电动机绕组的允许过载特性接近。随着结构设计的不断完善和改进，除有温度补偿外，还具有断相保护及负载不平衡保护功能等。例如从 ABB 公司引进的 T 系列双金属片式热过载继电器，从西门子引进的 JR20 型、Jn36 型热过载继电器，其中 Jn36 型为二次开发产品，可取代淘汰产品 JR16 型。

(2)带有热-磁脱扣的电动机保护用断路器。其作过载保护用，结构及动作原理与热继电器相同。其双金属热元件弯曲后有的直接顶脱扣装置，有的使接触器接通，最后导致断路器断开。电磁铁的整定值较高，仅在短路时动作。其结构简单、体积小、价格低、动作特性符合现行标准、保护可靠，仍被大量采用。例如国产 DW15 型低压万能断路器(200～630 A)、S 系列塑壳断路器(100 A、200 A、400 A)。

(3)电子式过电流继电器。通过内部各相电流互感器检测故障电流信号，经电子电路处理后执行相应的动作。电子电路变化灵活，动作功能多样，能广泛满足各种类型的电动机的保护。其特点：

1)多种保护功能。

2)动作时间可选择。

3)电流整定范围广。

4)有故障显示。

(4)固态继电器。它是一种从完成继电器功能的简单电子式装置发展到具有各种功能的微处理器装置。其成本和价格随功能而异，最复杂的继电器实际上只能用于较大型、较昂贵的电动机。监视、测量和保护功能有：

1)最大的启动冲击电流和时间。

2)热记忆。

3)大惯性负载的长时间加速。

4)断相或不平衡相电流。

5)相序。

6)欠电压或过电压。

7)过电流(过载)运行。

8)堵转。

9)失载。

10)电动机绕组温度和负载的轴承温度。

上述每一种信息均可编程输入微处理器，主要是需要时限，以确保在电动机启动或运转过程中产生损坏之前，将电源切断。

(5)带有电子式脱扣的电动机保护用断路器，其动作原理类同于上述电子式过电流继电器或固态继电器。其主要功能有：电路参量显示，负载监控，多种保护特性，故障报警，试验功能，自诊断功能，通信功能等。产品如施耐德电气公司生产的低压断路器。

3. 电动机的各种保护装置之间的配合

电动机的各种保护装置的配合是指当电动机出现故障时，相应的保护装置按照自己的特点，有选择性地自动投入工作，可靠地保证电动机正常工作。

一般来讲，保护装置之间的配合包括两个内容：一是短路保护装置和过载保护装置之间的配合；二是采用了断路器和热继电器作过载保护时两者之间的配合。前者在配合时分工比较明确,短路保护是针对电动机的主回路出现较大的电流值(也就是短路电流)时而进行的过载保护,针对于电动机的主回路出现故障电流时,而且该电流出现要持续一段时间,电流值和时间共同作用而产生了热效应时的保护。两个保护装置均要达到一个共同的作用——过载保护,如何配合才能达到最佳效果是一个容易忽略的问题,也是容易产生错误的环节。通过前面对两个保护装置的分析和比较,了解到热继电器的极限过载能力小、动作电流值不是十分准确,而断路器的极限过载能力较大、动作电流值准确。可以将热继电器作为前期保护使用并将断路器作为后备保护使用,这样双重过载保护的配置,使得两者不发生冲突而又有配合。

二、电动机的选择

电动机是电力拖动系统的核心,为了使电力拖动系统可靠、安全、经济、合理地工作,必须正确地选择电动机。电动机的规格、品种繁多,性能各异,选用电动机时要全面考虑电源的电压、频率、负载及使用的环境等多方面因素,必须与电动机铭牌所规定的相同。一般选用电动机时应遵循以下原则:

(1)电动机能够完全满足生产机械在机械特性方面的要求。如生产机械所需要的工作速度、调速指标、加速度以及启动、制动时间等。

(2)电动机的容量要选择合理,且要充分利用。

(3)电动机在工作过程中,其功率能被充分利用,即温升应达到国家标准规定的数值。

(4)电动机的结构形式应适合生产机械周围环境的条件。如防止外界灰尘、水滴等物质进入电动机内部;防止绕组绝缘受有害气体的侵蚀;在有爆炸危险的环境中应把电动机的导电部位和有火花的部位封闭起来,不使它们影响外部等。

(5)电动机的电源选择:根据生产机械的要求,选择交流电动机或直流电动机。交流电动机又有笼形转子和绕线转子之分等。电动机的转速要合理选用,只有适合生产机械的转速要求,才能达到既经济又好用的目的。

电动机的选择主要包括以下内容:电动机的额定功率、额定电压、额定转速、种类、结构形式等。其中以电动机额定功率的选择最为重要。

1. 电动机额定功率的选择

电动机功率的选择,应根据生产机械所需要的功率来选择,尽量使电动机在额定负载下运行。选择时应注意以下两点:

1)如果电动机功率选得过小,就会出现“小马拉大车”现象,造成电动机长期过载,使其绝缘因发热而损坏,甚至电动机被烧毁。

2)如果电动机功率选得过大,就会出现“大马拉小车”现象,其输出机械功率不能得到充分利用,功率因数和效率都不高,不但对用户和电网不利,而且还会造成电能浪费。

因此必须合理地选择电动机的容量。选择电动机的容量必须考虑以下几个要点:

1)所选择的电动机容量应略大于负载所需的功率。

2)电动机的启动转矩必须大于负载所需启动转矩。

3)电源电压下降10%的情况下,转矩仍满足启动或运行中的需要。

4)考虑到传动装置的效率和负载波动等因素,必须留有一定的裕量。

5)从电动机升温角度考虑,为了不降低电动机的寿命,升温必须在绝缘所限制的范围内。

6)对电动机选用合适的工作制，如连续定额、短时定额、重复短时定额等。

但是，准确地选择电动机的容量是比较困难的，所以通常采用调查、统计、类比或分析、计算相结合的方法选择电动机的功率。

(1)调查统计分析法。我国机床制造厂对不同类型机床，常用以下统计分析公式来计算主电动机的容量。

车床主电机功率：

$$P=36.5D^{1.54}\ \text{kW}$$

立式车床主电机功率：

$$P=20D^{0.88}\ \text{kW}$$

式中　D——工件最大直径，mm。

摇臂钻床主电机功率：

$$P=0.0646D^{1.19}\ \text{kW}$$

式中　D——最大钻孔直径，mm。

卧式镗床主电动机功率：

$$P=0.004D^{1.7}(\text{kW})$$

式中　D——镗杆直径，mm。

龙门铣床主电动机功率：

$$P=\frac{B1.16}{1.66}\ \text{kW}$$

式中　B——工作台宽度，mm。

外圆磨床主电动机功率：

$$P=0.1KB$$

式中　B——砂轮宽度，mm；

K——砂轮主轴用滚动轴承时 $K=0.8\sim1.1$，砂轮主轴用滑动轴承时 $K=1.0\sim1.3$。

【例 3－2】 I35 型摇臂钻床，最大钻孔直径 50 mm。用统计分析法计算主电动机的功率。

解　$$P=0.0646\times50^{1.19}=6.79\ \text{kW}$$

实际选用 $P=7.5$ kW。

(2)类比法。所谓类比法，就是与类似生产机械所用电动机的功率进行对比。具体做法是：了解本单位或附近其他单位的类似生产机械使用多大功率的电动机，然后选用相近功率的电动机进行试车。试车的目的是验证所选电动机与生产机械是否匹配。验证的方法是：使电动机带动生产机械运转，用钳形电流表测量电动机的工作电流，将测得的电流与该电动机铭牌上标出的额定电流进行对比。如果电功机的实际工作电流与铭牌上标出的额定电流上下相差不大，就表明所选电动机的功率合适；如果电动机的实际工作电流比铭牌上标出的额定电流低 70%左右，就表明电动机的功率选得过大(即“大马拉小车”)，应调换功率较小的电动机；如果测得的电动机工作电流比铭牌上标出的额定电流大 40%以上，就表明电动机的功率选得过小(即“小马拉大车”)，应调换功率较大的电动机。如表 3－19 所示为负载情况、功率因数与效率之间的关系。

表 3－19　负载情况、功率因数与效率之间的关系

负载情况	空载	1/4 负载	1/2 负载	3/4 负载	满载
功率因数	0.2	0.5	0.77	0.85	0.89
效率	0	0.78	0.85	0.88	0.895

(3)分析与计算相结合的方法。要正确选择电动机的功率，必须经过以下计算或比较：

1)对于恒定负载连续工作方式，如果知道负载的功率(即生产机械轴上的功率)P_1(kW)，可按下式计算所需电动机的功率 P(kW)：

$$P=\frac{P_1}{n_1 \cdot n_2}$$

式中　n_1——生产机械的效率；

n_2——电动机的效率，即传动效率。

按上式求出的功率，不一定与产品功率相同。因此，所选电动机的额定功率应等于或稍大于计算所得的功率。

【例 3－3】 某生产机械的功率为 3.95 kW，机械效率为 70%，如果选用效率为 0.8 的电动机，那么试求该电动机的功率应为多少千瓦？

解

$$P=\frac{P_1}{n_1 n_2}=\frac{3.95}{0.7\times 0.8}=7.1\ \text{kW}$$

由于没有 7.1 kW 这一规格，所以选用 7.5 kW 的电动机。

2)短时工作定额的电动机，与功率相同的连续工作定额的电动机相比，最大转矩大，重量小，价格低。因此，在条件许可时，应尽量选用短时工作定额的电动机。

3)对于断续工作定额的电动机，其功率的选择要根据负载持续率的大小，选用专门用于断续运行方式的电动机。负载持续率 $F_S\%$ 的计算公式为

$$F_S\%=\frac{t_g}{t_g+t_0}\times 100\%$$

式中　t_g——工作时间，min；

t_0——停止时间，min；

t_g+t_0——工作周期时间，min。

2. 电动机额定电压的选择

电动机额定电压要与现场供电电网电压等级相符。否则，若选择的额定电压低于供电电源电压，电动机将由于电流过大而被烧毁；若选择的额定电压高于供电电源电压，电动机有可能因电压过低不能启动，或虽能启动但因启动电流过大而减少其寿命甚至烧毁。

中小型交流电动机的额定电压一般为 380 V，大型交流电动机的额定电压一般为 3 kV、6 kV 等。直流电动机的额定电压一般为 110 V、220 V、440 V 等，最常用的直流电压等级为 220 V。直流电动机一般是由车间交流供电电压经整流器整流后的直流电压供电。选择电动机的额定电压时，要与供电电网的交流电压及不同形式的整流电路相配合。当交流电压为 380 V 时，若采用晶闸管整流装置直接供电，则电动机的额定电压应选用 440 V(配合三相桥

式整流电路)或160 V(配合单相整流电路),电动机采用改进的Z3型。

3. **电动机额定转速的选择**

电动机额定转速的选择是否恰当,关系到电动机的价格和运行效率,甚至关系到生产机械的生产率。额定功率相同的电动机,额定转速越高,其体积越小,重量越轻,价格也越低。因此,工作在长期工作制的机械,原则上应选用额定转速较高的电动机。但额定转速高,必然导致传动机构的复杂化,实际选用时应作全面权衡。

对于经常工作在启动、制动状态下的电动机,应考虑额定转速对启动、制动时间和启动、制动过程中能量损耗的影响。可以证明,从缩短启动、制动时间和减小启动、制动过程能量损耗的角度考虑,应选用 GD^2 与额定转速 n_N 乘积最小的电动机。

4. **电动机结构形式的选择**

电动机的结构形式,按其安装位置的不同,一般分为卧式和立式两种,应根据生产机械的要求来选用卧式电动机或立式电动机。卧式电动机的转轴是水平安装的,立式电动机的转轴是垂直安装的(与地面垂直)。一般情况下应选用卧式的,其价格比立式的便宜,只有为了简化传动装置,又必须垂直运转时,才采用立式电动机(如钻床、立式深井水泵等)。立式电动机和卧式电动机的轴承是不同的,因此不能随便混用。

5. **电动机防护形式的选择**

电动机的防护形式有许多,应根据电动机工作环境的不同选择防护形式。

(1)开启式。电动机除必要的支承结构外,对于转动及带电部分设有专门的保护。这种电动机价格便宜,通风良好,单位容量的体积小,但无防护装置,只能用于无灰尘、无杂物且干燥的场所。

(2)防护式。电动机机壳内部的转动部分及带电部分有必要的机械保护,以防止意外的接触,但并不明显地妨碍通风。这类电动机分网罩式、防滴式、防溅式3种。它们的通风口处理不同。网罩式的电动机通风口用穿孔的遮盖物遮盖起来,使电动机的转动及带电部分不能与外界接触。防滴式的电动机通风口结构能防止垂直下落的液体或固体直接进入电动机内部,防溅式的电动机通风口结构可防止与垂直方向成100°角范围内任何方向的液体或固体进入电动机内部。这类电动机不防尘、不防潮,可用于干燥、灰尘不多以及没有腐蚀性和爆炸性气体的场所。

(3)封闭式。电动机机壳的结构能够阻止机壳内外空气的自由交换,但并不要求完全的密封,因此它可防止灰尘、铁屑、杂物侵入电动机内部,而且在一定程度上也能防止潮气进入电动机内,可用于尘土飞扬、水沫飞溅、潮湿或含有腐蚀性气体的场所。

(4)防爆式。防爆式电动机具有钢制的特殊外壳,能够承受内部爆炸时产生的压力,阻止气体爆炸传递到电动机外部而引起电动机外部的可燃性气体爆炸,同时能承受电动机外部的压力,可用于有瓦斯或其他有爆炸性气体的场所,如煤矿等类似场所。

对于湿热及潜水等电动机还有特殊的防护要求。

6. **电动机类型的选择**

电动机类型选择的基本原则是:在满足工作机械对于拖动系统要求的前提下,所选电动机应尽可能结构简单、运行可靠、维护方便、价格低廉。因此,在选用电动机种类时,若工作机械对拖动系统无过高要求，则应优先考虑选用交流电动机。异步电动机有笼型和绕线型两种。

在交流电动机中，笼形异步电动机结构最简单，运行最可靠，维护最方便，对启动性能无过高要求的调速系统，应优先考虑使用。

某些工作机械如桥式起重机、电梯、锻压机等，工作中启动、制动比较频繁，既要求提高生产率，又要求电动机具有较大的启动、制动转矩以缩短启动、制动时间，同时还要有一定的调速。对这类工作机械，可考虑选用绕线转子异步电动机。

同步电动机的特点是转速恒定，且功率因数可自由调节，多用于恒速及要求改善功率因数的场合，如连续轧钢机、大型水泵及大型通风机等。近年来，随着交流调速技术的长足发展，同步电动机的应用领域正在迅速扩大；只有在要求大范围内平滑调速或对拖动系统的动态过程有特殊要求的工作机械，如高精度数控机床、可逆轧钢机、龙门刨床及高级造纸机等，才考虑使用直流电动机。由于交流电动机控制技术的进步，直流电动机有逐步被取代的趋势。

电动机类型选择的具体步骤可列成以下的流程，如图 3－21 所示。

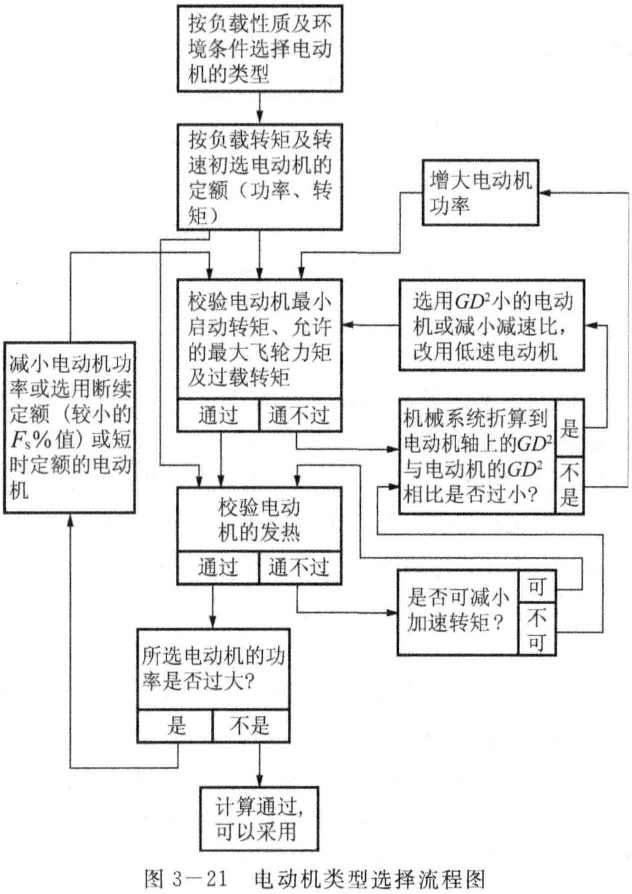

图 3－21　电动机类型选择流程图

方法点拨

(1)电动机的保护要整体来看，要注意电动机的各个方面。

(2)电动机的选择要多方面考虑，不一定单项参数最好就是最合适的，要根据使用的要求，选择合适的电动机。

思考题

1. 简述电动机保护的原理。
2. 电动机的选择应注意什么？
3. 电动机额定电压的选择应注意什么？

第5节　设计电气控制线路的基本原则

一、电气控制线路的基本要求

电气控制线路是为整个生产机械和工艺过程服务的，所以在设计前应深入生产现场，切实掌握生产机械的工艺要求、工作过程、工作方式及生产机械所需要的保护等。需要注意的方面有：

(1)应最大限度地满足机械设备对电气控制线路的控制要求和保护要求。

(2)在满足生产工艺要求的前提下，应力求使控制线路简单、经济、合理。

(3)保证控制的可靠性和安全性。

(4)操作和维修方便。应设置必要的保护环节。

电气控制线路的一般设计顺序是：首先设计主电路，然后设计控制电路。继电器-接触器控制系统的控制线路设计，常用的设计方法有分析设计法和逻辑设计法。

1. 分析设计法

分析设计法是根据机械设备的工艺要求和工作过程，将现有的典型环节集聚起来，根据经验加以补充和修改，综合成所需要的控制线路。有时候在找不到现成电路的情况下要进行部分电路或全部电路的自行设计。这种设计方法的主要缺点如下：

(1)在发现试画出来的线路达不到要求时，往往用增加电器元件或触点数量的方法加以解决，所以设计的线路往往不一定是最简单、最经济的。

(2)设计中可能因为考虑不周发生差错，影响线路的可靠性或工作性能。

尽管如此，对于一些比较简单的控制线路仍然采用分析设计法，但对于一些比较复杂的控制线路则多用逻辑设计法。

2. 逻辑设计法

逻辑设计法是用真值表与逻辑代数式相结合的方法，对控制线路进行综合分析设计，就是参照在控制要求中由设计人员给出的执行元件及主令电器的工作状态表，找出执行元件线圈同主令电器触点间的逻辑关系，将主令电器的触点作为逻辑自变量，执行元件线圈作为逻辑应变量，写出有关逻辑代数式，最后根据逻辑代数式作出对应电路。由于逻辑代数式可以通过有关计算法则进行运算和化简，所以，逻辑设计法往往能得到功能相同，但简单优化的控制电路。

二、设计电气控制线路应注意的问题

1. 尽量缩减电器的数量，采用标准件和尽可能选用相同型号的电器

(1)熔断器的选择。熔断器的类型应满足电路要求；熔断器的额定电压应大于或等于电路的额定电压；熔断器的额定电流应大于或等于所装熔体的额定电流。熔体的额定电流可以有

以下几种选择：

1）对于阻性负载的保护，应使熔体的额定电流等于或稍大于电路的工作电流，即：$I_R \geqslant I$。

2）对于一台电动机的短路保护，考虑到电动机的启动冲击电流的影响，可按下式选择：$I_R=(1.5\sim2.5)I_N$。

3）对于多台电动机应按下式计算：$I_R \geqslant (1.5\sim2.5)I_{NMAX}+\sum I_N$。

使用熔断器时，对于螺旋式熔断器，将带色标的熔断管一端插入瓷帽，再将瓷帽连同熔管一起拧入瓷套，负载端接到金属螺纹壳的上接线端，电源线接到瓷座上的下接线端，并保证各处接触良好。

还应当考虑熔体材料，铅锡锌为低熔点材料，所制成的熔体不易熄弧，一般用在小电流电路中。银、铜、铝为高熔点材料，所制成的熔体容易熄弧，一般用在大电流电路中。当熔体已熔断或已严重氧化，需要更换熔体时，还应注意使新换熔体和原来熔体的规格保持一致。

（2）接触器的选择。正确地选择接触器就是要使得所选用的接触器的技术数据，能满足控制线路对它提出的要求。选择接触器可按下列步骤进行：

1）根据接触器的任务，确定用哪一系列的接触器。

2）根据接触器所控制电路的额定电压确定接触器的额定电压。

3）根据被控制电路的额定电流及接触器安装的条件来确定接触器的额定电流。当接触器在长期工作制下使用时，其负载能力应适当降低。这是因为在长期工作制下，触点的氧化膜得不到清除，使接触电阻增大，因而必须降低电流值以保持触点的允许升温。

4）一般情况下对于控制主电路为交流的应采用交流的控制电路。电磁线圈的额定电压要与所接的电源电压相符，且要考虑安全和工作的可靠性。交流电磁线圈的电压等级有 36 V、110 V、127 V、220 V 和 380 V 等；直流电磁线圈的电压等级有 24 V、48 V、110 V、220 V 和 440 V 等。

5）对于某些机械设备对接触器的固有吸合时间、固有释放时间及释放电压所提出的要求也应予以考虑。

（3）时间继电器的选择。时间继电器的种类很多，选择时主要考虑控制线路提出的技术要求，如电源电压等级、电压种类（交流还是直流）以及触点的形式（瞬时触点还是延时触点）、数量、延时时间等。此外在满足技术要求的前提下尽可能选择结构简单、价格便宜的型号。

目前在工业上经常使用一些质优价廉的数字化时间继电器，其核心一般是单片机或高精度的数字电路，具有精度高、使用灵活、故障率低等优点，是时间继电器发展的主流。

（4）热继电器的选择。一般情况下，可选用两相结构的热继电器；对电网电压严重不平衡、工作环境恶劣或较少有人照管的电动机，可选用三相式结构的热继电器；对于三角形接线的电动机，为了进行断相保护，可选用带断相保护装置的热继电器。

工作时间较短、停歇时间较长的电动机，如机床的刀架或工作台快速移动所用的电机及恒定负载下长期运行的电动机（如风扇、油泵等），可不必设置热过载保护。

热继电器的具体选择如下：

1）保护电动机的额定电流，一般选用热继电器额定电流的 0.95～1.05 倍。

2）根据需要的整定电流值选择热继电器热元件的编号和额定电流。选择时应使热元件的整定电流等于电动机的额定电流，同时整定电流应留有一定限度的上、下调整范围。当重载启动以及启动时间较长时，为防止热继电器误动作，可将热元件在启动期间予以短路。

设计线路时，应减少不必要的触点以简化线路，提高线路的可靠性。如果把图 3－22(a)

所示线路改接成图 3－22(b)所示线路，就可以减少一个触点。

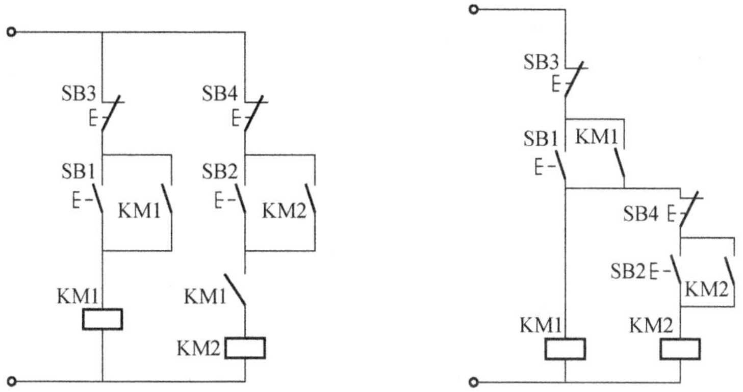

(a)多一个触点　　(b)减少一个触点

图 3－22　简化线路可以减少触点

2. **正确连接电器的线圈**

在交流控制线路中，不能通过串联两个电器的线圈(如图 3－23 (a)所示)达到使其同时动作的目的。这是因为分配到每个线圈上的电压与线圈阻抗成正比，由于制造方面的原因，即使同一型号的两个电器也会存在差异，不可能同时吸合。首先吸合的电器，磁路先闭合，线圈的电感显著增加，因此加在该线圈上的电压也相应增大，使尚未吸合的另一个电器的线圈电压降低，甚至达不到动作电压而无法吸合。这样，两个线圈的等效阻抗减小，电路电流增大，时间长了就有可能烧毁线圈。因此，当需要两个电器同时动作时，其线圈应并联连接，如图 3－23(b)所示。

但是对于直流电磁线圈，最好不直接并联连接，尤其是二者电感相差悬殊时。如图 3－24 (a)所示，直流电磁铁 YA 线圈与直流继电器 K 线圈并联。当接触器 KM 动合触点断开时，继电器 K 很快释放。由于电磁铁 YA 线圈的电感大，因此储存的磁能经继电器线圈泄放，将使继电器有可能重新吸合，导致控制线路产生误动作。正确的连接如图 3－24(b)所示，将电磁铁和继电器线圈分别由接触器 KM 的动合触点控制。

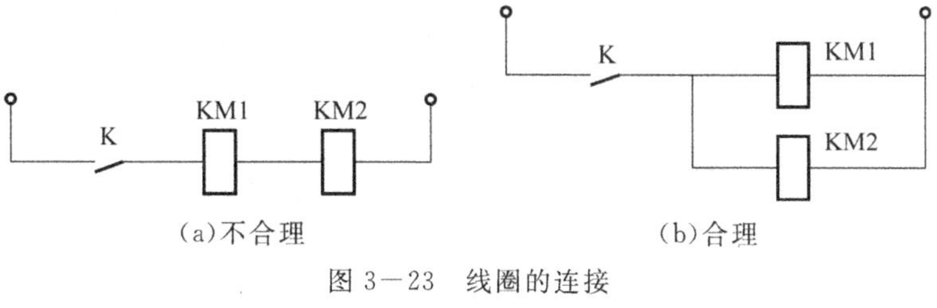

(a)不合理　　(b)合理

图 3－23　线圈的连接

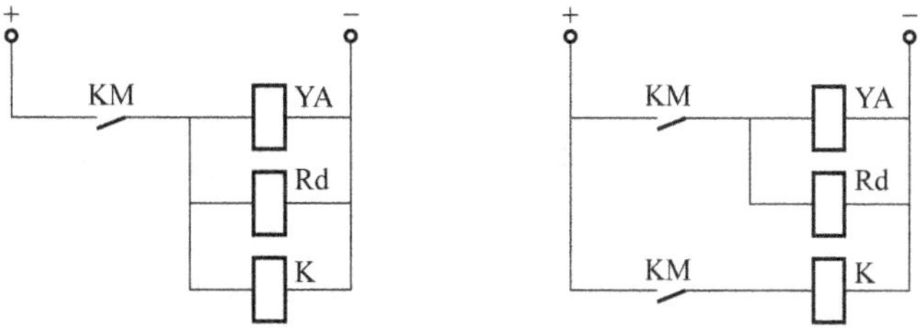

(a)不正确　　(b)正确

图 3－24　直流电磁线圈的连接

3. 在满足要求的情况下，应尽量减少电器通电的数量

现在以三相异步电动机电阻降压启动的控制线路为例进行分析。在如图 3－25(a)所示电路中，电动机启动后，接触器 KM1 和时间继电器 KT 就失去作用，但仍需要长期通电，从而使内耗增加，电器寿命缩短。而采用如图 3－25(b)所示线路，就可以在电动机启动后切除 KM1 和 KT 电源，既节约了电能，又延长了寿命。

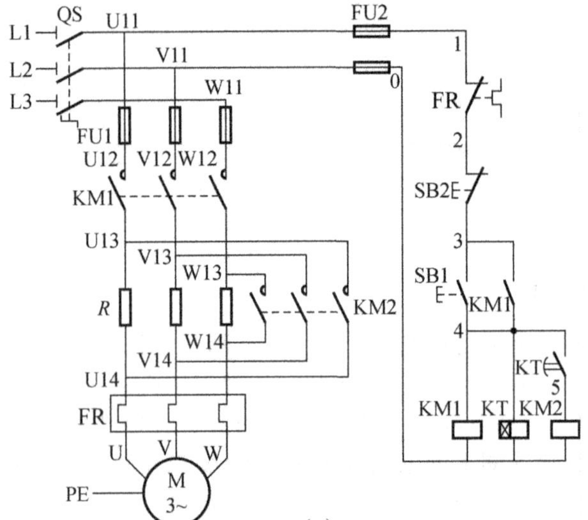

(a)

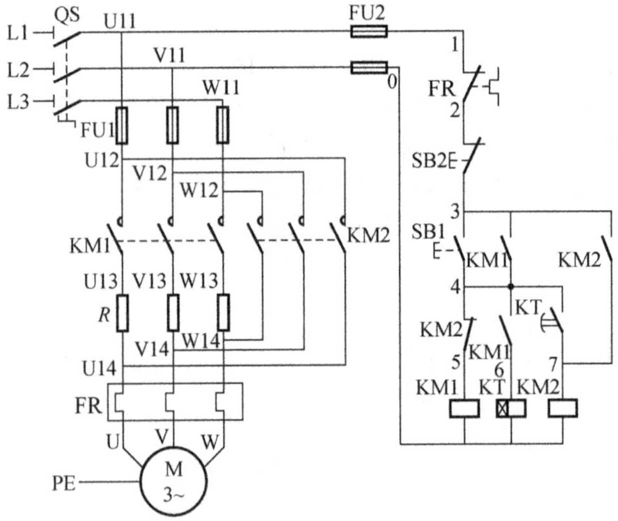

(b)

图 3－25　尽量减少电器通电数量

4. 应尽量避免采用许多电器依次动作才能接通另一个电器的控制线路

在如图 3－26(a)和(b)所示线路中，中间继电器 KA1 得电动作后，KA2 才动作，而后 KA3 才能得电动作。KA3 的得电动作要通过 KA1 和 KA2 两个电器的动作。若接成如图 3－26(c)所示线路，KA3 的动作只需 KA1 电器动作，而且只需经过一对触点，工作更为可靠。

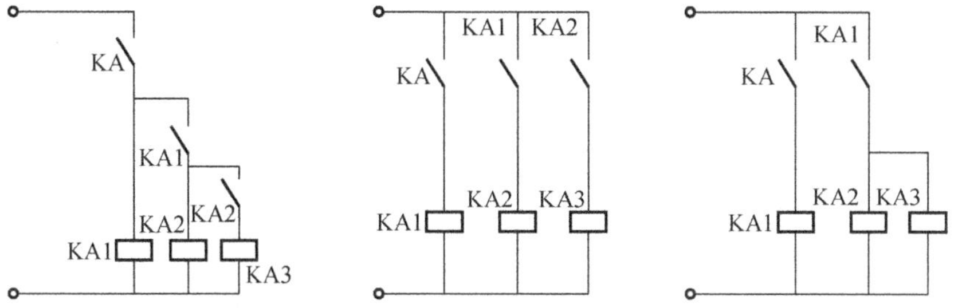

(a)不适当　　(b)不适当　　(c)适当

图 3－26　触点的合理使用

5. 电器线圈回路不能串接自身的动断触点

如图 3－27(a)所示线路中，如果接触器 KM 的线圈与其自身的动断辅助触点串联连接，就会在线路接通时发生抖动现象，这是不允许的。如图 3－27(b)所示情况与此相似，因为 KM1、KM2、KM3 的动作完全一致，KM1 线圈回路中串接 KM3 的动断触点，就相当于串接了自身的动断触点。所不同的是 3 个接触器将同时抖动，且抖动频率相对较低，这种情况同样也应予以避免。

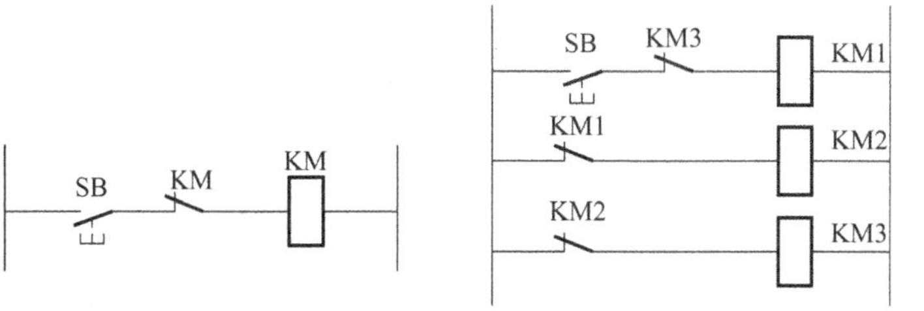

(a)　　(b)

图 3－27　电器线圈回路串接自身动断触点

时间继电器线圈回路串接本身的延时动断触点也会发生抖动现象，抖动周期为时间继电器的延时时间，如图 3－28 所示。这种电路除非特殊需要，否则应尽量避免。

(a)线圈长时间通电型　　(b)线圈长时间断电型

图 3－28　时间继电器线圈回路

6. 正确连接电器的触点

同一个电器的辅助常开和常闭触点靠得很近，如果连接不当，就会造成线路工作不正常。如图 3－29(a)所示线路，行程开关 SQ 的常开触点和常闭触点由于不是等电位，当触点断开产生电弧时，很可能在两对触点间形成飞弧而造成电源短路。因此，在一般情况下，对于共用同一电源的所有接触器、继电器以及执行电器，将线圈的一端均接在电源的一侧，控制触点接在电源的另一侧，如图 3－29(b)所示。

(a)不适当　　　　(b)适当

图 3－29　正确连接电器的触点

7. 控制线路中应避免出现寄生电路

在电气控制线路工作过程中意外接通的电路称为寄生电路。寄生电路的出现将影响控制线路的正常工作，造成误动作，应尽可能避免。如图 3－30(a)所示是一个具有指示灯显示和过载保护的电动机正反转控制电路，在正常工作时能够完成正反向启动、停止和运行状态指示。如果电动机在正转运行时发生过载，热继电器 FR 动断触点断开，本应将接触器 KM1 线圈断电，使其释放；但是实际的情况是，当热继电器动作时，虽然 FR 的动断触点断开，但是 KM1 线圈却经图中虚线所示的寄生继电器继续与电源相连，所以 KM1 可能继续保持吸合而不释放，使热继电器起不到过载保护作用。因此，在设计电气控制线路时，应尽量将电器的联锁触点接在线圈的左端，线圈的右端直接接电源，这样不但可以简化控制柜的出线，更重要的是可以减少产生寄生电路的可能性。如图 3－30(b)和(c)所示线路可以防止寄生电路。

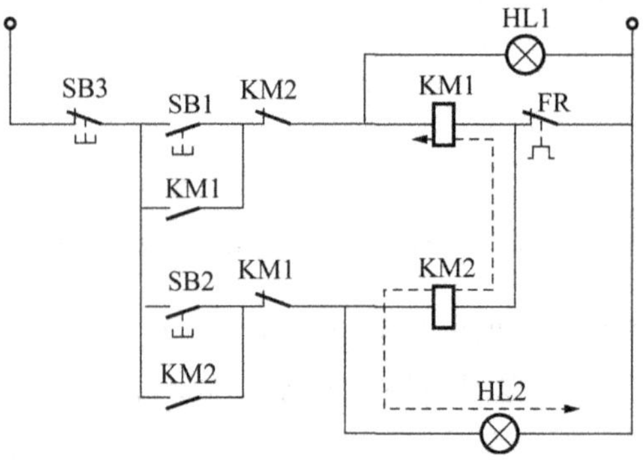

(a)有寄生电路

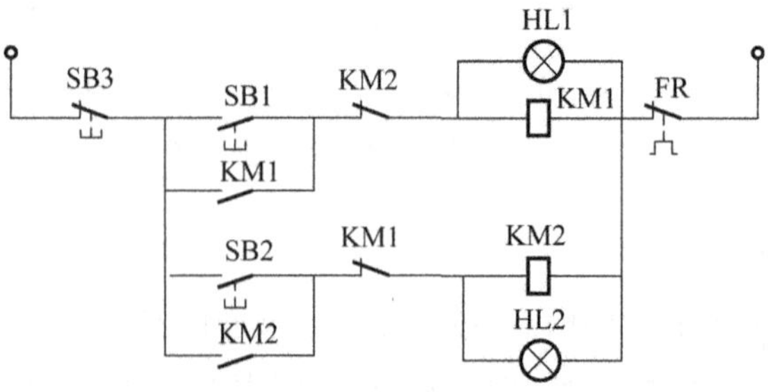

(b)无寄生电路

图 3－30　防止寄生电路

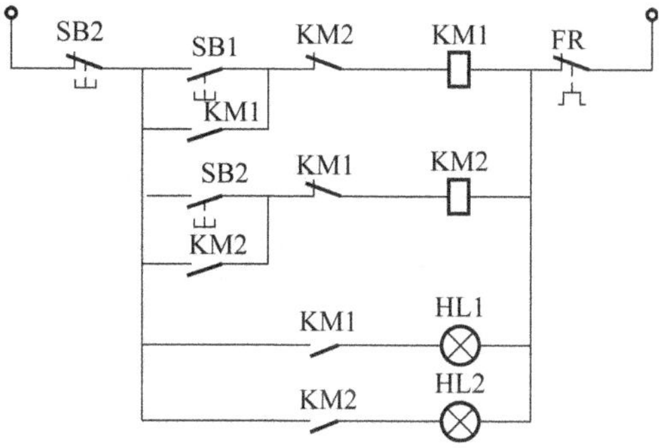

(c)无寄生电路

图 3－30(续)　防止寄生电路

8. **避免电路竞争**

在某一控制信号的作用下，当电气控制线路从一个状态转换到另一个状态时，常常会有几个电器要发生通断状态的改变。由于电器元件总有一定的固有动作时间，所以往往会发生不按预定时序动作的情况，从而使线路无法按要求的逻辑功能进行状态转换，这种现象称为“竞争”。“竞争”现象的存在将造成电气控制线路不能按照设计的要求完成既定动作，有可能引起控制失灵或发生误动作，因此在设计中应尽量避免。

9. **电气联锁和机械联锁共用**

在频繁操作的可逆运行控制线路中，正反向接触器之间至少要有电气联锁，必要时要加机械联锁，以避免误操作可能带来的危害。

方法点拨

电气线路的设计是个复杂的事情，需要考虑的因素很多，本节只是简要地介绍了其中一些比较重要的注意事项。

思考题

1. 电气控制线路设计都有哪些注意的方面？
2. 简述电气线路设计的一般顺序。
3. 什么是电路竞争？

第4单元 常用生产机械的电气控制线路及其安装、调试与维修

(1)电动机检查与维修的一般方法。

(2)CA6140 型车床电气控制线路。

(3)Z35 型和 Z3050 型摇臂钻床电气控制线路。

(4)X62W 型万能铣床电气控制线路。

(5)T68 型镗床电气控制线路。

(6)M7130 型平面磨床电气控制线路。

第1节 电动机检查与维修的一般方法

学习目标

(1)熟悉电动机启动前的检查与试运行检查的一般方法。

(2)学会查找和分析电动机的故障原因,并熟悉其解决方案。

学习要点

电动机故障的原因。

一、电动机启动前的检查与试运行检查

1. 启动前的检查

小思考

电动机在启动之前,如何判断它是良好工作的?

(1)新安装的或停用 3 个月以上的电动机,用兆欧表测量电动机各相绕组之间及每相绕组与地(机壳)之间的绝缘电阻,测试前应拆除电动机出线端子上的所有外部接线。通常对 500 V 以下的电动机用 500 V 兆欧表测量,对 500～3 000 V 电动机用 1 000 V 兆欧表测量其绝缘电阻。按要求,电动机每 1kV 工作电压,绝缘电阻不得低于 1 MΩ,电压在 1 kV 以下、容量为 1 000 kW 及以下的电动机,其绝缘电阻应不低于 0.5 MΩ。若绝缘电阻较低,则应先将电动机进行烘干处理,然后再测绝缘电阻,合格后才可通电使用。

(2)检查二次回路接线是否正确,可以在未接电动机情况下先模拟动作一次,以确认各环节动作无误,包括信号灯显示正确与否。检查电动机引出线的连接是否正确,相序和旋转方向

是否符合要求，接地或接零是否良好，导线截面积是否符合要求。

(3)检查电动机内部有无杂物，用干燥、清洁的 200～300 kPa 的压缩空气吹净内部(可使用吹风机或手风箱等来吹)，但不能碰坏绕组。

(4)检查电动机铭牌所示电压、频率与所接电源电压、频率是否相符，电源电压是否稳定(通常允许电源电压波动范围为±5%)，接法是否与铭牌所示相同。如果是降压启动，那么还要检查启动设备的接线是否正确。

(5)检查电动机紧固螺栓是否松动，轴承是否缺油，定子与转子的间隙是否合理，间隙处是否清洁和有无杂物。检查机组周围有无妨碍运行的杂物，电动机和所传动机械的基础是否牢固。

(6)检查保护电器(断路器、熔断器、交流接触器、热继电器等)整定值是否合适。动、静触点接触是否良好。检查控制装置的容量是否合适，熔体是否完好，规格、容量是否符合要求和装接是否牢固。

(7)电刷与换向器或滑环接触是否良好，电刷压力是否符合制造厂的规定。

(8)检查启动设备是否完好，接线是否正确，规格是否符合电动机要求。用手扳动电动机转子和所传动机械的转轴(如水泵、风机等)，检查转动是否灵活，有无卡涩、摩擦和扫膛现象。确认安装良好，转动无碍。

(9)检查传动装置是否符合要求。传动带松紧是否适度，联轴器连接是否完好。

(10)检查电动机的通风系统、冷却系统和润滑系统是否正常。观察是否有泄漏印痕，转动电动机转轴，看转动是否灵活，有无摩擦声或其他异声。

(11)检查电动机外壳的接地或接零保护是否可靠和符合要求。

2. 电动机试运行过程中的检查

(1)启动时检查。

1)电动机在通电试运行时必须提醒在场人员注意，传动部分附近不应有其他人员站立，也不应站在电动机及被拖动设备的两侧，以免旋转物切向飞出造成伤害事故。

2)接通电源之前就应作好切断电源的准备，以防万一接通电源后电动机出现不正常的情况(如电动机不能启动、启动缓慢、出现异常声音等)时能立即切断电源。使用直接启动方式的电动机应空载启动。由于启动电流大，因此拉合闸动作应迅速果断。

3)一台电动机的连续启动次数不宜超过 3～5 次，以防止启动设备和电动机过热。尤其是电动机功率较大时要随时注意电动机的温升情况。

4)电动机启动后不转或转动不正常或有异常声音时，应迅速停机检查。

5)使用三角启动器和自耦减压器时，软启动或变频启动时必须遵守操作程序。

(2)试运行时检查。

1)检查电动机转动是否灵活或有杂音。注意电动机的旋转方向与要求的旋转方向是否相符。

2)检查电源电压是否正常。对于 380 V 异步电动机，电源电压不宜高于 400 V，也不能低于 360 V。

3)记录启动时母线电压、启动时间和电动机空载电流。注意电流不能超过额定电流。

4)检查电动机所带动的设备是否正常，电动机与设备之间的传动是否正常。

5)检查电动机运行时的声音是否正常，有无冒烟和焦味。

6)用验电笔检查电动机外壳是否有漏电和接地不良。

7)检查电动机外壳有无过热现象并注意电动机的温升是否正常，轴承温度是否符合制造厂的规定(对绝缘的轴承，还应测量其轴电压)。

8)检查换向器、滑环和电刷的工作是否正常，观察其火花情况(允许电刷下面有轻微的火花)。

小思考

如果发现问题，首先考虑的处理方法是什么？发现哪些情况必须立即断电？

二、电动机发生故障的原因

1.故障外因

(1)电源电压过高或过低。

(2)启动和控制设备出现缺陷。

(3)电动机过载。

(4)馈电导线断线，包括三相中的一相断线或全部馈电导线断线。

(5)周围环境温度过高，有粉尘、潮气及对电机有害的蒸气和其他腐蚀性气体。

2.故障内因

(1)机械部分损坏，如轴承和轴颈磨损，转轴弯曲或断裂，支架和端盖出现裂缝。所传动的机械发生故障(有摩擦或卡涩现象)，引起电动机过电流发热，甚至造成电动机卡住不转，使电动机温度急剧上升，绕组烧毁。

(2)旋转部分不平衡或联轴器中心线不一致。

(3)绕组损坏，如绕组对外壳和绕组之间的绝缘击穿，匝间或绕组间短路，绕组各部分之间以及换向器之间的接线发生差错，焊接不良，绕组断线等。

(4)铁芯损坏，如铁芯松散和叠片间短路。或绑线损坏，如绑线松散、滑脱、断开等。

(5)集流装置损坏，如电刷、换向器和滑环损坏，绝缘击穿。再如震摆和刷握损坏等。

三、电动机常见故障及排除方法

异步电动机的故障可分为机械故障和电气故障两类。机械故障如轴承、铁芯、风叶、机座、转轴等故障，一般比较容易观察与发现；电气故障主要是定子绕组、电刷等导电部分出现的故障。由于电动机的结构形式、制造质量、使用和维护情况的不同，所以往往可能出现同一故障有不同外观现象，或同一外观现象引起不同的故障。因此要正确判断故障，必须先认真细致地观察、研究和分析，然后进行检查与测量，找出故障所在，并采取相应的措施予以排除。

小思考

有哪些电动机的故障，可以通过观察外观判断？

(1)调查。首先了解电机的型号、规格、使用条件、使用年限，以及电机在发生故障前的运行情况，如所带负荷的大小、温升的高低、有无不正常的声音、操作情况等，并认真听取操作人员的反映。

(2)察看故障现象。察看的方法要按电机故障情况灵活掌握,有时可以把电动机接上电源进行短时运转,直接观察故障情况,再进行分析研究。有时电机不能接上电源,通过仪表测量或观察来进行分析判断,然后再把电机拆开,测量并仔细观察其内部情况,找出其故障所在。其常见故障、产生故障的原因及排除方法如表4—1所示。

表4—1 异步电动机的常见故障、产生故障的原因及排除方法

故障现象	产生故障的原因	排除方法
电源接通后电动机不能启动	(1)电源断电或电源开关接触不良	(1)检查电源,开关接触不良应进行修理或更换
	(2)熔丝烧断,控制设备接线或二次回路接线错误	(2)更换保险丝,检查控制设备接线或二次回路接线
	(3)定子绕组接线错误	(3)检查接线,纠正错误
	(4)定子绕组断路、短路或接地,绕线电机转子绕组断路	(4)找出故障点,排除故障
	(5)负载过重或传动机械有故障或传动机构被卡住	(5)检查传动机构及负载
	(6)绕线电动机转子回路断开(电刷与滑环接触不良,变阻器断路,引线接触不良等)	(6)找出断路点,并加以修复
	(7)电源电压过低	(7)检查原因并排除
电动机温升过高或冒烟	(1)负载过重或启动过于频繁	(1)减轻负载,减少启动次数
	(2)三相异步电动机断相运行	(2)检查原因,排除故障
	(3)定子绕组接线错误	(3)检查定子绕组接线,加以纠正
	(4)定子绕组接地或匝间、相间短路	(4)查出接地或短路部位,加以修复
	(5)鼠笼电动机转子断条	(5)铸铝转子必须更换,铜条子可修复或更换
	(6)绕线电动机转子绕组断相运行	(6)找出故障点,加以修复
	(7)定子、转子相擦	(7)检查轴承,看转子是否变形,进行修理或更换
	(8)通风不良	(8)检查通风道是否畅通,对不可反转的电动机检查其转向
	(9)电源电压过高或过低	(9)检查原因并排除
电机振动	(1)风扇叶片损坏和转子不平衡	(1)校正平衡
	(2)带轮不平衡或轴伸弯曲	(2)检查并校正
	(3)电机与负载轴线不对	(3)检查、调整机组的轴线
	(4)电机安装不良,基础不牢、刚度不够或固定不紧	(4)检查安装情况及地脚螺栓
	(5)负载突然过重	(5)减轻负载

续表

故障现象	产生故障的原因	排除方法
运行时有异声	(1)定子、转子相擦 (2)轴承损坏或润滑不良 (3)电动机两相运行 (4)风叶碰机壳 (5)绕组接地或相间短路 (6)绕组匝间短路	(1)检查轴承,看转子是否变形,进行修理或更换 (2)更换轴承,清洁轴承 (3)查出故障点并加以修复 (4)检查并消除故障 (5)检查并修理 (6)检查并修理
电动机带负载时转速过低	(1)电源电压过低 (2)负载过大 (3)鼠笼电动机转子断条 (4)绕线电动机转子绕组接触不良或断开 (5)支路压降过大,电动机出线端电压过低 (6)接线错误,如将定子绕组的△接线误接成Y形	(1)检查电源电压 (2)核对负载 (3)铸铝转子必须更换,铜条转子可修理或更换 (4)检查电刷压力,电刷与环接触情况及转子绕组 (5)更换截面较大的导线,尽量减小电动机与电源的距离 (6)更换接线方法
电动机外壳带电	(1)电源线与接地线搞错,接地线的毛刺与外壳相碰,接地线线头脱落,接地线失效和接零的零线中断(接触不良或接地电阻太大) (2)绕组受潮,绝缘损坏或老化 (3)相线触及外壳,有脏物,引出线或接线盒的接头有绝缘损伤而接地	(1)按规定接好地线,消除接地不良处 (2)对受潮的绕组进行烘干处理,绝缘损坏或老化的绕组应予以更换 (3)先查接线盒桩头,再查保护钢管管口和接头的绝缘情况,若已损坏,则应套上绝缘管和包扎绝缘布,必要时进行浸漆处理,清除脏物,重接引出线
电动机的绝缘电阻过低	(1)长期搁置不用或浸水,造成绝缘受潮 (2)长期运行绕组积尘太多,尤其是绕组上沉积导电性粉尘,使绝缘电阻大幅度降低 (3)引出线和接线盒的绝缘损坏 (4)绕组过热而造成绝缘老化	(1)可用烘烤的办法恢复绝缘性能 (2)拆开电动机进行彻底清扫 (3)重新包扎损坏部位 (4)重新浸漆或重绕绕组

四、电动机运行中的监视与维护

电动机在运行时,要通过听、看、闻等及时监视电动机,以期当电动机出现不正常现象时能及时切断电源,排除故障。具体项目如下:

(1)听电动机在运行时发出的声音是否正常。电动机正常运行时，发出的声音应该是平稳、轻快、均匀、有节奏的。如果出现尖叫、沉闷、摩擦、撞击、振动等异声时，就应立即停机检查。观察电动机有无振动、噪声和异常气味。电动机如果出现振动，会引起与之相连的负载部分不同程度增高，形成电动机负载增大，出现超负荷运行，就会烧毁电动机。因此，电动机在运行中，尤其是大功率电动机更要经常检查地脚螺栓、电动机端盖、轴承压盖等是否松动，接地装置是否可靠，一旦发现问题就及时解决。噪声和异味是电动机运转异常、随即出现严重故障的前兆，必须随时发现并查明原因而排除。

(2)通过多种渠道经常检查。检查电动机的温度及电动机的轴承、定子、外壳等部位的温度有无异常变化，尤其对无电压、电流指示及没有过载保护的电动机，对温升的监视更为重要。电动机轴承是否过热、缺油，如果发现轴承附近的温升过高，就应立即停机检查。轴承的滚动体、滚道表面有无裂纹、划伤或损缺，轴承间隙是否过大晃动，内环在轴上有无转动等。出现上述任何一种现象，都必须更新轴承后方可再行作业。注意电动机在运行中是否发出焦臭味，如果有，说明电动机温度过高，就应立即停机检查原因。

(3)保持电动机的清洁，特别是接线端和绕组表面的清洁。不允许水滴、油污及杂物落到电动机上，更不能让杂物和水滴进入电动机内部。要定期检修电动机，清洁内部，更换润滑油等。电动机在运行中，进风口周围至少3 m内不允许有尘土、水渍和其他杂物，以防吸入电机内部，形成短路介质，或损坏导线绝缘层，造成匝间短路、电流增大、温度升高而烧毁电动机。所以，要保证电动机有足够的绝缘电阻，以及良好的通风冷却环境，这样才能使电动机在长时间运行中保持安全稳定的工作状态。

(4)要定期测量电动机的绝缘电阻，特别是电动机受潮时，如果发现绝缘电阻过低，就要及时进行干燥处理。

(5)对绕线式电动机，要经常注意电刷与滑环间的火花是否过大，如果火花过大，就要及时做好清洁工作，并进行检修。

(6)保持电动机在额定电流下工作。电动机过载运行，主要原因是由于拖动的负荷过大，电压过低，或被带动的机械卡滞等造成的。如果过载时间过长，电动机就将从电网中吸收大量的有功功率，电流便急剧增大，温度也随之上升，在高温下电动机的绝缘便老化失效而烧毁。因此，电动机在运行中，要注意检查传动装置运转是否灵活、可靠，联轴器的同心度是否标准，齿轮传动是否灵活等。如果发现有卡滞现象，就应立即停机查明原因，排除故障后再运行。

(7)检查电动机三相电流是否平衡，其三相电流任何一相电流与其他两相电流平均值之差不允许超过10%，这样才能保证电动机安全运行。如果超过就表明电动机有故障，必须查明原因及时排除。

(8)启动设备正常工作和电动机启动设备技术状态的好坏，对电动机的正常启动起着决定性的作用。实践证明，绝大多数烧毁的电动机，其原因大都是启动设备工作不正常造成的。如启动设备出现缺相启动，接触器触点拉弧、打火等。而启动设备的维护主要是清洁、紧固。如接触器触点不清洁会使接触电阻增大，引起发热烧毁触点，造成缺相而烧毁电动机；接触器吸合线圈的铁芯锈蚀和尘积，会使线圈吸合不严，并发生强烈噪声，增大线圈电流，烧毁线圈而引发故障。因此，电气控制柜应设在干燥、通风和便于操作的位置，并定期除尘。经常检查接触器触点、线圈铁芯、各接线螺丝等是否可靠，机械部位动作是否灵活，使其保持良好的技术状态。

方法点拨

（1）联系前几章学过的知识，仔细阅读启动前检查和运行检查的要求，分析这样要求的原因，就能记忆深刻。

（2）不同的故障，会有不同的外在表现形式，注意故障和其外在表现的对应关系。

（3）课文中提到很多参数，注意其数值和单位。

（4）课文中，提到大量的故障原因和检修方法，要注意其理论依据和分析过程，不要求完全记忆，在以后的实际训练中，要经常查阅这些方法。

思考题

1. 电动机试运行过程中启动时检查应注意些什么？

2. 电动机发生故障的外因有哪些？

3. 降压启动失败跳闸的原因和解决办法是什么？

4. 调查故障原因时，首先要查看哪些内容？

第2节　CA6140型车床电气控制线路

学习目标

（1）熟悉CA6140型车床电气控制线路构成。

（2）掌握CA6140型车床电气控制线路的分析方法及其安装、调试与维修。

学习要点

CA6140型车床电气控制线路分析

一、CA6140型车床的主要结构及型号意义

小思考

车床是机械加工中应用最广泛的一种机床，它可以加工什么工件？

车床是一种应用极其广泛的金属切削机床，能够车削外圆、内圆、端面、螺纹、切断及割槽等，并可以装上钻头或铰刀进行钻孔和铰孔等加工。CA6140型卧式车床主要由床身、主轴变速箱、溜板箱、进给箱、溜板、丝杠、光杠与刀架等几部分组成。机床是由主轴电动机通过带传动到主轴变速箱再旋转的，其主传动力是主轴的运动，工件的进给运动也由主轴传递，刀架快速移动由刀架快速移动电动机带动。CA6140型卧式车床的外形及结构如图4－1所示，其实物图如图4－2所示。

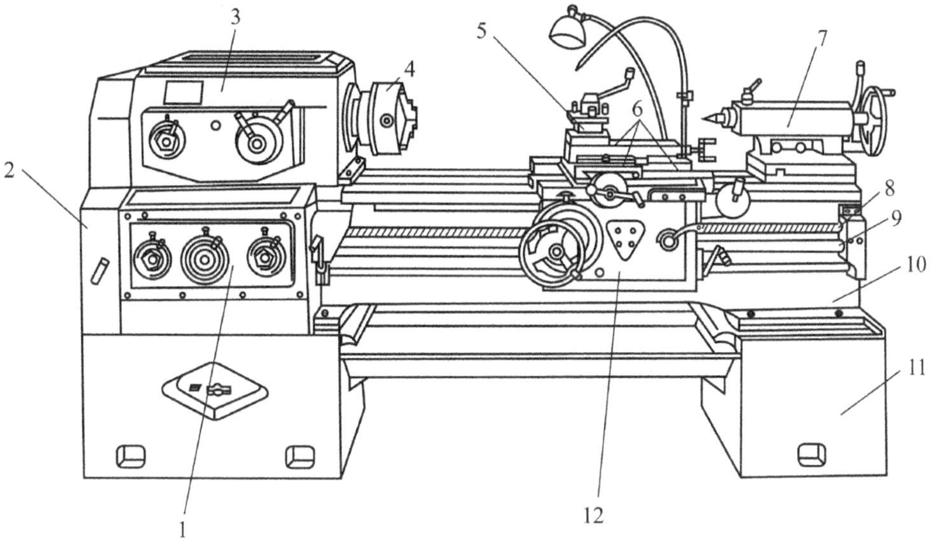

图 4－1　CA6140 型普通车床电气外形及结构

1－进给箱　2－挂轮箱　3－主轴箱　4－大盘　5－刀架　6－滑板
7－尾架　8－丝杠　9－光杠　10－床身　11－床腿　12－溜板箱

图 4－2　CA6140 型卧式车床实物图

CA6140 型卧式车床型号意义如下：

二、CA6140 型车床的主要运动形式及控制要求

CA6140 型车床的主要运动形式及控制要求如表 4－2 所示。

表 4－2　CA6140 型车床的主要运动形式及控制要求

运动种类	运动形式	控制要求
主运动	主轴通过卡盘或顶尖带动工件的旋转运动	(1)主轴电动机选用三相笼型异步电动机，不进行调速，主轴采用齿轮箱进行机械有级调速 (2)车削螺纹时要求主轴有正反转，一般由机械方法实现，主轴电动机只作单向旋转 (3)主轴电动机的容量不大，可采用直接启动
进给运动	刀架带动刀具的直线运动	由主轴电动机拖动，主轴电动机的动力通过挂轮箱传递给进给箱来实现刀具的纵向和横向进给。加工螺纹时，要求刀具的移动和主轴转动有固定的比例关系
辅助运动	刀架的快速移动	由刀架快速移动电动机拖动，该电动机可直接启动，不需要正反转和调速
	尾架的纵向移动	由手动操作控制
	工件的夹紧与放松	由手动操作控制
	加工过程的冷却	冷却泵电动机和主轴电动机要实现顺序控制，冷却泵电动机也不需要正反转和调速

三、CA6140 型车床电气控制线路分析

1. 车床电气控制原理图

如图 4－3 所示为 CA6140 型卧式车床电气控制原理图。

2. 电路分析

(1)主电路分析。机床电源采用三相 380 V 交流电源，由电源开关 QS 引入，总电源短路保护为 FU。主轴电动机 M1 的短路保护由 FU 来实现，而 M2、M3 的短路保护由 FU1 来实现，M1 和 M2 的过载保护由各自的热继电器 FR1 和 FR2 来实现，三台电动机分别采用接触器控制。

(2)控制线路。控制线路由控制变压器 TC 供电，控制电源电压为 110 V 交流电，熔断器 FU2 作短路保护。主轴电动机 M1 启动由按钮 SB2 控制，按下 SB2，接触器 KM 吸合，主触点闭合，主轴电动机 M1 启动运转，并通过其辅助触点自锁，同时接通接触器 KM 线圈电路。闭合开关 SA1，冷却泵电动机 M2 启动加冷却液。停车时按下 SB1，KM 失电释放，M1 断电停转并断开自锁。

冷却泵电动机 M2 与主轴电动机 M1 是联锁控制的，只有当 M1 启动并闭合开关 KA1 时，M2 才能启动，M1 停止后，M2 也立即停止，以满足车工工艺的要求。从安全需要考虑，快速进给电动机采用点动控制，按下 SB3 就可以快速进给。

当电动机 M1 或 M2 过载时，热继电器 FR1 和 FR2 动作，其动断触点断开控制电路电源，接触器 KM 或 KA1 断电释放，电动机 M1 或 M2 断电停转，从而起到过载保护的作用。

(3)CA6140 型卧式车床照明、信号电路识图。控制变压器 TC 的二次侧输出 24 V 和 6 V

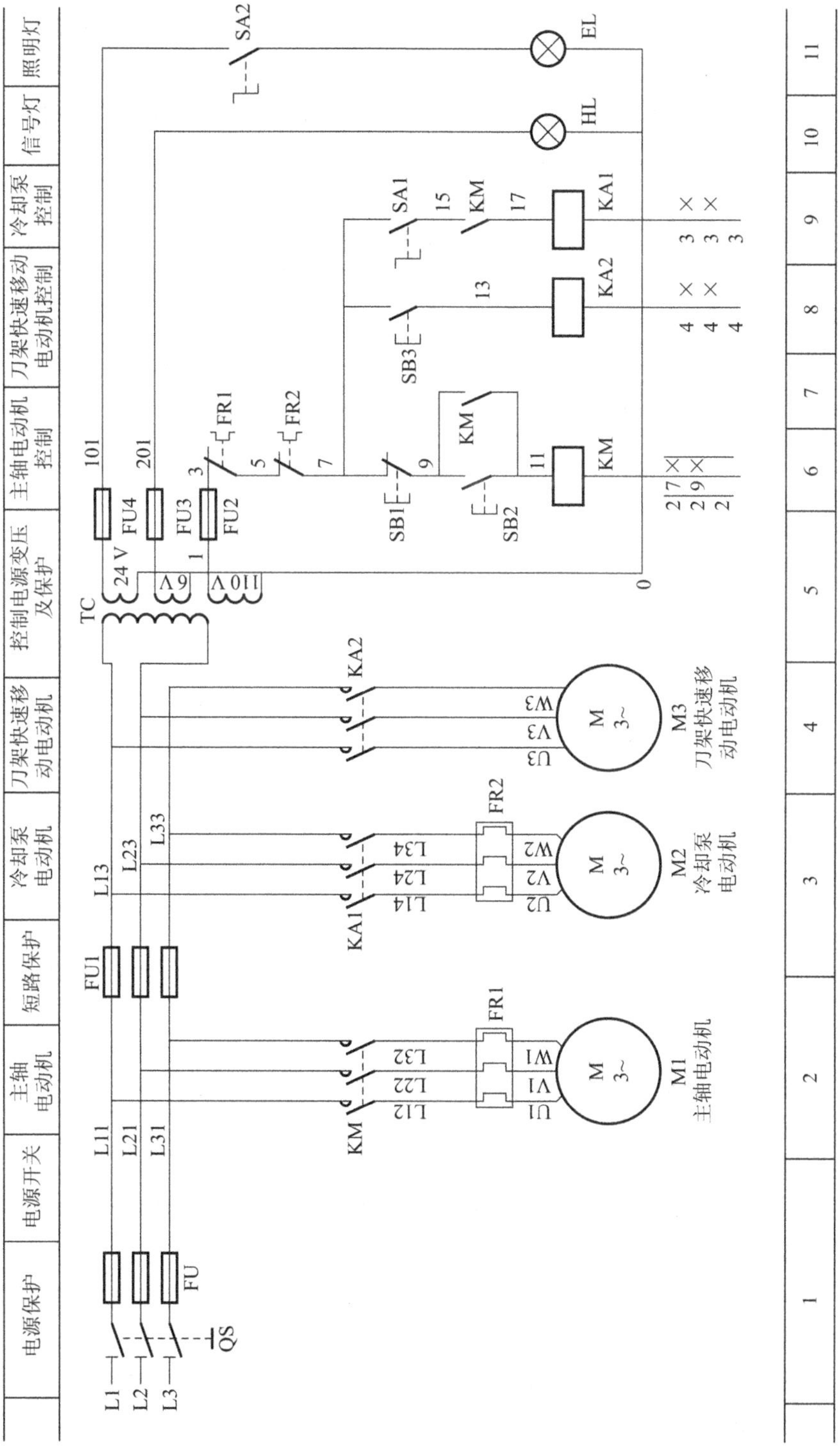

图 4–3　CA6140型卧式车床电气控制原理图

电压，分别作为车床低压照明和指示灯的电源。其通电回路为：变压器 TC—熔断器 FU4—101 号线—单极开关 SA2—工作照明灯 EL—0 号线—回到变压器 TC。本机床信号指示电路为电源指示信号，由变压器 TC 输出 6 V 交流电压供电，其通电回路为：变压器 TC—熔断器 FU3—信号指示灯 HL—0 号线—回到变压器 TC。当合上电源总开关 QS 时，信号指示灯 HL 发亮；当断开电源总开关 QS 时，信号指示灯 HL 熄灭。

(4)CA6140 型卧式车床的电气元件明细表如表 4—3 所示。

表 4—3 CA6140 型卧式车床的电气元件明细表

代号	名称	型号	规格	数量	用途
M1	主轴电动机	Y132M—4—B3	7.5 kW、1 450 r/min	1	主轴及进给传动
M2	冷却泵电动机	AOB—25	90 W、3 000 r/min	1	供冷却液
M3	快速移动电动机	AOS5634	250 W、1 360 r/min	1	刀架快速移动
FR1	热继电器	JR36—20/3	15.4 A	1	M1 过载保护
FR2	热继电器	JR36—20/3	0.32 A	1	M2 过载保护
KM	交流接触器	CJ10—20	线圈电压 110 V	1	控制 M1
KA1	中间继电器	JZ7—44	线圈电压 110 V	1	控制 M2
KA2	中间继电器	JZ7—44	线圈电压 110 V	1	控制 M3
SB1	按钮	LAY3—01ZS/1		1	停止 M1
SB2	按钮	LAY3—10/3.11		1	启动 M1
SB3	按钮	LA9		1	启动 M3
SA1	旋钮开关	LAY3—10X/20		1	控制 M2
SA2	旋钮开关	LAY3—01Y/2		1	电源开关锁
FU1	熔断器	BZ001	熔体 6 A	2	M2、M3 短路保护
FU2	熔断器	BZ001	熔体 1 A	3	控制电路短路保护
FU3	熔断器	BZ001	熔体 1 A	1	信号灯短路保护
FU4	熔断器	BZ001	熔体 2 A	1	照明电路短路保护
HL	信号灯	ZSD—0	6 V	1	电源指示
EL	照明灯	JC11	24 V	1	工作照明
TC	控制变压器	JBK2—100	380 V/110 V/24 V/6 V	1	控制电路电源

四、CA6140 型车床常见电气故障检修实例

1. 三台电动机均不能启动

故障现象：合上电源总开关 QS，电源指示灯 HL 亮，但按下 SB2、SB3 及扳动 SA1，三台电动机均不能启动运转。

故障分析：扳动 SA1，冷却泵电动机 M2 不能启动运转，是因为冷却泵电动机 M2 必须在主轴电动机 M1 启动后才能启动运转，故 M2 不启动运转可以不考虑为故障。至于按下 SB2、SB3 不启动运转，但当合上 QS 时，电源指示灯 HL 亮，则可以认为是控制电路中 KM 及 KA2 线圈公共回路中有问题，故查找故障点应从它们的共有线路入手。

故障检查：合上电源总开关 QS，分别按下 SB2、SB3，接触器 KM 和中间继电器 KA2 不闭合。用短路法将导线短接 1 号线和 4 号线，分别按下 SB2、SB3、接触器 KM、中间继电器 KA2 仍不闭合。将 1 号线和 5 号线用导线短接，再按 SB2，接触器依然不闭合。故怀疑是接触器

KM、中间继电器 KA2 线圈的 0 号线与从控制变压器 TC 引出来的 0 号线有断点。将从控制变压器引出来的 0 号线与中间继电器 KA2 线圈的 0 号线用导线短接，并使 SB3、KA2 闭合，工作台快速移动电动机 M3 能点动运转，说明接触器 KM、中间继电器 KA2 的 0 号线与从控制变压器 TC 引出来的 0 号线之间确有断点。仔细查找，发现控制变压器 0 号线接往接触器 KM、中间继电器 KA2 的接线脱落。询问工作人员，被告之，在此之前，因机床照明原因已有人检修过机床照明故障。但未修理好，接上脱线，故障排除。此故障属于人为扩大性故障。

小思考

故障检查时，如何保证不漏过应该检测的检测点？

2. 工作台不能快速移动

故障现象：扳动操作杆，压下点动按钮 SB3，工作台不能快速移动。

故障分析：工作台不能快速移动，可能为主电路的问题，也可能为控制电路的问题。是主电路问题还是控制电路问题，只要扳动操纵杆，压下点动按钮 SB3，观察 KA2 是否闭合就可以判断。

故障检查：扳动操纵杆，压下点动按钮 SB3，KA2 不闭合，由此确定为控制电路故障。用"短路法"将控制电路中 2 号线和 7 号线短接，KA2 闭合；再短接 4 号线和 7 号线，KA2 闭合，这说明是点动按钮 SB3 常开触点接触不良。拆出 SB3，发现 SB3 有油污垢，按下 SB3，用万用表电阻挡测量 SB3 常开触点阻值为无穷大。更换 SB3，故障排除。如表 4－4 所示为 CA6140 型卧式车床电气控制线路故障表。

表 4－4　CA6140 型卧式车床电气控制线路故障表

故障现象	故障出现的范围或故障点	重点检测对象或检测点
电动机 M1、M2、M3 全部不能启动	FU 断路；QS 接触不良；变压器 TC 损坏；FU1 断路；FU2 断路；FR1、FR2 接触不良；0 号线断路	TC；FU2；FU1；FR1、FR2
主轴电动机 M1 不能启动	KM1 主触点接触不好；FR1 主触点断路；主轴电动机 M1 烧毁；控制电路中 SB1 接触不良；SB2 接触不好；KM1 线圈损坏	SB1；SB2；KM1 主触点；主轴电动机 M1
主轴电动机 M1 启动后，冷却泵电动机 M2 不能启动	主电路中 KA1 触点接触不好；FR2 主触点断路；冷却泵电动机 M2 烧毁；8 号线、9 号线间的 KM1 接触不良；KA1 线圈损坏	主电路中 KA1 触点；冷却泵电动机 M2；8 号线、9 号线间 KM1 触点
工作台不能快速移动(M3 不能启动运转)	主电路中 KA2 触点接触不良；工作台快速移动电动机 M3 烧毁；SB3 接触不良；KA2 线圈损坏	主电路中 KA2 触点；SB3
机床无工作照明	FU4 断；SA2 接触不良；EL 坏，TC 损坏	FU4；EL；SA

方法点拨

(1)注意学习对电路图的分析，弄清不同元件在电路中的作用。

(2)对故障的分析要全面考虑，在确定故障原因之后，要作整体分析，要考虑检修方法会不会给电气线路造成其他问题。

思考题

1. CA6140 型车床三台电动机均不能启动的故障原因有哪些？如何检查排故？
2. CA6140 型车床工作台不能快速移动的故障原因有哪些？如何检查排故？

技能实训 4—1 CA6140 型车床电气控制线路的安装与调试

1. 实训目标

能正确安装、调试 CA6140 型车床电气控制线路。

2. 所用工具、仪表及器材

所用工具、仪表及器材如表 4—5 所示。

表 4—5 所用工具、仪表及器材

项目内容					
工具	电工常用工具				
仪表	MF47 型万用表、500 V 兆欧表、钳形电流表等				
器材	代号	名称	型号	规格	数量
		控制板、走线槽、各种规格的软线与紧固件、金属软管、编码套管等			

3. 实训过程

CA6140 型车床电气控制线路的安装与调试步骤。

(1)按电器元件明细表配齐电气设备和元件，并检验其质量。

(2)设计控制板尺寸，正确选配导线、接线端子、紧固件等，做好安装前的准备。

(3)在控制板上安装电器元件，并在各电器元件附近做好与原理图上相同代号的标记。

(4)按控制板内布线的工艺要求布线，安装电气控制线路。

(5)选择合理的走向，做好导线通道支持准备，并安装控制板外的所有电器元件。

(6)进行控制箱外部布线，并在导线线头套上与原理图上相同线号的编码套管。

(7)检查所有电路的接线是否正确，是否连接牢固可靠。

(8)检查所有位置开头的安装位置是否正确，能否满足电气控制要求。

(9)检查各传动装置安装情况，并清理周围环境，保证机械传动正常。

(10)检测电动机及线路的绝缘电阻，做好通电试运转的准备。

(11)接通总电源，检查机床电源相序是否正确。

(12)通电试运转时，进行各机械装置的细调，使之完全符合工作要求。

4. 注意事项

(1)确保电动机和线路可靠接地。

(2)控制箱外部的导线必须穿在导线通道或敷设在机床底座内的导线通道里，导线的中间不允许有接头。

(3)注意运动部件的位置，一般置于行程的中间位置，以免在快速进给时，运动部件与车头或尾架相撞。

(4)试车时，要先合上电源开关，后启动按钮；停车时，要先按停止按钮，后断电源开关。

(5)通电试车必须在教师的监护下进行，必须严格遵守安全操作规程。

5. 评分标准

评分标准如表 4—6 所示。

表 4—6　评分标准

<table>
<tr><th>项目内容</th><th>配分</th><th colspan="4">评分标准</th><th>扣分</th></tr>
<tr><td>装前检查</td><td>5 分</td><td colspan="4">电器元件漏检或错检　　每处扣 1 分</td><td></td></tr>
<tr><td>安装</td><td>25 分</td><td colspan="4">(1)不按布置图安装　　扣 10 分
(2)元件安装不牢固　　每只扣 4 分
(3)元件安装不整齐、不匀称、不合理　　每只扣 3 分
(4)损坏元件　　扣 10 分
(5)电动机的安装不符合要求　　扣 10 分</td><td></td></tr>
<tr><td>接线及运行</td><td>30 分</td><td colspan="4">(1)不按电路图接线　　扣 20 分
(2)布线不符合要求　　每根扣 3 分
(3)接点松动、露铜过长、反圈等　　每个扣 1 分
(4)损伤导线绝缘层或线芯　　每根扣 5 分
(5)编码套管漏装或套装不正确　　每处扣 1 分
(6)漏接接地线　　扣 10 分</td><td></td></tr>
<tr><td>检修</td><td>40 分</td><td colspan="4">(1)熔体规格选用不当　　扣 10 分
(2)第一次试车不成功　　扣 20 分
(3)第二次试车不成功　　扣 30 分
(4)第三次试车不成功　　扣 40 分</td><td></td></tr>
<tr><td>安全文明生产</td><td colspan="5">违反安全文明生产规程　　扣 5～40 分</td><td></td></tr>
<tr><td>额定时间</td><td colspan="5">2.5 h，每超时 5 min(不足 5 min 以 5 min 计)　　扣 5 分</td><td></td></tr>
<tr><td>备注</td><td colspan="4">除额定时间外，各项目的最高扣分不应超过配分数</td><td>成绩</td><td></td></tr>
<tr><td>开始时间</td><td colspan="2"></td><td>结束时间</td><td></td><td>实际时间</td><td></td></tr>
</table>

第 3 节　Z35 型和 Z3050 型摇臂钻床电气控制线路

学习目标

(1)熟悉 Z35 型和 Z3050 型摇臂钻床的基本结构与主要运动形式。

(2)掌握其线路的工作原理。

(3)能检修常见的故障。

学习要点

Z35 型摇臂钻床电气控制线路分析。

钻床在工件的加工过程中被广泛使用,任何机械制造几乎都离不开钻床。钻床不但可以用来钻孔,而且可以用来扩孔、铰孔、锪平面及攻丝等。钻床可分为立式钻床、卧式钻床、深孔钻床、多钻头钻床及专用钻床等。常用的钻床以立式摇臂钻床为多。

小思考

钻床和车床在外形和功能上有很大差异,那么它们在电气线路上有没有共同点呢?

一、Z35 型摇臂钻床

Z35 型摇臂钻床主要由底座、内外立柱、摇臂、主轴箱、主轴和工作台等部件组成,其最大钻孔直径为 50 mm。

1. Z35 型摇臂钻床的主要结构与运动形式

如图 4—4 所示,摇臂钻床由底座、内外立柱、摇臂、钻轴箱(主轴箱)、立轴和工作台等部分组成。Z35 型摇臂钻床共有 4 台电动机,即主轴电动机、摇臂升降电动机、立柱夹紧与松开电动机和冷却泵电动机。

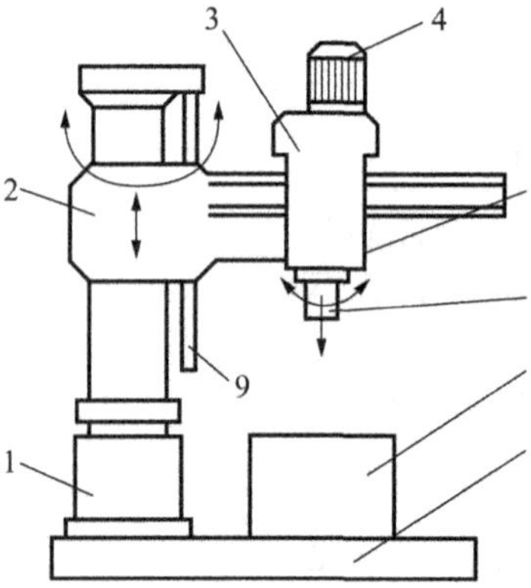

图 4—4　Z35 型摇臂钻床结构示意图

1—立柱　2—摇臂　3—主轴箱　4—电动机　5—导轨

6—主轴　7—工作台　8—底座　9—丝杠

摇臂钻床的主运动是主轴带动钻头的旋转运动;进给运动是钻头的上下移动;辅助运动是主轴箱沿摇臂水平移动、摇臂沿外立柱上下移动和摇臂连同外立柱一起相对于内立柱的回转。钻床的外立柱套在固定于底座的内立柱上,可绕内立柱回转 360°,摇臂通过套筒借助于丝杠与外立柱滑动配合,可沿外立柱上下移动,并与外立柱一起相对内立柱回转。主轴箱是一个复合部件,它包括主轴部件以及主轴旋转和进给运动的全部传动、变速和操作机构,并包括主轴电动机。主轴箱可沿摇臂上的水平导轨作径向移动(手动)。在加工工件中,可利用夹紧机构将主轴箱紧固在摇臂导轨上,外立柱紧固在内立柱上,摇臂紧固在外立柱上,然后进行加工。

2. **电气控制线路的特点**

根据摇臂钻床的结构和加工工艺要求，摇臂钻床的电气控制有以下特点：

(1)摇臂钻床的主轴旋转运动和进给运动由一台交流异步电动机拖动，主轴的正反向旋转是通过机械转换实现的，故主电动机只有一个旋转方向。

(2)摇臂上升、下降是由摇臂升降电动机正、反转实现的，要求摇臂升降电动机能双向启动，并且与主轴电动机联锁。

(3)立柱的松紧也是由电动机的转向来实现的，要求立柱松紧电动机能双向启动。

(4)冷却泵电动机要求单向启动。

(5)为了操作方便，采用十字开关对主轴电动机和摇臂升降电动机进行操作。

(6)为了操作安全，控制电路的电源电压为 127 V。

3. **Z35 型摇臂钻床电气控制线路分析**

如图 4—5 所示是 Z35 型摇臂钻床电气原理图。

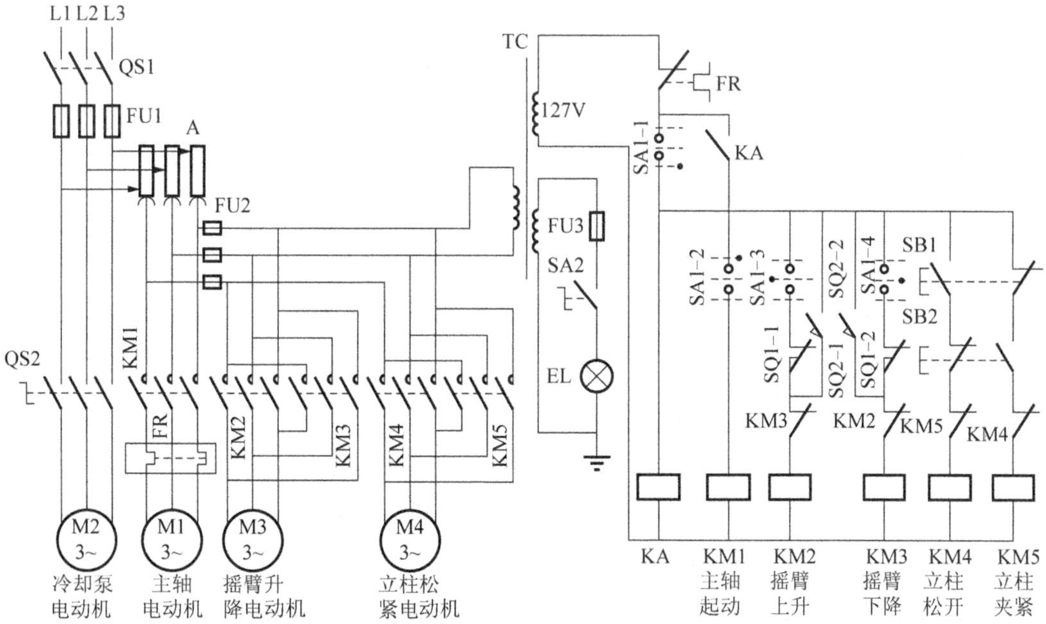

图 4—5　Z35 型摇臂钻床电气原理图

(1)主电路。Z35 型摇臂钻床主电路由 M1、M2、M3、M4 四台电动机，KM1、KM2、KM3、KM4、KM5 的主触点，FU1，FU2 及 FR 等组成。主轴电动机 M1 只作单方向运转，由接触器 KM1 的常开主触点控制；冷却泵电动机 M2 是通过转换开关 QS2 直接控制的；摇臂升降电动机 M3 和立柱松紧电动机 M4 都需要作正反向运动，各由两只接触器 KM2、KM3 和 KM4、KM5 控制。四台电动机中只有主轴电动机 M1 通过热继电器 FR 实现过载保护，电动机 M3 和 M4 都是短时运行，所以不设过载保护。熔断器 FU1 作总短路保护，电动机 M3 和 M4 通过熔断器 FU2 作短路保护。冷却泵电动机 M2 容量较小，设过载保护和短路保护。

(2)控制电路。Z35 型摇臂钻床控制电路中采用十字开关 SA 操作，它有控制集中的优点。十字开关由十字手柄和4个微动开关组成，根据工作时的需要，将手柄分别扳到5个不同的位置，即左、右、上、下和中间位置，操作手柄每次只可扳在一个位置上。当手柄处在中间位置时，全部处于断开状态。十字开关的操作说明如表4—7所示。

表4—7 十字开关操作说明

手柄位置	接通微动开关的触点	工作情况
中	都不通	停止
左	SA1—1	零压保护
右	SA1—2	主轴运转
上	SA1—3	摇臂上升
下	SA1—4	摇臂下降

为了避免十字开关手柄扳在任何工作位置时接通电源而产生误动作，所以设有零压保护环节。每次合电源或工作中电源中断后又恢复时，必须将十字开关向左扳一次，使零压继电器KA通电吸合并自锁，然后扳向工作位置才能工作。当机床工作时，十字开关不在左边，这时若电源断电，则KA失电，其自锁触点分断；电源恢复时，KA不会自行吸合，控制电路仍不通电，以防止工作中电源中断又恢复而造成的危险。

1）主轴电动机M1的控制。控制回路由接触器KM1，十字开关SA及零压继电器KA等组成。将十字开关扳向左边，KA得电，常开触点闭合自锁，为其他电路接通作准备。将十字开关扳向右边，SA1—2闭合，接触器KM1线圈通电，常开主触点闭合，M1启动运转。主轴旋转方向是由主轴箱上的摩擦离合器手柄位置决定的。将十字开关扳到中间位置时SA1—2分断，KM1失电，主电机M1停转。

2）摇臂升降电动机M3的控制。摇臂钻床正常工作时，摇臂应夹紧在立柱上，因此在摇臂上升或下降之前，首先应松开夹紧装置，当摇臂上升或下降到指定位置时，夹紧装置又必须将摇臂夹紧。这种松开一升降一夹紧的过程是由电气和机械机构联合配合实现自动控制的。

现以摇臂上升为例，分析全过程的控制情况。

将十字开关扳向上边，微动开关触点SA1—3闭合，接触器KM2线圈得电，其常开主触点闭合，电动机M3正向运转，通过机械传动，使辅助螺母在丝杠上旋转上升，带动了夹紧装置松开，触点SQ2—2闭合，为摇臂上升后的夹紧动作作准备。

摇臂松开后，辅助螺母将继续上升，带动一个主螺母沿丝杠上升。主螺母则推动摇臂上升。当摇臂上升到预定高度时，将十字开关扳到中间位置，上升接触器KM2断电，其常闭辅助触点恢复闭合，常开主触点分断，电动机M3停转，摇臂即停止上升。由于摇臂上升时触点SQ2—2闭合，所以KM2失电后，下降接触器KM3得电吸合，其常开主触点闭合，M3即反转，这时电动机通过辅助螺母使夹紧装置将摇臂夹紧，但摇臂并不下降。当摇臂完全夹紧时，SQ2—2触点随即断开，接触器KM3断电，电动机M3停转，摇臂上升动作全过程结束。

摇臂下降过程可参照上升过程自己分析。

为了使摇臂上升或下降不致超过所允许的极限位置，故在摇臂上升和下降的控制回路中分别串入行程开关 SQ1－1 和 SQ1－2 的常闭触点。当摇臂上升或下降到极限位置时，由机械机构作用，使 SQ1－1 或 SQ1－2 常闭触点断开，切断 KM2 或 KM3 的回路，使电动机停止转动，从而起到了终端保护的作用。

3)立柱松紧电动机 M4 的控制。立柱松紧电动机 M4 是由复合按钮 SB1 和 SB2 及接触器 KM4 和 KM5 控制的。通过 M4 的正反转，实现立柱的松开与夹紧。当需要松开立柱时，按下按钮 SB1，接触器 KM4 因线圈通电而吸合，电动机 M4 正向启动，通过齿式离合器拖动齿轮式油泵转动，从一定方向送出高压油，经油路系统和传动机构将外立柱松开。此时放开按钮 SB1，接触器 KM4 失电，电动机 M4 停转，可通过人力推动摇臂和外立柱绕内立柱转动。当转到所需位置时，按下 SB2，接触器 KM5 得电吸合，主触点闭合，M4 反向启动，在液压系统作用下将外立柱夹紧。松开 SB2，接触器 KM5 断电，M4 停转。整个过程放松一转动一夹紧就此结束。

接触器 KM4 和 KM5 均为点动控制方式，控制电路中设有按钮和接触器的双重联锁。

(3)照明电路。照明电路的电源由变压器 TC 提供 36 V 的安全电压，照明灯 EL 由开关 SA2 控制，熔断器 FU3 作短路保护。为保证安全，EL 一端必须接地。

Z35 型摇臂钻床的电气设备如表 4－8 所示。

表 4－8　Z35 型摇臂钻床电气设备表

代号	名称及用途	代号	名称及用途
M1	主轴电动机	KM3	接触器，控制 M3 反转
M2	冷却泵电动机	KM4	接触器，控制 M4 正转
M3	摇臂升降电动机	KM5	接触器，控制 M4 反转
M4	立柱松紧电动机	FR	热继电器，过载保护
QS1	电源总开关	KA	零压继电器，失压保护
QS2	冷却泵电动机开关	SB1	按钮，M4 正转点动
SA1	十字开关，控制 M2、M3	SB2	按钮，M4 反转点动
SA2	照明灯开关	SQ1	摇臂升降限位开关
FU1	熔断器，保护整个电路	SQ2	摇臂夹紧限位开关
FU2	熔断器，M3、M4 短路保护	TC	控制变压器
FU3	熔断器，保护照明电路	EL	照明灯
KM1	接触器，控制 M2		
KM2	接触器，控制 M3 正转		

4. Z35 型摇臂钻床的故障分析与检修方法

(1)主轴电动机不能启动。引起主轴电动机不能启动的原因有以下几种情况：

1)熔断器 FU1 的熔丝烧断，只需更换熔丝即可。

2)微动开关 SA1－2 损坏或接触不良，应修复或更换。

3)电源电压过低，不能启动，可通过测量电源电压进行判断。

4)零压继电器 KA 的触点接触不良或接线松脱,造成控制电路无电压,应修复或更换。

5)接触器 KM1 的主触点接触不良或接线松脱,应修复或更换。

(2)主轴电动机不能停转。当十字开关扳向中间时,主轴电动机不能停转,这类故障大多是由于 KM1 的主触点熔焊在一起造成的,更换主触点即可排除。

(3)摇臂上升(或下降)后不能完全夹紧。这主要是由于行程开关触点 SQ2－1 和 SQ2－2 过早分断,致使摇臂未夹紧就停止了夹紧工作。应调整 SQ2－1 和 SQ2－2 的位置,故障即可排除。

(4)摇臂升降后不能按需要停止。其原因是限位开关 SQ2－1 或 SQ2－2 过早闭合。例如当十字开关扳到向上时,KM2 得电,主触点闭合,M3 通电正转,通过传动装置使摇臂先放松后上升,此时应该是 SQ2－2 闭合,但由于 SQ2－1 和 SQ2－2 的位置未调好,而使 SQ2－1 接通,结果将十字开关扳回中间时,不能切断接触器 KM2 的线圈电路,上升运动继续进行,甚至到了极限位置,限位开关也不能将它切断,可能引起机床的运动部件与已装夹好的工件相撞的事故。此时应立即切断电源总开关 QS1,使摇臂上升运动停止。

(5)摇臂升降电动机正反转重复不停。这类故障可使摇臂夹紧与放松反复不止。故障原因也是由于 SQ2－1 和 SQ2－2 的位置调整不当引起的。检修时,在调整好机械部分后,应对限位开关进行仔细调整,使它们之间的距离不要太近。另外,其三相电源的进线相序应符合升降运转的规定,不可接反。

(6)立柱松紧电动机不能启动。产生的原因有按钮 SB1 或 SB2 接触不良;接触器 KM4 或 KM5 的触点接触不良;熔断器 FU2 熔丝已断;连接点松脱或断线等。通过故障现象判断和检查故障原因即可排除。

(7)立柱松紧电动机工作后不能切断电源。这是由于接触器 KM4 或 KM5 的主触点熔焊造成的。发现这类故障,应及时切断总电源,更换主触点,以防电动机过载而烧毁。

二、Z3050 型摇臂钻床

Z3050 型摇臂钻床的电气图如图 4－6 所示。

1. 主电路分析

Z3050 型摇臂钻床共有 4 台电动机,除冷却泵电动机采用断路器 QF2 直接启动外,其余 3 台电动机均采用接触器直接启动,其主电路中的控制和保护电器如表 4－9 所示。

表 4－9 主电路中的控制和保护电器

电动机的名称及代号	控制电器	过载保护电器	短路保护电器
主轴电动机 M1	由接触器 KM1 控制单向运转	热继电器 FR1	断路器 QF1
摇臂升降电动机 M2	由接触器 KM2、KM3 控制正反转	间歇性工作,不设过载保护	断路器 QF3
液压泵电动机 M3	由接触器 KM4、KM5 控制正反转	热继电器 FR2	断路器 QF3
冷却泵电动机 M4	由断路器 QF2 控制	断路器 QF2	断路器 QF2

电源配电盘装在立柱前下部,断路器 QF1 作为电源引入开关。冷却泵电动机 M4 装在靠近立柱的底座上,升降电动机 M2 装于立柱顶部,其余电气设备置于主轴箱或摇臂上。由于 Z3050 型摇臂钻床的内、外立柱间未装汇流排,因此在使用时不允许沿一个方向连续转动摇臂,以免发生事故。

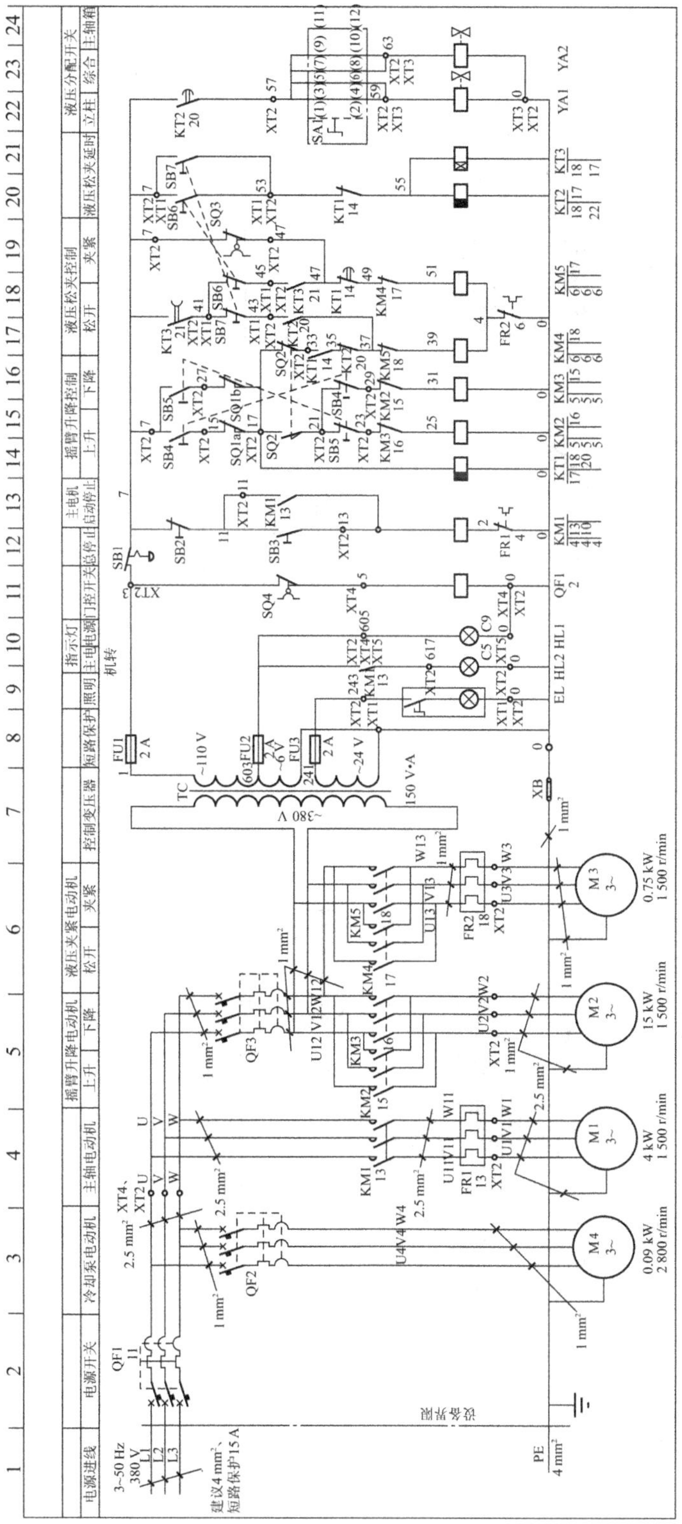

（a）电路图

图 4-6　Z3050型摇臂钻床电气图

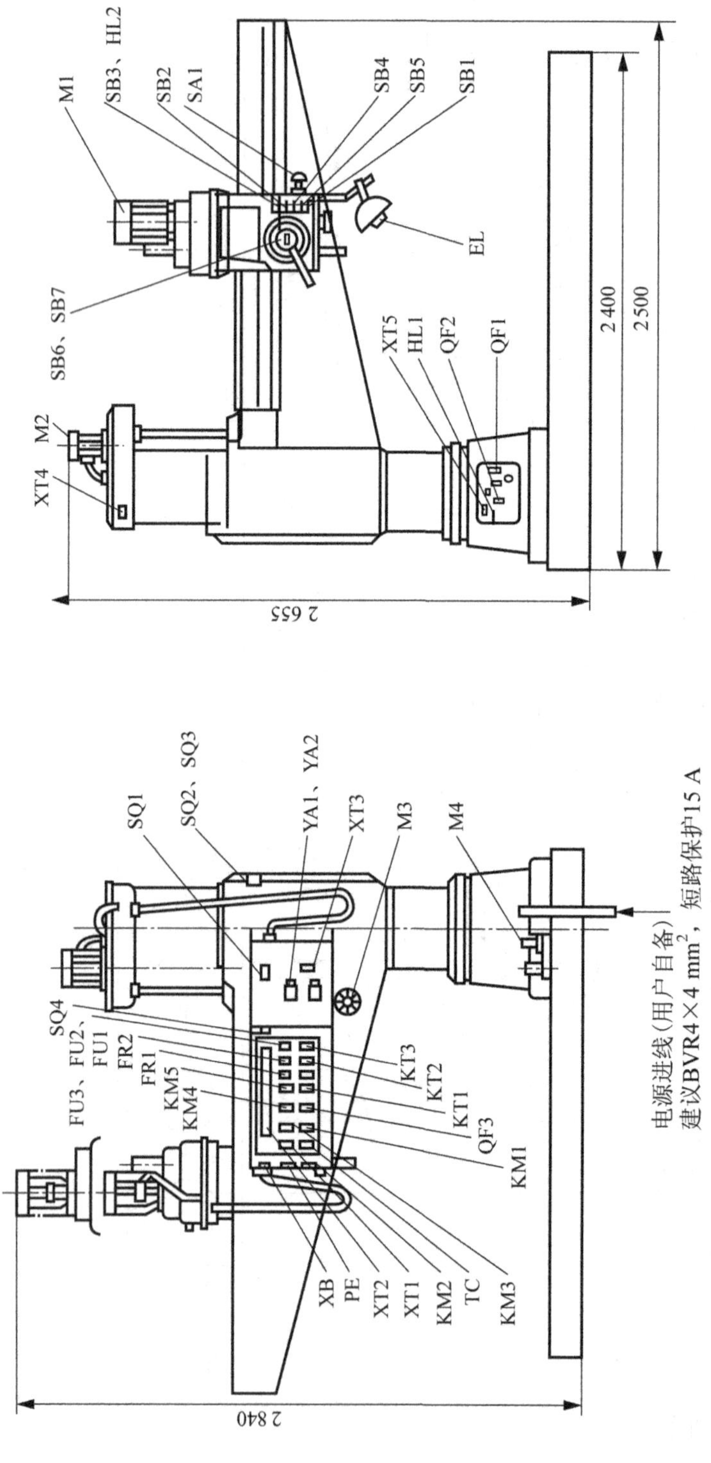

（b）电器位置图

图 4-6(续1)　Z3050型摇臂钻床电气图

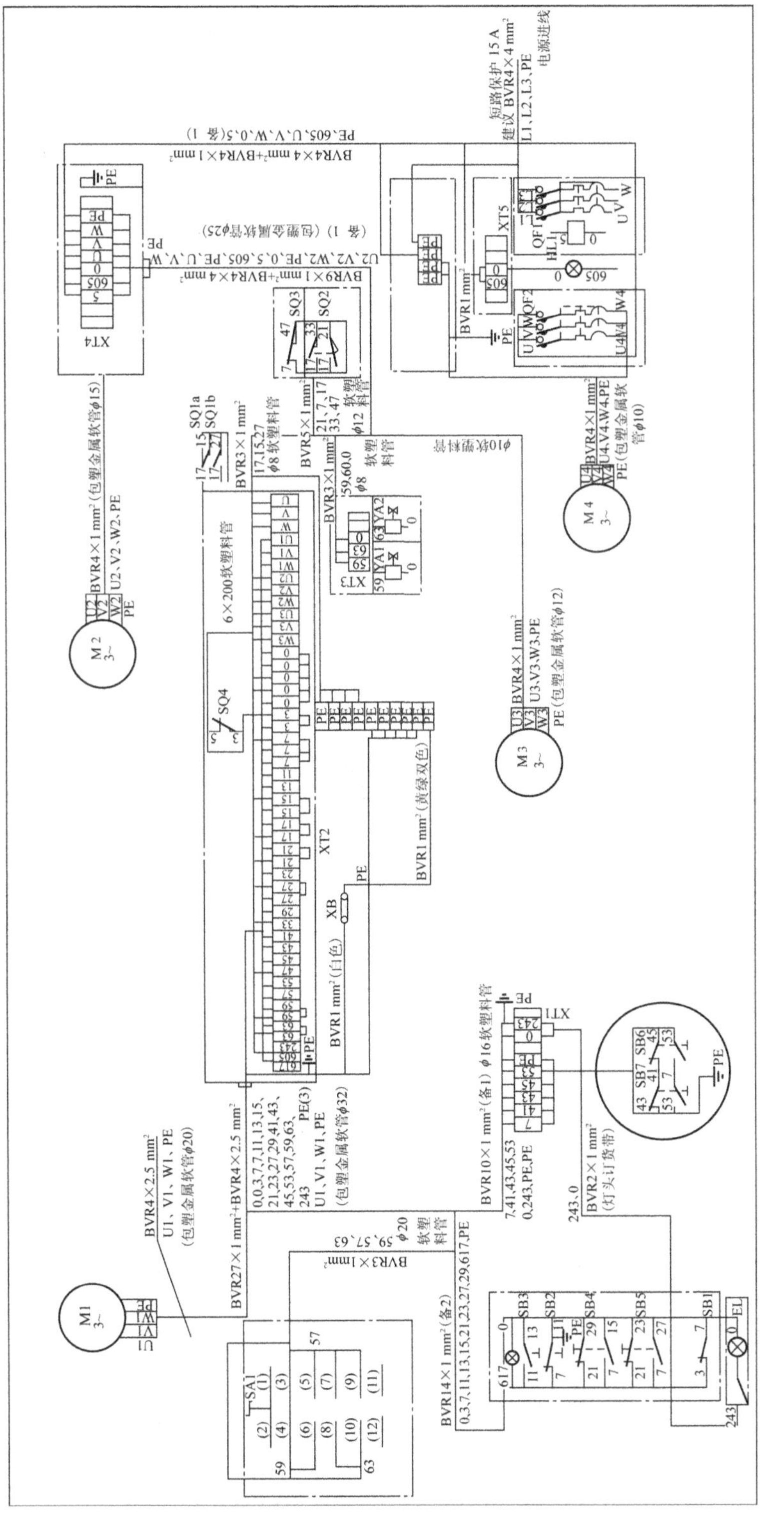

(c) 钻床接线图

图 4-6(续2)　Z3050型摇臂钻床电气图

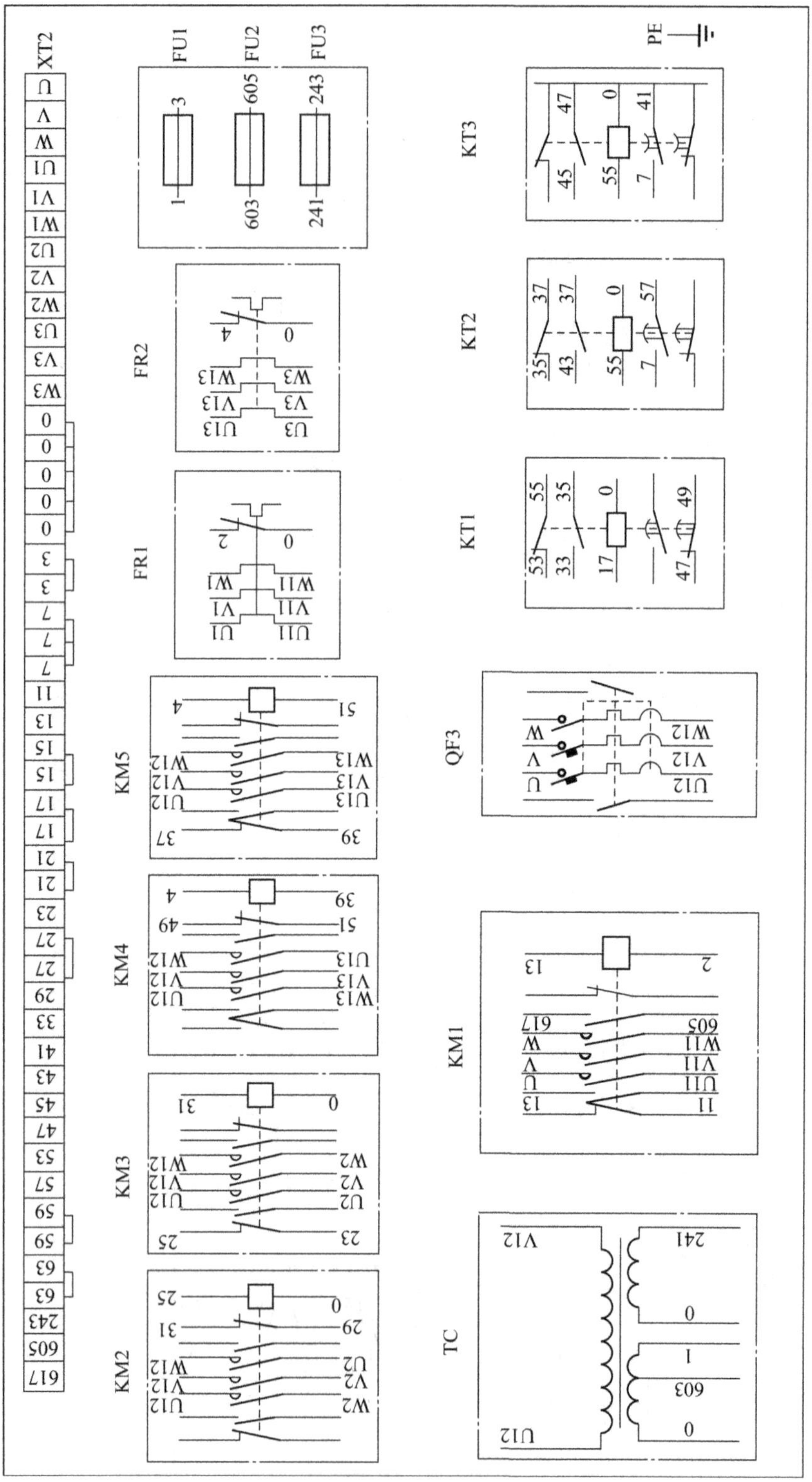

（d）电盘接线图

图 4-6(续3)　Z3050型摇臂钻床电气图

2. 控制电路分析

控制电路电源由控制变压器 TC 提供 110 V 电压，熔断器 FU1 作为短路保护。

为保证操作安全，本钻床具有“开门断电”功能，开车前将立柱下部及摇臂后部的配电箱门盖关好，门控开关 SQ4(11 区)接通，方能接通电源。合上 QF1(2 区)和 QF3(5 区)，电源指示灯 HL1(10 区)亮，表示钻床电气线路已经进入通电状态。

(1)主轴电动机 M1 的控制。按下启动按钮 SB3(12 区)，接触器 KM1 吸合并自锁，主轴电动机 M1 启动运行，同时指示灯 HL2(9 区)亮。按下停止按钮 SB2，KM1 断电释放，M1 停止运转，同时 HL2 熄灭。

(2)摇臂的升降控制。摇臂通常夹紧在外立柱上，以免升降丝杠承担吊挂载荷。因此 Z3050 型钻床摇臂的升降是由升降电动机 M2、摇臂夹紧机构和液压系统协调配合，自动完成摇臂松开→摇臂上升(下降)→摇臂夹紧的控制过程。下面以摇臂上升为例分析其控制过程。

1)摇臂放松。按下上升按钮 SB4(15 区)，时间继电器 KT1(14 区)通电吸合。即：

KT1得电吸合 ┬→KT1常开触头（33-35）闭合→KM4得电→M3正转→摇臂松开
　　　　　　 └→KT1延时闭合的常闭触点（47-49）分断

2)摇臂上升。摇臂夹紧机构松开后，通过机械机构使行程开关 SQ3 释放，SQ2 压合。即：

摇臂松开 ┬→SQ2常闭触头SQ2（17-33）先分断→KM4线圈失电→M3停转
　　　　 └→SQ2常开触头SQ2（17-21）后闭合→KM2线圈得电→M2正转→摇臂上升

3)摇臂夹紧。当摇臂上升到所需位置时，松开按钮 SB4。即：

松开SB4 ┬→KM2线圈失电→M2停转→摇臂停止上升
　　　　└→KT1线圈失电——延时1～3 s——→KT1延时闭合的常闭触点（47-49）闭合

→KM5线圈得电→M3反转→摇臂夹紧→SQ2释放，SQ3压合→SQ3的常闭触头（7-47）分断→KM5线圈失电→M3停转→摇臂夹紧完成

组合开关 SQ1a 和 SQ1b 用作摇臂升降的超程限位保护。

小思考

摇臂下降的工作过程与摇臂上升的工作过程基本相似，只是按下上升按钮 SB4 的操作变为按下下降按钮 SB5，你能写出下降过程的工作流程图吗？

(3)立柱和主轴箱的夹紧和放松控制。立柱和主轴箱的夹紧和放松由液压和电气控制系统协调完成。立柱和主轴箱的夹紧(或放松)既可以同时进行，也可以单独动作，由转换开关 SA1(22～24 区)和复合按钮 SB6(或 SB7)进行控制。SA1 有 3 个位置，扳到中间位置时，立柱和主轴箱的夹紧(或放松)同时进行；扳到左边位置时，立柱夹紧(或放松)；扳到右边位置时，主轴箱夹紧(或放松)。复合按钮 SB6 是松开控制按钮，SB7 是夹紧控制按钮。

操作哪一个夹紧机构夹紧或松开，既取决于电磁铁 YA1、YA2 是否通电，又取决于液压泵电动机 M3 的转向，具体控制过程在此不再详述，请自行分析。

方法点拨

(1)注意比较两种钻床的异同。

(2)注意常见的故障原因,结合线路原理加以记忆。

思考题

1. 摇臂钻床的电气控制有什么特点?

2. Z35 型摇臂钻床的主轴电动机不能启动的常见故障有哪些?如何排除?

技能实训 4—2 Z35 型摇臂钻床电气控制线路的检修

1. 实训目标

学会 Z35 型摇臂钻床电气控制线路的故障分析及检修。

2. 工具与仪表

工具与仪表如表 4—10 所示。

表 4—10 工具与仪表

工具	电工常用工具
仪表	MF47 型万用表、500 V 兆欧表、钳形电流表

3. 实训过程

(1)在操作师傅的指导下,对钻床进行操作,了解钻床的各种工作状态、操作方法及操作手柄的作用。

(2)在教师指导下,弄清钻床电器元件安装位置及走线情况;结合机械、电气、液压几方面相关的知识,弄清钻床电气控制的特殊环节。

(3)在 Z35 型摇臂钻床上人为设置自然故障。

(4)教师示范检修,步骤如下:

1)用通电试验法引导学生观察故障现象。

2)根据故障现象,依据电路图,用逻辑分析法确定故障范围。

3)采用正确的检查方法,查找故障点并排除故障。

4)检修完毕,进行通电试验,并做好维修记录。

(5)由教师设置故障,主电路一处,控制电路两处,由学生进行检修训练。

4. 故障设置原则

(1)不能设置短路故障、机床带电故障,以免造成人身伤亡事故。

(2)不能设置一接通总电源开关电动机就启动的故障,以免造成人身和设备事故。

(3)设置故障不能损坏电气设备和电器元件。

(4)初次进行故障检修训练时,不要设置调换导线类故障,以免增大分析故障的难度。

5. 注意事项

(1)熟悉 Z35 型摇臂钻床电气线路的基本环节及控制要求。

(2)弄清电气、液压和机械系统如何配合实现某种运动方式，认真观摩教师的示范检修。

(3)检修时，所有的工具、仪表应符合使用要求。

(4)不能随便改变升降电动机原来的电源相序。

(5)排除故障时，必须修复故障点，但不得采用元件代换法。

(6)检修时，严禁扩大故障范围或产生新的故障。

(7)带电检修，必须有指导教师监护，以确保安全。

6. 评分标准

评分标准如表 4—11 所示。

表 4—11　评分标准

<table>
<tr><th>项目内容</th><th>配分</th><th colspan="3">评分标准</th><th>扣分</th></tr>
<tr><td>故障分析</td><td>30 分</td><td colspan="3">(1)排除故障前不进行调查研究　扣 5 分
(2)检修思路不正确　扣 5 分
(3)标不出故障点、线或标错位置　每个故障点扣 10 分</td><td></td></tr>
<tr><td>检修故障</td><td>60 分</td><td colspan="3">(1)切断电源后不验电　扣 5 分
(2)使用仪表和工具不正确　每次扣 5 分
(3)检查故障的方法不正确　扣 10 分
(4)查出故障不会排除　每个故障扣 20 分
(5)检修中扩大故障范围　扣 10 分
(6)少查出故障　每个扣 20 分
(7)损坏电器元件　扣 30 分
(8)检修中或检修后试车操作不正确　每次扣 5 分</td><td></td></tr>
<tr><td>安全文明生产</td><td>10 分</td><td colspan="3">(1)防护用品穿戴不齐全　扣 5 分
(2)检修结束后未恢复原状　扣 5 分
(3)检修中丢失零件　扣 5 分
(4)出现短路或触电　扣 10 分</td><td></td></tr>
<tr><td>额定时间</td><td colspan="4">2.5 h，每超时 5 min(不足 5 min 以 5 min 计)　扣 5 分</td><td></td></tr>
<tr><td>备注</td><td colspan="3">除额定时间外，各项目的最高扣分不应超过配分数</td><td>成绩</td><td></td></tr>
<tr><td>开始时间</td><td></td><td>结束时间</td><td></td><td>实际时间</td><td></td></tr>
</table>

第 4 节　X62W 型万能铣床电气控制线路

学习目标

(1)了解 X62W 型万能铣床的基本结构和主要运动形式。

(2)熟悉其电气控制线路的构成及工作原理。

(3)掌握电气控制线路的分析方法及其安装、调试与维修信息。

学习要点

X62W 型万能铣床电气控制线路分析。

铣床是一种高效率的加工机床。它可以用圆柱铣刀、圆片铣刀、成型铣刀及端面铣刀等工具对各种零件进行平面、斜面、螺旋面及成型表面的加工，还可以加装铣头、分度头和利用圆工作台等机床附件来扩大加工范围。

常用的万能铣床有两种，一种是 X62W 型卧式万能铣床，铣头水平方向放置；另一种是 X52K 型立式万能铣床，铣头垂直方向放置。这两种铣床结构上大体相似，工作台进给方式、主轴变速等都一样，电气控制线路经过系列化以后也基本一样，差别在于铣头的放置方向不同。

本节以 X62W 型万能铣床为例来分析铣床。

一、X62W 型万能铣床的主要结构和型号含义

X62W 型万能铣床的外形如图 4－7 所示。其主要由床身、主轴、刀杆、横梁、工作台、回转盘、横溜板和升降台等几部分组成。

图 4－7　X62W 型万能铣床外形图

其型号意义如下：

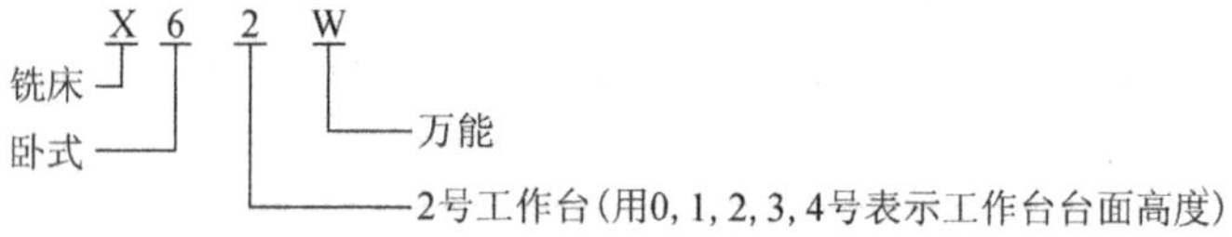

二、X62W 型万能铣床主要运动形式

X62W 型铣床工作的进给运动方式有手动、进给运动和快速移动 3 种。进给和快速移动由进给电动机拖动。而快速移动是在牵引电磁铁作用下，将进给传动链换接为快速传动链获得，这两个机动进给都是往复式的，通过进给电动机的正反转来实现。对进给电动机的控制采用的是电气开关、机械挂挡相互联动的手柄操作，以减小按钮的数量，避免误动作。

进给动作的原理为：

工作台纵向左右运动的控制：工作台左右运动由“工作台的纵向操作手柄”控制。手柄有 3 个位置：左、右、零位；当工作台向右运动时，将操纵手柄向右扳，其联动机构压下位置开关 SQ5，常开触点 SQ5－1 闭合，常闭触点 SQ5－2 断开，接触器 KM3 通电吸合；电动机正向启动，带动工作台向右进给。工作台向左进给时，将操作手柄拨向左，压下 SQ6 使 KM4 通电，电动机反转，工作台向左进给。

工作台升降和横向进给：操纵工作台上下和前后运动是用同一手柄完成的，该手柄有 5 个位置，即上、下、前、后和中间位置。当手柄扳向上或下时，机械上接通了垂直进给离合器；当手柄扳向前或后时，机械上接通了横向进给离合器；手柄在中间位置时，横向、纵向进给离合器均不接通。当手柄在上或前位置时，手柄通过机械联动机构使 SQ3 被压下，接触器 KM3 通电吸合，电动机正转；当手柄在下或后位时，位置开关 SQ4 被压下，接触器 KM4 通电吸合，电动机反转。进给工作台上下和前后的手柄的 5 个位置是联锁的，各方向的进给不能同时接通，所以不可能出现传动紊乱现象。

工作台的快速运动是通过电磁离合器完成的。YA 吸合时，进给传动系统跳过齿轮变速链，电动机可直接拖动丝杠，使工作台快速进给。

三、X62W 型万能铣床电气控制线路分析

X62W 型万能铣床的电路图如图 4－8 所示。

小思考

主电路由 3 台电机拖动，它们的作用相同吗？

1. 主电路分析

主电路由 3 台电动机拖动，其控制和保护如表 4－12 所示。

表 4－12　主电路的控制与保护电器

名称及代号	功能	控制电器	过载保护电器	短路保护电器
主轴电动机 M1	拖动主轴带动铣刀旋转	接触器 KM1 和组合开关 SA3	热继电器 FR1	熔断器 FU1
进给电动机 M2	拖动进给运动和快速移动	接触器 KM3 和 KM4	热继电器 FR3	熔断器 FU2
冷却泵电动机 M3	供应冷却液	手动开关 QS2	热继电器 FR2	熔断器 FU1

2. 控制电路分析

当合上电源总开关 QS1 时，380 V 交流电压分别接在控制变压器 TC、TC1、TC2 的初级绕组两端。经降压后，TC 次级输出 110 V 交流电压作为控制线路电源，TC1 次级输出 24 V 交流电压作为机床工作照明灯电源，TC2 次级输出 36 V 交流电压经 VC 整流后作为电磁制动离合器 YC1、YC2、YC3 的制动电源，熔断器 FU3、FU4、FU5 分别为电磁制动离合器、控制线路、机床工作照明的短路保护。

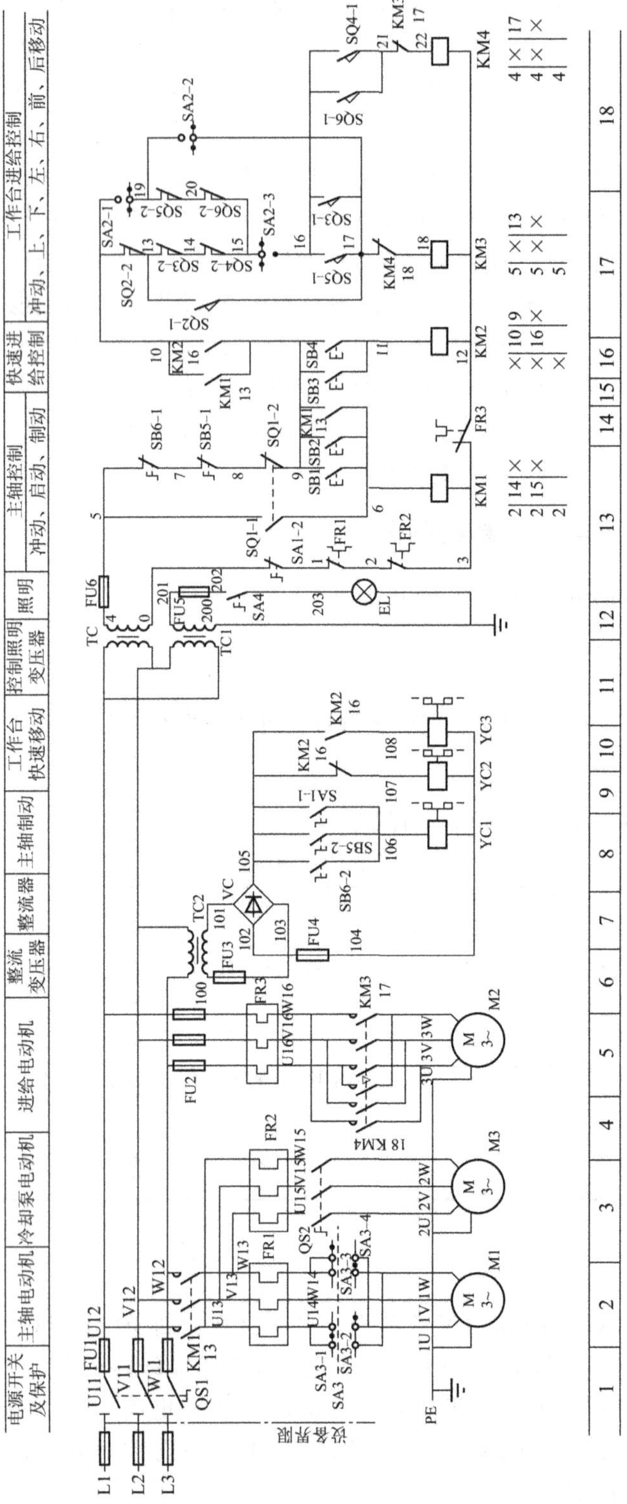

图 4－8　X62W型万能铣床的电路图

(1)主轴电动机 M1 的控制。

1)主轴电动机 M1 的启动及制动控制：按下主轴电动机 M1 的启动按钮 SB1 或 SB2，接触器 KM1 得电闭合并自锁，接触器 KM1 主触点接通主轴电动机 M1 绕组电源，M1 启动运转。启动前，扳动主轴电动机 M1 的正反转转换开关 SA3，即可获得主轴电动机 M1 的正、反转向。停止时，按下停止按钮 SB5－1 或 SB6－1，接触器 KM1 线圈失电，8 区中停止按钮 SB5－2 或 SB6－2 常开触点闭合，接通了电磁离合器 YC1 线圈的电源，YC1 得电动作，对主轴进行制动，使主轴迅速停转。

图 4－8 中，SB1 和 SB2 为机床主轴电动机 M1 的两地启动按钮，SB5 和 SB6 为机床主轴电动机 M1 两地停止按钮，分别装在机床不同的操作地点，以便操作。

2)主轴变速冲动控制：主轴变速的冲动，主要是为了解决主轴在变速时新转速齿轮组顺利啮合。主轴变速时，先将变速手柄拉开，然后调整主轴变速盘至所需要的转速，再将变速手柄推回原处。当手柄推回原处时，手柄通过机械装置瞬时压下行程开关 SQ1 后又松开，使其常闭触点瞬时断开，常开触点瞬时闭合。接触器 KM1 瞬时得电，主轴电动机 M1 瞬时启动，这样有利于新转速齿轮组的啮合。

3)主轴换刀制动：为了保证安全，在换刀时主轴不能转动，故该机床上设置了换刀制动控制。将转换开关 SA1 扳至"换刀"位置，13 区中的 SA1－2 触点断开切断了控制电路的电源回路，8 区 SA1－1 常开触点闭合，接通了主轴制动电磁离合器 YC1 的电源，YC1 动作，将主轴制动。换刀完毕，将转换开关 SA1 扳回原处，机床恢复正常工作。

(2)进给电动机 M2 的控制。进给电动机 M2 驱动工作台上、下、左、右、前、后 6 个方向的运动，分别由"工作台纵向操作手柄"及"工作台横向和垂直操作手柄"来进行操作。转换开关 SA2 是转换控制机床 6 个方向进给及圆工作台的。当不需要圆工作台时，将转换开关 SA2 扳至"断开"位置，SA2－1 闭合，SA2－2 断开，SA2－3 闭合，机床 6 个方向正常进给，圆工作台不能工作；当需要圆工作台时，将转换开关扳至"接通"位置，SA2－1 断开，SA2－2 闭合，SA2－3断开，圆工作台工作，机床 6 个方向不能进给。

1)工作台纵向控制(即工作台向左、向右控制)：工作台纵向控制由"工作台纵向操作手柄"进行操作。"工作台纵向操作手柄"有 3 个位置，"向左"、"向右"、"中间"。当将操作手柄扳向"向左"或"向右"位置时，操作手柄在电气上压合行程开关 SQ5 或 SQ6，在机械上将进给电动机 M2 的动力接通至左、右进给传动丝杠上，使工作台向左或向右移动。工作台左右移动的限位控制是通过安装在工作台两端的挡铁块来实现的。当工作台移动到左、右极限位置时，挡铁撞击"工作台纵向操作手柄"，使其转换到"中间"的位置，工作台就会停止运动，从而实现左、右进给的终端保护。

工作台向左进给：将圆工作台转换开关 SA2 扳至"断开"位置并将"工作台纵向操作手柄"扳至"向左"位置，行程开关 SQ5 被压下，此时接触器 KM3 通过以下途径得电：FU6→SB6－1→SB5－1→SQ1 常闭触点→15 区 KM1 常开触点→SQ2－2→SQ3－2→SQ4－2 →SA2－3→SQ5－1→KM4 常闭触点→KM3 线圈→FR3→FR2→FR1→SA1－2。接触器 KM3 主触点接通进给电动机 M2 正转电源，M2 正转，带动工作台向左进给。将"工作台操作手柄"扳至"中间"位置，行程开关 SQ5 松开，接触器 KM3 断电，M2 停转，工作台停止向左进给。

工作台向右进给：将"工作台纵向操作手柄"扳向"向右"位置，行程开关 SQ6 被压下，

SQ6－1常开触点闭合，接触器 KM4 得电闭合，其主触点接通进给电动机 M2 的反转电源，M2 反向旋转，带动工作台向右进给。将“工作台操作手柄”扳至“中间”位置，行程开关 SQ6 松开，接触器 KM4 断电，M2 停转，工作台停止向右进给。

2)工作台横向和垂直控制(即“向上”、“向下”、“向前”、“向后”控制)：工作台横向和垂直控制由“工作台横向和垂直手柄”进行操作控制。“工作台横向和垂直手柄”有 5 个位置，分别为“向上”、“向下”、“向前”、“向后”及“中间”位置。当将“工作台横向和垂直手柄”扳向“向上”和“向下”位置时，在机械上由齿轮啮合了垂直进给离合器；当“操作手柄”扳在“向前”位置或“向后”位置时，在机械上啮合了横向进给离合器；当手柄扳在“中间”位置时，为空挡位置，4 个方向的进给均停止。

从电气方面来讲，当“操作手柄”扳在“向前”或“向下”位置时，行程开关 SQ3 被压下，接触器 KM3 通电吸合，进给电动机 M2 正转；当“操作手柄”扳至“向后”或“向上”位置时，行程开关 SQ4 被压下，接触器 KM4 通电吸合，进给电动机 M2 反转。

工作台向上运动控制：将“操作手柄”扳在“向上”位置，行程开关 SQ4 被压下，SQ4－1 常开触点闭合，接触器 KM4 通过以下途径得电：FU6→SB6－1→SB5－1→SQ1 常闭触点→15 区 KM1 常开触点→SA2－1→SQ5－2→SQ6－2→SA2－3→SQ4－1→接触器 KM3 常闭触点→KM4 线圈→FR3→FR2→FR1→SA1－2。接触器 KM4 得电闭合，工作台进给电动机 M2 反转，带动工作台向上运动。将“操作手柄”扳至“中间”位置，工作台向上运动停止。

工作台向下运动控制：将“操作手柄”扳在“向下”位置时，行程开关 SQ3 被压下，其常开触点 SQ3－1 闭合。接触器 KM3 通过以下途径得电：FU6→SB6－1→SB5－1→SQ1 常闭触点→15 区 KM1 常开触点→SA2－1→SQ5－2→SQ6－2→SA2－3→SQ3－1→接触器 KM4 常闭触点→KM3 线圈→FR3→FR2→FR1→SA1－2。接触器 KM3 得电闭合，工作台进给电动机 M2 正转，带动工作台向下运动。将“操作手柄”扳至“中间”位置，工作台停止向下运动。

工作台向前运动控制：将“操作手柄”扳在“向前”位置，行程开关 SQ3 被压下，其电气控制过程同“工作台向下运动控制”，只不过在机械上由齿轮啮合了横向进给离合器。

工作台向后运动控制：将“操作手柄”扳在“向后”位置，行程开关 SQ4 被压下，其电气控制过程同“工作台向上运动控制”，只不过在机械上由齿轮啮合了横向进给离合器。

3)工作台 6 个方向进给的联锁控制：工作台“向左”、“向右”、“向上”、“向下”、“向前”、“向后”6 个方向的进给是由“工作台纵向操作手柄”和“工作台横向和垂直操作手柄”控制的，而各进给方向又是互相联锁的。前面已经述明，当“工作台纵向操作手柄”扳至“向左”或“向右”位置时，它要压下行程开关 SQ5 或 SQ6；而“工作台横向和垂直操作手柄”扳至“向上”、“向下”、“向前”、“向后”位置时，它要压下行程开关 SQ3 或 SQ4。从图 4－8 中可以看出，当“工作台纵向操作手柄”和“工作台横向和垂直操作手柄”全都扳在工作位置时，行程开关 SQ5(或 SQ6)及行程开关 SQ3(或 SQ4)被压下，故切断了接触器 KM3 和接触器 KM4 的线圈回路，结果进给电动机 M2 不能得电运行，在电气上起到了联锁的作用。

4)进给变速冲动控制：进给变速冲动由行程开关 SQ2 控制。同主轴变速冲动一样，进给变速冲动也是为了使进给变速齿轮快速地啮合而设置的。在进给变速时，只需将进给变速盘往外拉，然后转动变速盘，选择好所需要的速度后，将变速盘推进去，此时行程开关 SQ2 被瞬时压下，其 17 区常闭触点 SQ2－2 瞬时断开，常开触点 SQ2－1 瞬时闭合，SQ2－1 瞬时接通了接触器 KM3 线圈的电源，接触器 KM3 瞬时闭合一下又断开，进给电动机瞬时正转冲动一下，使进给变速齿轮能很好地啮合。

(3)工作台快速移动控制。当需要工作台快速移动时，只需按下两地工作台快速移动启动按钮 SB3 或 SB4，接触器 KM2 得电，9 区中 KM2 常闭触点断开，电磁离合器 YC2 线圈失电，10 区中 KM2 常开触点闭合，电磁离合器 YC3 线圈得电动作，进给电动机 M2 的快速进给齿轮啮合，M2 拖动工作台快速移动。当移动到需要位置时，松开启动按钮 SB3 或 SB4，接触器 KM2 线圈失电，工作台进给恢复原状。

(4)圆工作台控制。将圆工作台 SA2 扳至“接通”位置，此时 SA2－1 断开，SA2－2 闭合，SA2－3 断开，接触器 KM3 通过以下途径得电：FU6→SB6－1→SB5－1→SQ1 常闭触点→16 区 KM1 常开触点→SQ2－2→SQ3－2→SQ4－2→SQ6－2→SQ5－2→SA2－2→KM4 常闭触点→KM3 线圈→FR3→FR2→FR1→SA1－2。接触器 KM3 得电，进给电动机 M2 正转，带动圆工作台工作。

当圆工作台工作时，工作台 6 个方向进给都不能进行，因为不论扳动 6 个进给方向中的任意一个进给方向，都会压下行程开关 SQ3、SQ4、SQ5、SQ6 中的任意一个，而其中任意一个行程开关被压开，接触器 KM3 线圈就会失电，进给电动机 M2 就会停转，从而起到了六个方向与圆工作台的联锁控制作用。

X62W 型万能铣床电气元件明细表如表 4－13 所示。

小思考

应用这么多的元器件，其中有可以去掉不用的吗？

表 4－13　X62W 型万能铣床电气元件明细表

代号	名称	型号	规格	数量	用途
M1	主轴电动机	Y132M－4－B3	7.5 kW，380 V，450 r/min	1	驱动主轴
M2	进给电动机	Y90L－4	1.5 kW，380 V，1 400 r/min	1	驱动进给
M3	冷却泵电动机	JCB－22	125 W，380 V，2 790 r/min	1	驱动冷却泵
QS1	开关	HZ10－60/3J	60 A，380 V	1	电源总开关
QS2	开关	HZ10－10/3J	10 A，380 V	1	冷却泵开关
SA1	开关	LS2－3A		1	换刀开关
SA2	开关	HZ10－10/3J	10 A，380 V	1	圆形工作台开关
SA3	开关	HZ3－133	10 A，500 V	1	M1 换向开关
FU1	熔断器	RL1－60	60 A，熔体 50 A	3	电源短路保护
FU2	熔断器	RL1－15	15 A，熔体 10 A	3	进给短路保护
FU3、FU6	熔断器	RL1－15	15 A，熔体 4 A	2	整流、控制电路短路保护
FU4、FU5	熔断器	RL1－15	15 A，熔体 2 A	2	直流、照明电路短路保护
FR1	热继电器	JR0－40	整定电流 16 A	1	M1 过载保护
FR2	热继电器	JR10－10	整定电流 0.43 A	1	M3 过载保护

续表

代号	名称	型号	规格	数量	用途
FR3	热继电器	JR10－10	整定电流 3.4 A	1	M2 过载保护
TC2	变压器	BK－100	380/36 V	1	整流电源
TC	变压器	BK－150	380/110 V	1	控制电路电源
TC1	照明变压器	BK－50	50V·A,380/24 V	1	照明电源
VC	整流器	2CZ×4	5 A,50 V	1	整流用
KM1	接触器	CJ10－20	20 A,线圈电压 110 V	1	主轴启动
KM2	接触器	CJ10－10	10 A,线圈电压 110 V	1	快速进给
KM3	接触器	CJ10－10	10 A,线圈电压 110 V	1	M2 正转
KM4	接触器	CJ10－10	10 A,线圈电压 110 V	1	M2 反转
SB1、SB2	按钮	LA2	绿色	2	启动 M1
SB3、SB4	按钮	LA2	黑色	2	快速进给点动
SB5、SB6	按钮	LA2	红色	2	停止、制动
YC1	电磁离合器	B1DL－Ⅲ		1	主轴制动
YC2	电磁离合器	B1DL－Ⅱ		1	正常进给
YC3	电磁离合器	B1DL－Ⅱ		1	快速进给
SQ1	行程开关	LX3－11K	开启式	1	主轴冲动开关
SQ2	行程开关	LX3－11K	开启式	1	进给冲动开关
SQ3	行程开关	LX3－131	单轮自动复位	1	M2 正反转及联锁
SQ4	行程开关	LX3－131	单轮自动复位	1	
SQ5	行程开关	LX3－11K	开启式	1	
SQ6	行程开关	LX3－11K	开启式	1	

四、X62W 型万能铣床的常见故障现象及其检修

如表 4－14 所示为 X62W 型万能铣床的常见故障现象及其检修方法。

表 4－14　X62W 型的常见故障现象及其检修方法

故障现象	故障出现的范围或故障点	重点检测对象或检测点
所有电动机都不能启动	无电源电压；电源总开关 QS1 损坏；熔断器 FU1 断路；熔断器 FU4 断路；13 区主轴电动机 M1 停止；按钮 SB5－1、SB6－1 常闭触点接触不良；行程开关 SQ1 常闭触点接触不良；上刀制动开关 SA1－2 触点接触不良；热继电器 FR1、FR2 辅助常闭触点接触不良；控制变压器 TC1 损坏	熔断器 FU1、FU2；行程开关 SQ1 常闭触点；热继电器 FR1、FR2 辅助常闭触点；上刀制动开关 SA1－2常闭触点

续表

故障现象	故障出现的范围或故障点	重点检测对象或检测点
主轴电动机 M1 不能启动	接触器 KM1 主触点闭合接触不良(此时冷却泵电动机 M3 不能启动);热继电器 FR1 主通路有断点;主轴电动机 M1 正、反转转换开关 SA3 有故障;主轴电动机 M1 绕组有问题;其他原因与"所有电动机都不能启动"相同	接触器 KM1 主触点;正、反转转换开关 SA3;主轴电动机 M1 绕组
冷却泵电动机 M3 不能启动	热继电器 FR2 主通路有断点;转换开关 QS2 有故障;冷却泵电动机 M3 绕组有故障	冷却泵电动机 M3 绕组
主轴不制动	主轴电动机停止按钮常开触点 SB5－2、常开触点 SB6－2 压合接触不良;电磁铁 YC1 线圈损坏	电磁铁 YC 线圈
进给电动机 M2 不能启动	热继电器 FR3 主通路有断点;接触器 KM3 主触点闭合接触不良;接触器 KM4 主触点闭合接触不良;进给电动机 M2 绕组损坏;14 区热继电器 FR3 常闭触点接触不良;15 区接触器 KM1 常开触点闭合接触不良;圆工作台转换开关 SA2－3 触点接触不良	接触器 KM3 主触点;接触器 KM4 主触点;进给电动机 M2 绕组;15 区接触器 KM1 常开触点;圆工作台转换开关 SA2－3 触点
工作台不能左右进给	行程开关 SQ2－2、SQ3－2、SQ4－2 常闭触点接触不良;行程开关 SQ5－1 常开触点闭合接触不良;行程开关 SQ6－1 常开触点闭合接触不良	行程开关 SQ2－2、SQ3－2、SQ4－2 常闭触点;行程开关 SQ5－1 常闭触点;行程开关 SQ6－1 常开触点
工作台不能前、后、上、下进给	行程开关 SQ5－2、SQ3－2、SQ4－2 常闭触点闭合接触不好;行程开关 SQ6－1 常开触点闭合接触不良	行程开关 SQ2－2、SQ3－2、SQ4－2 常闭触点
工作台不能快速移动	快速进给启动按钮 SB3 或 SB4 常开触点压合接触不良;接触器 KM2 线圈损坏;10 区接触器 KM2 常开触点闭合接触不好;电磁铁 YC3 线圈损坏	按钮 SB3 或 SB4 常开触点;接触器 KM2 线圈;10 区接触器 KM2 常开触点;电磁铁 YC3 线圈
主轴不能制动;且工作台不能快速移动	变压器 TC3 损坏;熔断器 FU2 断路;整流器 VC 损坏或有一桥臂断路;熔断器 FU3 断路	变压器 TC3;熔断器 FU2;熔断器 FU3;整流器 VC
其他	(1)主轴变速不能冲动:行程开关 SQ1 常开触点压合接触不良;(2)进给变速无冲动:行程开关 SQ2－1 常开触点压合接触不良;(3)工作台不能向相应的方向移动进给:相应方向的行程开关压合接触不良或机械啮合有问题;(4)圆工作台无工作:圆工作台转换开关 SQ2－2 触点接触闭合不良	(1)行程开关 SQ1 常开触点(2)行程开关 SQ2－1 常开触点(3)相应方向行程开关(4)圆工作台转换开关 SQ2－2

方法点拨

本节的控制线路比较复杂，注意仔细认真分析其原理。

思考题

1. X62W 型万能铣床主要运动形式有哪些？
2. 如果所有电动机都不能启动，那么故障原因是什么？要重点检查哪些位置？
3. 如果进给电动机 M2 不能启动，那么故障原因有哪些？要重点检查哪些位置？

技能实训 4—3　X62W 型万能铣床故障的分析与排除

1. 实训目标

学会 X62W 型万能铣床电气控制线路的故障分析及排除。

2. 工具与仪表

工具与仪表如表 4—15 所示。

表 4—15　工具与仪表

工具	电工常用工具
仪表	MF47 型万用表、500 V 兆欧表、钳形电流表

3. 实训过程

(1)在操作师傅的指导下，对铣床进行操作，了解铣床的各种工作状态、操作方法及操作手柄的作用。

(2)在教师指导下，弄清铣床电器元件安装位置及走线情况；结合机械、电气、液压几方面相关的知识，弄清铣床电气控制的特殊环节。

(3)在 X62W 型万能铣床上人为设置自然故障。

(4)教师示范检修，步骤如下：

1)用通电试验法引导学生观察故障现象。

2)根据故障现象，依据电路图，用逻辑分析法确定故障范围。

3)采用正确的检查方法，查找故障点并排除故障。

4)检修完毕，进行通电试验，并做好维修记录。

5)教师设置故障，主电路一处，控制电路两处，由学生进行检修训练。

4. 故障设置原则

(1)不能设置短路故障、机床带电故障，以免造成人身伤亡事故。

(2)不能设置一接通总电源开关电动机就启动的故障，以免造成人身和设备事故。

(3)设置故障不能损坏电气设备和电器元件。

(4)初次进行故障检修训练时，不要设置调换导线类故障，以免增大分析故障的难度。

5. 注意事项

(1)熟悉X62W型万能铣床电气线路的基本环节及控制要求。

(2)弄清电气、液压和机械系统如何配合实现某种运动方式，认真观摩教师的示范检修。

(3)检修时，所有的工具、仪表应符合使用要求。

(4)不能随便改变升降电动机原来的电源相序。

(5)排除故障时，必须修复故障点，但不得采用元件代换法。

(6)检修时，严禁扩大故障范围或产生新的故障。

(7)带电检修，必须有指导教师监护，以确保安全。

6. 评分标准

评分标准如表4—16所示。

表4—16　评分标准

项目内容	配分	评分标准		扣分
故障分析	30分	(1)排除故障前不进行调查研究	扣5分	
		(2)检修思路不正确	扣5分	
		(3)标不出故障点、线或标错位置	每个故障点扣10分	
检修故障	60分	(1)切断电源后不验电	扣5分	
		(2)使用仪表和工具不正确	每次扣5分	
		(3)检查故障的方法不正确	扣10分	
		(4)查出故障不会排除	每个故障扣20分	
		(5)检修中扩大故障范围	扣10分	
		(6)少查出故障	每个扣20分	
		(7)损坏电器元件	扣30分	
		(8)检修中或检修后试车操作不正确	每次扣5分	
安全文明生产	10分	(1)防护用品穿戴不齐全	扣5分	
		(2)检修结束后未恢复原状	扣5分	
		(3)检修中丢失零件	扣5分	
		(4)出现短路或触电	扣10分	
额定时间	2.5 h，每超时5 min(不足5 min以5 min计)		扣5分	
备注	除额定时间外，各项目的最高扣分不应超过配分数		成绩	
开始时间		结束时间	实际时间	

第5节　T68型镗床电气控制线路

学习目标

(1)熟悉T68型镗床的基本结构及主要运动形式。

(2)掌握其线路的工作原理，并能检修常见的故障。

学习要点

故障原因和检修方法。

镗床是一种用于精密加工的机床，可进行镗孔和钻孔加工。镗床可分为立式镗床、卧式镗床、坐标镗床、专用镗床。本节主要讨论卧式镗床电气控制线路的原理。

小思考

镗床和钻床在功能上有哪些区别和联系？

一、T68 型镗床的主要结构和运动形式

1. T68 型镗床的主要结构

图 4－9　老式 T68 型卧式镗床

镗床在加工时，一般把工件固定在工作台上，由镗杆或花盘上固定的刀具进行加工。如图 4－9所示为一种老式的 T68 型卧式镗床。其主要有以下几个部分：

(1)前立柱——主轴箱可沿它上面的轨道作垂直移动。

(2)主轴箱——装有主轴(其锥形孔装镗杆)变速机构、进给机构和操纵机构。

(3)后立柱——可沿床身横向移动，上面的镗杆支架可与主轴箱同步垂直移动。

(4)工作台——由下溜板、上溜板和回转工作台 3 层组成，下溜板可在床身轨道上作纵向移动，上溜板可在下溜板轨道上作横向移动，回转工作台可在上溜板上转动。

2. 运动形式

(1)主运动：主轴的旋转运动与花盘的旋转运动。

(2)进给运动：主轴在主轴箱中的进出进给，花盘上刀具的径向进给，工作台的横向和纵向进给，主轴箱的升降(进给运动可以进行手动或机动)。

(3)辅助运动：回转工作台的转动，后主柱的水平纵向移动，镗杆支承架的垂直移动及各部分的快速移动。

主电动机采用双速电动机(△/YY)用以拖动主运动和进给运动。

主运动和进给运动的速度调节采用变速孔盘机构。

主电动机能正反转,采用电磁阀制动。

主电动机低速全压启动,高速启动时,需低速启动,延时后自动转为高速。

各进给部分的快速移动,采用一台快速移动电动机拖动。

二、T68 型镗床电气控制线路分析

T68 型卧式镗床的电气控制线路原理图如图 4—10 所示。

1. 划分 T68 型卧式镗床主电路

T68 型卧式镗床由两台电动机拖动,其中主动力为双速电动机。

从图 4—10 中可见,T68 型卧式镗床主电路位处 1～ 5 区。其中 1 区为电源开关及保护;2～ 3 区为主轴电动机 M1 主电路;5 区、6 区为进给电动机 M2 主电路。

2. 主电路部分识图

(1)主轴电动机 M1 主电路。主轴电动机 M1 控制主电路位处 2～ 3 区,它是一个“正反转双速控制主电路”。其中接触器 KM1 为主轴电动机 M1 的正转电源接通与断开接触器;接触器 KM2 为主轴电动机 M1 反转电源接通与断开接触器;接触器 KM4 为主轴电动机 M1 的低速电源接通与断开接触器;接触器 KM5 为主轴电动机 M1 的高速电源接通与断开接触器;接触器 KM3 为限流电阻 R 的短接接触器;电阻 R 为主轴电动机 M1 反接制动控制和点动控制时的限流电阻;热继电器 FR 为主轴电动机 M1 的过载保护。

当接触器 KM1、KM3、KM4 同时闭合时,主轴电动机 M1 启动后作低速正向运转;当接触器 KM1、KM3、KM5 同时闭合时,主轴电动机 M1 启动后作高速正向运转;当接触器 KM2、KM3、KM4 同时闭合时,主轴电动机 M1 启动后作低速反向运转;当接触器 KM2、KM3、KM5 同时闭合时,主轴电动机 M1 启动后作高速反向运转;当接触器 KM1、KM4 闭合时,主轴电动机 M1 串电阻正向点动运转;当接触器 KM2、KM4 闭合时,主轴电动机 M1 串电阻反向点动运转。

(2)进给电动机 M2 的控制主电路。进给电动机 M2 的控制主电路位处于 4 区和 5 区,它是一个正、反转控制主电路。其中接触器 KM6 为进给电动机 M2 的正转电源接通与断开接触器;接触器 KM7 为进给电动机 M2 的反转电源接通与断开接触器。

(3)其他主电路。1 区中 QS 为机床的总电源开关;2 区中熔断器 FU1 为机床的总短路保护;熔断器 FU2 为进给电动机 M2 的短路保护。

3. T68 型卧式镗床控制电路识图

三相交流电源由电源总开关 QS 经熔断器 FU1、FU2 加在变压器 TC 初级绕组两端,经降压后输出 110 V 交流电压作为控制电路的电源,24 V 交流电压为机床工作照明灯电源。合上电源总开关 QS,7 区电源信号灯 HL 亮,表示控制电路电源电压正常。控制电路中,行程开关 SQ1 和 SQ2 为互联锁保护行程开关,是为了防止在工作台或主轴箱自动快速进给时又将主轴进给手柄扳到自动快速进给的误操作。

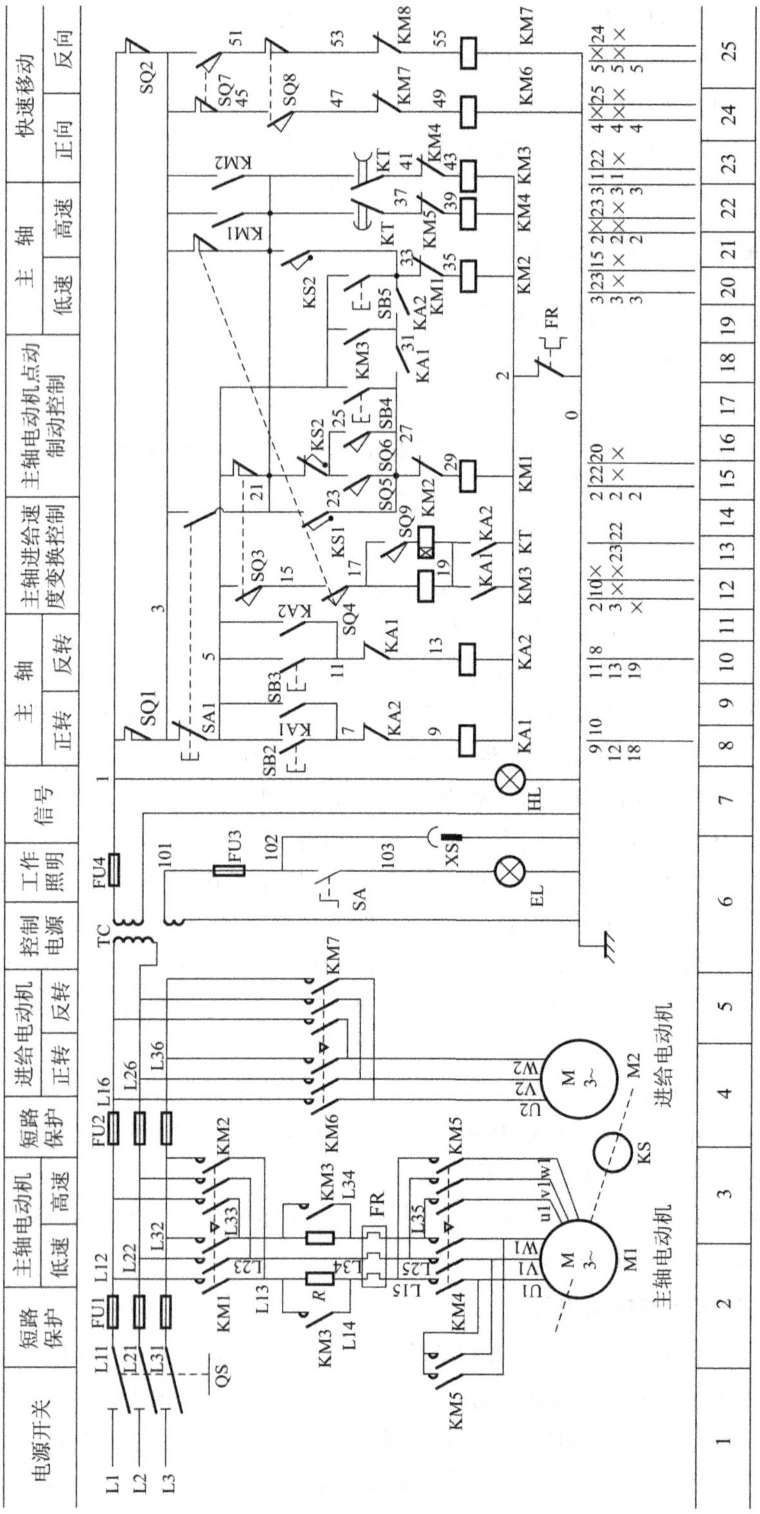

图 4-10 T68型卧式镗床电气控制线路原理图

小思考

为什么要分为低速正反转和高速正反转？

(1)主轴电动机正、反转控制。

1)主轴电动机 M1 低速正转控制：将高、低速变速手柄扳到“低速”挡，行程开关 SQ9 断开。因行程开关 SQ3、SQ4 首先是被压合的，故它们的常开触点闭合，常闭触点断开。按下主轴电动机 M1 正转启动按钮 SB2，中间继电器 KA1 得电闭合并自锁，其 12 区及 18 区常开触点闭合，12 区 KA1 常开触点闭合接通了接触器 KM3 线圈的电源，接触器 KM3 闭合，KM3 主触点短接了主轴电动机 M1 中的制动电阻 R，18 区 KA1 常开触点闭合，接通了接触器 KM1 线圈电源，接触器 KM1 及 KM4 闭合，接触器 KM1、KM4 主触点将主轴电动机 M1 绕组接成△接法，主轴电动机 M1 低速正转启动运行。按下主轴电动机 M1 的停止按钮 SB1，主轴电动机 M1 制动停止。

2)主轴电动机 M1 低速反转控制：仍然将高、低速手柄扳到“低速”挡位置。按下反转启动按钮 SB3，中间继电器 KA2 电闭合并自锁，其 13 区及 19 区 KA2 常开触点闭合，分别接通了接触器 KM3、KM2 线圈的电源，接触器 KM3、KM2、KM4 电闭合。KM3 主触点短接了制动电阻 R，KM2、KM4 主触点接通了主轴电动机 M1△接法的反转电源，主轴电动机 M1 低速反转启动运行。按下停止按钮 SB1，主轴电动机 M1 制动停止。

3)主轴电动机 M1 高速正转控制：将高、低速变速手柄扳到“高速”挡位置，行程开关 SQ9 闭合。按下主轴电动机 M1 正转启动按钮 SB2，中间继电器 KA1 电闭合，12 区及 18 区 KA1 常开触点闭合，使得接触器 KM3、时间继电器 KT 及接触器 KM1、KM4 电闭合，主轴电动机 M1 绕组被接成△低速启动。经过一定时间后，时间继电器 KT 在 22 区通电延时常闭触点断开，23 区通电延时常开触点闭合，断开了接触器 KM4 线圈电源，KM4 失电释放。同时接通了接触器 KM5 线圈的电源，接触器 KM5 闭合，其主触点将主轴电动机 M1 绕组接成 Y 接法高速正转。按下停止按钮 SB1，主轴电动机 M1 制动停止。

4)主轴电动机 M1 高速反转控制：主轴电动机 M1 的高速反转控制原理及过程与主轴电动机 M1 高速正转控制相同，只不过是将正转启动按钮 SB2 换成反转启动按钮 SB3，中间继电器 KA1 换成 KA2，接触器 KM1 换成 KM2，其他都是一样的。

(2)主轴电动机 M1 制动控制。

1)正转制动控制：当主轴电动机 M1 高、低速正转启动运行时，其转速达到 120 r/min，21 区速度继电器 KS2(21 区)正转闭合常开触点闭合，为主轴电动机 M1 的制动做好了准备。当需要主轴电动机 M1 停止时，按下主轴电动机 M1 停止按钮 SB1，高、低速正转接触器 KM1 失电，其 20 区接触器 KM1 常闭触点复位闭合，接触器 KM2 线圈通过以下途径得电：变压器 TC→FU4→SQ1→SB1 常开触点→SB2 常开触点→KM1 常闭触点→接触器 KM2 线圈→FR→变压器 TC。接触器 KM2 得电并自锁及 KM4 得电闭合，KM2、KM4 主触点接通了主轴电动机 M1 的低速反转电源，M1 串电阻 R 反接制动，转速迅速下降。当转速下降至 100 r/min 时，21 区速度继电器 KS2 正转闭合常开触点断开，切断了接触器 KM2 线圈回路电源，接触器 KM2、KM4 断电释放，主轴电动机 M1 完成正转反接制动控制。

2)反转制动控制：当主轴电动机 M1 高、低速反转启动运转时，其转速达到 120 r/min 时，14 区速度继电器 KS1 反转闭合常开触点闭合，为停车反接制动作做了准备。其他的过程同正转制动控制，请读者自行分析。

(3)主轴电动机 M1 点动控制。按下主轴电动机 M1 正转点动按钮 SB4(17 区)，接触器 KM1 及 KM4 线圈得电闭合，KM1、KM4 主触点接通主轴电动机 M1 低速正转电源，M1 串电阻低速正转点动。

同样，按下主轴电动机 M1 反转点动按钮 SB5(20 区)，接触器 KM2、KM4 得电闭合，KM2、KM4 主触点接通了主轴电动机 M1 低速反转电源，M1 串电阻 R 反转点动。

(4)主轴变速控制。主轴变速是通过转动变速操作盘，选择合适的转速来进行变速的。主轴变速时可直接拉出主轴变速操作盘的操作手柄进行变速，而不必按下主轴电动机的停止按钮。具体操作过程如下：当主轴电动机 M1 在加工过程中需要进行变速时，设电动机 M1 运行于反转状态，速度继电器 KS1 常开触点闭合，将主轴变速操作盘的操作手柄拉出，此时 SQ3 复位，其 15 区常闭触点复位闭合，12 区常开触点断开，接触器 KM3 线圈断电，使得 KM2、KM5 线圈断电。由于 KS1 的闭合及以上元件的失电释放，使得接触器 KM1 线圈通过以下途径得电：变压器 TC→FU4→SQ1→SQ3 常闭触点→KS1 常开触点→KM2 常闭触点→KM1 线圈→FR→变压器 TC。接触器 KM1 和 KM4 得电闭合，主轴电动机 M1 串电阻 R 反转反接制动。

主轴电动机速度迅速下降，待速度降至 100 r/min 时，14 区 KS1 常开触点断开，主轴电动机 M1 停转，此时转动变速操作盘，选择新的速度后，将变速手柄压回原位。在压回原位的过程中，当因齿轮不能啮合，卡住手柄不能压下去时，主轴变速行程开关 SQ6 被压合，接触器 KM1 线圈通过以下途径得电：变压器 TC→FU4→SQ1→SQ3 常闭触点→KS2 常闭触点→SQ6 常开触点→KM2 常闭触点→KM1 线圈→FR→变压器 TC。接触器 KM1 得电闭合，使得 KM4 得电闭合，主轴电动机 M1 低速正转启动。当转速达到 120 r/min 时，以上途径中速度继电器 KS2 常闭触点断开，主轴电动机 M1 又停转。当转速减至 100 r/min 时，速度继电器 KS2 常闭触点又复位闭合，主轴电动机 M1 又正转启动。如此反复，直到新的变速齿轮啮合好为止。此时主轴变速手柄压回原位，行程开关 SQ6 松开，主轴冲动电路被切断，行程开关 SQ3 被重新压下，接触器 KM3、KM2 和 KM5 线圈得电，主轴电动机 M1 反转启动，以新的转速运行。

(5)进给电动机 M2 的控制。机床工作台的纵向和横向进给、主轴的轴向进给、主轴箱的垂直进给等快速移动都是由电动机 M2 通过机械齿轮的啮合来实现的。将快速手柄扳至快速正向移动位置，行程开关 SQ8(24～25 区)被压下，24 区常开触点闭合，接触器 KM6 线圈得电闭合，进给电动机 M2 启动正转，带动各种进给正向快速移动。将快速手柄扳至反向位置时压下行程开关 SQ7，接触器 KM7 线圈得电闭合，进给电动机 M2 反向启动运转，带动各种进给反向快速移动。

(6)进给变速控制。进给变速控制其控制过程与主轴变速控制过程基本相同，只不过拉出的变速手柄是进给变速操作手柄，将主轴变速控制中的行程开关 SQ3 换成 SQ4，而进给变速冲动的行程开关为 SQ5。请读者自己分析。

T68 型卧式镗床元器件明细表如表 4—17 所示。

表 4－17　T68 型卧式镗床元器件明细表

代号	名称	规格或型号	数量	作用及用途
M1	电动机	JO2－51－2/4 7.5 kW	1	带动主轴旋转
M2	电动机	JO2－31－2/4 2.2 kW	1	驱动快速移动
KM1	交流接触器	CJ0－40 110 V	1	控制 M1 正转
KM2	交流接触器	CJ0－40 110 V	1	控制 M1 反转
KM3	交流接触器	CJ0－40 110 V	1	短接限流电阻
KM4	交流接触器	CJ0－40 110 V	1	控制 M1 低速
KM5	交流接触器	CJ0－40 110 V	1	控制 M1 高速
KM6	交流接触器	CJ0－10 110 V	1	控制 M1 正速
KM7	交流接触器	CJ0－10 110 V	1	控制 M1 反速
KA1	中间继电器	JZ7－44	1	控制 M1 正速
KA2	中间继电器	JZ7－44	1	控制 M1 反速
KT	时间继电器	JS7－2 A	1	控制 M1 高速
KS1	速度继电器	JY1 380 V/2 A	1	M1 反转制动
KS2	速度继电器	JY1 380 V/2 A	1	M1 正转制动
QS	电源开关	HZ2－25/3	1	电源总开关
SB1	按钮	LA2	1	M1 停止按钮
SB2	按钮	LA2	1	M1 正转启动按钮
SB3	按钮	LA2	1	M1 反转启动按钮
SB4	按钮	LA2	1	M1 正转点动按钮
SB5	按钮	LA2	1	M1 反转点动按钮
SQ9	行程开关	LX5－11	1	M1 高速接通
SQ1	行程开关	LX1－11J	1	联锁保护
SQ2	行程开关	LX3－11K	1	联锁保护
SQ3	行程开关	LX1－11K	1	主轴变速
SQ4	行程开关	LX1－11K	1	进给变速
SQ5	行程开关	LX1－11K	1	进给变速冲动
SQ6	行程开关	LX1－11K	1	主轴变速冲动
SQ7	行程开关	LX1－11K	1	M2 反转限位
SQ8	行程开关	LX1－11K	1	M2 正转限位
TC	变压器	BK－300 380 V/110 V、24 V	1	控制、照明电源
FR	热继电器	JR0－40 整定电流 16.5 A	1	M1 过载保护
FU1	熔断器	RL1－60/40	3	M1 短路保护
FU2	熔断器	RL1－15/15	3	M2 短路保护
FU3	熔断器	RL1－15/2	1	工作照明短路保护
FU4	熔断器	RL1－15/2	1	控制电路短路保护
R	电阻	ZB1－0.9	1	M1 限流电阻

4. T68 型卧式镗床常见电气故障分析与检修方法

如表 4－18 所示为 T68 型卧式镗床的常见故障现象及其检修方法。

表 4－18　T68 型卧式镗床的常见故障现象及其检修方法

故障现象	故障原因	排除方法	模拟故障
主轴电动机 M1 不能启动	主轴电动机 M1 是双速电动机，正、反转控制不可能同时损坏。熔断器 FU1、FU2、FU4 的其中一个有熔断，自动快速进给、主轴进给操作手柄的位置不正确，压合 SQ1、SQ2 动作，热继电器 FR 动作，使电动机不能启动	查熔断器 FU1 熔体已熔断，查电路无短路，更换熔体，故障排除（查 FU1 已熔断，说明电路中有大电流冲击，故障主要集中在 M1 主电路上）	1 点：主轴电动机不能启动。查熔断器 FU1 熔体未熔断。查电源总开关 QS 出线端电压正常（AC 380V）。查熔断器 FU1 进线端 8 号线与 9 号线间电压不正常；8 号线与 10 号线间电压正常；9 号线与 10 号线间电压不正常。断开 QS，查 QS 的 4 号线与 FU1 的 9 号线间的电阻证实已断路，恢复模拟故障点开关，故障排除
只有高速挡，没有低速挡	接触器 KM4 已损坏；接触器 KM5 动断触点损坏；时间继电器 KT 延时断开动断触点损坏；SQ 一直处于通的状态，只有高速	查接触器 KM4 线圈已损坏，更换接触器，故障排除	23 点：只有高速挡，没有低速挡。查接触器 KM4 线圈好的，查接触器 KM4 线圈 173 号线与 KM5 动断触点 172 号线间电阻证实已断开，恢复模拟故障点开关，故障排除
只有低速挡，没有高速挡	时间继电器 KT 控制主轴电动机从低速向高速转换。时间继电器 KT 不动作；或行程开关 SQ 安装的位置移动；SQ 一直处于断的状态；接触器 KM5 损坏；KM4 动断触点损坏	查接触器 KM5 线圈好的，查接触器 KM5 线圈 181 号线与 KM4 动断触点 180 号线间电阻为无穷大已开路，更换导线，故障排除	24 点：查接触器 KM5 线圈好的，查接触器 KM5 线圈 181 号线与 KM4 动断触点 180 号线间电阻为无穷大已断路，恢复模拟故障点开关，故障排除
主轴变速手柄拉出后，主轴电动机不能冲动；或变速完毕，合上手柄后，主轴电动机不能自动开车	位置开关 SQ3、SQ6 质量方面的问题，由绝缘击穿引起短路而接通无法变速	将主轴变速操作盘的操作手柄拉出，主轴电动机不停止。断电后，查 SQ4 的动合触点不能断开，更换 SQ3，故障排除	12 点：压合 SQ4，KM3、KT、KM1（或 KM2）、KM4 都处于吸合状态。查 SQ4 动合触点已短路，恢复模拟故障点开关，故障排除
主轴电动机 M_1、进给电动机 M2 都不工作	熔断器 FU1、FU2、FU4 熔断，变压器 TC 损坏	查看照明灯工作正常，说明 FU1、FU2 未熔断。在断电情况下，查 FU4 已熔断，更换熔断器，故障排除	在 FU4 中放入已损坏的熔体。照明正常，主轴电动机 M1、进给电动机 M2 都不工作。说明熔断器 FU1、FU2 完好，在断电情况下，查 FU4 两端电阻无穷大，确定已经开路，更换熔体，故障排除

续表

故障现象	故障原因	排除方法	模拟故障
正、反转速度都偏低	接触器 KM3 未动作，KM3 主触点未闭合，电路串 R 运行；SQ3、SQ4 未被压合或移位	查 SQ3、SQ4 压合或移位情况都正常；查接触器 KM3 线圈已烧毁，更换排除	13 点：按下正、反启动按钮，KM3 不动作。断电后，查 KM3 线圈好的，沿 122 号线向前查时，发现 KM3 线圈的 122 号线至 SQ4 的 121 号线断开，恢复模拟故障点开关，故障排除
正向启动正常，反向无制动，但反向启动正常	速度继电器 KS2 动合触点，以及连接导线	若反向启动正常，则故障在 KS2 动合触点未闭合；查 KS2 动合触点闭合时电阻值很大，修复触点，故障排除	KS2 动合触点贴黑胶布，当主轴电动机正转时，测 KS2 的 166 号线与 KM2 的 160 号线间电压正常电压为零，测 KS2 的 165 号线与 KM2 的 160 号线间电压正常，查 KS2 动合触点闭合时电阻值很大，清除黑胶布，故障排除
低速没有转动，启动时就进入高速运转	时间继电器 KT 延时断开动断触点，KM5 动断触点、KM4 线圈	查时间继电器 KT 延时断开动断触点已损坏，修复触点故障排除	把时间继电器的电磁系统位置尽量往外移动，宝塔弹簧处于放松状态。一开机，主轴电动机就高速运转。根据电原理图分析可知，主要故障原因就出在时间继电器 KT 的延时闭合触点上。断电后，用电阻挡测量 KT 的延时闭合动合触点的电阻为零欧，证实触点未经延时已经闭合，把电磁系统恢复到原位，故障排除
主轴电动机 M1、进给电动机 M2 都缺相	熔断器 FU1 中有一个熔体熔断。电源总开关、电源引线有一相开路	查 FU1 熔体已熔断，更换熔体，故障排除 注意：查电源总开关进线端、出线端的电源电压，用万用表的交流电压挡（AC 500 V）	2 点：查电源开关下桩头电压正常，查熔断器 FU1 下桩头电压正常，接触器 KM1、KM2 上桩头电压不正常，结果是 FU1 15 号线与 KM1 主触点的 33 号线（即 W 相）已断开，恢复模拟故障点开关，故障排除
主轴电动机 M1 工作正常，进给电动机 M2 缺相	熔断器 FU2 中有一个熔体熔断。KM6、KM7 同时损坏造成缺相的现象不多见	查 FU2 熔体熔断，更换熔体，故障排除 注意：有一个方向工作正常，故障必然在接触器 KM6 或 KM7 的主触点	5 点：有一个方向工作正常，另一个方向缺相工作不正常。查相应的接触器 KM6 的下桩头出线 69 号线。至电机 74 号线已开路，恢复模拟故障点开关，故障排除

续表

故障现象	故障原因	排除方法	模拟故障
正向启动正常，反向无制动，且反向启动不正常	若反向也不能启动，则故障在KM1动断触点，或在KM2线圈，KM2主触点接触不良，以及KS2触点未闭合	查KM1线圈正常，速度继电器KS2动合触点良好。查KM1动断触点接触不良，修复触点，故障排除	30点：KM2线圈不得电，查KM2线圈完好；用电阻挡沿KM2线圈159号线往前查，发现至KM1联锁触点的158号连线开路，恢复模拟故障点开关，故障排除
变速时，电动机不能停止	位置开关SQ3或SQ4动合触点短接	拉出变速手柄，查位置开关SQ3正常，SQ4动合触点的电阻很小，更换位置开关SQ4，故障排除	12点：拉出进给变速手柄，查位置开关SQ3或SQ4动合触点，发现SQ4触点的电阻很小（零欧）已被短路，恢复模拟故障点开关，故障排除
主轴电机不能点动工作	SB1 100号线至SB4或SB5 150号线断路	查100号线断路，给予复原即可	10点：查SB1 100号线至SB4或SB5 150号线的电阻无穷大，证明已开路，恢复模拟故障点开关，故障排除
只有低速，没有高速	时间继电器KT损坏；KM4动断触点；KM5线圈	查KM5线圈、KM4动断触点正常，时间继电器KT延时闭合动合触点不通，更换微动开关，故障排除	时间继电器KT换上一个坏的微动开关（延时闭合的触点已经损坏）。按下启动按钮，主轴电动机只有低速，没有高速。查时间继电器KT延时闭合动合触点不通，更换微动开关，故障排除
冲动失效	位置开关SQ5、SQ6接触不良	主轴变速冲动失效，查位置开关SQ5；进给变速冲动失效，查位置开关SQ6。根据相应的故障现象查找，即可排除故障	—
正向启动正常，不能反向启动	若反向点动控制正常，则故障在KA2线圈，KA1动断触点，启动按钮SB3及连接导线	先查KA2线圈正常，查KA1动断触点损坏，修复动断触点，故障排除	11点：查KA2线圈正常，继续查KA2线圈114号线，确定故障是KA2线圈114号线至KA1动断触点113号线间断开，恢复模拟故障点开关，故障排除

续表

故障现象	故障原因	排除方法	模拟故障
接通电源后主轴电动机马上运转	启动按钮 SB2 或 SB3 被短接	切断电源，断开按钮 SB2 一端的连线，测电阻仍为零欧姆，短路给予排除	8 点：合上电源总开关 QS，主轴电动机马上正向运转。切断电源，断开按钮 SB2 一端的连线，测电阻仍为零欧姆，恢复模拟故障点开关，故障排除
工作台或主轴箱自动快速进给时 SQ1 断开，电路全部停止工作	位置开关 SQ2 已损坏	断开位置开关 SQ2 一端连线，测量触点电阻无穷大已损坏，修复或更换位置开关 SQ2，故障排除	18 点：拨动工作台或主轴箱自动快速进给手柄时（SQ1 断开），测位置开关 SQ2 完好，继续查 FU4 的 94 号线至 SQ2 的 191 号线，确定已经开路，恢复模拟故障点开关，故障排除
拨动主轴进给手柄时（SQ2 断开），电路全部停止工作	位置开关 SQ1 已损坏	断开位置开关 SQ1 一端连线，测量触点电阻无穷大已损坏，修复或更换位置开关 SQ1，故障排除	7 点：拨动主轴进给手柄时（SQ2 断开），测位置开关 SQ2 完好，继续查 SQ 的 198 号线至 SB1 的 99 号线间电阻，确定已经开路，恢复模拟故障点开关，故障排除
点动可以工作，直接操作 SB2、SB3 按钮不能启动	接触器 KM3 线圈或动合辅助触点损坏	查接触器 KM3 线圈损坏，更换接触器，电路恢复工作	13 点：接触器 KM3 不得电，查 KM3 线圈完好，再测量 KM3 线圈 122 号线至 SQ4 的 121 号线的电阻，证实已开路，恢复模拟故障点开关，故障排除
进给电动机 M2 快速移动正常，主轴电动机 M1 不工作	热继电器 FR 动断触点断开	查热继电器 FR 动断触点已烧坏，但不要急于更换，一定要查明原因	21 点：操作 SB2、SB3 时，主轴电动机没有反应。拨动快速移动手柄，进给电动机 M2 运转正常。查热继电器 FR 动断触点完好，查 FR 的 161 号线至 KM1 或 KM2 线圈的 160 号线已开路，恢复模拟故障点开关，故障排除
主轴电动机正向运转正常，刹车后反向低速运转，不会自动断开电源；变速时，接通电源主轴马上反向低速运转	速度继电器 KS2 动合触点没有复位（断开）	测速度继电器 KS2 动合触点电阻值为零，已损坏，修复速度继电器，故障排除	22 点：当主轴电机停止时，测量速度继电器 KS2 动合触点电阻值为零被短路，恢复模拟故障点开关，故障排除

方法点拨

(1)T68 型卧式镗床的电气线路比较复杂,要注意分析理解。

(2)本节的故障检修讲得比较详细,其中的故障原因和检修方法在其他机床上也值得借鉴。

思考题

1. T68 型卧式镗床主要由哪几个部分组成?
2. T68 型卧式镗床有哪几种运动形式?
3. 主轴电动机 M1 不能启动的故障原因有哪些?怎样排除?

技能实训 4—4 T68 型卧式镗床故障的分析与排除

1. 实训目标

学会 T68 型卧式镗床电气控制线路的故障分析及检修方法。

2. 工具与仪表

所用工具与仪表如表 4—19 所示。

表 4—19 工具与仪表

工具	电工常用工具
仪表	MF47 型万用表、500 V 兆欧表、钳形电流表

3. 实训过程

(1)在操作师傅的指导下,对镗床进行操作,了解镗床的各种工作状态、操作方法及操作手柄的作用。

(2)在教师指导下,弄清镗床电器元件安装位置及走线情况;结合机械、电气、液压几方面相关的知识,弄清镗床电气控制的特殊环节。

(3)在 T68 型卧式镗床上人为设置自然故障。

(4)教师示范检修,步骤如下:

1)用通电试验法引导学生观察故障现象。

2)根据故障现象,依据电路图,用逻辑分析法确定故障范围。

3)采用正确的检查方法,查找故障点并排除故障。

4)检修完毕,进行通电试验,并做好维修记录。

(5)由教师设置故障,主电路一处,控制电路两处,由学生进行检修训练。

4. 故障设置原则

(1)不能设置短路故障、机床带电故障,以免造成人身伤亡事故。

(2)不能设置一接通总电源开关电动机就启动的故障,以免造成人身和设备事故。

(3)设置故障不能损坏电气设备和电器元件。

(4)初次进行故障检修训练时,不要设置调换导线类故障,以免增大分析故障的难度。

5. 排故实习要求

(1)学生应根据故障现象,先在原理图上正确标出最小故障范围的线段,然后采用正确的检查和排故方法并在额定时间内排除故障。

(2)排除故障时,必须修复故障点,不得采用更换电器元件、借用触点及改动线路的方法,否则,作不能排除故障点扣分。

(3)检修时,严禁扩大故障范围或产生新的故障,并不得损坏电器元件。

6. 注意事项

(1)熟悉 T68 型卧式镗床电气线路的基本环节及控制要求。

(2)弄清电气、液压和机械系统如何配合实现某种运动方式,认真观摩教师的示范检修。

(3)检修时,所有的工具、仪表应符合使用要求。

(4)不能随便改变升降电动机原来的电源相序。

(5)排除故障时,必须修复故障点,但不得采用元件代换法。

(6)检修时,严禁扩大故障范围或产生新的故障。

(7)带电检修,必须有指导教师监护,以确保安全。

7. 评分标准

评分标准如表 4—20 所示。

表 4—20　评分标准

<table>
<tr><th>项目内容</th><th>配分</th><th colspan="4">评分标准</th><th>扣分</th></tr>
<tr><td>故障分析</td><td>30 分</td><td colspan="4">(1)排除故障前不进行调查研究　扣 5 分
(2)检修思路不正确　扣 5 分
(3)标不出故障点、线或标错位置　每个故障点扣 10 分</td><td></td></tr>
<tr><td>检修故障</td><td>60 分</td><td colspan="4">(1)切断电源后不验电　扣 5 分
(2)使用仪表和工具不正确　每次扣 5 分
(3)检查故障的方法不正确　扣 10 分
(4)查出故障不会排除　每个故障扣 20 分
(5)检修中扩大故障范围　扣 10 分
(6)少查出故障　每个扣 20 分
(7)损坏电器元件　扣 30 分
(8)检修中或检修后试车操作不正确　每次扣 5 分</td><td></td></tr>
<tr><td>安全文明生产</td><td>10 分</td><td colspan="4">(1)防护用品穿戴不齐全　扣 5 分
(2)检修结束后未恢复原状　扣 5 分
(3)检修中丢失零件　扣 5 分
(4)出现短路或触电　扣 10 分</td><td></td></tr>
<tr><td>额定时间</td><td colspan="5">2.5 h,每超时 5 min(不足 5 min 以 5 min 计)　扣 5 分</td><td></td></tr>
<tr><td>备注</td><td colspan="3">除额定时间外,各项目的最高扣分不应超过配分数</td><td colspan="2">成绩</td><td></td></tr>
<tr><td>开始时间</td><td></td><td>结束时间</td><td colspan="2"></td><td>实际时间</td><td></td></tr>
</table>

第 6 节　M7130 型平面磨床电气控制线路

学习目标

(1)了解 M7130 型平面磨床的主要结构和运动形式。

(2)熟悉其电气控制线路的构成。

(3)掌握其电气控制线路的分析方法及其常见故障的检修。

学习要点

电气控制线路的分析方法。

机械加工过程中，当对零件的表面粗糙程度要求较高时，就需要用磨床进行加工。磨床是用砂轮的周边或端面对工件的表面进行机械加工的一种精密机床。磨床根据其用途的不同可分为：内圆磨床、外圆磨床、平面磨床、无心磨床、专用磨床等。M7130 型卧轴矩台或平面磨床适应于加工各种机械零件的平面，且操作方便，磨削精度及光洁度较高。

一、M7130 型平面磨床的主要结构及型号意义

M7130 型平面磨床是卧轴矩形工作台式，主要由床身、工作台、电磁吸盘、砂轮架(又称磨头)、滑座和立柱等部分组成。其型号意义如下：

M 7 1 30

M —— 磨床

7 —— 平面

1 —— 卧轴矩台式

30 —— 工作台的工作面宽为 300 mm

二、M7130 型平面磨床的电气控制线路分析

M7130 型卧轴矩台平面磨床电气控制线路原理图如图 4—11 所示。

1. 主电路分析

(1)M7130 型卧轴矩台平面磨床主电路的划分。从图 4—11 中很容易看出，电路图中 1 ～ 5区为 M7130 型卧轴矩台平面磨床的主电路部分。其中 1～ 2 区为电源开关及保护部分，3 区为砂轮电动机 M1 主电路，4 区为冷却泵电动机 M2 主电路，5 区为液压泵电动机 M3 主电路。

(2)M7130 型卧轴矩台平面磨床主电路的识图。

1)砂轮电动机。砂轮电动机 M1 主电路位处 3 区，它是一个典型的“单向运转单元主电路”，由接触器 KM1 主触点控制砂轮电动机 M1 电源的通断，热继电器 FR1 为它的过载保护。

2)冷却泵电动机。冷却泵电动机 M2 主电路位处 4 区，实际上它是受控于接触器 KM1 的主触点，所以只有在接触器 KM1 闭合，砂轮电动机 M1 启动运转后，冷却泵电动机 M2 才能启动运转。XP1 为冷却泵电动机 M2 的接插件，在砂轮电动机 M1 启动运转后，将接插件 XP1 接通，冷却泵电动机 M2 即可运转，拔掉 XP1，冷却泵电动机 M2 即可停止。

3)液压泵电动机。液压泵电动机 M3 的控制主电路位处 5 区，它也是一个典型的“单向运转单元主电路”，由接触器 KM2 主触点控制液压泵电动机 M3 电源的通断，热继电器 FR2 为它的过载保护。

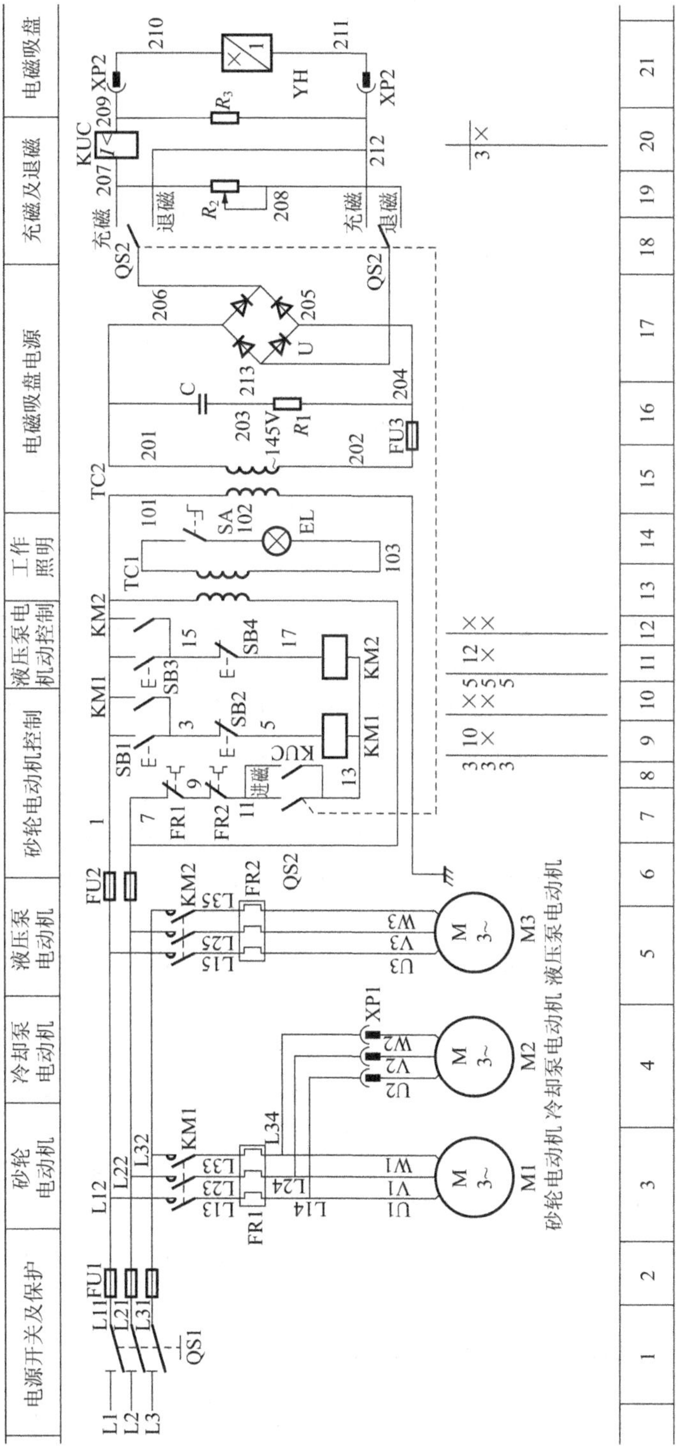

图 4-11　M7130型卧轴矩台平面磨床电气控制线路原理图

2. M7130 型卧轴矩台平面磨床控制电路分析

合上电源总开关 QS1,380 V 交流电源经过熔断器 FU1、FU2 加在控制电路的控制元件上。其中 8 区中欠电流继电器 KUC 在 11 号线与 13 号线间的常开触点在合上电源总开关 QS1 时即闭合。

(1)砂轮电动机 M1 的控制电路。

1)砂轮电动机 M1 控制电路的划分。砂轮电动机 M1 电源的通断由接触器 KM1 的主触点控制,故其控制电路是由 9 区和 10 区中各电器元件组成的电路及 7 区和 8 区中各元件组成的电路。其中 7 区和 8 区中各元件组成的电路为砂轮电动机 M1 控制电路和液压泵电动机 M3 控制电路的公共部分。

2)砂轮电动机。M1 控制电路识图 从 9 区和 10 区的电路来看,砂轮电动机 M1 的控制电路是一个典型的"单向运转单元控制电路"。其中按钮 SB1 为砂轮电动机 M1 的启动按钮,按钮 SB2 为砂轮电动机 M1 的停止按钮。合上电源总开关 QS1,21 区中电磁吸盘 YH 充磁,20 区欠电流继电器 KUC 线圈流过正常吸合电流而处于吸合状态,欠电流继电器 KUC 在 8 区中 11 号线与 13 号线间的常开触点闭合。当需要砂轮电动机 M1 启动运转时,按下启动按钮 SB1,接触器 KM1 线圈通过以下途径得电:熔断器 FU2－1 号线－按钮 SB1 常开触点－3 号线－按钮 SB2 常闭触点－5 号线－接触器 KM1 线圈－13 号线－欠电流继电器 KUC 常开触点－11 号线－热继电器 FR2 常闭触点－9 号线－热继电器 FR1 常闭触点－7 号线－熔断器 FU2。接触器 KM1 通电闭合,其在 3 区中的主触点闭合,接通砂轮电动机 M1 的电源,砂轮电动机 M1 启动运转。此时,若需要冷却泵电动机 M2 启动运转,则只需将接插件 XP1 插好,冷却泵电动机 M2 即可启动运转。拔下接插件 XP1,冷却泵电动机 M2 停转;按下砂轮电动机 M1 的停止按钮 SB2,砂轮电动机 M1 及冷却泵电动机 M2 均停止。在砂轮电动机 M1 的控制电路中,若出现砂轮电动机 M1 不能启动的现象,则应重点考虑 9 区中按钮 SB2 在 3 号线与 5 号线间常闭触点是否接触不良、热继电器 FR1、FR2 在 7 号线与 9 号线间及 9 号线与 11 号线间的常闭触点是否接触不良及欠电流继电器 KUC 在 11 号线与 13 号线间的常开触点闭合时是否接触不良;若砂轮电动机 M1 只能点动,则重点考虑接触器 KM1 在 1 号线与 3 号线间的常开触点闭合是否接触不良等。

(2)液压泵电动机 M3 控制电路。

1)液压泵电动机 M3 控制电路的划分。同理,液压泵电动机 M3 的控制电路是由 11 区和 12 区电路中元件组成的电路及 7 区和 8 区中电路元件组成的电路。

2)液压泵电动机 M3 控制电路的识图。在 11 区和 12 区的电路中,液压泵电动机 M3 的控制电路也是一个典型的"单向运转单元控制电路"。其中按钮 SB3 为液压泵电动机 M3 的启动按钮,按钮 SB4 为液压泵电动机 M4 的停止按钮。其他的分析与砂轮电动机 M1 的控制电路相同。

三、M7130 型卧轴矩台平面磨床其他电路识图

M7130 型卧轴矩台平面磨床其他电路包括电磁吸盘充、退磁电路,机床工作照明电路。

1. 电磁吸盘充、退磁电路

(1)电磁吸盘充、退磁电路的划分。在图 4－11 中,电磁吸盘充、退磁电路位处 15～21 区。

(2)电磁吸盘充、退磁电路识图。在电磁吸盘的充、退磁电路中,15 区变压器 TC2 为电磁吸盘充、退磁电路的电源变压器。17 区中的整流器 U 为供给电磁吸盘直流电源的整流器。18 区中的转换开关 QS2 为电磁吸盘的充、退磁状态转换开关,当 QS2 扳到“充磁”位置时,电磁吸盘 YH 线圈正向充磁;当 QS2 扳到“退磁”位置时,电磁吸盘 YH 线圈则反向充磁。20 区欠电流继电器 KUC 线圈为机床运行时电磁吸盘欠电流的保护元件,只要合上电源总开关 QS1 它就会通电闭合,使得 8 区中的常开触点闭合,接通机床拖动电动机控制电路的电源通路,机床才能启动运行;机床在运行过程中是依靠电磁吸盘将工件牢牢吸住,否则会在加工过程中砂轮的离心力将工件抛出而造成人身伤亡或设备事故。在加工过程中,若 17 区中整流器 U 损坏或有断臂现象及电磁吸盘 YH 线圈有断路故障等,则流过 20 区欠电流继电器 KUC 线圈中的电流大大减少,欠电流继电器 KUC 由于欠电流而不能吸合,8 区中的常开触点要断开,所以机床不能启动运行,或正在运行的也会因 8 区中欠电流继电器 KUC 常开触点的断开而停止下来,从而起到电磁吸盘 YH 欠电流的保护作用。21 区中 YH 为电磁吸盘,它的作用是在机床进行加工过程中将工件牢固吸合。16 区中的电容器 C 和电阻 R_1 为整流器 U 的过电压保护元件,在合上电源总开关或断开电源总开关 QS1 的瞬间,变压器 TC 会在二次绕组两端产生一个很高的自感电动势,电容器 C 和电阻 R_1 为吸收这个很高自感电动势的元件,以保证整流器 U 不受这个很高的自感电动势的冲击而损坏。19 区和 20 区中的电阻 R_2 和 R_3 为电磁吸盘 YH 充、退磁时电磁吸盘线圈自感感应电动势的吸收元件,以保护电磁吸盘线圈 YH 不受自感电动势的冲击而损坏。

机床正常工作时,220 V 交流电压经过熔断器 FU2 加在变压器 TC2 一次绕组的两端,经过降压变压器 TC2 降压后在其二次绕组中输出约 145 V 的交流电压,经过整流器 U 整流输出约 130 V 的直流电压作为电磁吸盘 YH 线圈的电源。当需要对加工工件进行磨削加工时,将充、退磁转换开关 QS2 扳至“充磁”位置挡,电磁吸盘 YH 线圈通过以下途径通电将工件牢牢吸合:整流器 U—206 号线—充、退磁转换开关 QS2—207 号线—欠电流继电器 KUC 线圈—209 号线—接插件 XP2—210 号线—电磁吸盘 YH 线圈—211 号线—接插件 XP2—212 号线—充、退磁转换开关 QS2—213 号线—回到整流器 U,电磁吸盘正向充磁,此时机床可进行正常的磨削加工。当工件加工完毕需将工件取下时,将电磁吸盘充、退磁转换开关 QS2 扳至“退磁”位置,此时电磁吸盘反向充磁,经过一定的时间后,即可将工件取下。

2. 机床工作照明电路

机床工作照明电路位处 13～14 区,由变压器 TC1、工作照明灯 EL 及照明灯开关 SA 组成。其中变压器 TC1 的一次电压为 380 V,二次电压为 36 V。

四、M7130 型卧轴矩台平面磨床电气控制线路故障检修实例

1. 三台电动机均不能启动

故障现象:合上电源总开关 QS1,按下砂轮电动机 M1 启动按钮 SB1,砂轮电动机不能启动;按下液压泵电动机 M3 启动按钮 SB3,液压泵电动机 M3 也不能启动。

故障分析:根据以上故障现象判断其故障范围应在控制电路接触器 KM1、KM2 线圈回路的公共端中。例如 7 号线到 4 号线有断点、欠电流继电器 KUC 没有闭合等都会引起这种故障现象,所以检查时应从以下几个方面入手。将转换开关 QS2 扳至“充磁”位置,合上电源总

开关 QS1,测量 1 号线和 PE 线是否有 220 V 交流电压。若没有,则为电源电压有问题,应观察欠电流继电器 KUC 是否闭合。若 KUC 没有闭合,则应检查 207 号线和 212 号线两端是否有 130V 左右直流电压,然后再检查电磁吸盘 YH 线圈是否短路或断路。若观察到欠电流继电器 KA 闭合,则重点检查 7 号线和 4 号线是否有断点。

故障检查:将转换开关 QS2 扳至“充磁”位置,合上电源总开关 QS1,用万用表交流 500 V 挡测量 1 号线与 7 号线两端的电压为 380 V,说明电源电压正常,用万用表交流 500 V 挡测量电磁吸盘电源变压器 TC2 初级端电压为 220 V,均属正常,并观察到欠电流继电器 KUC 已闭合,判断故障范围为图 4—11 中 7 号线到 4 号线有断点。用“短路法”将导线从 7 号线短接到 4 号线,按下砂轮电动机 M1 的启动按钮 SB1,砂轮电动机 M1 能启动运行;按下液压泵电动机 M3 的启动按钮 SB3,液压泵电动机 M3 也能启动运行。继续缩小范围,将导线从 5 号线短接到 4 号线,重复上述过程,砂轮电动机 M1、液压泵电动机 M3 仍能启动。故障点为欠电流继电器 KUC 常开触点闭合不好。

故障处理:调整或修理欠电流继电器 KUC 触点。

2. 电磁吸盘 YH 无吸力

故障现象:合上电源总开关 QS1,不论将充、退磁转换开关扳至“充磁”或“退磁”位置,电磁吸盘 YH 均无吸力,机床不能正常加工。

故障分析:电磁吸盘 YH 无吸力,根据上面的故障现象来看故障范围应该从变压器 TC2 至电磁吸盘 YH 线圈的控制线路中。其检查的思路为:检查整流器 U 正极和负极间(205 号线和 206 号线间)是否有 130 V 左右的直流电压。其检查后应该为 3 种结果:一是在整流器 U 的正极和负极间没有直流电压输出;二是输出电压较低(大约为 65~75 V 左右);三是输出电压为 130 V 左右。若是第一种情况,应该检查变压器 TC2 是否损坏,熔断器 FR3 是否断路。如表 4—21 所示为 M7130 型卧轴矩台平面磨床电气控制线路故障表。

表 4—21 M7130 型卧轴矩台平面磨床电气控制线路故障表

故障现象	故障出现的范围或故障点	重点检测对象或检测点
三台电动机均不能启动	熔断器 FU1、FU2 断路;7 区热继电器 FR1、FR2 触点接触不好;QS2 或 KUC 触点闭合不好	熔断器 FU1、FU2;热继电器 FR1、FR2;KUC 常开触点
砂轮电动机 M1 不能启动	接触器 KM1 主触点接触不好;热继电器 FR1 主通路有断点;砂轮电动机 M1 本身有问题(此时冷却泵电动机能启动);9 区停止按钮 SB2 接触不良;启动按钮 SB1 压合接触不好;接触器 KM1 线圈损坏	接触器 KM1 主触点;砂轮电动机 M1;停止按钮 SB2 常闭触点
冷却泵电动机 M2 不能启动	接插件 XP1 接触不良;冷却泵电动机 M2 绕组有问题	接插件 XP1;冷却泵电动机 M2 绕组
液压泵电动机 M3 不能启动	接触器 KM2 主触点闭合不好;热继电器 FR2 主通路有断点;液压泵电动机 M3 绕组烧毁;11 区停止按钮 SB4 接触不良;启动按钮 SB3 闭合接触不良;接触器 KM2 线圈损坏	接触器 KM2 主触点;液压泵电动机 M3;停止按钮 SB4 常闭触点

续表

故障现象	故障出现的范围或故障点	重点检测对象或检测点
电磁吸盘无吸力	变压器 TC2 损坏；熔断器 FU3 断路；整流器 U 损坏；充、退磁转换开关 QS2 接触不良；接插件 XP2 接触不良；电磁吸盘 YH 线圈断路	变压器 TC2；整流器 U；接插件 XP2；电磁吸盘 YH 线圈
电磁吸盘吸力不足	电源电压低；整流器 U 损坏；变压器 TC2 损坏；电磁吸盘 YH 线圈短路	变压器 TC2；整流器 U；电磁吸盘 YH 线圈
电磁吸盘容易造成对地击穿	电阻 R_3 断路	电阻 R_3
整流二极管容易击穿损坏	电阻 R_1 损坏；电容器 C 损坏	电阻 R_1；电容器 C

方法点拨

注意分析 M7130 型平面磨床电气控制线路和前面几种机床控制线路的相同点和不同点，并分析其原因。

思考题

1. 磨床有什么特点？
2. 如果三台电动机均不能启动，那么试分析故障原因和解决办法。

技能实训 4—5　M7130 型平面磨床电气控制线路的检修

1. 实训目标

学会 M7130 型平面磨床电气控制线路的检修方法。

2. 工具、仪表

所用工具、仪表如表 4—22 所示。

表 4—22　工具与仪表

工具	电工常用工具
仪表	MF47 型万用表、500 V 兆欧表、钳形电流表

3. 实训过程

(1)熟悉磨床的主要结构和运动形式。

(2)了解磨床的各种工作状态和操作方法。

(3)参照如图 4—12 所示 M7130 型平面磨床电器位置图和如图 4—13 所示的接线图，熟悉磨床电器元件的实际位置和走线情况，并通过测量等方法找出实际走线路径。

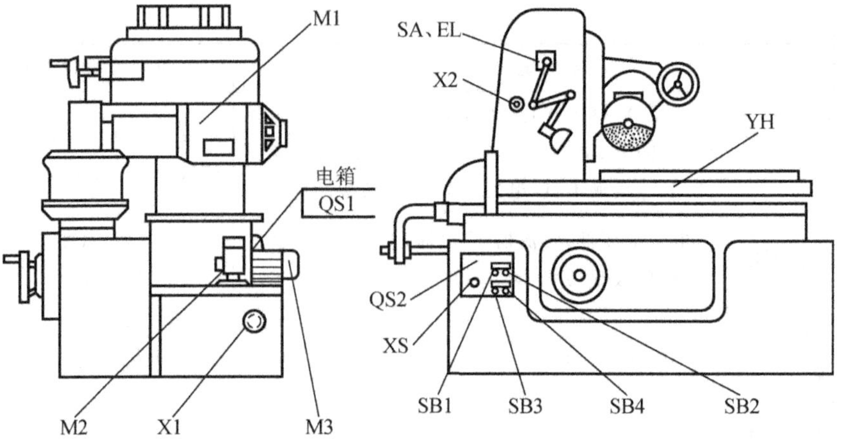

图 4－12　M7130 型平面磨床电器位置图

(4)指导教师讲解检修方法。在 M7130 型磨床上人为设置自然故障点，由教师示范检修，边分析边检查，直至故障排除。教师示范检修时，应将检修步骤及要求贯穿其中，边操作边讲解。

(5)学生练习检修。教师在线路中设置两处人为的自然故障点，由学生按照检查步骤和检修方法进行检修。在检修过程中，发现问题后，要向指导教师汇报，经指导教师检查通过后，方可进行修理。

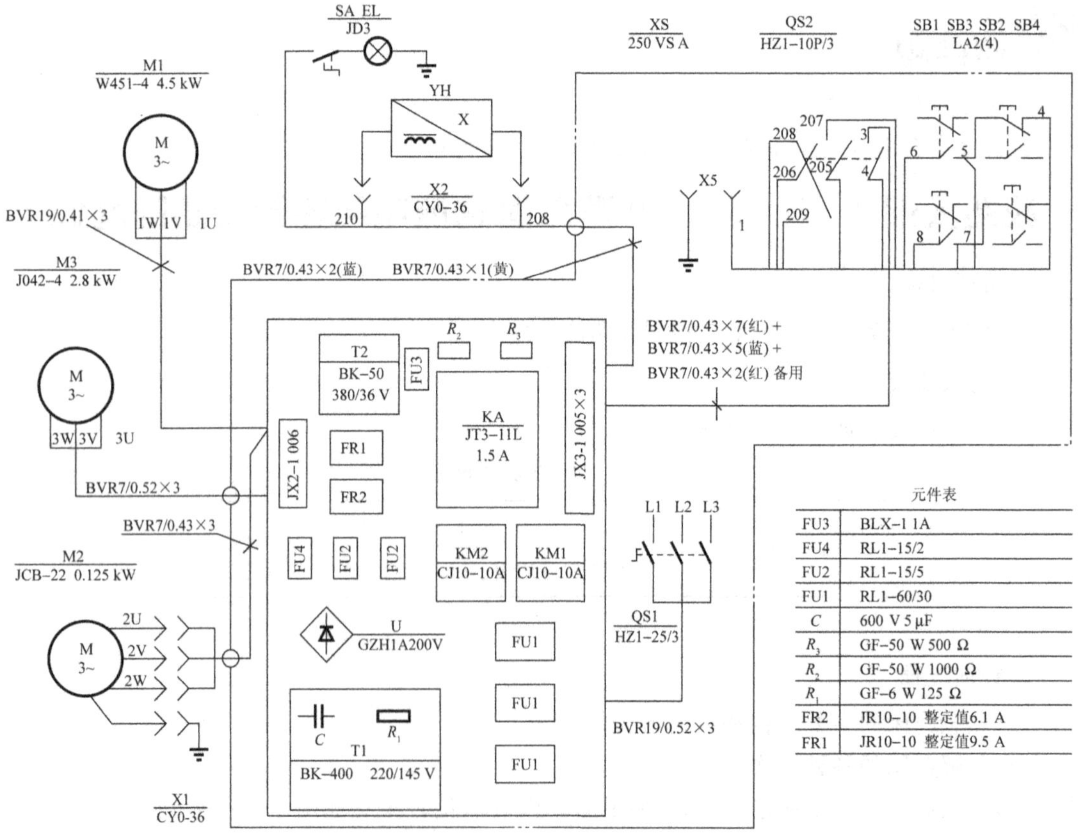

元件表

FU3	BLX-1 1A
FU4	RL1-15/2
FU2	RL1-15/5
FU1	RL1-60/30
C	600 V 5 μF
R_3	GF-50 W 500 Ω
R_2	GF-50 W 1000 Ω
R_1	GF-6 W 125 Ω
FR2	JR10-10 整定值6.1 A
FR1	JR10-10 整定值9.5 A

图 4－13　M7130 平面磨床接线图

4. 注意事项

(1)检修前要做好预习,认真阅读电路图,熟练掌握各个控制环节的原理及作用。

(2)电磁吸盘的工作环境恶劣,容易发生故障,检修时应特别注意电磁吸盘及其线路。

(3)停电要验电,带电检修时,必须有指导教师在现场监护,以确保用电安全。

(4)要做好训练记录。

5. 评分标准

评分标准如表 4—23 所示。

表 4—23　评分标准

项目内容	配分	评分标准				扣分
故障分析	30 分	(1)排除故障前不进行调查研究　扣 5 分 (2)检修思路不正确　扣 5 分 (3)标不出故障点、线或标错位置　每个故障点扣 10 分				
检修故障	60 分	(1)切断电源后不验电　扣 5 分 (2)使用仪表和工具不正确　每个扣 5 分 (3)检查故障的方法不正确　扣 10 分 (4)查出故障不会排除　每个故障扣 20 分 (5)检修中扩大故障范围　扣 10 分 (6)少查出故障　每个扣 20 分 (7)损坏电器元件　扣 30 分 (8)检修中或检修后试车操作不正确　每次扣 5 分				
安全文明生产	10 分	(1)防护用品穿戴不齐全　扣 5 分 (2)检修结束后未恢复原状　扣 5 分 (3)检修中丢失零件　扣 5 分 (4)出现短路或触电　扣 10 分				
额定时间	2.5 h,每超时 5 min(不足 5 min 以 5 min 计)　扣 5 分					
备注	除额定时间外,各项目的最高扣分不应超过配分数				成绩	
开始时间		结束时间			实际时间	

第5单元 变频调速系统

(1)通用变频器的基础知识和控制原理。

(2)通用变频器的选用、安装与调试。

(3)变频调速系统的维护与维修。

由三相异步电动机的转速公式 $n=(1-s)\dfrac{60f_1}{p}$ 可知，交流异步电动机的 3 种调速方法是变频调速、变转差率调速和变极调速。本单元主要介绍变频调速。

变频调速是通过改变交流异步电动机的供电频率进行调速的。由于变频调速具有性能良好、调速范围大、稳定性好、运行效率高等特点，特别是采用通用变频器对笼形异步电动机进行调速控制，使用方便，可靠性高，经济效益显著，所以交流电动机变频调速技术的应用已经扩展到了工业生产的所有领域，并且在空调、电冰箱、洗衣机等家电产品中也得到了广泛的应用。

第 1 节　通用变频器的基础知识和控制原理

学习目标

(1)了解变频器及其分类，熟知通用变频器的基本结构、工作原理及主要功能。

(2)学会变频器的拆装方法，熟知通用变频器各端子的功能、接线方法以及操作面板上各按键的功能和各种显示的含义。

(3)熟悉变频器常用电力半导体器件的选择方法，并能对 IGBT 模块进行正确的测量。

学习要点

变频器的工作原理和功能。

小思考

为什么要用变频调速？

一、变频器及其分类

半导体是利用电力半导体器件的通断作用将工频电源变换为另一频率的电能控制装置。变频器的作用如图 5—1 所示。

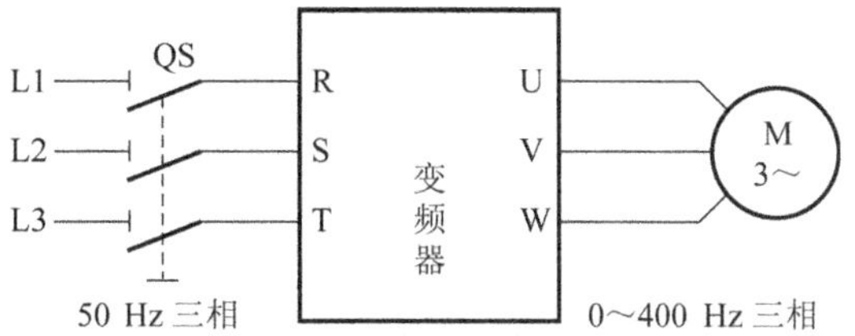

图 5—1　变频器的作用

变频器的种类很多，分类方法也有多种，常见的分类方式如表 5—1 所示。

表 5—1　变频器的分类

分类方式	种类	分类方式	种类
按其供电电压分	低压变频器(110 V，220 V，380 V) 中压变频器(500 V，660 V，1 140 V) 高压变频器(3 kV，3.3 kV，6 kV，6.6 kV，10 kV)	按输出功率大小分	小功率变频器 中功率变频器 大功率变频器
按供电电源的相数分	单相输入变频器 三相输入变频器	按用途分	通用变频器 高性能专用变频器 高频变频器
按直流电源的性质分	电流型变频器 电压型变频器	按主开关器件分	IGBT 变频器 GTO 变频器 GTR 变频器
按变换环节分	交-直-交变频器 交-交变频器	按机壳外形分	塑壳变频器 铁壳变频器 柜式变频器
按输出电压调制方式分	PAM(脉幅调制)控制变频器 PWM(脉宽调制)控制变频器	按其商标所有权分	大陆变频器 台湾变频器 进口变频器
按控制方式分	U/f 控制变频器 转差频率控制变频器 矢量控制变频器	—	—

二、通用变频器的基本结构

目前，通用变频器的变换环节大多采用交-直-交变频变压方式。

交-直-交变压变频器先将工频交流电源通过整流器变换成直流电，再通过逆变器变换成可控频率和电压的交流电，其基本构成如图 5—2 所示。由于这类变压变频器在恒频交流电源和变频交流输出之间有一个“中间直流环节”，所以又称间接式变压变频器。

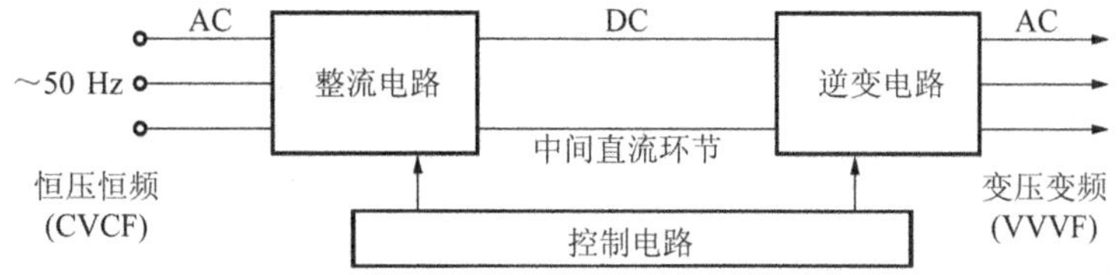

图 5—2　交-直-交变频器的基本构成

1. **变频器的主电路**

如图 5—3 所示为交-直-交变频器的主电路，各部分的作用如表 5—2 所示。

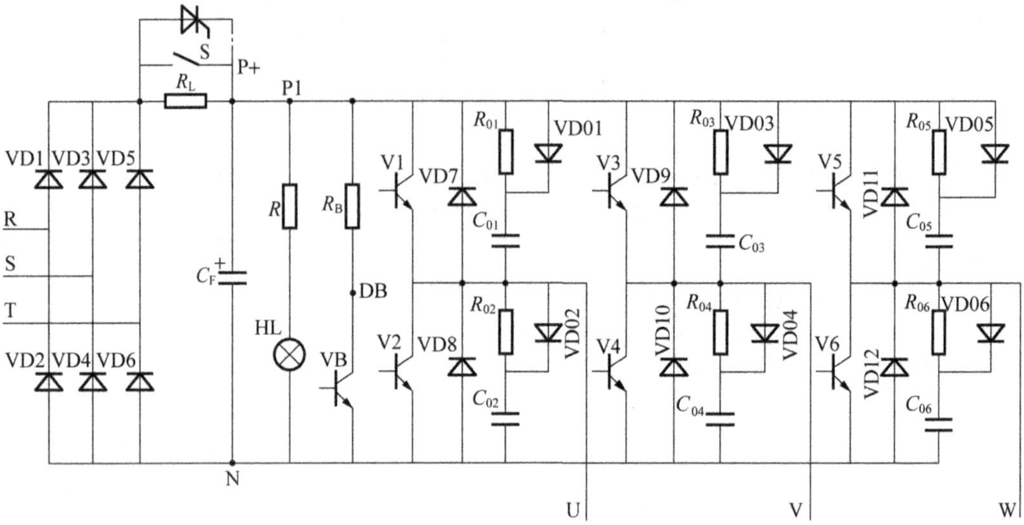

图 5—3　交-直-交变频器的主电路

表 5—2　交-直-交变频器主电路元件的作用

整流电路部分：将频率固定的三相交流电变换成直流电				
元件	三相整流桥 VD1～VD6	滤波电容器 C_F	限流电阻 R_L 与开关 S	电源指示灯 HL
作用	将交流电变换成脉动直流电。若电源线电压为 U_L，则整流后的平均电压 $U_D=1.35U_L$	滤平桥式整流后的电压纹波，保持直流电压平稳	接通电源时，将电容器 C_F 的充电冲击电流限制在允许的范围内，以保护整流桥，而当 C_F 充电到一定程度时，令开关 S 接通，将 R_L 短路。在有些变频器里面，S 由晶闸管代替	HL 除了表示电源是否接通外，另一个功能是变频器切断电源后，指示电容器 C_F 上的电荷是否已经释放完毕。在维修变频器时，必须等 HL 完全熄灭后才能接触变频器的内部带电部分，以保证安全
元件	三相逆变桥 V1～V6	续流二极管 VD7～VD12	缓冲电路 R_{01}～R_{06}、VD01～VD06、C_{01}～C_{06}	制动电阻 R_B 和制动三极管 VB

续表

逆变电路部分:将直流电逆变成频率、幅值都可调的交流电				
作用	通过逆变管 V1～V6 按一定规律轮流导通或截止,将直流电逆变成频率、幅值都可调的三相交流电	在换相过程中为电流提供通路	限制过高的电流和电压,保护逆变管免遭损坏	当电动机减速、变频器输出频率下降过快时,消耗因电动机处于再生发电制动状态而回馈到直流电路中的能量,以避免变频器本身的过电压保护电路动作而切断变频器的正常输出

2. **变频器的控制电路**

变频器的控制电路为主电路提供控制信号,其主要任务是完成对逆变器开关元件的开关控制和提供多种保护功能。控制方式有模拟控制和数字控制两种。

通用变频器控制电路的控制框图如图 5—4 所示,主要由主控板、键盘与显示板、电源板与驱动板、外接控制电路等构成。各部分的功能如表 5—3 所示。

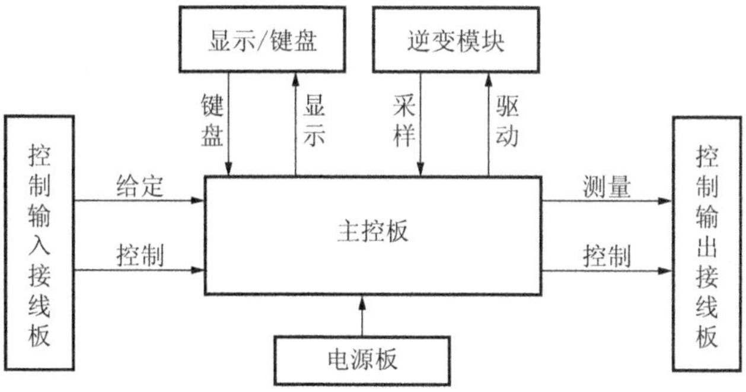

图 5—4 通用变频器的控制框图

表 5—3 控制电路各部分的功能

部件	功能
主控板	主控板是变频器运行的控制中心,其核心器件是微控制器(单片微机)或数字信号处理器(DSP),其主要功能有: (1)接受并处理从键盘、外部控制电路输入的各种信号,如修改参数、正反转指令等 (2)接受并处理内部的各种采样信号,如主电路中电压与电流的采样信号、各部分温度的采样信号、各逆变管工作状态的采样信号等 (3)向外电路发出控制信号及显示信号,如正常运行信号、频率到达信号等,一旦发现异常情况,立刻发出保护指令进行保护或停车,并输出故障信号 (4)完成 SPWM 调制,将接受的各种信号进行判断和综合运算,产生相应的 SPWM 调制指令,并分配给各逆变管的驱动电路 (5)向显示板和显示屏发出各种显示信号

续表

部　件	功　　能
键盘与显示板	键盘与显示板总是组合在一起。键盘向主控板发出各种信号或指令，主要用于向变频器发出运行控制指令或修改运行数据等 显示板将主控板提供的各种数据进行显示，大部分变频器配置了液晶或数码显示屏，还有RUN(运行)、STOP(停止)、FWD(正转)、REV(反转)、FLT(故障)等状态指示灯和单位指示灯，如 Hz、A、V 等。可以完成以下指示功能： (1)在运行监视模式下，显示各种运行数据，如频率、电压、电流等 (2)在参数模式下，显示功能码和数据码 (3)在故障状态下，显示故障原因代码
电源板与驱动板	变频器的内部电源普遍使用开关稳压电源，电源板主要提供以下直流电源： (1)主控板电源。具有极好的稳定性和抗干扰能力的一组直流电源 (2)驱动电源。逆变电路中上桥臂的 3 只逆变管驱动电路的电源是相互隔离的 3 组独立电源，下桥臂 3 只逆变管驱动电源则可共“地”，但驱动电源与主控板电源必须可靠绝缘 (3)外控电源。为变频器外电路提供的稳恒直流电源 中小功率变频器的驱动电路往往与电源电路在同一块电路板上，驱动电路接受主控板发来的 SPWM 调制信号，再进行光电隔离，放大后驱动逆变管的开关工作
外接控制电路	外接电路可实现由电位器、主令电器、继电器及其他自控设备对变频器的运行控制，并输出其运行状态、故障报警、运行数据信号等，一般包括：外部给定电路、外接输入控制电路、外接输出电路、报警输出电路等 大多数中小容量通用变频器中，外接控制电路往往与主控电路设计在同一电路板上，以减小其整机的体积，提高电路的可靠性，降低生产成本

三、变频器中常用电力半导体器件

在逆变器中的开关器件，既要负责导通和截止电路，又要承受电力功率的传递，因此它属于功率器件，即电力电子器件，也称为电力半导体器件。

电力半导体器件大致分为不可控的两端器件(如整流二极管)和可控的三端器件(如晶闸管)等。在逆变器中使用的是可控的三端器件。

三端电力半导体器件有普通晶闸管(VT)、门极关断晶闸管(GTO)、电力晶体管(GTR)、功率场效应晶体管(MOSFET)、绝缘栅双极晶体管(IGBT)等几类。普通晶闸管没有自关断能力，需要换流电路，而且开关速度低；门极关断晶闸管具备自关断能力，但开关速度同样很低，因此都不适合作为脉宽调制逆变器的开关器件。在本小节要介绍的是电力晶体管、功率场效应晶体管以及绝缘栅双极晶体管。

1. **电力晶体管** GTR

电力晶体管的代号 GTR 是英文 Giant Transistor 的缩写，直译的意思是巨型晶体管，它也叫做大功率晶体管。在半导体术语里，把电子和空穴两种载流子中只有一种参与导电的器件称为单极型器件，两种都参与导电的元件称为双极型器件，而部分区域是单极型，部分区域是双极型的器件就称为混合型器件。GTR 是双极型器件，因此，它另外有一个名称叫做双极晶体管，英文缩写是 BJT。

如图 5－5 (a)所示是 GTR 的结构示意图，它是一种放大器件。它的结构特征与普通 NPN 型晶体管近似，具有三种基本的工作状态：放大状态、饱和状态和截止状态。基极需要持续通入电流才能维持导通，截断基极电流就能够关断它，在逆变电路中，GTR 用作开关器件。由于两种载流子同时参与导电，它的最大耐压可达 1 400 V，导通电流可达 800 A。双极型器件通常由电流驱动，因此驱动功率比较大。由于电荷的过剩存储作用，因此开关速度不很高。GTR 的开关时间大约为数十到数百个微秒，极限开关频率在 10 kHz 上下，平均开关频率则要低得多，因此不是一种理想的开关器件。由于载波频率比较低，所以目前在脉宽调制逆变器中已经基本被淘汰了。

选择 GTR 的方法是：

(1)开路阻断电压 U_{CEO} 的选择。U_{CEO} 通常按电源线电压峰值的 2 倍来选择，即

$$U_{CEO} \geqslant 2\sqrt{2} U_L$$

(2)集电极最大持续电流 I_{CM} 的选择。I_{CM} 通常按输出交流线电流峰值的 2.25 倍来选择，即

$$I_{CM} \geqslant 2.25\sqrt{2} I_N$$

2. 半导体场效应晶体管 MOSFET

功率场效应晶体管的英文直译是金属氧化物半导体场效应晶体管，缩写为 MOSFET。它是一种单极型器件，如图 5－5(b)所示是它的结构示意图。MOSFET 也是 NPN 结构，但它的控制极不从 P 区直接引出，而是通过一个绝缘的栅极引出，当栅极加上正向电压时，由于电容效应，会在 P 区靠近栅极的表面形成耗尽层，积累多余负电荷而形成 N 型区域，这个区域称为 N 沟道。在两个 N 区之间通过 N 沟道有电流流过，电流从 P 区经过时产生类似基极电流的作用而使器件导通。要使器件关断，需要在栅极施加反向电压。

MOSFET 的栅极利用结电容工作，属于电压驱动方式，驱动功率小并且没有电荷存储效应，因此开关速度很高。MOSFET 的开关时间大约为几个到几十个微秒，极限开关频率可以达到数百千赫兹，平均开关频率可达到数十千赫兹，是一种理想的开关器件。另一方面，作为单极型器件，只有多数载流子参与导电，正向压降大，因此导通损耗比较大，使导通电流受到限制。MOSFET 的最大耐压大约 1 000 V，导通电流 100～200 A，输出功率比较小。使用 MOSFET 的脉宽调制变频器只能做成小功率。

3. 绝缘栅双极晶体管 IGBT

绝缘栅双极晶体管的代号 IGBT 是英文 Isoloted Gate Bipolar Transistor 的缩写，它是 MOSFET 和 GTR 相结合的产物，其主体部分与 GTR 相同，直译为绝缘门极双极晶体管，它是一种混合型器件。

如图 5－5(c)所示是 IGBT 的结构示意图，它的源极和漏极都连接在 P 型区，基本结构是一个 PNP 型的电力晶体管，因此，它具有电力晶体管电流大、正向压降小、导通损耗小的特征。目前 IGBT 已经能够达到甚至超过 GTR 的耐压和电流容量。

在源极和栅极间，扩散有 N 型区，它与源极 P 型区和中间的 N 型区共同构成了一个 PNP 型的场效应晶体管结构，当场效应管导通时，其导通电流通过中间 N 型区，为 PNP 电力晶体管提供了基极电流而使整个器件导通。

如图 5－5(d)所示是 IGBT 的等效原理图，场效应管构成前级放大，它为电力晶体管提供了基极电流放大和导通关断加速的作用，因此，器件的整体驱动功率和开关速度接近于 MOSFET 的水平，使 IGBT 的平均开关频率能够达到 20 kHz 左右。

IGBT 融合了 GTR 和 MOSFET 的优点，容量和开关频率都适合作为通用变频器的开关器件。正是 IGBT 器件的良好性能促成了通用变频器的大力发展，目前的通用变频器被称为中、小容量通用变频器，均是以 IGBT 作为开关器件的。

电力电子技术还在继续发展，耐压更高、电流更大、开关频率更快的器件会不断被研制出来，为变频器提供更好的器件选择。另外，随着应用规模的扩大和制造技术的提高，器件的生产成本会继续降低，从而为变频器提供更好的器件性价比，有利于变频调速的推广。

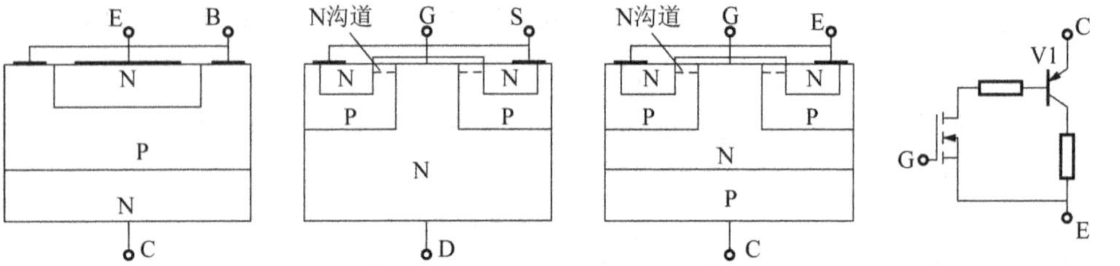

(a)GTR　(b) MOSFET　(c)IGBT　(d)IGBT 等效原理

图 5－5　几种电力半导体结构示意图

4. **智能电力模块器件 IPM**

智能电力模块器件是将大功率开关器件和其驱动电路、保护电路、检测电路等集成在同一个模块内。目前，IPM 一般采用 IGBT 作为大功率开关器件。IPM 的主要特点如下：

(1)内含设定了最佳的 IGBT 驱动条件的驱动电路。

(2)内含完善的保护功能及相应的报警输出信号，如过流保护、短路保护、控制电源欠压保护、过热保护等。

(3)内含制动电路。

(4)散热效果良好。

小思考

能把几种半导体器件按工作频率从高到低排列吗？

技能实训 5－1　IGBT 模块的简易测试训练

1. **实训目标**

(1)熟悉 GTR 和 IGBT 模块的引脚。

(2)学会使用万用表检测 GTR、IGBT 好坏的简单方法。

2. **仪器、仪表及器材**

选配 MF47 型万用表、6DI10M－120 型六单元 GTR 和 MG50Q6ES41 型六单元 IGBT

模块。

3. **实训过程**

(1)模块引脚识别 6DI10M－120 型六单元 GTR 和 MG50Q6ES41 型六单元 IGBT 模块的外形结构和图形符号如图 5－6 和图 5－7 所示。

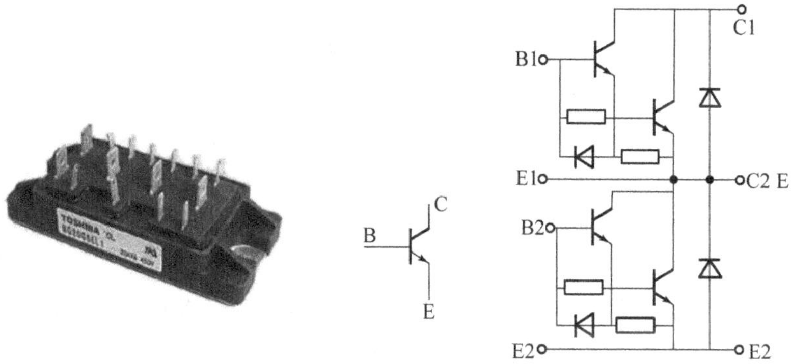

(a) 六单元GTR模块　(b) 图形符号　(c) 二单元模块的等效电路

图 5－6 GTR 模块的外形、图形符号及内部电路

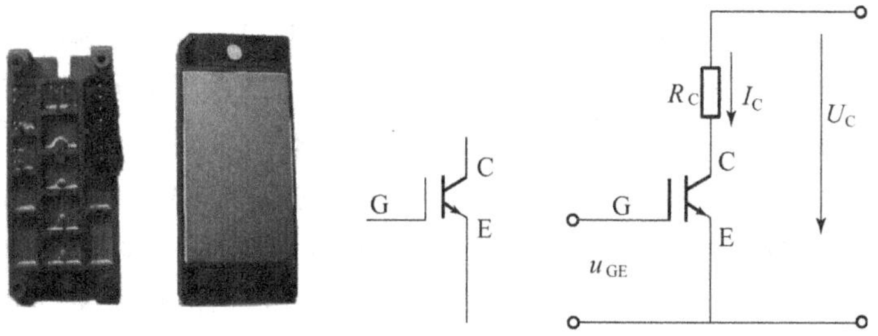

(a) 六单元IGBT模块　(b) 图形符号　(c) 基本电路

图 5－7 IGBT 的外形、图形符号及基本电路

请在表 5－4 中画出所给六单元 GTR 和 IGBT 模块的内部电路简图，并将其引脚对应的符号在图中标出。

表 5－4 六单元 GTR 和 IGBT 模块的内部电路简图

六单元 GTR 模块	
六单元 IGBT 模块	

(2)用万用表检测 IGBT 模块好坏的简单测量方法。

1)分清被测模块的结构。如内含几个单元，是否含有制动管等；明确内部各单元引脚与外部引脚编号的对应关系；画出被测模块的内部电路简图。这里以六单元 IGBT 模块 MG50Q6ES41 为例介绍测量方法。内部电路简图如图 5－8 所示。

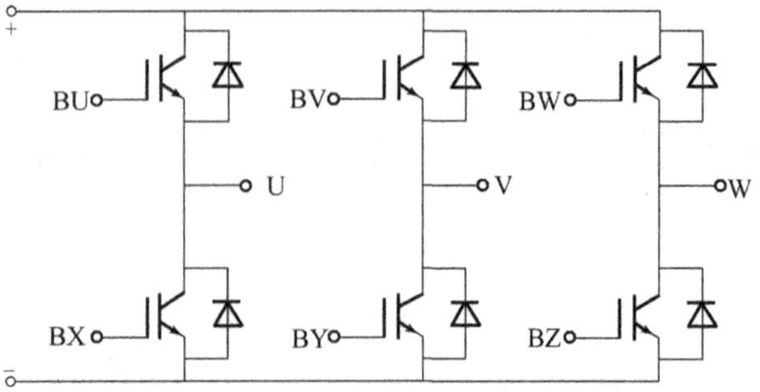

图 5－8　六单元 IGBT 模块内部电路简图

2)明确测量内容。对图 5－8 所示六单元 IGBT 模块,应测量其“＋”“－”两引脚间是否短路、各 IGBT 的续流二极管是否有击穿现象及六只 IGBT 的触发导通及关断功能是否正常。

3)用万用表 $R\times10$ k 挡进行测量。测量步骤如下:

a. 用 10 个手指同时触及 BU 和 U、BV 和 V 、BW 和 W 及 BX、BY、BZ 和“－”,以释放栅极上感应存储的电荷,避免对后续测量结果产生影响。

用黑表笔接触模块的“＋”,红表笔接触“－”,这时表针应指在接近无穷大的位置;交换表针再测量,表针应指在 10 kΩ 附近,表明“＋”“－”两引脚间无击穿短路现象。

b. 用 a 的方法释放栅极上感应存储的电荷后,测量 U、V、W 三引脚间的正反向电阻。测量时两两相测,交换红黑表笔后再两两相测,共测量 6 次。6 次测量中万用表表针均应指在接近无穷大的位置,表明 6 只 IGBT 续流二极管无击穿现象。

c. 分别测量 6 只 IGBT 的触发导通及关断特性,以栅极为 BW 的一只 IGBT 的测量为例。万用表黑表笔接触“＋”即被测 IGBT 的集电极(C)、红表笔接触 W 即被测 IGBT 的发射极(E),用手指同时触及一下 BW 即被测 IGBT 的栅极(G)和集电极(C),这时 IGBT 被触发导通,万用表的指针摆向阻值较小的方向,手指离开后表针缓慢向阻值变大方向摆动;然后再用手指同时触及一下栅极(G)和发射极(E),这时 IGBT 被阻断,万用表的指针应指在接近无穷大的位置。这说明被测 IGBT 管的触发导通及关断功能正常。

用上述同样的方法测量其余的 IGBT 管。

能够通过上述全部测量即可判断此 IGBT 模块是好的,否则可能已经损坏。以上方法也可以用于检测功率场效应晶体管(MOSFET)的好坏。

4. 注意事项

(1)多数指针式万用表皆可用于检测 IGBT,但判断 IGBT 好坏时,一定要将万用表的转换开关置于电阻 $R\times10$k 挡位上,因该挡位使用的电池电压较高,其他各挡位的电池电压太低,检测时可能无法使 IGBT 触发导通。

(2)由于 IGBT 的输入级为场效应器件,其输入电阻很大且极易感应电荷,测量中应注意及时释放栅极上感应存储的电荷,以免造成误判。

关于 GTR 模块的测试方法可参照上述方法和一般三极管好坏的测量方法进行。测量中要注意对模块中所有的 GTR 和续流二极管均应一一测量,防止因漏测造成误判。

5. 评分标准

评分标准如表 5－5 所示。

表 5－5　评分标准

<table>
<tr><td>项目内容</td><td>配分</td><td colspan="4">评分标准</td><td>扣分</td></tr>
<tr><td>模块内部简图的绘制</td><td>40 分</td><td colspan="4">(1)模块内部电路简图绘制不正确　每个扣 10 分
(2)模块引脚符号标注不正确　每处扣 5 分</td><td></td></tr>
<tr><td>模块的测量</td><td>60 分</td><td colspan="4">(1)测量步骤不正确　每处扣 10 分
(2)测量方法不正确　每错一次扣 3 分
(3)万用表使用挡位使用不正确　每次扣 1 分
(4)不能对模块进行全面测量　每漏一处扣 5 分
(5)模块的好坏判断不正确　扣 30 分</td><td></td></tr>
<tr><td>安全文明生产</td><td colspan="5">违反安全文明生产规程　扣 5～40 分</td><td></td></tr>
<tr><td>额定时间</td><td colspan="5">30 min，每超时 5 min(不足 5 min 以 5 min 计)　扣 5 分</td><td></td></tr>
<tr><td>备注</td><td colspan="4">除额定时间外，各项目的最高扣分不应超过配分数</td><td>成绩</td><td></td></tr>
<tr><td>开始时间</td><td colspan="2"></td><td>结束时间</td><td></td><td>实际时间</td><td></td></tr>
</table>

四、变频器的工作原理和功能

1. 变频器的工作原理

(1)逆变的基本工作原理。将直流电变换为交流电的过程称为逆变，完成逆变功能的装置叫逆变器，它是变频器的重要组成部分。电压型逆变器的动作原理可用如图 5－9 所示开关的动作来说明。

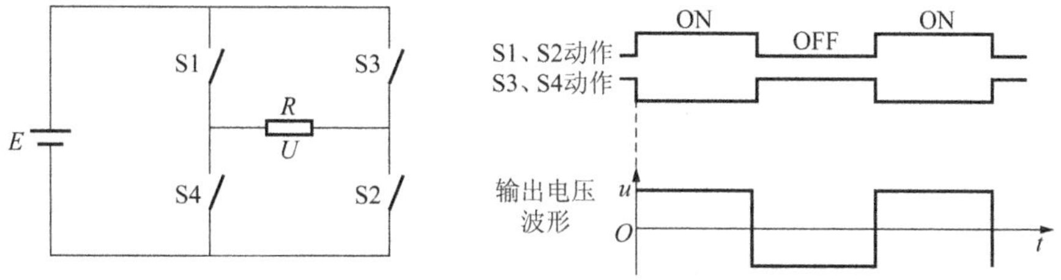

(a)电路构成　　(b)输出电压波形

图 5－9　电压型逆变器的原理

当开关 S1、S2 与 S3、S4 轮流闭合和断开时，在负载上即可得到波形如图 5－9(b)所示的交流电压，完成直流到交流的逆变过程。用具有相同功能的逆变器开关元件取代机械开关，即得到单相逆变电路，电路结构和输出电压波形如图 5－10 所示。改变逆变器开关元件的导通与截止时间，就可改变输出电压的频率，即完成变频。

生产中常用的变频器采用三相逆变电路，电路结构如图 5－11(a)所示。在每个周期中，各逆变器开关元件的工作情况如图 5－11(b)所示，图中阴影部分表示各逆变管的导通时间。

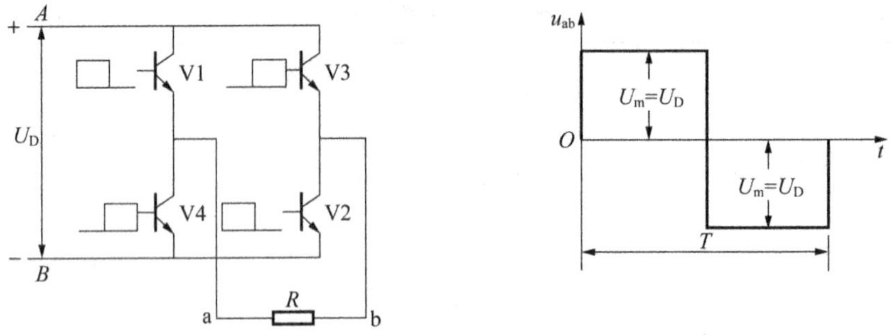

（a）电路结构　　（b）输出电压波形

图 5—10　单相逆变电路

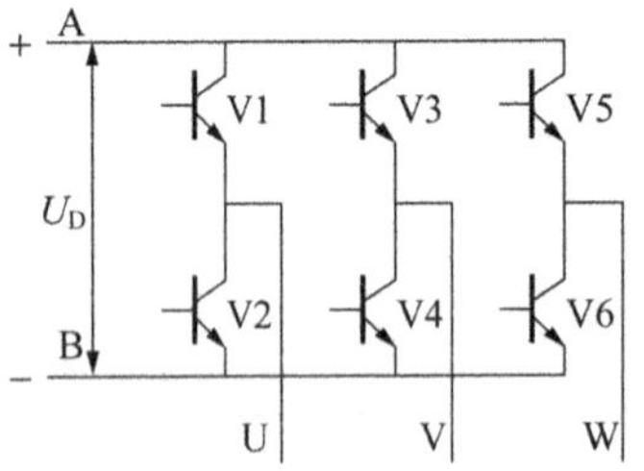

（a）电路结构

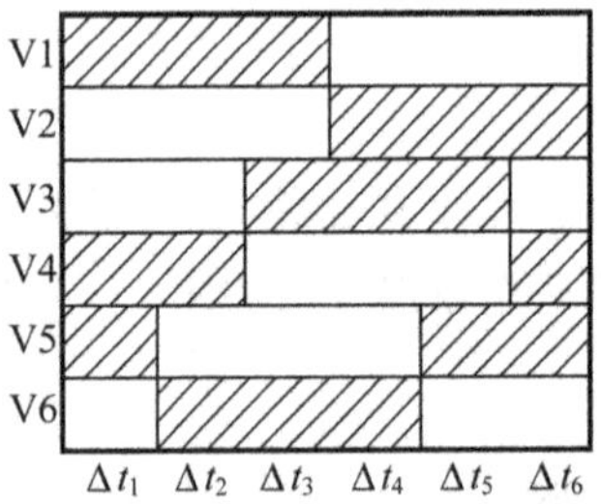

（b）各开关元件的导通情况

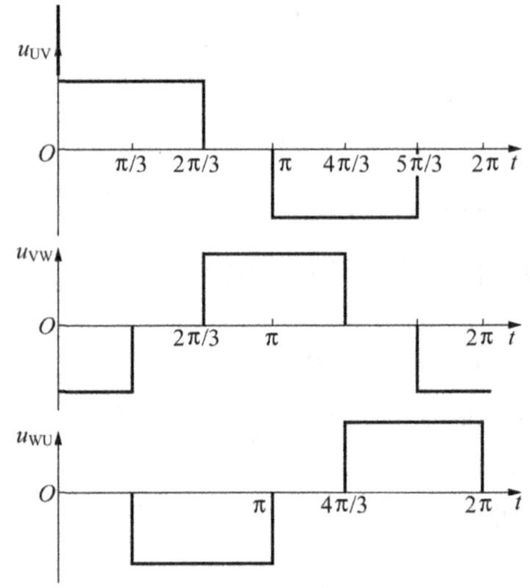

（c）输出电压波形

图 5—11　三相逆变电路

下面以 U、V 之间的电压为例，分析逆变电路的输出线电压。

1）在 Δt_1、Δt_2 时间内，V1、V4 同时导通，U 为“＋”、V 为“－”，u_{UV} 为“＋”，且 $U_m=U_D$。

2）在 Δt_3 时间内，V2、V4 均截止，$u_{UV}=0$。

3）在 Δt_4、Δt_5 时间内，V2、V3 同时导通，U 为“－”，V 为“＋”，u_{UV} 为“－”，且 $U_m=U_D$。

4）在 Δt_6 时间内，V1、V3 均截止，$u_{UV}=0$。

根据以上分析，可画出 U 与 V 之间的电压波形，同理可画出 V 与 W 之间、W 与 U 之间的电压波形，如图 5—11(c)所示。从图中可以看出，三相电压的幅值相等，相位互差 120°。可见，只要按照一定的规律来控制 6 个逆变器开关元件的导通和截止，就可把直流电逆变成三相交流电。而逆变后的交流电的频率，则可以在上述导通规律不变的前提下，通过改变控制信号的频率来进行调节。

上面讨论的仅是逆变的基本原理，据此得到的交流电压是不能直接用于控制电动机的运行，实际应用的变频器要复杂得多。

(2) U/f 控制。若忽略定子电阻上的电压降，则电动机的端电压应该与频率成正比。如果令电压与频率成正比变化，比值保持与额定供电电压和工频频率时的比例一致，那么这种控制方式就是基本 U/f 控制模式，也称为恒定比值 U/f 控制。U/f 控制是在改变变频器输出电压频率的同时改变输出电压的幅值，以维持电动机磁通基本稳定，从而在较宽的调速范围内，使电动机的效率、功率因数不下降。U/f 控制是目前通用变频器中广泛采用的基本控制方式。

三相交流异步电动机在工作过程中，铁芯磁通接近饱和状态，使得铁芯材料得到充分的利用。在变频调速的过程中，当电动机电源的频率变化时，电动机的阻抗将随之变化，从而引起励磁电流的变化，使电动机出现励磁不足或励磁过强的情况。

当频率高于工频时，受到供电电压和电动机绝缘水平的限制，电压不能继续保持与频率的比例不变，而是停留在额定电压水平，这时电动机磁通大大衰减，属于弱磁运行。这不仅仅是 U/f控制模式下才有的问题，在所有控制模式下，频率超过电动机设计频率以后都只能是弱磁运行。

超过工频的弱磁运行称为超同步运行，它不仅有弱磁问题，而且由于转速增加，机械部分受到的摩擦损耗和离心力都增加了，严重时可能导致机械损坏。因此，超同步运行是受到限制的，除专门为变频调速设计的电动机外，普通异步电动机只允许小范围的超同步运行，例如，60 Hz以内。在工频以下，电压与频率成正比，磁通近似恒定；在工频以上，电压不变，电动机弱磁运行，同时，允许的运行频率也存在一个上限，这就是基本 U/f 控制模式的电压频率关系。

由异步电动机定子绕组感应电动势的有效值 $E=4.44k_r f_1 N_1 \Phi_m$，得

$$\Phi_m=\frac{E}{4.44k_r f_1 N_1}$$

式中 k_r——定子绕组的绕组系数；

N_1——每相定子绕组的匝数；

f_1——定子电源的频率，Hz；

Φ_m——铁芯中每极磁通的最大值，Wb。

显然，要使电动机的磁通在整个调速过程中保持不变，只要在改变电源频率 f_1 的同时改变电动机的感应电动势 E，使其满足 E/f 为常数即可。但在电动机的实际调速控制过程中，电动机感应电动势的检测和控制较困难，考虑到正常运行时电动机的电源电压与感应电动势近似相等，只要控制电源电压 U 和频率 f，使 U/f 为常数，即可使电动机的磁通基本保持不变，采用这种控制方式的变频器称为 U/f 控制变频器。

(3)脉冲宽度调制(PWM)技术。随着科学技术的不断发展，工农业生产自动化程度的不断提高，对电力传动系统提出了更高的要求。同时，新型高频开关器件和数字化技术的发展，也为研究、设计、制造更加复杂、性能更好的逆变器提供了条件。脉宽调制(Pulse Width Modulation，缩写为 PWM)式变频技术，就是利用半导体器件的导通和关断，把直流电压变成一定形状的电压脉冲列，以实现变频、变压及消除谐波为目的的一门技术。因为无论是矩形波电压，还是矩形波电流，都含有一系列的谐波分量，产生一系列的谐波磁动势，一方面增加谐波损耗，降低电动机效率；另一方面在电动机中产生一系列的谐波转矩。高速运行时，因为谐波频率较高，所以影响不大。但是低速运行时，由于谐波频率随着基波频率的降低而降低，因此谐波转矩对电动机的影响就大了，严重时会影响电动机的调速范围，甚至低速时不能正常运行。所以急需研制性能优异的逆变器，以

消除谐波影响。PWM 型逆变器就是在这种情况下应运而生的，并得到迅速发展。目前已经进入实际应用阶段。

1)PWM 变频器的基本特点。PWM 型变频器常采用电压型逆变器。首先以如图 5－12 所示的单相逆变器为例说明 PWM 控制原理。

如图 5－13(a)所示为通电型输出方波电压波形，如图 5－13 (b)所示为脉宽调制型逆变器输出电压波形。由图可见，PWM 控制方式是通过改变电力晶体管 VT_1、VT_4 和 VT_2、VT_3 交替导通的时间来改变逆变器输出电压波的频率。通过改变每半个周期 VT_1、VT_4 或 VT_2、VT_3 幅值的开关元件的通断时间比，即通过改变脉冲宽度来改变逆变器输出电压幅值的大小。如果使开关元件在半个周期内反复通、断多次，在逆变器的输出端就会获得一组等幅而不等宽的矩形脉冲波形，其输出电压波就将很接近于正弦电压波，高次谐波电压将大为削弱。若采用高速开关元件，使逆变器输出脉冲数增多，则即使输出电压频率很低，其输出波形也是比较好的。所以 PWM 型逆变器特别适用于作为异步电动机变频调速的供电电源，实现平滑启动、停车和高效率宽范围调速。

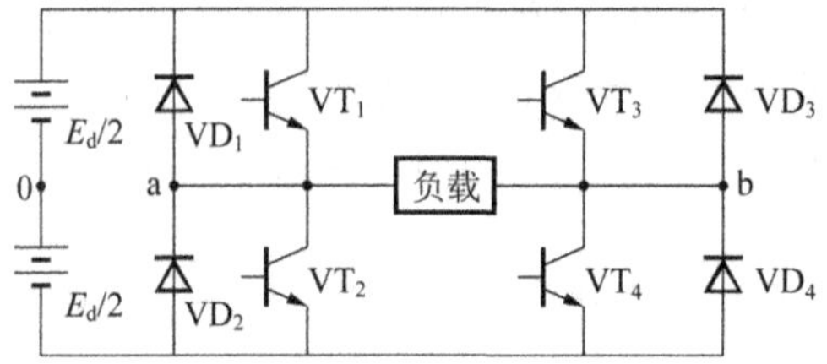

图 5－12　单相逆变器

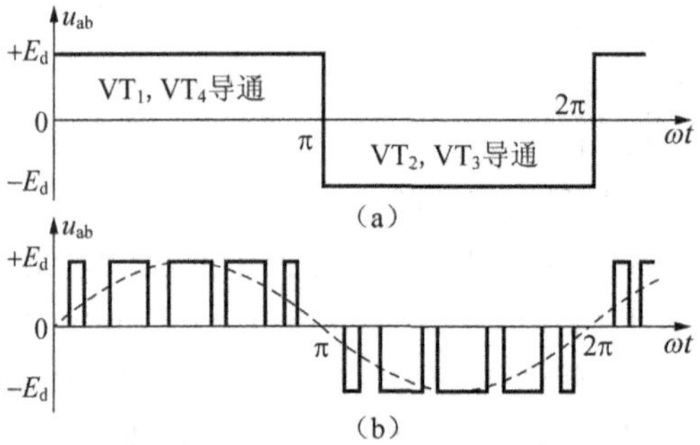

图 5－13　电路波形

2)PWM 型逆变器的基本调制方式。脉宽调制方式对 PWM 型逆变器的性能具有根本性的影响。脉宽调制的方式很多，从调制脉冲的极性分有单极性和双极性；从载频信号和参考信号(或称基准信号)之间的关系分有同步式和异步式。就几种常用的脉宽调制方式分别说明如下。

a. 极性调制。

Ⅰ. 参考信号为直流电压。为了说明方便，给出三相桥式晶体管逆变器原理图如图 5－14所示。逆变桥由大功率晶体管 VT_1～VT_6 和快速续流二极管 VD_1～VD_6 组成。在控制电路中采用载频信号 u_c 与参考信号 u_r 相比较的方法产生基极驱动信号。这里 u_c 采用单极性等腰三角形；u_r 采用可变的直流电压。在 u_r 与 u_c 波形的交点处发出调制信号，当三角波幅值一定，改变参考信号 u_r 的大小，输出脉冲宽度就随之改变，从而可以改变输出基波电压的大小；当改变载波（三角波）频率，并保持每周输出的脉冲数不变时，就可以改变基波电压的频率。

在实际控制系统中，可同时改变载波三角形频率和直流参考电压的大小，使逆变器的输出在变频的同时相应地变压，以满足一般变频调速系统的要求。这种调制方法在不同频率下，正、负半周波形始终保持完全对称，因此输出只有奇次谐波没有偶次谐波。为了抑制低频输出时谐波的影响，常采用随着输出频率的降低连续地或分段地增加每周的输出脉冲数的调制方法。

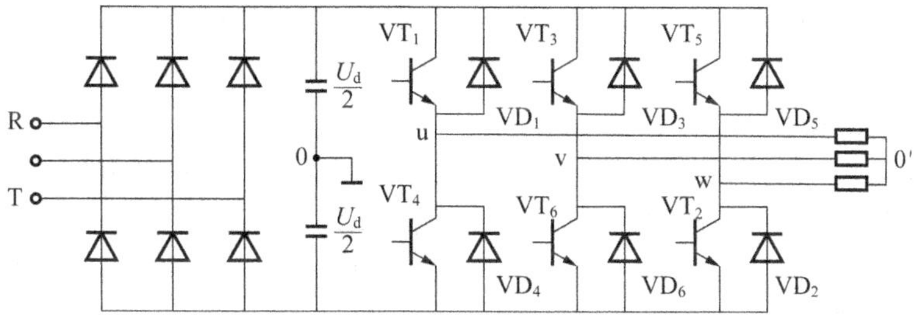

图 5－14　三相桥式晶体管逆变器原理图

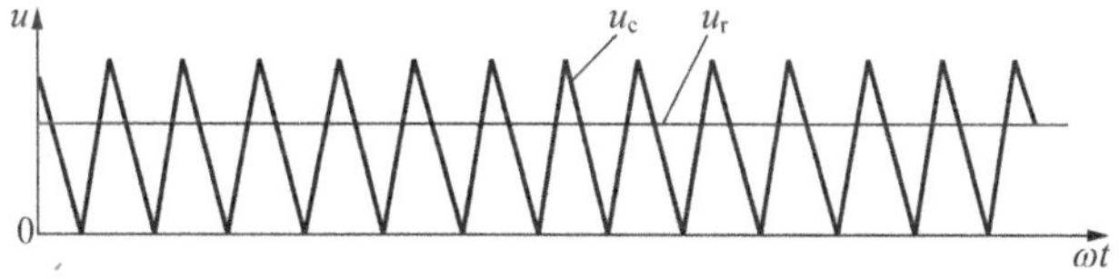

图 5－15　单极性直流参考信号下的控制方式

Ⅱ. 参考信号为正弦波，参考信号 u_r 为正弦波的脉宽调制方法叫做正弦波脉宽调制（SPWM）方式。产生的调制波是等幅、等距而不等宽的脉冲列，如图 5－16 所示，其调制波形接近于正弦波，谐波分量大大减小。这是最常用的一种调制方法。此图为单极性脉宽调制波形，SPWM 调制波的脉冲宽度基本上成正弦分布，各脉冲与正弦曲线下对应的面积近似成正比。可见 SPWM 比一般 PWM 的调制波形更接近于正弦波，谐波分量大为减小。SPWM 逆变器输出基波电压的大小和频率均由参考电压 u_r 来控制。当改变 u_r 幅值时，脉宽随之改变，从而改变输出电压的大小；当改变 u_r 频率时，输出电压频率即随之改变。但正弦波最大幅值必须小于三角波幅值，否则输出电压的大小和频率就将失去所要求的配合关系。

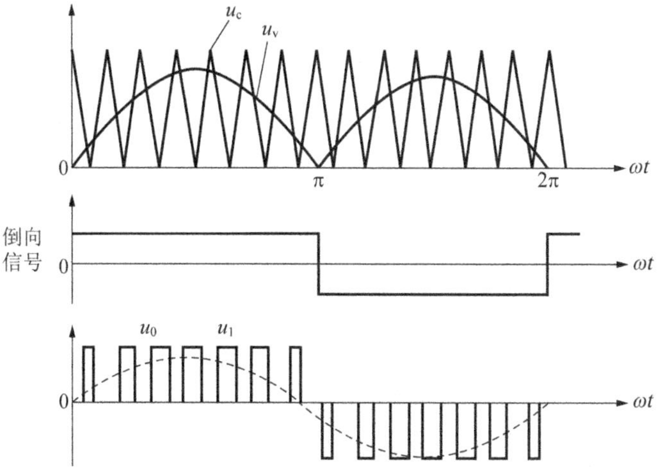

图 5－16　正弦波脉宽调制波形

图 5－16 只画出了单相脉宽调制波。对于三相逆变器，必须产生互差 120°的三相调制波。载频三角波可以共用，但必须有一个三相可变频变幅的正弦波发生器，产生可变频变幅的三相正弦参考信号，然后分别与三角波相比较产生三相脉冲调制波。如果脉冲调制波在任何输出频率情况下，正、负半周始终保持完全对称，即为同步调制式。如果载频三角波频率一定，只改变正弦参考信号频率，这时正、负半周的脉冲数和相位就不是随时对称的了。这种调制方式叫做异步调制式。异步调制将会出现偶次谐波，但每周的调制脉冲数将随输出频率的降低而增多，有利于改善低频输出特性。据分析，三角波频率一般应比正弦参考电压频率大 9 倍以上，否则偶次谐波的影响就大了。

b. 双极性正弦波 PWM 调制原理。上述单极性调制必须加倒向控制信号，而双极性调制就不需要倒向信号了。SPWM 双极性调制和单极性调制一样，输出基波大小和频率也是通过改变正弦参考信号的幅值和频率而改变的，用于变频调速时，要保持 U_1/f 比基本恒定。这种双极性调制方式，当然也可采用同步式或异步式的调制方法。

方法点拨

(1)注意理解变频的工作原理，注意其开关和波形之间的关系。

(2)注意比较几种不同的半导体器件的异同。

思考题

1. 简述半导体场效应晶体管 MOSFET 的特点。
2. 简述绝缘栅双极晶体管 IGBT 的特点。
3. 为什么要发展脉冲宽度调制(PWM)技术？

第 2 节　通用变频器的选用、安装与调试

学习目标

(1)熟知通用变频器的主要参数及其含义。

(2)能正确选用、安装与调试通用变频器。

学习要点

变频调速系统的调试。

一、变频器的分类

按主电路工作方式分：

变频器 { 电压型变频器 / 电流型变频器 }

按变频的原理分：

- 变频器
  - 交-交变频器
    - 按相数分
      - 单相
      - 三相
    - 按环流情况分
      - 有环流
      - 无环流
    - 按输出波形分
      - 正弦波
      - 方波
  - 交-直-交变频器
    - 按储能方式分
      - 电压型
      - 电流型
    - 按调压方式分
      - 脉幅调制
      - 脉宽调制

按变频器的用途分：

- 变频器
  - 专用变频器
  - 通用变频器
    - 按容量分
      - 中小容量通用变频器
      - 大容量变频器
    - 按应用分
      - 节能型变频器
      - 通用型变频器

1. 交-交变频器

它是将频率固定的交流电源直接变换成频率连续可调的交流电源，其主要优点是没有中间环节，变换效率高。但其连续可调的频率范围较窄，一般在额定频率的1/2以下（$0<f<f_N/2$），故主要用于容量较大的低速拖动系统中。

小思考

为什么中间要有个交流变成直流的过程呢？

2. 交-直-交变频器

先将频率固定的交流电整流后变成直流，再经过逆变电路，把直流电逆变成频率连续可调的三相交流电。由于把直流电逆变成交流电较易控制，因此在频率的调节范围，以及变频后电动机特性的改善等方面，都具有明显的优势，目前使用最多的变频器均属于交-直-交变频器。

根据直流环节的储能方式来分，交-直-交变频器又可分成电压型和电流型两种：

(1)电压型。整流后若是靠电容来滤波，这种交-直-交变频器称为电压型变频器。现在使用的变频器大部分为电压型。

(2)电流型。整流后若是靠电感来滤波，这种交-直-交变频器称为电流型变频器。这种形式的变频器现在较为少见。

根据调压方式的不同，交-直-交变频器又可分成脉幅调制和脉宽调制两种。

(3)脉幅调制。变频器输出电压的大小是通过改变直流电压来实现的，常用PAM表示。这种方法现在已很少使用了。

(4)脉宽调制。变频器输出电压的大小是通过改变输出脉冲的占空比来实现的，常用PWM表示。目前使用最多的是占空比按正弦规律变化的正弦波脉宽调制，即SPMW方式，也是以下讲解的主要调制方式。

3. 专用变频器

专用变频器是针对某一种(类)特定的控制对象而设计的,这种变频器均是在某一方面的性能比较优良。如前述的风机、水泵用变频器、电梯及起重机械用变频器、中频变频器等。

4. 通用变频器

通用变频器是变频器家族中数量最多,应用最广泛的一种,也是要讲解的主要品种。而大容量变频器主要用于冶金工业的一些低速场合。

常见的中小容量变频器主要有两大类:节能型变频器和通用型变频器。

(1)节能型变频器。由于节能型变频器的负载主要是风机、泵等变转矩负载,它们对调速性能的要求不高,因此节能型变频器的控制方式比较单一,一般只有 U/f 控制,功能也没有那么齐全,但是其价格相对要便宜些。

(2)通用型变频器。它主要用在生产机械的调速上。而生产机械对调速性能的要求(如调速范围,调速后的动、静态特性等)往往较高,如果调速效果不理想,就会直接影响到产品的质量,所以通用型变频器必须使变频后电动机的机械特性符合生产机械的要求。因此这种变频器功能较多,价格也较贵。它的控制方式除了 U/f 控制外,还使用了矢量控制技术。因此,在各种条件下均可保持系统工作的最佳状态。除此之外,高性能的变频器还配备了各种控制功能,如 PID 调节、PLC 控制、PG 闭环速度控制等,为变频器和生产机械组成的各种开、闭环调速系统的可靠工作提供了技术支持。

5. 电压型变频器

在电压型变频器中,整流电路产生逆变所需的直流电压,通过中间直流环节的电容进行滤波后输出。因采用大电容滤波,故输出电压波形比较平直,在理想情况下可看成一个内阻为零的电压源。输出电压是矩形波或阶梯波。电压型变频器的主电路结构如图 5－17(a)所示。电压型变频器多用于不要求正反转或快速加减速的通用型变频器中。

6. 电流型变频器

当交-直-交变频器的中间直流环节采用大电感滤波时,直流电流波形比较平直,因而电源内阻抗很大,对负载来说基本上是一个电流源,输出交流电流是矩形波。这类变频器称为电流型变频器,如图 5－17(b)所示。在电流型变频器中,电动机定子电压的控制是通过检测电压后对电流进行控制的方式来实现的。电流型变频器的最大优点是可以进行四象限运行,将能量回馈给电源,且在出现负载短路等情况时容易处理,故该方式适用于频繁可逆运转的变频器和大容量变频器。

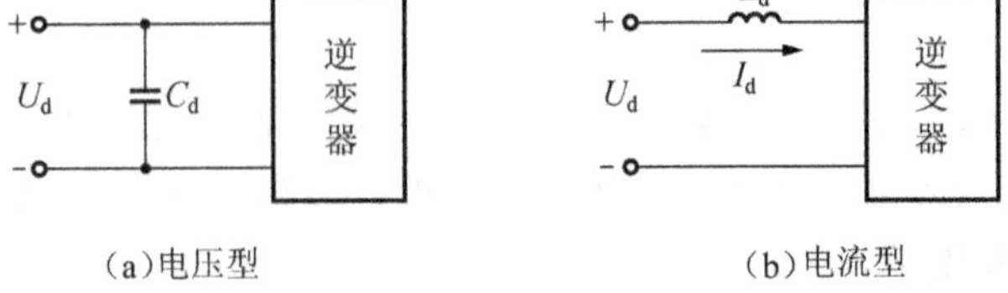

图 5－17　电压型和电流型变频器

二、变频器的选择

1. 容量的选择

（1）对于长期恒定负载，变频器的容量（指变频器说明书中的“配用电动机容量”）只需与电动机容量相当即可。

（2）对于断续负载和短时负载，因电动机有可能在“短时间”内过载，故变频器的容量应适当加大。通常，应满足最大电流原则，即

$$I_N \geqslant I_{M\max}$$

式中　I_N ——变频器的额定电流；

$I_{M\max}$——电动机在运行过程中的最大电流。

2. 类型及控制方式的选择

选择变频器类型时，需要考虑的因素有：

（1）调速范围。如上述在调速范围不大的情况下，可考虑选择较为简易的、只有 U/f 控制方式的变频器，或采用无反馈的矢量控制方式。

当调速范围很大时，应考虑采用有反馈的矢量控制方式。

（2）负载转矩的变动范围。对于转矩变动范围不大的负载，也可首先考虑选择较为简易的只有 U/f 控制方式的变频器。但对于转矩变动范围较大的负载，因所选的 U/f 线不能同时满足重载与轻载时的要求，故不宜采用 U/f 控制方式。

（3）负载对机械特性的要求。若负载对机械特性的要求不是很高，则可考虑选择较为简易的、只有 U/f 控制方式的变频器；若在要求较高的场合，则必须采用矢量控制方式；若负载对动态响应性能也有较高要求，则还应考虑采用有反馈的矢量控制方式。

三、变频器的安装

1. 变频器对安装环境的要求

变频器是精密的电力电子装置，在设置安装方面必须考虑周围的环境条件，一般说来需要考虑以下因素：

（1）环境温度。一般来说，允许的环境温度为－10～＋40 ℃，如果散热条件好，其上限温度可提高到＋50 ℃。

（2）环境湿度。当空气中湿度较大时，会使绝缘变差。一般来说，以保证变频器内部不出现结露现象为度。

（3）安装场所。应在海拔高度 1 000 m 以下使用。海拔高度超过 1 000 m 时，变频器的散热能力将下降，最大允许输出电流和电压都要降低使用。

（4）其他条件。变频器的安装环境还应满足无腐蚀、无振动、少尘埃、无阳光直射等条件。如果变频器长期不用，变频器内的电解电容就会发生劣化现象，实际运行时会由于电解电容的耐压降低和漏电增加而引发故障。因此，最好每隔半年通电一次，通电时间保持30～60 min，

使电解电容自修复，以改善劣化特性。

2. **变频器的安装**

变频器也和其他大部分电力设备一样，需认真对待其工作过程中的散热问题，温度过高对任何设备都具有破坏作用。所不同的是对多数设备而言，其破坏作用比较缓慢，而对变频器的逆变电路，温度一旦超过限值，会立即导致逆变管的损坏。因此变频器的散热问题也显得尤为重要。为了不使变频器内部温度升高，常采用的办法是通过冷却风扇把热量带走，一般说来，每带走 1 kW 热量，所需要的风量约为 0.1 m^3/s。

安装变频器时，首要的问题便是如何保证散热的途径畅通，不易被阻塞。常用的安装方式有下面几种：

(1)壁挂式安装。由于变频器具有较好的外壳，一般情况下允许直接靠墙安装，称为壁挂式安装，如图 5－18 所示。为了保持通风良好以改善冷却效果，变频器与周围物体之间的距离符合下列要求：

两侧：≥100 mm

上下：≥150 mm

为改善通风效果，变频器需垂直放置，为保证变频器的出风口畅通而不被异物阻塞，最好在变频器的出风口加装保护网罩。

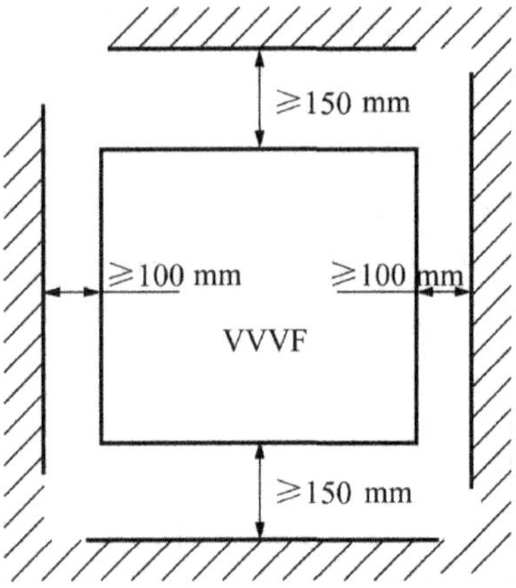

图 5－18　壁挂式安装

(2)柜式安装。如果安装现场环境较差，如尘埃多、嘈杂或者其他控制电器较多，需要和变频器一起安装时，一般就选择柜式安装的方式。柜式安装同样需要注意变频器的冷却。当一个柜内装有两台或两台以上变频器时，应尽量并排安装。若必须采用上下排列方式，则应在两台变频器间加一隔板，以免下面变频器中出来的热风进入上面变频器内。

变频器在控制柜内不能上下颠倒或平放安装，变频控制柜在室内的空间位置要便于变频器的定期维护。

1)柜外冷却方式。在较清洁的地方，可以将变频器本体安装在控制柜内，而将散热片留在柜外，如图 5－19 所示。这种方式可以通过散热片进行柜内空气和外部空气之间的热传导，这样对柜内冷却能力的要求就可以低一些。这种安装方式对柜内温度的要求可参考图中标出的数值。

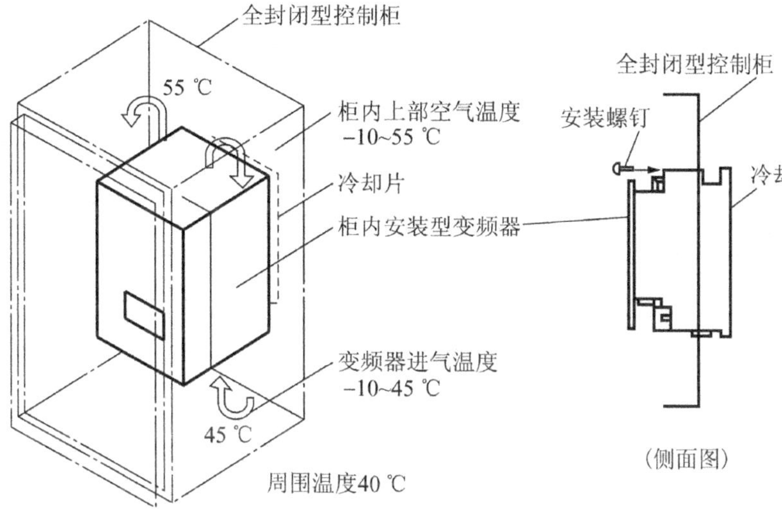

图 5－19　将散热片留在柜外的方式

2)柜内冷却方式。对于不方便使用柜外冷却方式的变频器连同其他散热片都要安装在柜内。此时应采用强制通风的办法,来保证柜内的散热。通常在控制柜的柜顶加装抽风式冷却风扇,风扇的位置应尽量在变频器的正上方,如图 5－20 所示。

3)多台变频器的安装。当一个控制柜内安装有两台或者两台以上的变频器时,应尽量横向排列,以便散热,如图 5－21 所示。

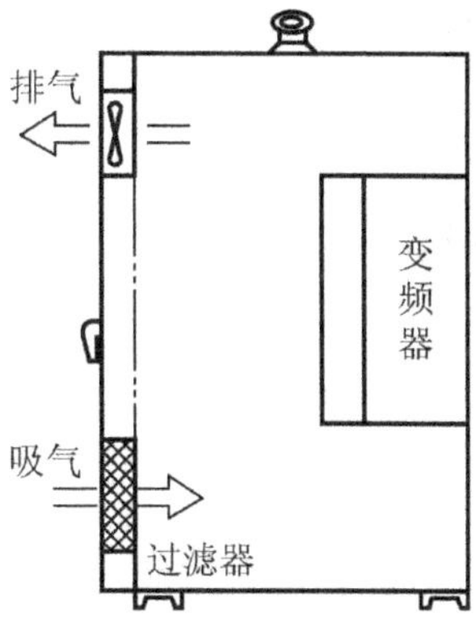

图 5－20　通过强制通风为控制柜换气

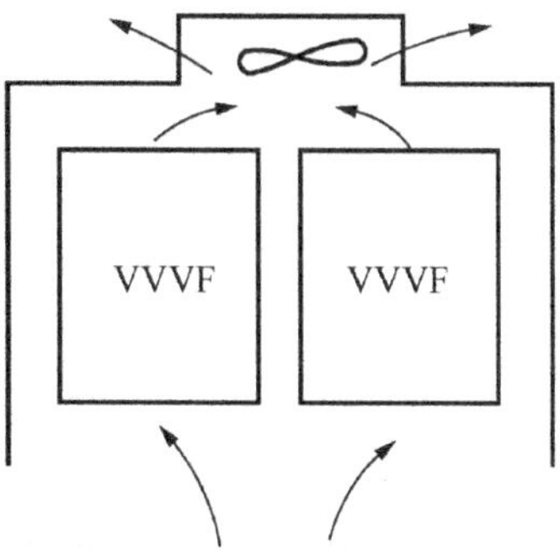

图 5－21　两台变频器的柜式安装

3. **变频器的接线**

现仍以富士低噪声、高性能、多功能 FR5000G—11S 为例来阐述。该系列变频器的基本接线图如图 5－22 所示。

(1)主电路的布线。在对主电路进行布线以前,应该首先检查一下电缆的线径是否符合要求。此外在进行布线时,还应该注意将主电路和控制电路的布线分开,并分别走线。在不得不经过同一接线口时，也应在两种电缆之间设置隔离壁，以防止控制线路受到动力线的干扰，造成变频器工作异常。

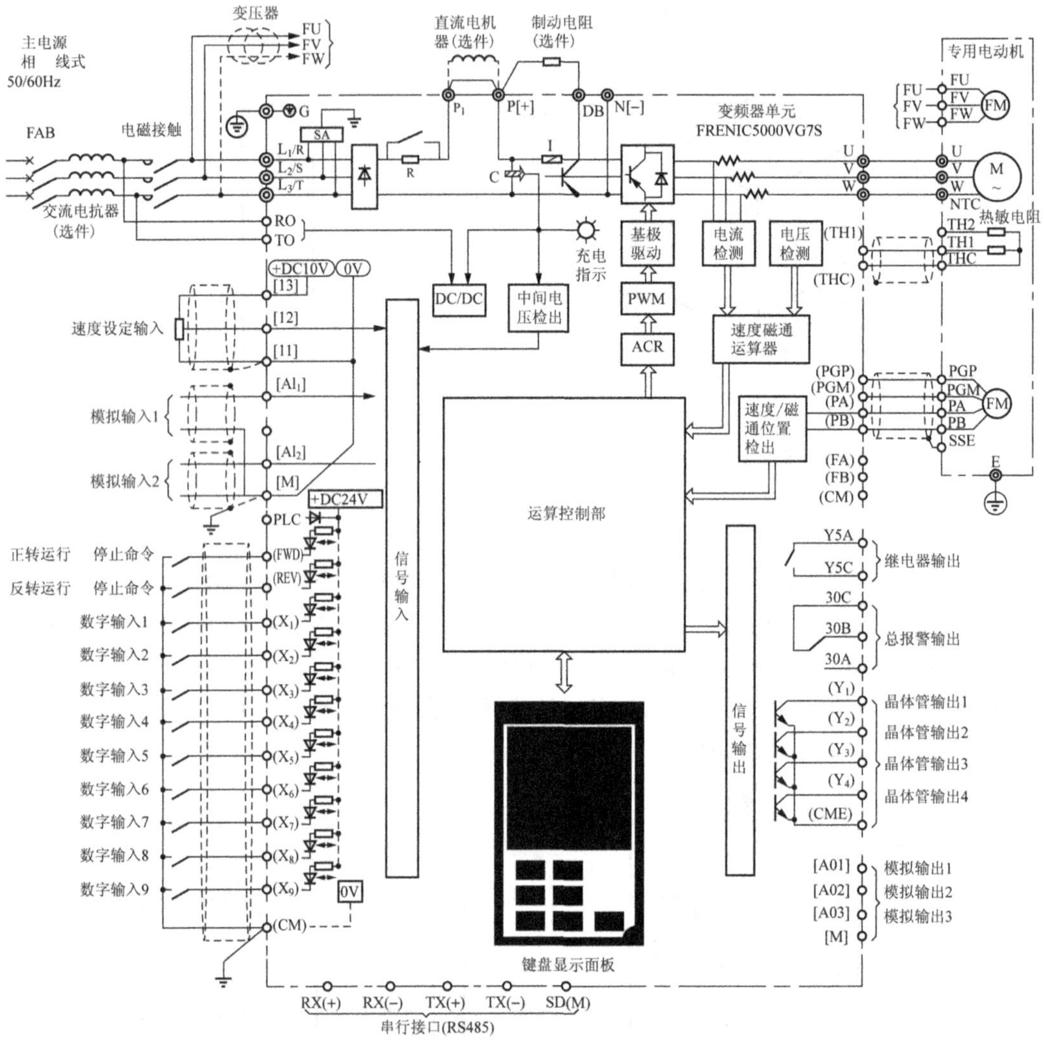

图 5－22 FR5000G－11S 的基本接线图

图 5－22 中符号 G 为变频器箱体的接地端子，为保证使用安全，该点应按国家电气规程要求接地。R、S、T 为变频器的输入端子，通过带漏电保护的断路器连接至三相交流电源。U、V、W 表示变频器的输出端子，要根据电动机的转向要求确定其相序。RO、TO 为控制电源辅助输入端子，其功能有两个：一是用于防无线电干扰的滤波器电源；二是再生制动运行时，主变频器整流部分与三相交流电源脱开。RO，TO 作为冷却风扇的备用电源。

【提示】主电路交流电源不要通过 ON/OFF 来控制变频器的运行和停止，而应采用控制面板上的 FWD、REV 键进行操作。变频器的输出端子若转向不对，则可调换 U，V，W 中任意两相的接线。输出端不应接电力电容器或浪涌吸收器，变频器与电动机之间的连线不宜过长，电动机功率小于3.7 kW，配线长度不超过50 m，否则要增设线路滤波器（OFL滤波器可另购）。

（2）控制电路的布线。在变频器中，主电路是强电信号，而控制电路所处理的信号为弱电信号，因此在控制电路的布线方面应采取必要的措施，以避免主电路中的高次谐波信号进入控制电路。

变频器的控制电路大体可分为模拟和数字两种。模拟量控制线主要包括输入侧的给定信号线和反馈线及输出侧的频率信号线和电流信号线。由于模拟信号的抗干扰能力较低，因此模拟量控制线必须使用屏蔽线。屏蔽层靠近变频器的一端应接控制电路的公共端（GND），或接在变频器的地端（E）或大地，屏蔽层的另一端应悬空，如图5－23所示。

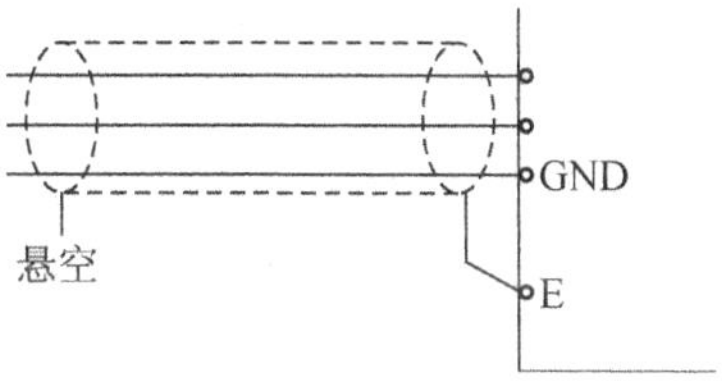

图5－23　屏蔽线的接法

（3）接地线。由于变频器主电路中的半导体开关器件在工作过程中将进行高速通断动作，变频器主电路和外壳及控制柜之间的漏电电流也相对较大，因此为了防止操作者触电、雷击等自然灾害对变频器的伤害，必须保证变频器接地端的可靠接地。可靠接地还有利于抗干扰。布线时，应注意以下事项：

1）多台变频器安装在同一控制柜内时，每台变频器必须分别和接地线相连，如图5－24所示。

2）尽可能缩短接地线。

3）绝对避免同电焊机、变压器等强电设备共用接地电缆或接地极。此外接地电缆布线上也应与强电设备的接地电缆分开。

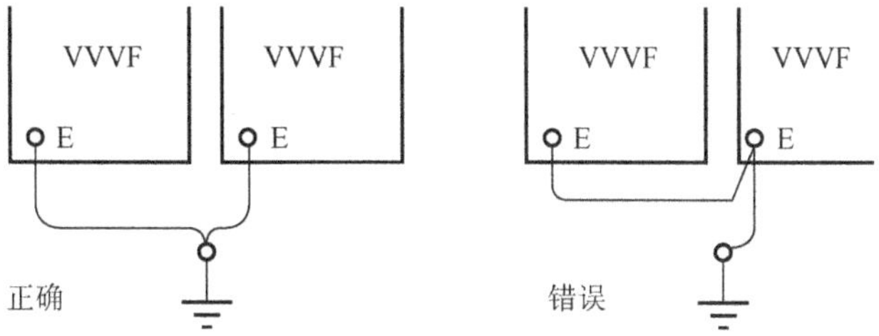

图5－24　变频器的接地

技能实训5－2　变频器系统的安装训练

1. 实训目标

熟悉变频器的安装方法，能正确安装变频器的主电路和控制电路。

2. **工具、仪表及器材**

根据训练需要按表 5—6 选配工具、器材和仪表，并对所选元器件进行质量检验（本课程训练采用成都希望森兰变频制造有限公司生产的“全能王”SB60/61 系列通用变频器）。

表 5—6　工具、仪表及器材

项目内容					
工具	测电笔、螺钉旋具、尖嘴钳、斜口钳、剥线钳、电工刀等常用工具				
仪表	MF47 万用表等				
器材	代号	名称	型号	规格	数量
	VVVF	变频调速器	SB60	2.2 kW	1
	M	三相异步电动机	Y2—100L1—4	2.2 kW、380 V	1
	QF	低压断路器	DZ5—20/330	3 极、10 A	1
	R	制动电阻		250 Ω、600 W	1
	XT1	端子板	TD—2010	20 A、10 节	1
	XT2、XT4	端子板	TD—1015	10 A、15 节	1
	XT3、XT5	端子板	TD—1010	10 A、10 节	2
	SB1、SB2	按钮	LA10—2H	保护式、按钮数为 2	1
	S1～S7	钮子开关			7
	W1、W2	电位器		2.2 kΩ、1 W	2
	KA1	继电器	HH54P	3 A、线圈电压直流 24 V	1
	D1	二极管	1N4004	1 A、400 V	1
	HL3	指示灯		220 V	1
	HL1、HL2	指示灯		24 V	2
	mA	直流毫安表	85C1	50 mA	1
	V	直流电压表	85C1	50 V	1
支架及连接线	名称		型号	规格	数量
	主电路导线		BVR—2.5	2.5 mm^2	若干
	控制电路导线		BVR—1.0	1.0 mm^2	若干
	接地线		BVR—1.5	1.5 mm^2	若干
	走线槽			18 mm×25 mm	若干
	控制板			600 mm×500 mm×25 mm	1
	硬塑料板			100 mm×320 mm×5 mm	1
	硬塑料板			60 mm×200 mm×5 mm	1

3. **安装过程**

（1）熟悉如图 5—25 和图 5—26 所示电路接线图和指导教师给定的布置图。

（2）安装电器元件和走线槽。

（3）安装线路连接线。

（4）在控制板上按照如图 5—25 和图 5—26 所示进行板前线槽布线。

（5）安装电动机。

（6）可靠连接变频器、电动机及电器元件的金属外壳保护接地线。

(7)自检。

安装完成的电路板,称之为 LY—A 型变频调速训练装置。训练结束后,安装的电路板留用。

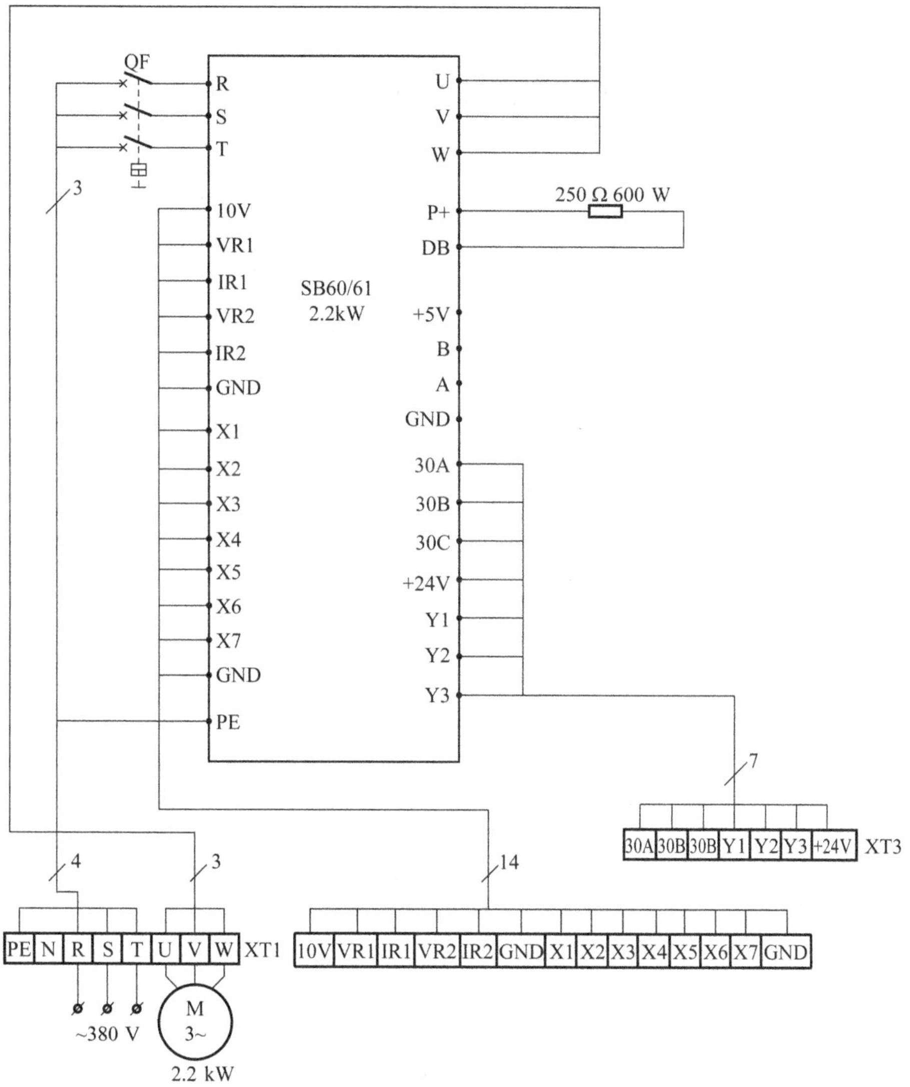

图 5—25　变频调速训练装置基本电路引线图

4. 注意事项

(1)注意安装和布线的工艺要求。

(2)注意接线的正、负极性,不可接反。注意电压表和电流表的安装和接线。

(3)与变频器相连的接线端子实际是将变频器主、控电路端子引出,防止训练中反复进行线路拆装而损坏变频器上的接线桩。在变频器的实际应用中并不需要这样做。

(4)变频器的主、控回路配线应尽量分开。

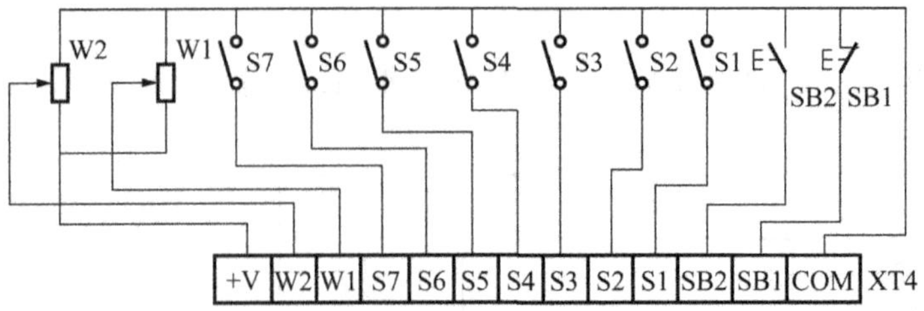

（a）变频器输入控制电路

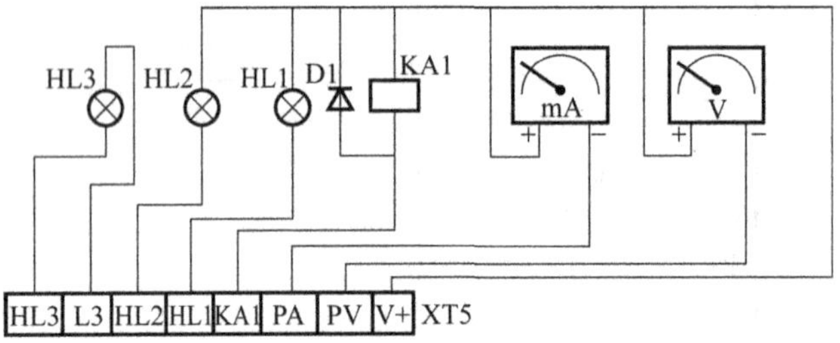

（b）变频器输出指示电路

图 5－26　变频调速训练装置电路

5. 评分标准

评分标准如表 5－7 所示。

表 5－7　评分标准

<table>
<tr><th>项目内容</th><th>配分</th><th colspan="3">评分标准</th><th>扣分</th></tr>
<tr><td>装前检查</td><td>10 分</td><td colspan="3">电气元件漏检或错检　每只扣 2 分</td><td></td></tr>
<tr><td>安装元件</td><td>40 分</td><td colspan="3">(1)不按布置图安装　扣 10 分
(2)元件安装不牢固　每只扣 5 分
(3)元件安装不整齐、不匀称、不合理　每只扣 2 分
(4)元件安装时漏装木螺钉　每只扣 1 分
(5)走线槽安装不符合要求　每处扣 2 分
(6)损坏元件　每只扣 5～15 分</td><td></td></tr>
<tr><td>布线</td><td>50 分</td><td colspan="3">(1)不按电路图接线　扣 25 分
(2)布线不符合要求　每根扣 3 分
(3)接点松动、露铜过长、压绝缘层　每处扣 2 分
(4)焊点不规范　每处扣 2 分
(5)损伤导线及线芯　每处扣 5 分
(6)漏接接地线　扣 15 分</td><td></td></tr>
<tr><td>安全文明生产</td><td colspan="4">违反安全文明生产规程　扣 5～40 分</td><td></td></tr>
<tr><td>额定时间</td><td colspan="4">3.5 h，每超时 10 min（不足 10 min 以 10 min 计）　扣 5 分</td><td></td></tr>
<tr><td>备注</td><td colspan="3">除额定时间外，各项目的最高扣分不应超过配分数</td><td>成绩</td><td></td></tr>
<tr><td>开始时间</td><td></td><td>结束时间</td><td></td><td>实际时间</td><td></td></tr>
</table>

四、变频调速系统的调试

变频调速系统的调试工作，并没有严格的规定和步骤，只是大体上应遵循“先空载、后轻载、再重载”的一般规律，下面介绍的是通常采用的方法。

1. 变频器通电前的检查

检查内容包括：变频器的型号是否有误，随机附件及说明书是否齐全；安装环境有无问题(有害气体、温度、湿度、粉尘等)。装置有无脱落、破损，螺钉、螺帽是否松动，插接件是否确实插入了。连接电缆直径、种类是否合适；主回路、控制回路以及其他电气连接有无松动；端子之间、外露导电部分是否有短路、接地现象。接地是否可靠。确认所有开关都处于断开状态，确保通电后变频器不会异常启动或发生其他异常动作。特别需要检查是否有下述接线错误：

(1)输出端子(U、V、W)是否误接了电源线。

(2)制动单元用端子是否误接了制动单元放电电阻以外的导线。

(3)屏蔽线的屏蔽部分是否像使用说明书规定的那样正确连接了。

完成上述检查后，用500 V兆欧表测量主电路绝缘电阻是否在10 MΩ以上。然后再检查主回路电源电压是否在容许电源电压值以内。

2. 变频器的通电检查

一台新的变频器在通电时，输出端可先不接电动机，而是首先要熟悉它，在熟悉的基础上进行各种功能的预置。

(1)熟悉键盘即了解键盘上各键的功能，进行试操作，并观察显示的变化情况等。

(2)按说明书要求进行“启动”和“停止”等基本操作，观察变频器的工作情况是否正常，同时还要进一步熟悉键盘的操作。

3. 变频器的功能预置

变频器在和具体的生产机械使用时，需根据该机械的特性和要求，预先进行一系列的功能设置(如设定基本频率、最高频率、升降速时间等)，这称为预置设定，简称预置。

(1)功能参数预置。变频器运行时基本参数和功能参数是通过功能预置得到的，因此它是变频器运行的一个重要环节。基本参数是指变频器运行所必须具有的参数，主要包括：转矩补偿，上、下限频率，基本频率，加、减速时间，电子热保护等。大多数的变频器在其功能码表中都列有基本功能一栏，其中就包括了这些基本参数。功能参数是根据选用的功能而需要预置的参数，如PID调节的功能参数等，如果不预置参数，变频器就按出厂时的设定选取。

功能参数的预置过程，总结起来大约有下面几个步骤：

1)查功能码表，找出需要预置参数的功能码。

2)在参数设定模式(编程模式)下，读出该功能码中原有的数据。

3)修改数据，写入新数据。

预置完毕后，先就几个比较易观察的项目，如加减速时间、点动频率、多挡速控制时的各挡频率等，检查变频器的执行情况是否与预置的相符合。

(2)将外接输入控制线接好，逐项检查各外接控制功能的执行情况。

(3)检查三相输出电压是否平衡。

4. **变频器的空载实验**

在变频器的输出端上接电动机，但电动机与负载脱开，然后进行通电试验。这样做的目的是观察变频器配上电动机后的工作情况，同时校准电动机的旋转方向，试验的主要内容为：

（1）设置电动机的功率、极数，要综合考虑变频器的工作电流、容量和功率，根据系统的工作状况要求来选择设定功率和过载保护值。

（2）设定变频器的最大输出频率、基频，设置转矩特性。如果是风机和泵类负载，就要将变频器的转矩运行代码设置成变转矩和降转矩运行特性。

（3）设置变频器的操作模式，按运行键、停止键，观察电机是否能正常地启动、停止。

（4）掌握变频器运行发生故障时的保护代码，观察热保护继电器的出厂值，观察过载保护的设定值，需要时可以修改。

空载试验步骤如下：

（1）合上电源后，先将频率设置为 0，慢慢增大工作频率，观察电动机的起转情况，以及旋转方向是否正确。若方向相反，则予以纠正。

（2）将频率上升至额定频率，让电动机运行一段时间。如果一切正常，就再选若干个常用的工作频率，也使电动机运行一段时间。

（3）将给定频率信号突降至零（或按停止按钮），观察电动机的制动情况。

在变频器的各项参数设置中，有一个重要的参数是加减速时间的给定，有关工作曲线如图 5－27 所示。

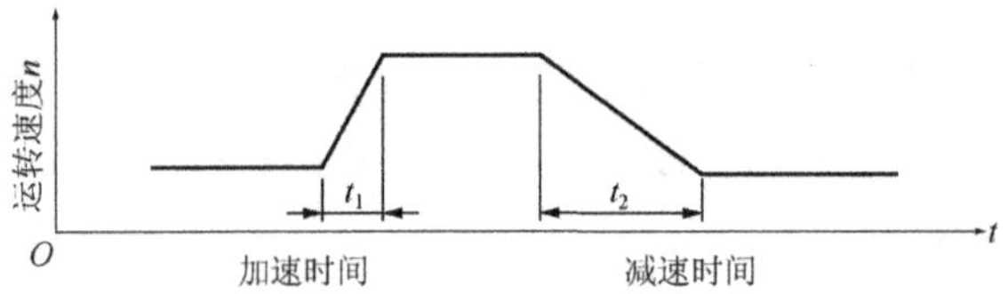

图 5－27　加减速给定时间曲线

用下面的计算公式可以计算初步给定值。

$$加速给定时间>加速时间\ t_1=\frac{GD_T^2\times\Delta n}{375\times(T_M\times\alpha-T_{L\max})}$$

$$减速给定时间>减速时间\ t_2=\frac{GD_T^2\times\Delta n}{375\times(T_M\times\beta-T_{L\min})}$$

式中　GD_T^2 ——GD_T^2＝电机 GD^2＋负载 GD^2（电机轴换算值），kg・m；

Δn ——加减速前后的电机转速差 n_b-n_a，r/min；

T_M ——电机额定转矩，$T_M=\frac{974\times P}{n}$，kg・m；

$T_{L\max}$ ——最大负载转矩（电机轴换算值），kg・m；

$T_{L\min}$ ——最小负载转矩（电机轴换算值），kg・m；

α ——平均加速转矩率；

β ——平均减速转矩率（再生转矩率）；

P ——电机额定功率，kW；

n ——电机额定速率，r/min。

电机和变频器标准组合时的加减速转矩率如表 5－8 所示。

表 5－8　电机和变频器标准组合时的加减速转矩率

转矩率 \ 频率范围		6～60 Hz
α		1.1
β	无制动单元	0.2
	有制动单元(制动转矩 50％)	0.5
	有制动单元(制动转矩 100％)	1.0

5. 调速系统的负载试验

将电动机的输出轴通过机械传动装置与负载连接起来，进行试验。

(1)起转试验。使工作频率从 0 开始缓慢增加，观察拖动系统能否起转及在多大频率下起转。如起转比较困难，应设法加大启动转矩。具体方法有加大启动频率、加大 U/f 比，以及采用矢量控制等。

(2)启动试验。将给定信号调至最大，按下启动键，注意观察启动电流的变化以及整个拖动系统在升速过程中运行是否平稳。

若因启动电流过大而跳闸，则应适当延长升速时间。若在某一速度段启动电流偏大，则设法通过改变启动方式(S 型、半 S 型)来解决。

(3)运行试验。试验的主要内容有：

1)进行最高频率下的带载能力试验，即检查电动机能否带动正常负载运行。

2)在负载的最低工作频率下，应考察电动机的发热情况。使拖动系统工作在负载所需要的最低转速下，施加该转速下的最大负载，按负载所要求的连续运行时间进行低速连续运行，观察电动机的发热情况。

3)过载试验。按负载可能出现的过载情况及持续时间进行试验，观察拖动系统能否继续工作。当电动机在工作频率以上运行时，不能超过电机容许的最高频率范围。

(4)停机试验。将运行频率调至最高工作频率，按停止键，注意观察拖动系统的停机过程中，是否出现因过电压或过电流而跳闸的情况，若有则适当延长降速时间。

当输出频率为 0 时，观察拖动系统是否有爬行现象，若有则应适当加强直流制动。

技能实训 5－3　变频器的调试训练

1. 实训目标

(1)进一步理解变频器常用功能码的意义，学会对变频器的功能预置。

(2)学会变频器频率的操作面板设定及监视操作。

(3)学会变频器外部接线、外部控制端子功能和端子控制运行方式及端子控制正反转相关参数的设定方法。

(4)学会外部运行模式下变频器正反转操作方法。

2. **所用仪器、仪表及器材**

选配尖嘴钳、螺钉旋具、测电笔、斜口钳、剥线钳、电工刀、MF47 型万用表等工具和仪表及 LY－A 型变频调速训练装置。

3. **实训过程**

(1)练习监视变频器各种运行参数的方法。按动移位键"≫",分别切换出频率、电流、电压、同步转速、负载速度、负载率等运行参数。F800＝0 和 F800＝1 时运行参数监视的切换方法分别如图 5－28 和图 5－29 所示。

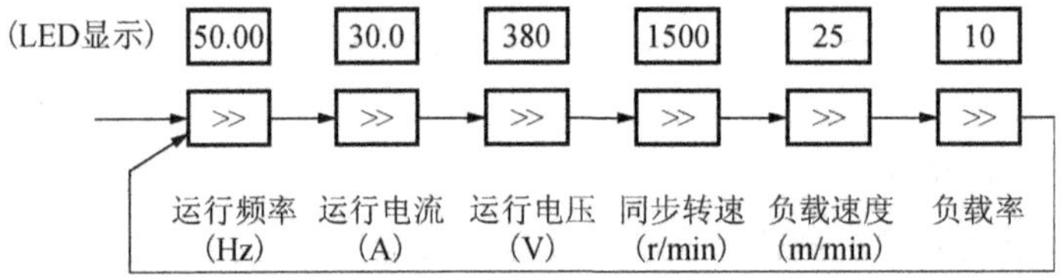

图 5－28　F800＝0 时运行参数监视的切换方法

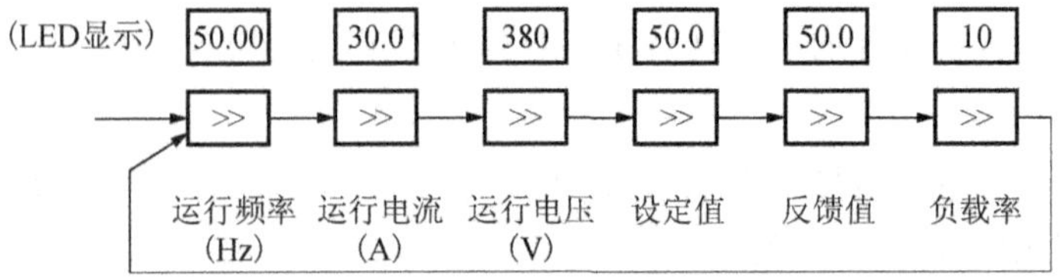

图 5－29　F800＝1 时运行参数监视的切换方法

(2)变频器功能预置参数的修改方法。将第一加速时间 F009 的设定由 10 s 更改为 20 s 的方法如图 5－30 所示。

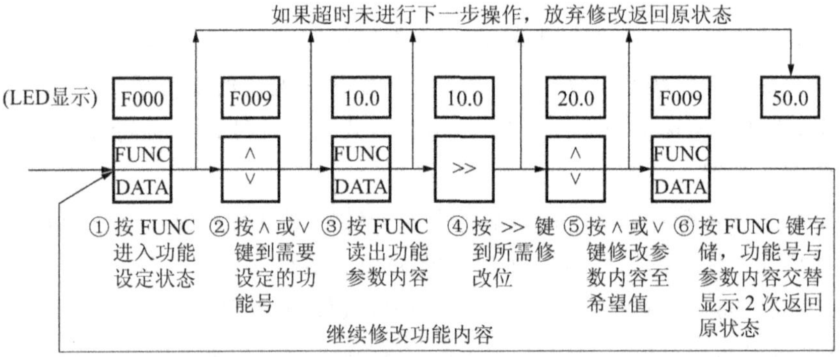

图 5－30　变频器功能预置参数的修改方法

(3)控制面板控制操作练习。接通 LY－A 型变频调速训练装置上的断路器,变频器显示器闪烁,表明三相电源接通。首先将变频器恢复为出厂设置,将 F401 的参数值设为 1 即可。然后按照如图 5－31 所示进行操作。

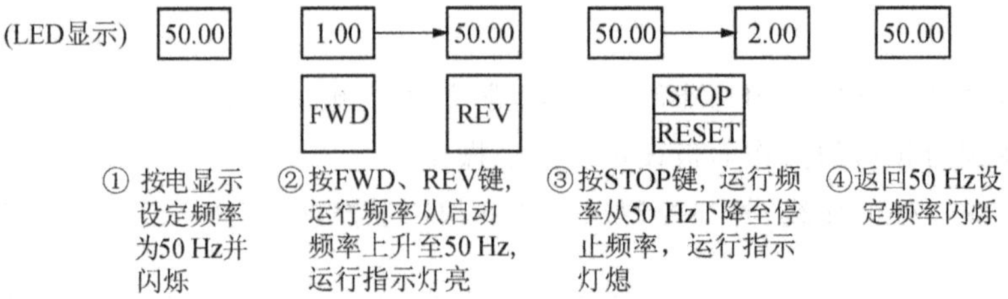

图 5－31　变频器的面板控制运行操作

(4)外部开关运行操作练习。利用变频器控制端子上的外部接线控制电动机启停和运行频率在实际应用中使用较多。可通过改变参数 F004 的值来进行运转给定方式切换。

1)电路安装。按照如图 5－32 所示的控制回路线路图,在接线端子之间进行配线。

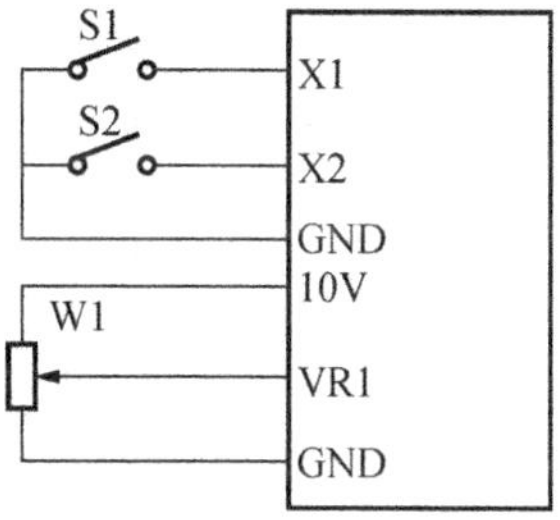

图 5－32　开关控制外部运行接线图

2)参数预置。电路经检查无误后接通电源,在进行参数恢复出厂值操作后,按照如表 5－9 所示修改参数代码及其参数值。

表 5－9　需修改的参数代码及参数值

参数代码	参数功能名称	设定范围	修改结果
F002	主给定信号	0～3	2
F004	运转给定方式	0～2	1
F009	加速时间 1	0.1～3 600 s	5
F010	减速时间 1	0.1～3 600 s	8

3)试运转。其操作如下:接通 S1,转动电位器 W1 使电动机正转逐渐加速运行;断开 S1,电动机减速逐渐停止。接通 S2,转动电位器 W1 使电动机反转逐渐加强运行;断开 S2,电动机减速逐渐停止;同时接通 S1、S2 电动机不运转。

练习完毕断电后拆除接线端子间的导线,并清理工作现场。

(5)变频器的外部按钮运行操作。操作内容有:

1)按照如图 5－33 所示外部运行回路原理图,在 LY－A 型变频调速训练装置上进行接线端子间的配线,HL2 用于过载预报指示,KA1 在变频器处于运转状态时闭合。

2)电路经检查无误后接通电源,进行参数恢复出厂值操作,然后按照如表 5－10 所示确定需要修改的参数代码及其参数值。

3)接通 S1 按下 SB2,转动电位器 W1 使电动机正转逐渐加速运行;松开 SB2 系统运行状态不变。按下 SB1 电动机减速逐渐停止。电动机的转向由 S1 控制,S1 接通时正转,S1 断开时反转。

练习完毕断电后拆除接线端子间的导线,并清理工作现场。

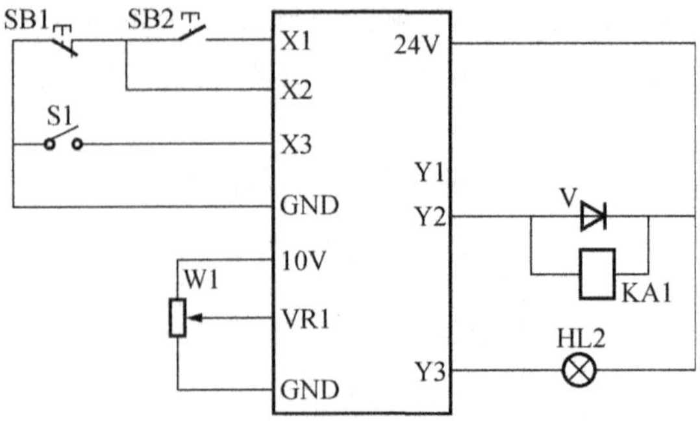

图 5—33　按钮控制外部运行接线图

表 5—10　需修改的参数代码及其参数值

参数代码	参数功能名称	设定范围(出厂值)	修改结果
F002	主给定信号	0～3	2
F004	运转给定方式	0～2	1
F006	自锁控制	0～2	2
F009	加速时间 1	0.1～3 600 s	5
F010	减速时间 1	0.1～3 600 s	8
F501	X1 功能选择	0～16	15
F502	X2 功能选择	0～16	14
F509	Y2 输出端子	0～18	0
F510	Y3 输出端子	0～18	4

4. 注意事项

(1)在操作时,要用力适中,防止损坏键盘和按钮。

(2)电源线的安装要牢靠,注意区分接线端子的端号,确保接在 R、S、T 端子上。

(3)变频器参数设定之前要进行参数初始化,以避免其他参数变更的影响。

(4)变频器通电及运行前应经过教师的检查确认,并在教师监护下进行,以确保安全。

(5)注意以电动机的额定电流来确定电子热保护值(F012)的参数值。

5. 评分标准

评分标准如表 5—11 所示。

表 5—11　评分标准

项目内容	配分	评分标准	扣分
参数意义的理解	20 分	能正确描述给定名称参数的功能　每错一个扣 5 分	
按图配线	30 分	(1)各接点松动或不符合要求　每个扣 5 分 (2)接线错误造成通电一次不成功　扣 10 分	

续表

<table>
<tr><th>项目内容</th><th>配分</th><th colspan="3">评分标准</th><th>扣分</th></tr>
<tr><td>参数设定的各种操作</td><td>40 分</td><td colspan="3">(1)未进行初始化操作　扣 10 分
(2)运行参数监视操作　每错一次扣 5 分
(3)参数的设定操作　每错一处扣 3 分
(4)参数的设定操作有疏漏　每少一次扣 5 分
(5)变频器的面板运行控制操作　每错一处扣 5 分</td><td></td></tr>
<tr><td>试运行操作</td><td>10 分</td><td colspan="3">(1)操作不熟练　每处扣 3 分
(2)操作错误　每错一处扣 5 分</td><td></td></tr>
<tr><td>安全文明生产</td><td colspan="4">违反安全文明生产规程　扣 5～40 分</td><td></td></tr>
<tr><td>额定时间</td><td colspan="4">60 min，每超时 5 min(不足 5 min 以 5 min 计)　扣 5 分</td><td></td></tr>
<tr><td>备注</td><td colspan="3">除额定时间外，各项目的最高扣分不应超过配分数</td><td>成绩</td><td></td></tr>
<tr><td>开始时间</td><td></td><td>结束时间</td><td></td><td>实际时间</td><td></td></tr>
</table>

方法点拨

(1)注意分类的不同标准。

(2)注意安装有哪些注意事项。

(3)变频系统的调试要按照本节所说的步骤，一步一步进行，不可胡乱操作。

思考题

(1)变频器怎样按变频的原理分类？

(2)变频器要注意的设置环境有哪些？

(3)变频器接地应注意什么？

(4)简述调速系统的负载试验的步骤。

第 3 节　变频调速系统的维护与维修

学习目标

(1)熟知变频器日常检查和定期维护检查的项目及方法，通用变频器常见故障原因的分析、处理及维修方法。

(2)熟练掌握变频器主电路的电阻特性参数测试方法。

学习要点

变频器常见故障处理及维修方法。

一、变频器维护与检查

为使变频器能长期可靠连续运行，防患于未然，应进行日常检查和定期检查。

1. **变频器维护与检查的注意事项**

(1)操作者必须熟悉变频器的结构、基本原理、功能特点和指标等,具有操作变频器运行的经验。

(2)维护检查前必须切断电源,且必须在确认主电路滤波电容放电完成,电源指示灯 HL 熄灭后再进行作业,以确保操作者的安全。

(3)变频器出厂前,生产厂家都对其进行了初始设定,一般不能随意改变。初始设定改变后再次恢复,一般需进行初始化操作。

(4)在新型变频器的控制电路中,由于使用了许多 CMOS 芯片,所以不要用手指直接触摸电路板,以免因静电作用损坏这些芯片。

(5)在通电状态下,不允许进行改变接线或拔插连接件等操作。

(6)测量仪表的选择及使用应符合厂家的规定。在变频器工作过程中不允许对电路信号进行检查。

(7)当变频器发生故障而无故障显示时,注意不能再轻易通电,以免引起更大的故障。此时,应断电后作电阻特性参数测试,初步查找出故障原因。

2. **变频器的日常检查**

可不卸除外盖进行通电和启动,目测变频器的运行状况,确认无异常情况。通常应注意如下几点:

(1)键盘面板显示正常。

(2)无异常的噪声、振动和气味。

(3)没有过热或变色等异常情况。

(4)周围环境符合标准规范。

3. **变频器的定期检查与维护**

为了防止元器件老化和异常等情况造成故障,变频器在使用过程中,必须定期进行保养维护,根据需要更换老化的元器件。定期维护应放在暂时停产期间,在变频器停机后进行。

定期检查时要切断电源,停止运行并卸下变频器的外盖。变频器断电后,主电路滤波电容器上仍有较高的充电电压。放电需要一定时间,一般为 5～10 min,必须等待充电指示灯熄灭,并用电压表测试,确认此电压低于安全值(＜25VDC)才能开始作业。

一般的定期检查应每年进行一次,定期检查的重点是变频器运行时无法检查的部位。

(1)主要的检查项目如下:

1)周围环境是否符合规范。

2)用万用表测量主电路、控制电路电压是否正常。

3)显示面板是否清楚,有无缺少字符。

4)框架结构件有无松动,导体、导线有无破损。

5)检查滤波电容器有无漏液,电容量是否降低。高性能的变频器带有自动指示滤波电容容量的功能,由面板可显示出电容量,并且给出出厂时该电容的容量初始值,显示容量降低率,可推算出电容器的寿命。普及型通用变频器则需要电容量测试仪测量电容量,测出的电容量为 0.85×初始电容量值。

6)电阻、电抗、继电器、接触器检查,主要看有无断线。

7)印制电路板检查应注意连接有无松动,电容器有无漏液,板上线条有无锈蚀、断裂等。

8)冷却风扇和通风道检查。

(2)主要项目的维护方法如下:

1)冷却风机。冷却风机是全密封的,不需要对其进行清洁和润滑。但应注意,清洁散热器时,应先将扇叶固定,然后再使用压缩空气操作,以保护冷却风机轴承。冷却风机损坏的前兆是轴承的噪声增大,或清洁的散热器温升高于正常水平。当变频器用于重要场合时,请在上述前兆出现时及时更换冷却风机。

变频器频繁出现过温警告或故障,则说明冷却风机工作状态可能异常。

2)散热器。在正常的使用条件下,散热器应每年清洁一次。运行在污染较严重的场合,散热器的清洁工作应频繁一些。当变频器不可拆卸时,请使用柔软的毛刷清洁散热器。如果变频器可以移动或户外进行清洁,就可使用压缩空气清洁散热器。

3)电解电容器。目视电解电容器是否有漏液和变形的情况。一般情况下,电解电容的使用寿命是100 000 h,电容值应大于标称值的85%。实际使用寿命由变频器的使用方法和环境温度决定。降低环境温度可以延长其使用寿命,电容的损坏不可预测。

4)接触器、充电电阻。检查中间直流环节的接触器触点是否粗糙,充电电阻是否有过热的痕迹,绝缘电阻是否在正常范围内。

5)接线端子、控制电源。检查螺钉、螺栓等紧固件是否松动,进行必要的紧固;检查导体、绝缘物和变压器是否有腐蚀、过热的痕迹,是否变色或破损;确认控制电源电压是否正常,确认保护、显示回路有无异常。

知识拓展

变频器具有十分完善的保护功能,保证电动机、变频器在工作不正常或发生故障时,及时地做出处理,以确保拖动系统的安全。各种不同类型的变频器所具有的保护功能不完全相同,最常见的几种保护功能有过电流保护、对电动机的过载保护、过电压保护、欠电压保护和瞬间停电的处理。

二、变频器常见故障的检修

1.变频调速系统故障原因分析

(1)过电流跳闸的原因分析。

1)重新启动时,一升速就跳闸。这是过电流十分严重的表现,主要原因有:

a.负载侧短路;

b.工作机械卡住;

c.逆变管损坏;

d.电动机的启动转矩过小,拖动系统转不起来。

2)重新启动时并不立即跳闸,而是在运行过程(包括升速和降速运行)中跳闸,可能的原因有:

a. 升速时间设定太短；

b. 降速时间设定太短；

c. 转矩补偿(U/f)设定较大，引起低频时空载电流过大；

d. 电子热继电器整定不当，动作电流设定得太小，引起误动作。

(2)电压跳闸的原因分析。

1)过电压跳闸。主要原因有：

a. 电源电压过高；

b. 降速时间设定太短；

c. 降速过程中，再生制动的放电单元工作不理想。若来不及放电，应增加外接制动电阻和制动单元。也可能是放电支路发生故障，实际并不放电。

2)欠电压跳闸。可能的原因有：

a. 电源电压过低；

b. 启动信号无法接通；

c. 电源缺相；

d. 整流桥故障。

(3)电动机不转的原因分析。

1)功能预置不当。

a. 上限频率与基本频率的预置值矛盾，上限频率必须大于基本频率的预置；

b. 使用外接给定时，未对“键盘给定/外接给定”的选择进行预置；

c. 其他的不合理预置。

2)在使用外接给定方式时，“启动”信号无法接通。

如图 5－34 所示，当使用外接给定信号时，必须由启动按钮或其他触点来控制其启动。如不需要由启动按钮或其他触点来控制时，应将 RUN 端(或 FWD 端)与 COM(SD)端之间短接起来。

3)其他原因。

a. 机械有卡住现象；

b. 电动机的启动转矩不够；

c. 变频器的电路故障。

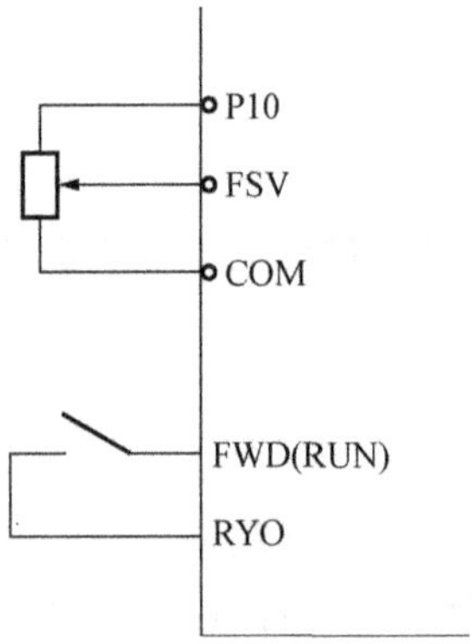

图 5－34　启动信号无法接通

2. **变频器常见故障处理及维修方法**

新一代高性能的变频器具有较完善的自诊断功能、保护及报警功能。熟悉这些功能对正确使用和维护变频器极其重要。当变频器调速系统出现故障时，变频器大都能自动停车保护，并给出提示信息，检修时应以这些显示信息为线索，查找变频器使用说明书中有关提示故障原因的内容，分析出现故障的原因，采用合适的测量手段确认故障点并修复。

(1)整流模块损坏:一般是由于电网电压或内部短路引起。在排除内部短路情况下，更换整流桥。在现场处理故障时，应重点检查用户电网情况，如电网电压，有无电焊机等对电网有污染的设备等。

(2)逆变模块损坏:一般是由于电机或电缆损坏及驱动电路故障引起。在修复驱动电路之后，测驱动波形良好状态下，更换模块。在现场服务中更换驱动板之后，还必须注意检查马达及连接电缆。在确定无任何故障下，运行变频器。

(3)上电无显示:一般是由于开关电源损坏或软充电电路损坏使直流电路无直流电引起，如启动电阻损坏，也有可能是面板损坏。其处理方法是:查找变频器使用说明书中有关指示故障原因的内容，找出故障部位。可根据变频器使用说明书指示的部位重点进行检查，排除故障元件。

(4)上电后显示过电压或欠电压:一般由于输入缺相，电路老化及电路板受潮引起。找出其电压检测电路及检测点，更换损坏的器件。

(5)上电后显示过电流或接地短路:一般是由于电流检测电路损坏。如霍尔元件、运放等。

(6)启动显示过电流:一般是由于驱动电路或逆变模块损坏引起。

(7)空载输出电压正常，带载后显示过载或过电流:该种情况一般是由于参数设置不当或驱动电路老化，模块损伤引起。

为了方便起见，下面把一些常见故障的诊断及维修方法列成了流程图。

(1)如图 5－35 所示为变频器过电流故障诊断流程图。

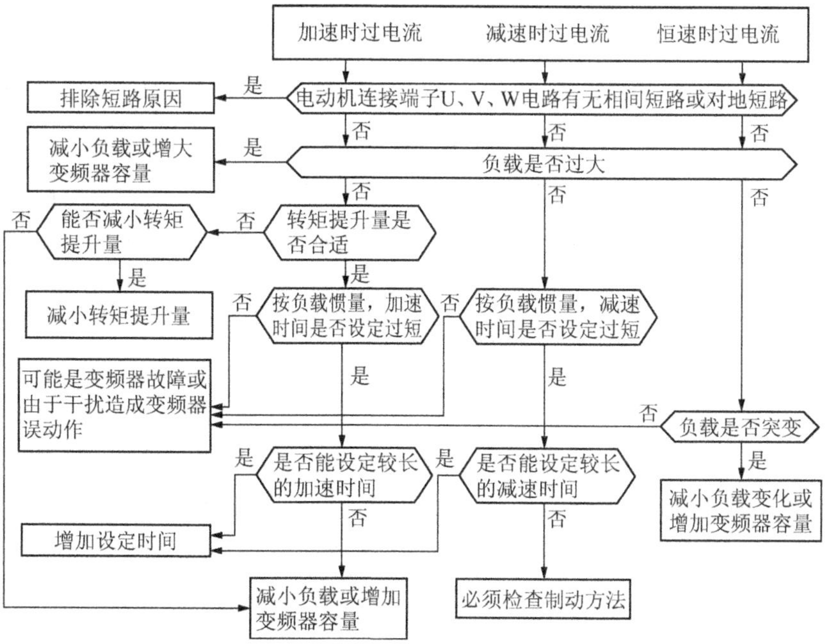

图 5－35　变频器过电流故障诊断流程图

(2)如图 5－36 所示为变频器欠电压故障诊断流程图。

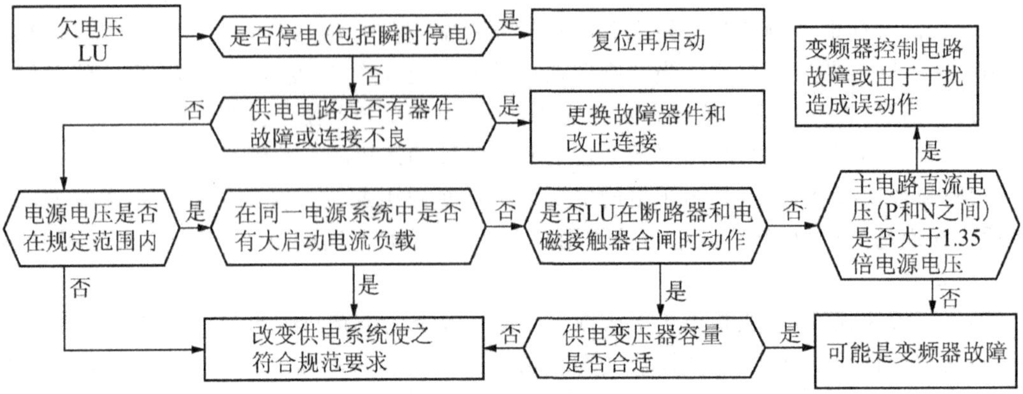

图 5－36　变频器欠电压故障诊断流程图

(3)如图 5－37 所示为变频器过电压故障诊断流程图。

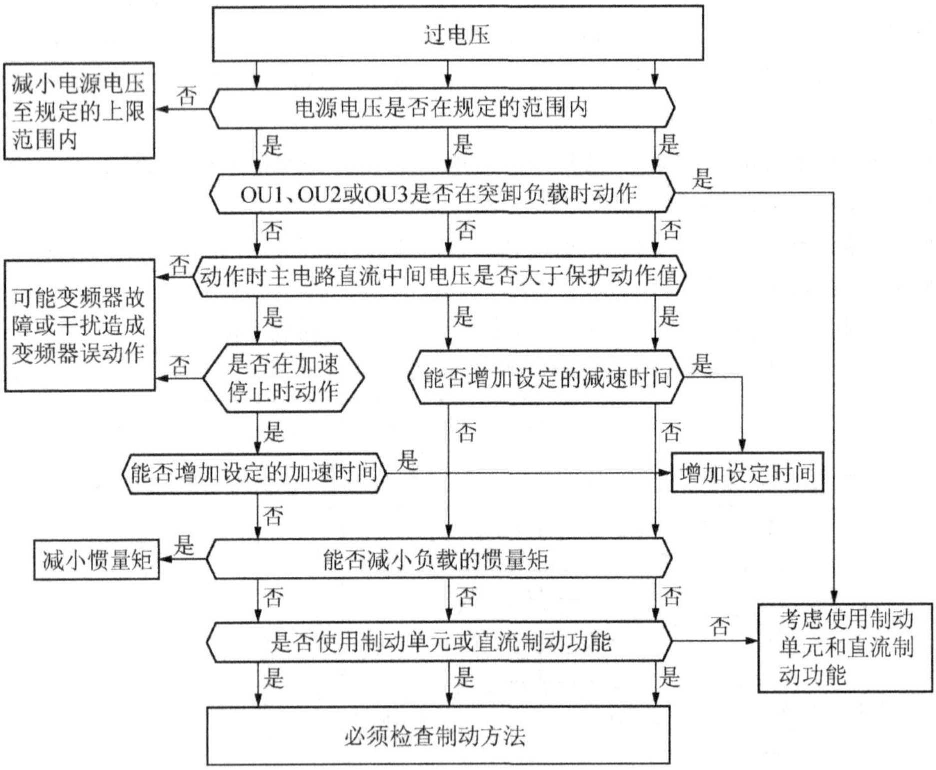

图 5－37　变频器过电压故障诊断流程图

(4)如图 5－38 所示为变频器过热故障诊断流程图。

(5)如图 5－39 所示为变频器过载、电动机过载故障诊断流程图。

(6)如图 5－40 所示为变频器异常发热故障诊断流程图。

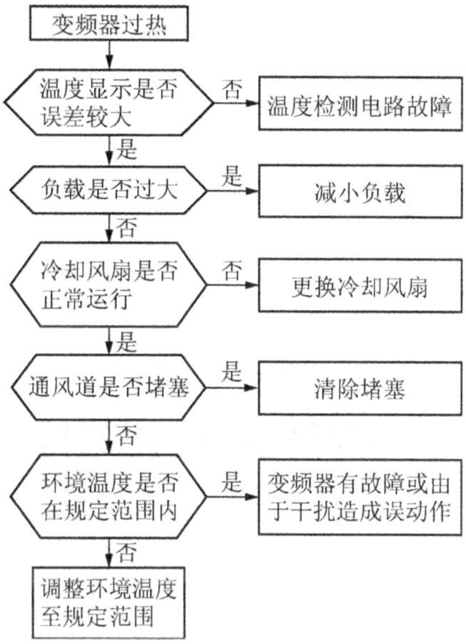

图 5－38 变频器过热故障诊断流程图

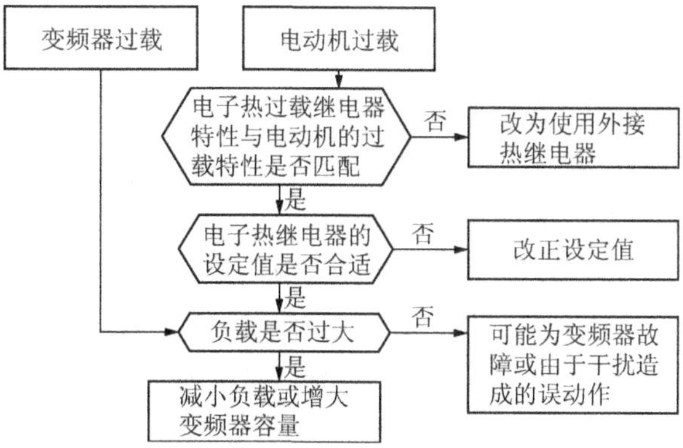

图 5－39 变频器过载、电动机过载故障诊断流程图

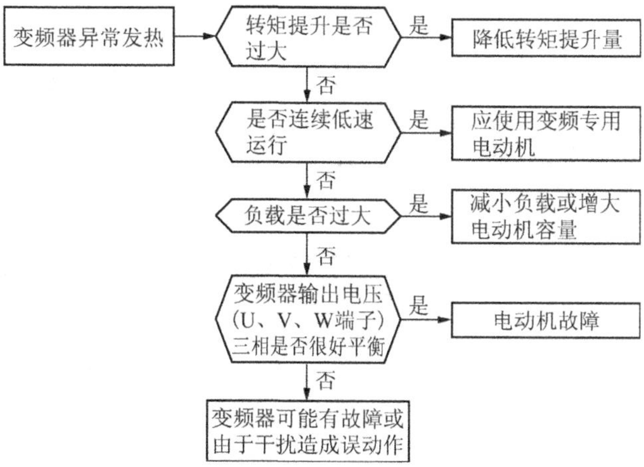

图 5－40 变频器异常发热故障诊断流程图

方法点拨

变频器是由主要半导体器件组成的,检修和维护方法和前面几章的方法有不同之处,在学习中要注意比较和总结。

思考题

1. 简述变频器维护与检查的注意事项。
2. 变频调速系统过电流跳闸的原因有哪些?

技能实训 5－4　变频器主回路电阻特性参数测试

1. 实训目标

学会变频器主回路电阻特性参数测试方法。

2. 所用仪器、仪表及器材

选配尖嘴钳、螺钉旋具、测电笔、斜口钳、剥线钳、电工刀、MF47 型万用表等工具和仪表及 SB60G15kW 变频器。

3. 实训过程

(1)变频器主回路电阻特性参数的测试。

下面以森兰 SB60/61 系列 15 kW 变频器为例,介绍测试的基本步骤。

1)打开变频器端盖,去掉所有端子的外部引线。

2)把指针式万用表置于电阻 $R\times1\ \Omega$ 挡,检查 PE、R、S、T、U、V、W、P1、P+、DB 等端子之间的联系如图 5－41 所示(其中,P1、P+端为主电路中滤波电路的正极,DB 端为制动管 VB 的集电极引出端)。如果状态正常,其测试结果就应符合表 5－12 中所示结果。表中所谓导通,即电阻为几欧至几十欧;不导通,即电阻很大,在十几千欧以上。

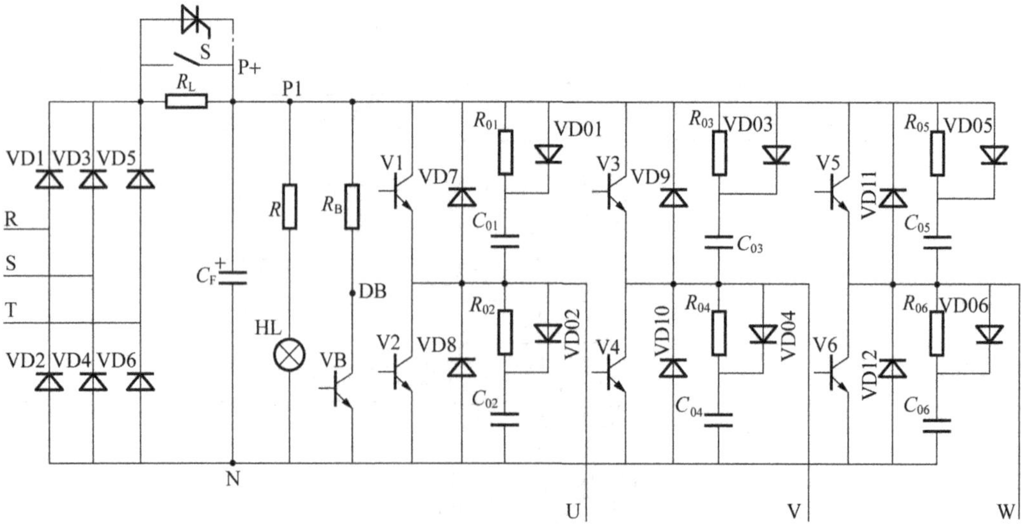

图 5－41　交-直-交变频器的主电路

表5－12　主电路电阻特性参数测试数据

表笔连接端		测试结果	表笔连接端		测试结果
红(－)	黑(＋)		红(－)	黑(＋)	
P1	N	几百欧	U	P1	不导通
N	P1	呈容性，最终为几千欧	P1	U	导通
R	P1	不导通	V	P1	不导通
P1	*R*	导通	P1	V	导通
S	P1	不导通	W	P1	不导通
P1	S	导通	P1	W	导通
T	P1	不导通	U	N	导通
P1	T	导通	N	U	不导通
R	N	导通	V	N	导通
N	*R*	不导通	N	V	不导通
S	N	导通	W	N	导通
N	S	不导通	N	W	不导通
T	N	导通	DB	N	导通
N	T	不导通	N	DB	不导通

3)实际测量都是对一个或几个元件的测量，如果发现某个测量结果与表5－12不同，就表明其中有元件损坏。

4)如果测量结果与表5－12相同，就可基本认定被测变频器的主电路无故障。检修重点应放在变频器内部的电路板上。

5)教师给出需测量的变频器，学生对其主电路端子进行全面测量，并将测量结果填入表5－13中，根据测量结果，对给定变频器主电路的好坏作出判断。

表5－13　主电路电阻特性参数测试练习表

表笔连接端		测试结果	表笔连接端		测试结果
红(－)	黑(＋)		红(－)	黑(＋)	
P1	N		U	P1	
N	P1		P1	U	
R	P1		V	P1	
P1	*R*		P1	V	
S	P1		W	P1	
P1	S		P1	W	

续表

表笔连接端		测试结果	表笔连接端		测试结果
红(－)	黑(＋)		红(－)	黑(＋)	
T	P1		U	N	
P1	T		N	U	
R	N		V	N	
N	*R*		N	V	
S	N		W	N	
N	S		N	W	
T	N		DB	N	
N	T		N	DB	

4. 注意事项

(1)上面的图表只是指对本节指定的变频器。有些变频器主电路端子标号与上面不同,应弄清端子与内部连接之间的关系。

(2)对于个别未引出的需要测量的端子,可打开外壳,找到相应测量点,注意不要损坏变频器接线。

(3)测量过程一定要在变频器电源指示灯完全熄灭后进行,以防危及人身安全或损坏万用表。

5. 评分标准

评分标准如表 5－14 所示。

表 5－14　评分标准

项目内容	配分	评分标准			扣分
主电路电阻特性参数测试	100 分	(1)不能全面测量主电路　每少一处扣 10 分 (2)测量中存在读数错误、误判断　每次扣 5 分 (3)仪表使用不当　扣 5～10 分 (4)判断结果错误　扣 70 分			
安全文明生产	违反安全文明生产规程　扣 5～40 分				
额定时间	30 min,每超时 5 min(不足 5 min 以 5 min 计)　扣 5 分				
备注	除额定时间外,各项目的最高扣分不应超过配分数			成绩	
开始时间		结束时间		实际时间	